21世纪统计学系列教材

R语言数据挖掘

（第2版）

薛 薇 编著

Data Mining with R

(Second Edition)

U0386362

中国人民大学出版社
· 北京 ·

图书在版编目（CIP）数据

R语言数据挖掘/薛薇编著. —2版. —北京：中国人民大学出版社，2018.7
21世纪统计学系列教材
ISBN 978-7-300-25825-6

Ⅰ.①R… Ⅱ.①薛… Ⅲ.①程序语言-程序设计-教材②数据采集-教材 Ⅳ.①TP312②TP274

中国版本图书馆 CIP 数据核字（2018）第 111710 号

21世纪统计学系列教材
R语言数据挖掘（第2版）
薛 薇 编著
R Yuyan Shuju Wajue

出版发行	中国人民大学出版社			
社 址	北京中关村大街 31 号		邮政编码	100080
电 话	010 – 62511242（总编室）		010 – 62511770（质管部）	
	010 – 82501766（邮购部）		010 – 62514148（门市部）	
	010 – 62515195（发行公司）		010 – 62515275（盗版举报）	
网 址	http://www.crup.com.cn			
	http://www.ttrnet.com（人大教研网）			
经 销	新华书店			
印 刷	北京密兴印刷有限公司		版 次	2016 年 4 月第 1 版
规 格	185 mm×260 mm 16 开本			2018 年 7 月第 2 版
印 张	26.25 插页 1		印 次	2020 年 8 月第 3 次印刷
字 数	664 000		定 价	55.00 元

第 2 版前言

《R 语言数据挖掘》（第 2 版）仍然坚持第 1 版原理讲解深入浅出，案例代码可反复实现，兼顾数据挖掘原理和实践，手把手教会读者数据挖掘的风格。同时，在第 1 版的基础上进行了以下修订：

第一，在保持内容框架不变的基础上，对各章节文字进行了全面梳理和规范，使得全书通篇文字表述更加一致、完整和严谨。

第二，为使读者更易理解原理，对第 4 章加权 K-近邻法的距离和相似度变换过程进行了更加详尽的讲解，调整了旁置法的表述；调整了第 5 章分类树生长过程异质性下降测度公式的书写形式，更加详尽地论述了对交叉验证的剪枝过程，增加了对随机森林输出结果的说明；统一了神经网络中权值、误差的数学书写；对 EM 聚类过程进行了更加详尽的讲解。

第三，增加了 RStudio 简介。

本书可作为高等院校数据科学和大数据技术本科专业，以及其他相关专业本科生和研究生的学习教材，同时也可作为商业企业、科研机构、政府管理部门等相关数据分析人员的阅读参考书。请读者到中国人民大学经管图书在线（http://www.rdjg.com.cn）网站，下载本书案例数据和 R 程序代码。

特别感谢中国人民大学出版社对本书出版的大力支持，感谢王珏、刘茜、王艳红、周天旺、要卓、陈笑语等同学对本书的贡献。书中不妥和错误之处，望读者不吝指正。

薛 薇

于中国人民大学应用统计科学研究中心、中国人民大学统计学院

第1版前言

我们已经步入一个大数据时代。大数据时代不仅仅意味着数据的积累与存储，更意味着对数据的建模与分析。

近年来，数据挖掘不断汲取并集成机器学习、统计学和可视化等学科领域的研究成果，在众多行业获得了可观的应用案例，造就了卓有成效的发展。这一切使得大数据分析不再是一种漂浮在云端、飞翔在风口的奢望，大数据分析已日益成为许多个人、企业和组织进行科学决策的重要方法工具。

由于采取彻底的开放性策略，R语言已成为近年来出类拔萃的数据挖掘工具之一。其特点主要是：开源性，即可以免费下载并升级；全面性，即数据挖掘方法丰富，覆盖面广；操作简便性，即直接采用函数调用相关算法，通过简单编程即可完成复杂的数据处理和方法拓展；可扩展性，即R语言通过网络社区平台吸引越来越多的专家学者和应用人员成为开发者，为R语言不断增添更有效、更前沿的数据挖掘方法。所以，R语言是一款应用前景广阔的数据挖掘工具。

本书以数据挖掘概念和R语言入门开篇，目的是使读者能够快速总览数据挖掘的理论轮廓，厘清相关概念，掌握R语言入门和深入学习的路线。后续，本书以数据挖掘过程为线索，以应用实例为辅助，详细讨论R语言数据挖掘的数据组织和整理、可视化图形、主流数据挖掘方法原理和算法步骤以及应用实现等内容。其间，为使读者快速入门R语言，起步数据挖掘的实践应用，本书首先系统介绍了R语言的数据对象、常用系统函数、流程控制等服务于数据组织和整理的程序设计基础知识，以及R的各种主流可视化图形。然后，围绕数据预测、揭示数据内在结构、揭示数据关联性、诊断异常数据等数据挖掘核心目标，依次讨论了诸多主流数据挖掘方法和R的实现过程，涉及近邻分析、决策树、人工神经网络、支持向量机、聚类算法、关联规则、模式甄别、网络分析等众多经典模型和算法。覆盖内容之广泛，R实现步骤之详尽，数据应用之经典，都是国内外同类书籍中不多见的。这是本书的特点之一。

同时，R语言数据挖掘中的数据挖掘方法是核心，R语言实现是形式，两者是"道"与"术"的关系。我们认为"道"和"术"的结合，无论对数据挖掘的初学者还是应用实践者都是必要的。"道"是原理，此原理不是数学公式的简单罗列，而是给出直观透彻的方法认知。"术"是操作，此操作不是函数命令的简单呈现，而是算法实现和应用的通用模板，是帮助读者实现数据挖掘实践的有效工具。本书力图阐述"道"，利用R语言充分展现"道"，通过有代表性的数据案例，画龙点睛地阐明"术"。每章都配有案例数据和R

程序代码，使读者不但知其然，更知其所以然。这是本书的特点之二。

进一步，目前R语言包的数量已多达7 000多个，而且还在快速增长。R的开放性决定了可能有诸多包都可以实现相同的数据挖掘算法。对此，本书选择R中主流且被有效验证和广泛使用的包，既保证经典性，也兼顾有效性，同时解决了初学者因陷于众多R的"包"围中而无从下手的问题。这是本书的特点之三。

最后，对R语言数据挖掘的初学者，建议按照本书章节结构，循序渐进地学习，并参照书中示例，边学边做，以加深概念理解和提升R语言熟练度。对有一定R语言基础或数据挖掘应用经验的学习者，因本书各章节具有相对独立性，所以采用"以数据为导向"和"以问题为导向"的有针对性的R语言数据挖掘学习策略均是可行的。

本书努力迎合广大R语言数据挖掘读者的主流需求，适合高等院校相关专业的本科生和研究生学习使用，以及商业企业、科研机构、政府管理部门等相关人员阅读参考。请读者到中国人民大学经管图书在线（http://www.rdjg.com.cn）下载本书案例数据和R程序代码。

特别感谢中国人民大学出版社对本书出版的大力支持，感谢王珏、刘茜、王艳红、周天旺、要卓、陈笑语等同学对本书的贡献。书中不妥和错误之处，望读者不吝指正。

薛　薇

目　录

第 1 章　数据挖掘与 R 语言概述 ･･ 1

　1.1　什么是数据挖掘 ･･ 2

　1.2　数据挖掘的结果 ･･ 3

　1.3　数据挖掘能做什么 ･･･ 7

　1.4　数据挖掘方法的特点 ･･･ 13

　1.5　数据挖掘的典型应用 ･･･ 16

　1.6　R 语言入门必备 ･･･ 22

　1.7　RStudio 简介 ･･･ 31

　1.8　本章函数列表 ･･･ 33

第 2 章　R 的数据组织和整理 ･･ 34

　2.1　R 的数据对象 ･･･ 34

　2.2　向量的创建和访问 ･･ 37

　2.3　矩阵的创建和访问 ･･ 41

　2.4　数据框的创建和访问 ･･･ 48

　2.5　数组和列表的创建和访问 ･･････････････････････････････････････ 52

　2.6　数据对象的相互转换 ･･･ 55

　2.7　导入外部数据和保存数据 ･･････････････････････････････････････ 61

　2.8　R 语言程序设计基础 ･･･ 69

　2.9　R 语言数据整理和程序设计综合应用 ･･･････････････････････････ 86

　2.10　本章函数列表 ･･･ 88

第 3 章　R 的数据可视化 ･･･ 90

　3.1　绘图基础 ･･ 90

　3.2　单变量分布特征的可视化 ･･････････････････････････････････････ 96

　3.3　多变量联合分布特征的可视化 ･･･････････････････････････････ 103

　3.4　变量间相关性的可视化 ･･･････････････････････････････････････ 109

　3.5　GIS 数据的可视化 ･･･ 121

　3.6　文本词频数据的可视化 ･･･････････････････････････････････････ 126

3.7　本章函数列表 ……………………………………………………………………… 128

第 4 章　R 的近邻分析：数据预测 ……………………………………………………… 129
4.1　近邻分析：K -近邻法 ………………………………………………………… 129
4.2　基于变量重要性的加权 K -近邻法 ………………………………………… 139
4.3　基于观测相似性的加权 K -近邻法 ………………………………………… 143
4.4　本章函数列表 …………………………………………………………………… 149

第 5 章　R 的决策树：数据预测 ……………………………………………………… 150
5.1　决策树算法概述 ………………………………………………………………… 150
5.2　分类回归树的生长过程 ………………………………………………………… 155
5.3　分类回归树的剪枝 ……………………………………………………………… 160
5.4　分类回归树的 R 函数和应用示例 …………………………………………… 165
5.5　建立分类回归树的组合预测模型 …………………………………………… 170
5.6　随机森林 ………………………………………………………………………… 178
5.7　本章函数列表 …………………………………………………………………… 185

第 6 章　R 的人工神经网络：数据预测 ……………………………………………… 187
6.1　人工神经网络概述 ……………………………………………………………… 188
6.2　B-P 反向传播网络 ……………………………………………………………… 195
6.3　B-P 反向传播网络的 R 函数和应用示例 …………………………………… 202
6.4　本章函数列表 …………………………………………………………………… 212

第 7 章　R 的支持向量机：数据预测 ………………………………………………… 213
7.1　支持向量分类概述 ……………………………………………………………… 213
7.2　线性可分问题下的支持向量分类 …………………………………………… 217
7.3　广义线性可分问题下的支持向量分类 ……………………………………… 220
7.4　线性不可分问题下的支持向量分类 ………………………………………… 222
7.5　多分类的支持向量分类 ………………………………………………………… 225
7.6　支持向量回归 …………………………………………………………………… 225
7.7　R 的支持向量机及应用示例 ………………………………………………… 229
7.8　本章函数列表 …………………………………………………………………… 239

第 8 章　R 的一般聚类：揭示数据内在结构 ………………………………………… 240
8.1　聚类分析概述 …………………………………………………………………… 240
8.2　基于质心的聚类模型：K-Means 聚类 ……………………………………… 242
8.3　基于质心的聚类模型：PAM 聚类 …………………………………………… 250
8.4　基于联通性的聚类模型：层次聚类 ………………………………………… 252
8.5　基于统计分布的聚类模型：EM 聚类 ……………………………………… 256
8.6　本章函数列表 …………………………………………………………………… 264

第 9 章　R 的特色聚类：揭示数据内在结构 ………………………………………… 265

9.1　BIRCH 聚类 ………………………………………………………………… 265

9.2　SOM 网络聚类 ……………………………………………………………… 274

9.3　基于密度的聚类模型：DBSCAN 聚类 …………………………………… 289

9.4　本章函数列表 ……………………………………………………………… 294

第 10 章　R 的关联分析：揭示数据关联性 …………………………………………… 295

10.1　简单关联规则及其测度 ………………………………………………… 295

10.2　Apriori 算法及应用示例 ………………………………………………… 299

10.3　Eclat 算法及应用示例 …………………………………………………… 313

10.4　简单关联分析的应用示例 ……………………………………………… 316

10.5　序列关联分析及 SPADE 算法 …………………………………………… 320

10.6　本章函数列表 …………………………………………………………… 329

第 11 章　R 的模式甄别：诊断异常数据 ……………………………………………… 330

11.1　模式甄别方法和评价概述 ……………………………………………… 330

11.2　模式甄别的无监督侦测方法及应用示例 ……………………………… 335

11.3　模式甄别的有监督侦测方法及应用示例 ……………………………… 343

11.4　模式甄别的半监督侦测方法及应用示例 ……………………………… 354

11.5　本章函数列表 …………………………………………………………… 356

第 12 章　R 的网络分析初步 …………………………………………………………… 357

12.1　网络的定义、表示及构建 ……………………………………………… 358

12.2　网络节点重要性的测度 ………………………………………………… 377

12.3　网络子群构成特征研究 ………………………………………………… 386

12.4　网络整体特征刻画 ……………………………………………………… 395

12.5　主要网络类型及特点 …………………………………………………… 400

12.6　本章函数列表 …………………………………………………………… 410

C 第 1 章
Chapter 1　数据挖掘与 R 语言概述

　　蓬勃发展的互联网（移动互联网）技术、物联网技术和云计算技术，不但将人类社会与物理世界有效地连接起来，更创造性地建立了一个数字化的网络体系。运行其中的搜索引擎服务、大型电子商务、互联网金融、社交网络平台等，不断改变着人们生活与生产的方式。同时，参与其中的个人、企业和组织每时每刻都在释放巨大的比特数字流，从而造就了一个崭新的大数据时代。

　　人类的数据生产能力达到空前。2009 年 IBM 的一项早期研究结果显示，人类文明诞生以来其数据总量的 90% 是在之前两年内产生的。2020 年全世界所产生的数据规模预计将达到 2016 年的 45 倍。其规模已远远超出了传统的 G 或 T 的量级，而达到以 P（1 000T）、E（100 万 T）或 Z（10 亿 T）为单位的水准。

　　通常人们总结大数据有 "4V" 的特点，即大量（volume）、高速（velocity）、多样（variety）、价值（value）。那么如何采用有效的方法快速分析这些大量和多样化的数据，并挖掘出其内在的价值呢？我们说大数据分析一般需要四个核心要素：基于云计算的基础设施、分布式的大数据体系、数据分析方法与算法、行业应用知识与经验。

　　沿着这个思路，大数据分析的一名初学者应如何寻找合适的突破口，并通过渐进的学习，成为理想中的数据分析师或数据科学家呢？我们认为从数据挖掘方法入手，无疑是最佳选择。这个学习方案一方面可保证初学者在一开始就可以持续进行一般的数据分析，并通过增加数据量、引进新方法提高自己的分析能力，从而逐渐成为一名方法应用与算法研究的专家。另一方面，在达到一定水平之后，向下可以进一步研究大数据的分布式计算环境与计算方法，并深入学习云计算的基础知识，成为大数据系统建设的高手；向上也可以结合自己所从事行业的实际问题，通过具体实践积累应用经验，成为该领域大数据分析的翘楚。

　　R 语言正是目前应用最为广泛的数据挖掘与分析工具。其突出特点表现为：第一，共享性。使用者可以到相应的网站免费下载和使用。第二，分析方法丰富。R 不仅包括众多经典通用的统计和数据挖掘方法，还拥有大量面向不同应用领域问题的前沿和专用的模型算法。第三，操作的简便性和灵活性。R 支持计算机编程。用户可以通过编程实现数据整理的自动化和批量化，可以通过调用 R 的现成模型和算法解决一般性的数据挖掘问题，还可以自行编写程序解决特殊的数据挖掘问题。第四，成长性。R 语言通过开放的网络社区平台，不断吸引更多的专家学者和应用人员成为 R 的开发者，更多更有效、更前沿的方法正不断融入 R 中。

1.1 什么是数据挖掘

　　大数据对于数据挖掘，是挑战，更是机遇。褪去了发展初期的浮躁与喧哗，数据挖掘在理论方法与软件工具上都有了长足的发展，并在诸多领域积累了成熟的应用案例，取得了扎实的应用成果。人们曾经将数据挖掘形象地比喻为从数据"矿石"中开采知识"黄金"的过程，如今面对数据的"矿石"，数据挖掘充分汲取机器学习、统计学、分布式和云计算等技术养分，在方法研究、算法效率、软件工具集成环境和创新应用等方面不断开拓，正将昔日的数据"矿锤"升级为现代化的数据"挖掘机"，成为大数据时代最有效的数据分析利器。所以，数据挖掘具有多学科综合性、方法性与工具性的特征。对此，初学者应具有较强的数据操作能力和学习领会能力，以举一反三、触类旁通。

　　数据挖掘的发展过程是一个兼容并蓄的成长过程。如图 1-1 所示，一般来说，数据挖掘经历了三个主要发展阶段，从初期局限于数据库中的知识发现（knowledge discovery in database，KDD），发展到中期内涵不断丰富完善以及多学科的融合发展，乃至今天成为大数据时代的关键分析技术，数据挖掘已经取得了实质性的跨越。

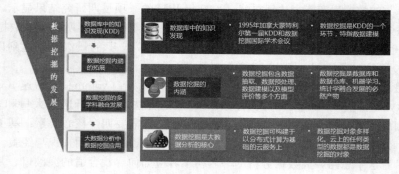

图 1-1　数据挖掘发展历程示意图

　　目前，对数据挖掘的理解已达成如下共识：

　　首先，数据挖掘是一个利用各种方法从海量的有噪声的各类数据中提取潜在的、可理解的、有价值的信息的过程。这里，信息可进一步划分为两大类：一类是用于数据预测的信息；一类是用于揭示数据内在结构的信息。

　　其次，数据挖掘是一项涉及多任务、多学科的庞大的系统工程，涉及数据源的建立和管理、从数据源提取数据、数据预处理、数据可视化、建立模型并评价以及应用模型评估等诸多环节，如图 1-2 所示。

　　针对复杂问题且涉及海量数据的数据挖掘任务往往是一项大规模的系统工程。为更加规范地开展数据挖掘工作，NCR，SPSS 和戴姆勒-奔驰（Daimler-Benz）三家公司联合制定了跨行业数据挖掘标准 CRISP-DM（cross industry standard process of data mining），SAS 公司也发布了相关数据挖掘标准 SEMMA（sample，explore，modify，model，assess）。这些标准希望通过对数据挖掘过程中各处理步骤的目标、内容、方法以及应注意

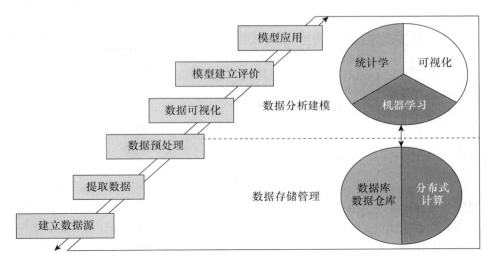

图 1 - 2　数据挖掘过程示意图

的问题等提出可操作性的建议，帮助学习者从方法论的高度深入理解并掌握数据挖掘的一般规律。

进一步，数据挖掘的诸多环节本质上可归纳为两个具有内在联系的阶段：数据存储管理阶段和数据分析建模阶段，涉及计算机科学和统计学等众多交叉学科领域。

当前，数据挖掘的对象是大数据系统。大数据往往来自不同的采集渠道以及不同的数据源，数据量庞大且杂乱有噪声。高效合理地存储数据，有效地保障数据的一致性等，在数据挖掘中尤为重要，也始终是数据挖掘的难点，涉及计算机学科中的数据库和数据仓库计算、分布式计算、并行处理等多个研究领域。大数据的存储管理有两个层面：一是基础设施层面，包括对存储设备、操作系统、数据库、数据仓库、分布式计算等方面的整体评估，需求的客观理解，系统架构、技术和产品的选择，稳定、高效的数据基础设施体系的建立等一系列问题；另一个是数据管理工具层面，包括数据的抽取检索、集成清洗以及其他预处理的软件、技术和管理等诸多方面。数据的存储管理是数据分析的基础和保障，也在某种程度上为选择数据分析方法提供依据。

数据挖掘中的数据预处理、数据可视化、建立和评价模型等环节，其核心目标是发现数据中隐藏的规律性，这是统计学和从属计算机科学的机器学习（machine learning）以及具有跨学科（统计和计算机）特点的可视化研究的主要任务，也是本书讨论的重点。事实上，从统计学视角看数据挖掘会发现，数据挖掘与统计学有高度一致的目标：数据分析。正因如此，数据挖掘对统计学而言似乎并不陌生。然而，尽管目标一致，但仍提出数据挖掘概念的重要原因是：数据分析对象是大数据。大数据特征决定了数据处理需要多学科的共同参与，数据分析需要一种集中体现多学科方法和算法优势的理论和工具，这就是数据挖掘。

1.2　数据挖掘的结果

如果将数据挖掘视为一个系统，那么这个系统的输入是数据，系统的输出就是数据挖掘结果。从数据挖掘系统的输出入手，讨论数据挖掘结果的呈现方式和基本特征，是一种快速总览数据挖掘特点的有效途径，也是打开深入理解数据挖掘内涵之门的钥匙。

1.2.1 数据挖掘结果的呈现方式

数据挖掘系统的输出，其一般呈现方式主要有三类：第一，数学模型；第二，推理规则；第三，图形。

1. 数学模型

数学模型即通过数学函数的形式定量反映变量之间的相关数量关系。如最常见的一般线性回归模型 $y=\beta_0+\beta_1 x_1+\beta_2 x_2+\beta_3 x_3+\cdots+\beta_k x_k+\varepsilon$ 是一种典型的数学模型。

2. 推理规则

推理规则即通过一种逻辑表达式的形式反映变量之间的取值规律。规则集是多个推理规则的集合。推理规则由条件（IF）和结论（THEN）两部分组成。条件是变量、变量值以及关系运算符和逻辑运算符组成的式子。关系运算符包括等于、不等于、大于、大于等于、小于、小于等于，逻辑运算符包括"并且"、"或者"和"非"。结论是目标变量取值。

例如，IF（收入＝3）并且（年龄小于44）THEN 购买行为＝购买，就是一个常见的推理规则。

推理规则是基于逻辑表述的，直观且容易理解。

3. 图形

图形也是一种直观呈现数据挖掘结果的主要方式。它既可用于直观展示变量间相关性的特征（见图 1-3 (a)）、数据分布的特征（见图 1-3 (b)），也可以是上述推理规则的图形表达（见图 1-3 (c)），抑或是无法以数学模型形式表达的其他复杂分析模型（见图 1-3 (d)）。

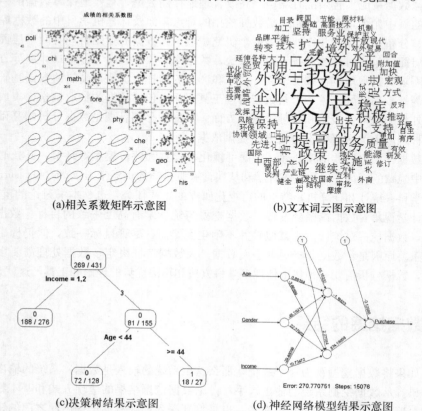

(a)相关系数矩阵示意图　　　　　　(b)文本词云图示意图

(c)决策树结果示意图　　　　　　(d) 神经网络模型结果示意图

图 1-3　示意图

图 1-3 (a) 展现了多个变量简单的相关性方向和强弱；图 1-3 (b) 展示了一批文本中各词汇出现的频率；图 1-3 (c) 为决策树分析结果，是一个推理规则集的图形表示；图 1-3 (d) 为一个神经网络模型结果。

1.2.2　数据挖掘结果的基本特征

数据挖掘是一个从大数据中挖掘出有用信息的过程。如上所述，数据挖掘结果具有不同的呈现方式。此外，数据挖掘结果（即有用信息）还具有以下三个重要特征：潜在性、可理解性和有价值性。具体如图 1-4 所示。

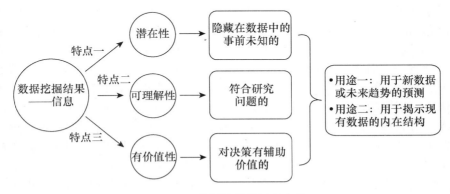

图 1-4　数据挖掘结果示意图

1. 潜在性

发现大量数据中隐含的变量相关性、数据内在结构特征等是数据挖掘的重要任务，也是数据挖掘的核心成果。研究变量相关性以及数据内在结构特征是统计学擅长的，其传统分析思路是：基于对研究问题的充分理解，依据经验或历史数据首先预设数据中存在某种相关性假定，然后验证这种假定是否显著存在于当前数据当中。这是一种典型的验证式分析思路。然而，大数据分析中的数据量庞大，变量个数多且类型复杂，以传统方式预设假定将非常困难，甚至不可能。所以数据挖掘通常会倾向于采用一种归纳式的分析思路，即事先不对数据中是否存在某种关系做任何假定，而是通过"机械式"的反复搜索和优化计算归纳出所有存在于数据中的规律。

这样的分析思路有优势，但也存在问题。优势在于它既可能找到隐藏于数据中的人们事先知道的规律性，也可能发现那些人们事先未知的规律。存在的问题是由此得到的分析结果，一方面可能是类似于传说中"尿布和啤酒"① 的典型案例，另一方面也可能是令人无法理解和没有价值的。

2. 可理解性

数据挖掘结果的可理解性是指分析结论具有符合研究问题的可解释性。例如，在消费者行为偏好的数据挖掘中，若分析结果是一段时间内顾客的消费金额与其身高有密切关

---

① 位于美国阿肯色州的著名连锁超市沃尔玛（Wal-Mart）通过分析顾客消费数据库发现，啤酒和尿布同时购买的可能性很大。这个结论让超市的管理者很惊讶。究其原因发现：住在该超市周边的顾客大多为年轻夫妇，通常妻子总是嘱托丈夫在下班时给孩子买尿布，而年轻的爸爸们在给孩子买尿布的同时，也会买些啤酒犒劳自己。超市根据这个分析结论重新调整了货品的摆放位置，以减少爸爸们在超市里来回拿取商品所花费的时间。

系，那么这样的结论一般就不具有可解释性。事实上，数据挖掘揭示出的不可理解的相关性，可能是一种虚假相关，也可能是因其他相关因素传递而产生的表象。

3. 有价值性

数据挖掘结果是否有价值体现在对决策是否有指导意义。对决策没有指导意义的结果是没有价值的。例如，在居民健康管理的数据挖掘中，若分析结论是 90％的居民每日就餐次数是 3 次，且三餐的平均就餐时间是早上 7 点、中午 12 点、晚上 7 点。这种分析结论的价值很低，因为这是一般常识。

谁是导致数据挖掘结果有可能无法理解和没有价值的"元凶"呢？答案是：海量大数据。事实上，发现海量大数据中隐藏的可理解的、有价值的信息，难度要远大于小数据集，因为会出现分析小数据集时不曾出现的诸多新问题。其中的一个主要问题就是"机械式的挖掘"给出的"信息"很可能只是数据的某种"表象"而非"本质"。用统计术语讲就是，很可能并不是数据真实分布或关系的反映，而是海量数据自身的某种无意义的随机性的代表。

为此，人们试图借助统计学方法对"表象"和"本质"加以区分。作为数据挖掘成员中的一分子，统计学确实在区分挖掘出的信息是系统性的本质还是随机性的表象上具有重要作用。通常的做法是以分析数据是随机样本为前提，采用统计推断式的假设检验。统计推断以随机样本为研究对象，通过找到样本的某些特征并计算这些特征在原假设成立下出现的概率，判断它们是否具有统计上的显著性，即这些特征是系统性的还是由样本的随机性所致。事实上，数据挖掘发展初期也确实采纳了这种方式，所以某些数据挖掘方法貌似统计方法也很正常。但问题在于随着大数据的出现以及数据挖掘应用的不断拓展，这样的思路出现了以下主要问题。

第一，大数据的海量特性极大地限制了上述分析思路的可行性。若认为数据挖掘的数据对象是一个样本，那么这个样本通常是大样本。对于以小规模数据集为研究对象发展起来的统计推断而言，样本表现出的某些特征如果确实是由随机性导致的"表象"，那么在统计推断过程中能够得到原假设成立下出现的概率很小而被正确地确认为随机性的结论。这种分析思路在小数据集上是可行的，但在数据挖掘中的海量大样本集上就不再奏效。因为任何统计不显著的随机性都可能因样本量大，而被有倾向性地误判为显著，即误判为系统性的、有意义的，即使是"表象"，也会被误判为"本质"。

第二，数据挖掘的研究对象往往是总体而非随机样本。数据挖掘的对象一般是现有数据集，它们通常就是人们关注的总体而不是样本。从这个角度讲，统计推断不再必要。当然，数据挖掘并不否认统计推断的重要作用。若将现有数据放到一个更大的时空中去，那么目前这个数据总体也可以视为更大时空中的一个样本。但问题是需确保样本是随机样本，否则统计推断还会因丧失原本的理论基础而不再适用。

另外，有些数据挖掘应用问题只能基于总体而不能基于样本来研究。例如，在信用卡欺诈甄别研究中，若确实存在极少数的恶意透支行为，这些交易数据会因数量很小而不易或无法进入随机样本。若以样本为研究对象，样本中的欺诈特征会变得不再明显甚至消失，从而得到不存在欺诈行为的分析结论。

基于上述原因，数据挖掘不再以统计推断方式验证数据挖掘的结果是否有意义，而是采用一种"退而求其次"的做法，即要求行业专家深度参与数据挖掘过程，并由行业专家判断数据挖掘结果的意义和价值。例如，"所有前列腺癌患者都是男性"，"加油站的信用卡刷卡金额通常在个位为零上出现峰值"，这些结论是否可理解和有价值，需由行业专家去评估。

1.3 数据挖掘能做什么

通常，数据挖掘可以解决四大方面的问题：第一，数据预测；第二，发现数据的内在结构；第三，发现关联性；第四，模式诊断。

1.3.1 数据预测

顾名思义，数据预测就是基于对历史数据的分析，预测新数据的特征，或预测数据的未来发展趋势等。例如，一份关于顾客特征及其近 12 个月消费记录的数据包含诸如顾客的性别、年龄、职业、年收入等属性特征，以及顾客购买商品的种类、金额等消费行为数据。现希望依据该份数据，找到如下问题的答案：

- 具有某种特征（如已知年龄和年收入）的新顾客是否会购买某种商品？
- 具有某种特征（如已知年龄）和消费行为（购买或不购买）的顾客，其平均年收入是多少？
- 某种商品在未来 3 个月将有怎样的销售量？

上述问题均属数据预测的范畴，并有各自不同的应用特点。

第一个问题的答案无非是买或者不买。若将买或不买视为消费行为的两个类别（图 1－5（a）中的圆圈和三角形分别代表"买"和"不买"），则解决该问题的思路是基于已有数据，研究顾客的属性特征与其消费行为间的规律，并借助某种数学模型或者推理规则等定量反映这一规律。进一步，依据该规律对新顾客（图 1－5（a）中的菱形点）的消费行为（菱形点应归为圆圈还是三角形）进行预测。数据挖掘将这类对数据所属类别进行预测的问题统称为分类预测问题。分类的目标是找到某些可将两类或多类分开的数学模型或者推理规则，它们几何上对应一条或若干条直线（或平面或超平面），如图 1－5（a）所示的虚线。进一步，依据新数据与直线（或平面或超平面）的位置关系，预测新数据所属的类别。

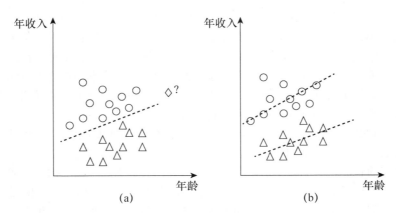

图 1－5 数据预测示意图

第二个问题是对顾客的平均年收入进行预测。目标是找到不同类别客户（购买或不购买）其年收入与年龄间的相关关系，并借助某种数学模型定量反映这种关系。进一步，依据这种关系对新顾客的平均年收入进行预测。该问题的研究思路与第一个问题基本类似，不同点在于该问题的答案是个数值。数据挖掘将这类数值预测问题统称为回归预测问题。回归预测的目标是找到可反映某个数值型变量与其他诸多变量间相关关系的数学模型，它们几何上对应一条直线（或平面），称为回归直线（或回归平面），如图 1-5（b）所示的两条虚线。

对于第三个问题，可以该商品近 12 个月的销售量为研究对象，分析销售量随时间推移所呈现的变化趋势并进行预测。这类问题是单个时间序列的预测问题，属统计学研究的范畴，这里不做讨论。

总之，这里讨论的数据预测主要包括数据的分类预测和回归预测。但需要注意的是，数据预测是在上述数学模型或推理规则仍适用于新数据的假设下进行的。

事实上，完全可以采用统计学的建模思路解决这两个问题，而且统计学对此也早有极为成熟的分析逻辑，例如 Logistic 回归和多元线性回归等。但正如前面提及的，传统统计学以随机样本为研究对象、以某种线性关系假设为前提的验证式分析思路，并不能很好地适应大数据背景下的数据挖掘。所以，按照一定策略的"机械式"归纳搜索是数据挖掘解决数据分类和回归问题的主要方式。由此需关注如下两个问题：

第一，用于预测的数学模型或推理规则，是否正确地反映了变量间的总体相关性，是不是数据取值的主体且重要规律的反映。

数据挖掘的对象是海量大数据，大数据量是一把"双刃剑"。它既为探索事物规律、发现变量间相关性提供了数据支撑，也最大程度地掩盖了数据中最重要的最一般化的规律和相关性。因数据量大导致数据挖掘发现的规律或相关性很可能仅仅是大数据中的某个数据子集的局部特征，而数据预测则要求预测依据是数据中一般性和全局性规律的抽象和体现，因为只有这样才有预测的普适性。

为此，需探索规律或相关性是全局性的还是局部性的。一种常见的方法是视已有数据为总体，通过随机抽样大幅减少数据量得到一个小的随机样本，并探索其中的规律和相关性。若总体中的规律仍然存在于小样本中，则有理由认为这个规律是全局性的，因为随机小样本中的规律和相关性通常不会是海量大数据总体中的局部特征，这是随机抽样所决定的。可见，统计学的随机抽样在数据挖掘中仍有非常重要的意义。

第二，用于预测的数学模型或推理规则，是否具有较高的预测性能。

衡量模型是否具有较高的预测性能，通常要看它对新数据的预测结果是否准确，在新数据集上的预测误差是否较小。所以，一般以预测误差作为模型预测性能的测度。预测误差越小，模型的预测性能越好。由于新数据预测结果是否准确在建模时无从得知，计算模型对已有数据集的预测误差测度。预测误差可以是数据分类中的错判率，或者回归分析中的残差方差等，这都是数据挖掘可以直接借鉴的。

但问题是由此计算出的预测误差很可能因数值偏低而放大模型对新数据预测的准确性，无法客观测度模型的预测性能。原因在于，无论统计方法还是数据挖掘方法，都是以最小化当前预测误差为前提的，在最大化拟合已有数据的基础上估计（或搜索）预测模型的参数（或推理规则）。当预测模型（或推理规则）基于已有数据全体时，它在数据全体上的预测误差一定是最小的，但却无法得知它在其他数据集上是否仍有理想的表现，是否会因预测误差增加过大而无法用于新数据的预测。所以，找到对新数据预测误差的估计方法，是数据预测中的重要问题。我们将在后续章节集中讨论这一问题。

1.3.2　发现数据的内在结构

　　大数据集中蕴涵着非常多的信息，较为典型的是大数据集中可能包含若干个"客观存在的"小的数据子集。这些数据子集是在没有任何主观划分依据下的"客观存在"，表现为：每个数据子集内部数据成员的整体特征相似，子集之间的整体特征差异明显。通俗地讲就是，子集内部数据成员"关系紧密"，子集之间"关系疏远"。

　　例如，有一个关于顾客特征和当月消费记录的数据集，包含顾客的性别、年龄、职业、年收入以及购买商品的种类、金额等数据内容。依据经验，通常具有相同属性的顾客（如相同性别、年龄、收入等），其消费偏好会较为相似，具有不同属性的顾客（如男性和女性，演员、教师和 IT 人员等）的消费偏好可能差异明显。于是自然形成了在属性和消费偏好等总体特征上差异较大的若干个顾客群，也即数据子集，如图 1-6 中的四个椭圆所示。

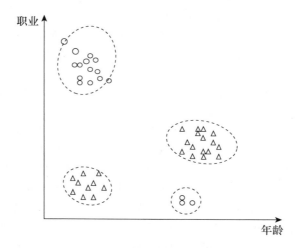

图 1-6　数据聚类示意图

　　数据挖掘将这些数据子集命名为"子类"或"小类"或"簇"。发现数据的内在结构就是要找到数据中可能存在的"小类"，这个过程称为聚类分析。对于上例，利用聚类分析找到顾客"小类"的意义在于，能够为实施有针对性的营销提供依据。

　　聚类分析的重点集中在以下两个方面：

　　1. 如何发现数据集中的"小类"

　　首先需关注的问题是：判定哪些数据应属于同一"小类"，哪些数据应分属不同"小类"的依据是什么？统计学中常用的判断标准有两个：第一，距离；第二，概率。数据挖掘完全采纳了统计学的研究成果，并进行了恰当的拓展。

　　其次需关注的问题是：怎样的策略有助于快速找到这些"小类"，怎样的策略有助于正确而全面地发现所有可能的"小类"？对此，数据挖掘基本沿用了统计学中的方法，并有效引入了相关的机器学习算法。

　　2. 如何评价聚类分析结果的合理性

　　聚类分析的结果为"小类"，评价聚类分析结果的合理性就是要评估找到的"小类"是否恰当。通常包括"小类"的个数是否合理，"小类"内部成员的整体特征是否相似，

"小类"之间的整体特征差异是否明显等方面。

上述问题的具体内容将在后续章节集中讨论。

1.3.3 发现关联性

可通过一个常见案例说明发现关联性的含义。例如，有一份一段时间内超市会员的购物小票数据，其中每张购物小票均记录了哪个会员在哪个时间购买了哪些商品以及购买的数量等。现希望利用这些数据回答以下问题：

- 购买面包的会员中同时购买牛奶的可能性大，还是同时购买香肠的可能性大？
- 购买面包的女性会员中同时购买牛奶的可能性大，还是同时购买香肠的可能性大？
- 购买电水壶的会员未来一个月内购买除垢剂的可能性有多大？

显而易见，找到上述问题的答案对超市的货架布置、进货计划制定、有针对性的营销等都有重要帮助。发现关联性就是找出这些问题的答案。

发现关联性的关键是找到变量取值的内在规律性。对于上例，可将会员的购买行为视为一个变量，则该变量的所有可能取值为该超市销售的所有商品的名称。发现关联性就是要找到变量（如购买行为）的不同取值（如该超市销售的所有商品的名称）之间是否存在某些一般性的规律。

解决第一个问题的简单思路是：依据大量的一次性购买数据（一张购物小票视为一次购买，数据挖掘中称为一个购物篮），计算不同商品被同时购买的概率。如购买面包的同时购买牛奶的概率，等等。这里的概率计算较为简单。如只需清点所有购买面包的购物小票中有多少张出现了牛奶，并计算百分比即可。发现关联性，即希望通过这些概率揭示不同购买决策之间的规律性，也即变量不同取值之间的规律性。

第二个问题是对第一个问题的拓展。会员的属性特征不同可能导致他们有不同的购买习惯。为此，依属性（如女性或男性）分别考察会员的购买行为是必要的。也就是说，在计算概率时需清点所有购买面包的购物小票中有多少张出现了牛奶且为女性（或男性）会员，进而发现不同人群各自的购买规律。可见，第二个问题是在控制某变量取值的条件下研究其他变量不同取值之间的规律性。

解决第一个和第二个问题时均不考虑不同购物小票在时间上的先后差异，这样的关联性称为简单关联性。

为回答第三个问题，需依时间连续跟踪每个会员的购物行为，即清点在指定时间段内购买电水壶的会员中，有多少人在一个月内又购买了除垢剂，并计算百分比。该问题涉及时间因素，称为时序关联性。发现时序关联性的目的是发现变量不同取值之间随时间变化的规律性。

可见，上述概率即为统计学中的条件概率，条件概率的计算是发现关联性的关键。进一步需强调的是，概率计算其实仅是发现关联性的重要步骤之一。依据概率，发现频繁项集，并最终给出具有可信性和普适性的推理规则，才是发现关联性的终极目标。例如，对于上述第一个问题，若购买面包的会员中同时购买牛奶的概率非常高，数据挖掘便称，面包和牛奶构成了一个同时且频繁出现的集合，即频繁项集。于是，在认为"购买面包的同时会购买牛奶"这个推理规则具有可信性和普适性的条件下，就有理由将这两种商品摆放在邻近的货架上。

如何评价推理规则的可信性和普适性，将在后续章节详细讨论。

这里需要说明的是，统计学在发现关联性中的作用是显而易见的，但它的意义并不仅仅局限在概率计算本身，而是具有更加深远的指导作用。从统计角度看，单纯的 $P(y=1\mid x=0)$ 较大本身意义不大，需同时参考 $P(y=1\mid x=1)$，且在 $P(y=1\mid x=1)$ 较小时才有价值。正因如此，在发现关联性的概率计算中，通常不计算诸如商品不出现的概率，这会大大缩减计算量，降低计算成本。此外，从统计角度看，发现关联性的本质是寻找相关关系而非因果关系。所以，若绝大多数购买面包的会员会购买牛奶，并不意味着会员购买面包将导致其购买牛奶。可见，统计学能够指导人们正确理解和应用推理规则。

　　至此，人们会以为统计学足以解决发现关联性的问题，但事实并非如此。数据挖掘在其中扮演着更为重要的角色，主要集中在以下方面。

　　1. 计算效率问题

　　发现关联性需要大量的概率计算，如何合理有效地压缩计算量，快速准确地发现频繁项集并生成推理规则，这些都是数据挖掘解决的问题。具体内容将在后续章节讨论。

　　2. 关联性研究的拓展

　　关联性源于变量不同取值之间存在的内在联系。例如，面包和牛奶、面包和香肠、电水壶和除垢剂等的内在联系都是容易理解的。若将商品间的关联性（可以是简单关联性，也可以是时序关联性）和关联性强弱绘制成图，则可得到如图 1-7 所示的网状图。

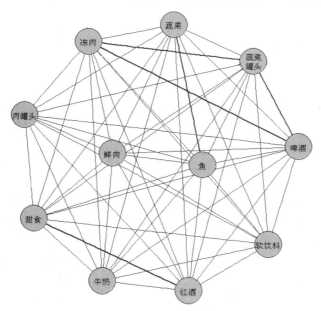

图 1-7　网状图示意图

　　图 1-7 中的圆圈通常称为网状图的节点，这里代表各个商品。节点之间的连线称为节点连接，其粗细代表连接权重的大小，这里表示商品间关联性的强弱。事实上，关联性的研究可推广到许多应用中。例如，若网状图中的节点代表微信好友，节点连接及连接权重可表示好友间的私聊频率。如果两好友从未私聊过，则相应节点间可以没有连接。又例如，若网状图中的节点代表各个国家，节点连接及连接权重可以表示各个国家间的贸易状况。再例如，若网状图中的节点代表股票，节点连接及连接权重可表示各股票价格的相互影响关系。若网状图中的节点代表学术论文，节点连接及连接权重可表示学术论文间的相互引用关系。若网状图中的节点代表立交桥，节点连接及连接权重可表示立交

桥间的车流量，等等。

类似的问题有很多，它们与上述的发现关联性有相通点，又有不同的侧重。为此，数据挖掘为其"另辟蹊径"，以图 1-7 所示的节点和节点连接为研究对象，进行网络分析。具体内容将在后续章节讨论。

1.3.4　模式诊断

模式（pattern）是一个数据集合，由分散于大数据集中的极少量的零星数据组成。模式通常具有其他众多数据所没有的某种局部的、非随机的、非常规的特殊结构或相关性。

例如，工业生产过程中，数据采集系统或集散控制系统通过在线方式收集大量的可反映生产过程中设备运行状况的数据，如电压、电流、气压、温度、流量、电机转速等。常规生产条件下若设备运行正常，这些数据的取值变化很小，基本维持在一个稳定水平。若一小段时间内数据忽然剧烈变化，但很快又回归原有水平，且类似情况多次重复出现，即显现出局部的、非随机的超出正常范围的变化，则意味着生产设备可能发生了间歇性异常。这里少量的变动数据所组成的集合即为模式，如图 1-8（a）椭圆内的数据。

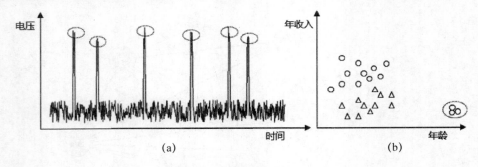

图 1-8　模式的图示

模式具有局部性、非随机性和非常规性的特点，很可能是某些重要因素导致的必然结果。所以，模式诊断[①]是极为必要的。例如，图 1-8（b）椭圆内的会员表现出不同于绝大多数人的特征，找到他们并探究其原因是有意义的。需注意的是，模式与统计学从概率角度界定的离群点有一定差别。如统计学中经典的 3σ 准则认为，若某随机变量服从正态分布，则与均值差的绝对值大于 3 个标准差的变量值因其出现的概率很小（小于等于0.3%）而被界定为离群点。尽管这些离群点与模式的数量都较少，且均表现出严重偏离数据全体的特征，但离群点通常由随机因素所致，模式则不然，它具有非随机性和潜在的形成机制。找到离群点的目的是剔除它们以消除对数据分析的影响，但模式很多时候就是人们关注的焦点，是不能剔除的。

模式诊断不仅可用于设备故障诊断，还可广泛应用于众多主观故意行为的发现。例如，计算机网络入侵行为（如网络流量或访问次数出现非随机性突变等）、恶意欺诈行为（如信用卡刷卡金额、手机通话量出现非常规增加等）、虚报瞒报行为（如商品销售额的非常规变化等）等。模式诊断及其成因探究能为技术更新、流程优化、防范升级等方案的制

---

① 这里模式诊断的含义与机器学习中的模式识别不尽相同。后者一般是指识别图像等数据阵中的某些形状等。

定提供重要依据。

尽管模式并非以统计学的概率标准来界定，但从概率角度诊断模式仍是有意义的，只是数据挖掘并不强调概率本身。小概率既可能是模式的表现，也可能是随机性离群点的表现。所以究竟是否为真正的模式，需要行业专家定夺判断。如果能够找到相应的常识、合理的行业逻辑或有说服力的解释，则可认定为模式；否则，可能是数据记录错误而导致的虚假模式或没有意义的随机性。

从统计角度诊断模式需要已知或假定概率分布。当概率分布未知或无法做出假定时就需要从其他角度分析。对此，数据挖掘有许多方法，具体内容将在后续章节详细讨论。

1.4　数据挖掘方法的特点

数据挖掘方法是统计方法和机器学习方法的有机结合，呈现鲜明的交叉学科特点。

一方面，区分一种方法是数据挖掘方法还是统计方法或是机器学习方法并没有意义；另一方面，在统计方法与机器学习方法之间给出一个清晰的分界线也很困难，这本身就是一个仁者见仁智者见智的问题。尽管假设检验式的推断是传统统计的主流，但现代统计的探索式分析等也早已摆脱原有研究框架的束缚。机器学习的重要特征是在所有可能解中进行搜索，而为解决搜索效率问题，以误差为指导进行搜索是机器学习借鉴统计思想的最直接表现。事实上，很多本质上类似的设计思路是并存于统计学和机器学习中的。例如，20 世纪 80 年代中期，Leo Breiman[①]（1928—2005）等四位统计学家出版了《分类和回归树》（*Classification and Regression Trees*）。与此同时，卓越的机器学习专家 John Ross Quinlan[②]也开发了一种名为 "ID3" 的数据分类系统。来自两个不同学科的独立研究成果有惊人的类似，这是在很久之后科学家们才意识到的。

在大数据背景下的今天，机器学习和统计方法的融合发展已成为必然，目的是使集二者为一身的数据挖掘能够更好地适应大数据分析的要求，充分发挥统计学和机器学习的长处，解决如下三个方面的问题：

- 对目标契合度不高的数据，怎样的建模策略能够更好地迎合分析的需要。
- 对于海量、高维数据，怎样的建模策略能够更好地揭示数据特征，提高分析效率。
- 对于复杂类型和关系数据，怎样的建模策略能够清晰地揭示数据的特征。

一、对目标契合度不高的数据，怎样的建模策略能够更好地迎合分析的需要

这里的契合度是指数据收集与分析目标的契合度。统计学的数据分析过程一般要求根据分析目标确定恰当的数据采集方法（如实验设计、抽样设计等），有针对性地收集数据，因而数据与分析目标的契合度较高。数据挖掘显然不同。通常不仅分析对象是来自不同渠道、体现不同业务状况的离线或在线数据子集，而且希望从这些貌似无关或有关的子集

---

① Leo Breiman，杰出统计学家，美国加州大学伯克利分校教授。Breiman 的最大贡献是搭建了统计学和计算机科学（尤其是机器学习）的桥梁。最重要的学术成就是《分类和回归树》，并提出了 Bootstrap aggregation（Bagging）和随机森林（Random Forest）算法等（摘自维基百科）。

② John Ross Quinlan，从事计算机科学中的数据挖掘和决策理论研究，最重要的学术成就是对决策树（包括 C4.5 和 ID3 算法）的重大贡献（摘自维基百科）。

中，找到与数据采集初衷并不一致的其他问题的答案。

例如，谷歌希望从网页检索数据中找到预测冬季流感传播的规律；亚马逊希望从顾客的图书购买数据中发现顾客的选择偏好等；丹麦癌症协会希望从手机用户数据和癌症病例数据中探究手机使用频率和癌症的关系；伦敦对冲基金 Derwent Capital 希望从微博文本中测度大众情绪并分析对股市投资的影响；相关科研机构依据交通卡刷卡数据和车联网数据进行交通行为分析、通勤分析、职住分析等，为城市规划、经济形势预测等提供佐证；等等。可见，这样的"二手"数据与分析目标的契合度比较低，它要求相应的分析方法能够有效克服此类问题，否则给出的分析结果很可能没有意义。

为此，数据挖掘大量吸收了统计学的多元建模方式，将众多可测度的影响因素以变量形式引入模型加以控制，并在一定假设下建立模型、估计参数。尽管数据的目标契合度不高，但仍能从其中发现某些问题的答案。可见，数据挖掘对拓展数据应用具有举足轻重的作用。

二、对于海量、高维数据，怎样的建模策略能够更好地揭示数据特征，提高分析效率

数据挖掘要求分析方法能够适应大数据维度高、容量大的特点，并且解决由此产生的诸多新问题。

对于高维性，可以电商网络平台的会员数据为例理解。例如，会员数据可能包括诸如用户名、昵称、邮箱、手机号、地区、人口信息、认证信息、支付账户、订单情况、购物车、商品关注、店铺关注、活动关注、浏览历史、积分、投诉等方面。这些方面分别对应一个或多个维度。可见，数据对象特征刻画得越全面，相应数据的维度就越高。高维度是大数据的重要特点之一。数据容量通常是指数据集中的数据对象（也称观测）个数。高维度和大容量使数据分析的难度加大。

1. 高维度引发的问题

首先，并非所有维度对数据分析均有同等重要的意义。例如，性别对化妆品的消费偏好影响可能大于地区，收入对于奢侈品的消费选择影响可能大于年龄，等等。不加区分地令所有维度都参与到数据建模中，不仅会大大降低分析效率，还可能导致分析结果过于复杂（如推理规则中条件过于冗长，数学模型过于复杂）而不易推广应用，更重要的是可能导致计算复杂度剧增甚至"维灾难"问题。所以，找到有重要影响的维度（也称特征选择），有效降低维数，是数据挖掘的重要方面。对此，通常采用统计学方法解决高维数据的特征选择问题。具体内容将在后续章节集中讨论。

此外，高维数据的可视化也是一个复杂问题。可视化是揭示数据特征的重要图形工具。因为人们只能在低维空间中理解数据，所以如何将高维数据的特征展示在低维空间中也是数据挖掘研究的重要方面。它既需要统计学的理论指导，也需要借助计算机可视化技术实现。

2. 大容量引发的问题

数据容量大可能导致某些理论上可行的统计建模方法和机器学习方法因假定严苛或要求的存储资源和计算资源过大、时间成本过高而无法应用于实际数据分析。统计建模和机器学习方法相融合是一种有效的解决途径。

传统统计学通常以提出一个假定的数学模型作为整个数据分析的起点。数学模型是对数据整体的抽象概括，要求严谨、准确。但大容量以及高维度使得在数据分析的开始就提出一个显而易见、恰当且简单的假定模型极为困难，并且使这种"模型驱动"式的统计学

分析思路在大数据分析中的适用性大打折扣。为此，数据挖掘更多地借鉴了机器学习的思路，将数据分析过程视为一种"数据驱动"式的探索过程。

例如，对于海量数据的预测问题，数据挖掘通过向数据学习，通过在其高维属性空间中的不断搜索，找到存在于解空间（包含所有可能解的空间）中的最能够体现和吻合数据输入和输出间数量关系的解，如图 1-9 所示。

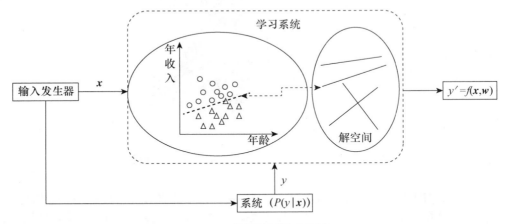

图 1-9　数据挖掘原理示例

以 1.3.1 节中分析具有某种特征（如已知年龄和年收入）的新顾客是否会购买某种商品为例。上述数据挖掘算法将顾客的年龄和收入等属性视为一个输入发生器的随机结果，记为 X，表示输入；不同属性特征顾客的不同消费行为记为 y，表示输出；将顾客特征与消费行为间的规律视为一个系统，系统的本质通过以 X 为条件 y 的概率 $P(y \mid X)$ 的形式表示。输入发生器将输入 X（顾客的年龄和年收入）送入系统，系统会给出输出 y（顾客的实际购买行为）。数据挖掘将输入 X 和输出 y 均送入学习系统，学习系统将在解空间所包含的解集 $f(X, W)$（W 是所有可能解的参数集合）中搜索到一个一般化的与系统的输入和输出数量关系最近似的解 $f(X, w)$（w 是最终解的参数集合），并给出预测值 y'。

遍历式的搜索效率低下，"有指导"的优化搜索是必不可少的。对此，可融入统计建模思想，依据损失函数指导搜索过程。损失函数 $L(e(y, f(X, w)))$ 是误差函数 e 的函数。误差函数是系统实际输出 y 与学习系统的预测值 y' 的函数。针对不同分析目标和数据类型，可定义不同的损失函数和误差函数。统计上较为典型的误差函数是误差平方函数等。若将损失函数看成误差与多维参数空间上的曲面，上述"有指导"的搜索过程就是沿误差函数曲面快速抵达误差全局最小或局部最小的过程，如图 1-10 所示。

搜索过程最终会以数据挖掘的算法形式展现。算法决定了探索的流程，对需自动化处理才可能实现的海量数据分析尤为关键，是机器学习特点的体现。数据挖掘的算法很多。例如，一种较为经典的算法是序贯估计。它从一个局部的数据点开始，后续逐个加入新的数据点并不断调整解，直至覆盖全体数据获得最终解。这种算法不仅在计算资源最小化下获得了计算效率的最大化，也为在线数据的动态挖掘（也称增量学习）提供了可能。此外，递归式的局部分割也是一种较为常见的算法。总之，数据挖掘算法注重计算资源问题。如果一种算法所要求的计算时间和内存容量随着数据量的增加而呈指数增长，则该算法往往是不可行的。

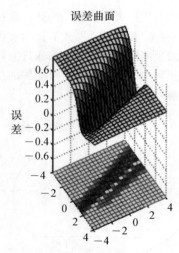

图 1-10　以误差为指导的搜索过程示意图

三、对于复杂类型和关系数据，怎样的建模策略能够清晰地揭示数据的特征

从计量角度看，有多种计量类型的数据，如收入、年龄等数值型数据，性别、职业等分类型数据，文化程度、产品质量等级等顺序型数据等。不同计量类型数据需采用不同的描述方式和分析方法。对此，统计学有非常成熟的研究成果并为数据挖掘所采纳。同时，数据挖掘也大量借鉴了机器学习的数据度量方式，如将熵、交互熵等测度引入诸多建模算法中。

此外，现实生活中不仅有上述以数字形式呈现的数据，还有大量以文本、图像、Web点击流等形式呈现的复杂类型数据。复杂数据研究主要集中在机器学习领域，不同研究的侧重点各异。例如，文本数据研究侧重于自然语言理解，图像数据研究侧重于模式识别等。数据挖掘充分借鉴了机器学习的复杂数据研究方法，并将研究重点集中于复杂数据的特征揭示以及相关性等方面。

再有，数据不仅包括个体（个体的含义是相对而言的，可以是微观意义上的个人等，也可以是中观或宏观意义上的组织或国家等）的属性特征数据，还可以包括个体间的关系。对此，数据挖掘将统计学、机器学习、可视化以及数学和社会学分析工具相结合，重点关注如何展示和刻画关系数据，如何剖析关系整体的特点以及结构组成，如何预测关系等问题，逐渐形成并完善了一整套对于关系的分析体系，称为网络分析方法。对此，将在后续章节具体讨论。

1.5　数据挖掘的典型应用

数据挖掘的应用极为广泛。易观智库（www.EnfoDesk.com）以应用成熟度和市场吸引力作为两个维度，给出了当前数据挖掘的十大典型应用及其分布，如图 1-11 所示。

图 1-11 表明，数据挖掘在电子商务领域的应用是最成熟和最具吸引力的，金融和电信行业紧随其后。政府公共服务领域的数据挖掘有较大的发展潜力，其应用成熟度未来将有巨大的提升空间。

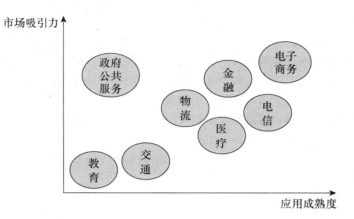

图 1－11　数据挖掘的十大典型应用分布图

进一步，数据挖掘在电子商务中的应用价值主要体现在市场营销和个性化导购等方面，有效实现用户消费行为规律的分析，制定有针对性的商品推荐方案，根据用户特征研究广告投放策略并进行广告效果的跟踪和优化。在金融行业中，数据挖掘主要应用于客户金融行为分析以及金融信用风险评估等方面。数据挖掘在电信企业中的应用主要集中在客户消费感受的分析等方面，目的是通过洞察客户需求，有针对性地提升网络服务的质量和安全性。在政府公共服务中，数据挖掘的作为主要体现在智慧交通和智慧安防等方面，旨在实现以数据为驱动的政府公共服务。医疗行业的数据挖掘应用价值集中在药品研发、公共卫生管理、居民健康管理以及健康危险因素分析等方面。

尽管上述典型数据挖掘应用所解决的问题不同，但研究思路类似，且问题的切入点也有很多共同之处。若对上述各个应用问题分别展开论述，内容难免冗余雷同。因此，这里仅对金融、电子商务、电信中的典型商业数据挖掘共性问题进行梳理并做详尽讨论，主要包括客户细分研究、客户流失分析、营销响应、交叉销售、欺诈甄别等方面，如图 1－12 所示。

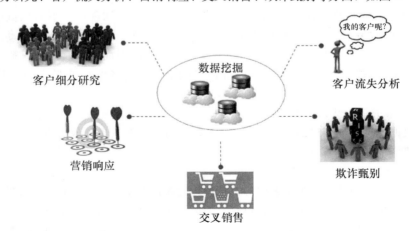

图 1－12　典型商业数据挖掘应用问题

1.5.1　数据挖掘在客户细分研究中的应用

客户细分（customer segmentation）的概念是美国著名营销学家 Wended R. Smith 于

20 世纪 50 年代中期提出的。客户细分是经营者在明确其发展战略、业务模式和市场条件下，依据客户价值、需求和偏好等诸多因素，将现有客户划分为不同的客户群，使得属于同一客户群的消费者具有较强的相似性，不同细分客户群间存在明显的差异性。

在经营者缺乏足够资源应对客户整体时，由于客户间价值和需求存在异质性，有效的客户细分能够帮助经营者准确认识不同客户群体的价值及需求，从而制定针对不同客户群的差异化的经营策略，以资源效益最大化、客户收益最大化为目标，合理分配资源，实现持续发展新客户、保持老客户、不断提升客户忠诚度的总体目标。

客户细分的核心是选择恰当的细分变量、细分方法并对细分结果进行评价和应用等。

1. 客户细分变量

客户细分的核心是选择恰当的细分变量。选择不同的细分变量可能得到完全不同的客户细分结果。传统的客户细分是基于诸如年龄、性别、婚姻状况、收入、职业、地理位置等客户基本属性的。此外，还有基于各种主题的，如基于客户价值贡献度、基于需求偏好、基于消费行为的客户细分等。

不同行业因其业务内容不同，客户价值、需求偏好以及消费行为的具体定义也不同，需选择符合其分析目标的细分变量。例如，电信行业 4G 客户细分，主要细分变量可以包括使用的手机机龄、自动漫游业务、月平均使用天数、月平均消费额、月平均通话时间、月平均通话次数、月平均上网流量等。又例如，商业银行为研发针对不同客户的有针对性的金融产品和服务，对于个人金融客户主要关注其年龄、家庭规模、受教育程度、居住条件、收入来源、融资记录等属性，对于企业金融客户主要关注其行业、企业组织形式、企业经营年限、雇员人数、总资产规模、月销售额、月利润等。同时，关注的贷款特征包括贷款期限、贷款用途、抵押物、保证人等。对于电子商务的客户细分，除关注其收入、职业特点、行业地位、关系背景等基本属性外，还需关注其喜好风格、价格敏感、品牌倾向、消费方式等主观特征，以及交易记录、积分等级、退换投诉、好评传播等交易行为特征。

能否选择恰当的细分变量取决于对于业务需求的认知程度。不同领域的客户细分问题中，客户的"好坏"标准可能不同。随着业务的推进以及外部环境的动态变化，这个标准也可能发生变化。所以，客户细分变量应在明确当前业务需求的基础之上确定。细分变量的个数应适中，以能覆盖业务需求为准，同时各细分变量之间不应有较强的相关性。

2. 客户细分方法

数据挖掘实现客户细分的主要方法是聚类分析。有关聚类分析的原理和特点等将在后续章节详细讨论。

3. 客户细分结果的评价和应用

客户细分的结果是多个客户群。在合理的客户群基础上制定有针对性的营销策略，才能获得资源效益的最大化以及客户收益的最大化。客户群的划分是否合理，一方面依赖于细分变量的选择；另一方面依赖于所运用的细分方法。细分方法的核心是数据建模，而数据建模通常带有"纯粹和机械"的色彩。尽管它给出的客户群划分具有数理上的合理性，但并不一定都是迎合业务需求的，所以还需从业务角度评价细分结果的实际适用性。例如，各个客户群的主要特征是否具有业务上的可理解性；客户群所包含的人数是否足够大，是否足以收回对其营销的成本；客户群的营销方案是否具有实施上的便利性；等等。

1.5.2　数据挖掘在客户流失分析中的应用

客户流失是指客户终止与经营者的服务合同或转向其他经营者提供的服务。通常，客户流失有如下三种类型。

第一，企业内部的客户转移，即客户转移到本公司的其他业务上。例如，银行因增加新业务或调整费率等所引发客户的业务转移，如储蓄账户从活期存款转移至整存整取，理财账户从购买单一类信托产品转移到购买集合类信托产品等。企业内部的客户转移就某项业务来看存在客户流失现象，可能对企业收入产生一定影响，但就企业整体而言客户并没有流失。

第二，客户被动流失，即经营者主动与客户终止服务关系。例如，金融服务商由于客户欺诈等行为而主动终止与客户的关系。

第三，客户主动流失，包括两种情况：一种情况是客户由于各种原因不再接受相关服务；另一种情况是客户终止当前服务而选择其他经营者的服务，例如，手机用户从中国联通转到中国移动。通常客户主动流失的主要原因是客户认为当前经营者无法提供其所期望的价值服务，或是希望尝试其他经营者所提供的新业务。

数据挖掘的客户流失分析主要针对上述第三种类型，它是以客户基本属性和历史消费行为数据为基础，通过适当的数据挖掘方法而进行的各种量化建模。主要围绕以下两个目标：

（1）客户流失原因的分析。目的是为制定客户保留方案提供依据。即找到与客户流失高度相关的因素，如哪些特征是导致客户流失的主要特征，具有哪些属性值或消费行为的客户容易流失等。例如，抵押放款公司需了解具有哪些特征的客户会因为竞争对手采用低息和较宽松条款而流失；保险公司需了解取消保单的客户通常有怎样的特征或行为。只有找到客户流失的原因，才可能依此评估流失客户对经营者的价值，分析诸如哪类流失客户会给企业收入造成严重影响，哪类会影响企业的业务拓展，哪类会给企业带来人际关系上的损失，等等。客户流失原因分析的核心目的是为制定客户保留方案提供依据。

数据挖掘中的分类方法可应用于客户流失原因的分析。分类方法的原理和特点等将在后续章节详细讨论。

（2）客户流失的预测。目的是为测算避免流失所付出的维护成本提供依据。客户流失预测有以下两个主要方面。

第一，预测现有客户中哪些客户流失的可能性较高，给出一个流失概率由高到低的排序列表。由于对所有客户实施保留的成本很高，只对高流失概率客户开展维护，将大大降低维护成本。对流失概率较高的客户，还需进一步关注他们的财务特征，分析可能导致其流失的主要原因是财务的还是非财务的。通常由于非财务原因流失的客户是高价值客户，这类人群一般正常支付服务费用并对市场活动做出响应，是经营者真正需要保留的客户。给出流失概率列表的核心目的是为测算避免流失所付出的维护成本提供依据。

客户流失概率的研究可通过经典统计方法实现。这些方法的原理和特点等将在后续章节详细讨论。

第二，预测客户可能在多长时间内流失。如果说上述第一个方面是预测客户将在怎样的情况下流失，这里的分析则是预测客户将在什么时候流失。

统计学中的生存分析可有效解决上述问题。生存分析以客户流失时间为响应变量建模，以客户的人口统计学特征和行为特征为解释变量，计算每个客户的初始生存率。客户生存率会随时间和客户行为的变化而变化，当生存率达到一定的阈值时，客户就可能流失。生存分析通常不属于数据挖掘的范畴，本书不予讨论。

1.5.3　数据挖掘在营销响应分析中的应用

为发展新客户和推广新产品，企业经营者通常需要针对潜在客户开展有效的营销活动。在有效控制营销成本的前提下，了解哪些客户会对某种产品或服务宣传做出响应等是提高营销活动投资回报率的关键，也是营销响应分析的核心内容。

营销响应分析的首要目标是确定目标客户，即营销对象。对正确的目标客户进行营销，是获得较高客户响应概率的前提。因营销通常涉及发展新客户和推广新产品两个方面，所以营销响应分析中的关注点也略有差异。

1．发展新客户

在发展新客户的过程中，可以根据已有的现实客户数据分析其属性特征。通常与现实客户具有相同或类似属性特征的很可能是企业的潜在客户，应视为本次营销的目标客户。

2．推广新产品

在推广新产品的过程中，若新产品是老产品的更新换代，或与老产品较为相似，则可通过分析购买老产品的客户数据发现他们的属性特征。通常可视这类现实客户为本次营销的目标客户，同时具有相同或类似属性特征的潜在客户也可视为本次营销的目标客户，他们很可能对新产品感兴趣。

若新产品是全新的，尚无可供参考的市场和营销数据，则可首先依据经验和主观判断确定目标客户的范围，并随机对其进行小规模的试验性营销。然后，依据所获得的营销数据，找到对营销做出响应的客户属性特征。具有相同或类似属性特征的现实客户和潜在客户，通常可视为本次营销的目标客户。

确定目标客户之后还需进一步确定恰当的营销活动。所谓恰当的营销活动，主要是指恰当的营销时间、恰当的营销渠道、恰当的营销频率，它们与目标客户共同构成营销活动的四要素。对于具有不同特征的目标客户，优化营销渠道和事件触发点，实施有针对性的个性化营销，获得客户偏爱和营销成本的最优结合，可进一步提升营销响应率，取得更理想的投资回报率。

数据挖掘预测类分析方法是进行营销响应分析的有效手段。这些方法的原理和特点等将在后续章节详细讨论。

1.5.4　数据挖掘在交叉销售中的应用

交叉销售是在分析客户属性特征以及历史消费行为的基础上，发现现实客户的多种需求，向客户销售多种相关产品或服务的营销方式。

例如，保险公司在了解投保人需求的基础上，尽可能为现实客户提供其本人以及家庭所需要的所有保险产品。如在为客户介绍某款意外险产品的同时，了解客户的其他保险需求并做推荐。比如了解其房屋状况，介绍合适的家庭财险产品；了解其家庭成员情况，推荐少儿保险；了解客户的支付能力，推荐寿险产品；等等。在传统管理和营销模式下，这样的交叉销售会被视为一种销售渠道的拓展方式。例如，寿险公司以寿险业务发展成熟为前提条件，通过寿险渠道代理销售财险业务等。但这种认识正在被慢慢弱化。

交叉销售的深层意义在于主动创造更多的客户接触企业的机会。一方面使企业有更多机会深入理解客户需求，提供更适时的个性化服务；另一方面增强客户对企业的信任和依赖，从而形成一种基于互动的双赢的良性循环。交叉销售是提升客户的企业忠诚度、提高客户生命周期价值的重要手段，也是一种通过低成本运作（如研究表明交叉销售的成本远低于发展新客户的成本）提高企业利润的有效途径。

交叉销售一般包括产品交叉销售、客户细分交叉销售等主要方面。

1. 产品交叉销售

产品交叉销售是指通过分析客户消费行为的共同规律，从产品相关性和消费连带性角度发现最有可能捆绑在一起销售的产品和服务，通过迎合客户需求的产品和服务的组合销售方式提升客户价值。产品交叉销售并不局限于对同次消费的产品绑定，还包括基于产品使用周期的客户未来时间段消费的预判，并由此在恰当的时间点向客户提供相关产品和服务等。

2. 客户细分交叉销售

客户细分交叉销售是对产品交叉销售的拓展。不同特征客户群体的消费规律很可能是不同的。客户细分交叉销售强调在客户细分的基础上，依据客户的自身属性特征找到所属客户群的消费规律，并依此确定交叉销售产品或服务。这种交叉销售关注客户偏好，更有助于提升交叉销售的精准性和个性化程度。

目前产品交叉销售和客户细分交叉销售较常见于电子商务的个性化推荐系统。个性化推荐系统是一个高级商务智能平台，它根据性别、年龄、所在城市等客户属性特征和相应的消费规律、最热卖的商品、高概率的连带销售商品等数据，适时地向不同客户推荐其最可能感兴趣的商品。个性化推荐系统不仅有效缩短了客户浏览和挑选商品花费的时间，更重要的是通过个性化服务，创造了更多客户与企业接触的机会。

数据挖掘的发现关联性等方法均可有效应用于交叉销售。这些方法的原理和特点等将在后续章节详细讨论。

1.5.5　数据挖掘在欺诈甄别中的应用

新技术发展向各行业的欺诈防御提出了新的挑战。高性能的欺诈诊断程序及其不间断的执行，在欺诈防御失效的第一时间准确甄别出欺诈行为，是有效应对信用卡欺诈、电信欺诈、计算机入侵、洗钱、医药和科学欺诈的重要手段。

欺诈甄别依据海量历史数据进行分析，涉及两种情况：第一，甄别历史上出现过的欺诈行为；第二，甄别历史上尚未出现的欺诈行为。

1. 甄别历史上出现过的欺诈行为

历史上出现过的欺诈行为在数据上表现为带有明确的是否为欺诈的标签。例如，对已知的银行信用卡恶意透支行为各账户上均有明确的变量取值，如 1 表示欺诈，0 表示正常。依据这些数据可以找到欺诈行为与账户特征之间的一般性规律，并通过数据挖掘的分类模型体现。进一步，分类模型能够为甄别某个账户是否存在较高的欺诈风险提供依据。

需要说明的是，由于上述欺诈行为的账户特征通常会因防范措施的不断改进而变化，所以欺诈甄别的模型分析结论一般只能作为参考，是否确为欺诈还需要人工判断。为此，欺诈甄别的分类模型不仅要给出判断结果，还应给出一个欺诈风险评分。评分越高，欺诈的可能性越大。即按风险评分从高到低的顺序给出最有可能出现欺诈行为的账户列表供行业专家判断。

2. 甄别历史上尚未出现的欺诈行为

历史上尚未出现的欺诈行为在数据上表现为没有明确的是否为欺诈的标签。在这种情况下，欺诈可定义为前面提及的模式，具有其他众多数据所没有的某种局部的、非随机的、非常规的特殊结构或相关性。对此，模式诊断是发现欺诈的主要方法，但仍需给出相关的欺诈风险评分。

依据按顺序排列的账户列表进行人工再甄别的成本通常较高。模型的错判损失（原本欺诈错判为正常的损失，原本正常错判为欺诈的损失，如因质疑清白账户对客户关系带来的负面影响等）会因行业不同而有高有低。所以，对于上述两种情况，实际欺诈甄别均需依据行业特点，核算甄别成本和欺诈成功甄别所能挽回的损失，找到两者的平衡点，并最终确定一个欺诈评分的最低分数线，高于该分数线的账户需进行人工再甄别。

1.6　R 语言入门必备

数据挖掘一方面需要深厚的理论知识，另一方面也离不开有效的软件工具。

R 语言是一种面向统计分析和数据挖掘的共享软件平台，前身是 1976 年美国贝尔实验室开发的 S 语言。20 世纪 90 年代，R 语言正式问世，因两名主要研发者 Ross 和 Robert 姓名首字母均为 R 而得名。目前，R 已发展成为开放性的可运行于 Windows，Linux，Mac OS X 操作系统之上，支持统计分析和数据挖掘理论探索和应用实践的强大软件平台。

R 的突出特点表现为：第一，共享性。使用者可以到相应的网站免费下载和使用。第二，分析方法丰富。R 不仅包括众多经典通用的统计方法和数据挖掘方法，还拥有大量面向不同应用领域问题的前沿和专用的模型算法。第三，灵活性。R 支持计算机编程。用户可以通过编程实现数据整理的自动化和批量化，可以通过调用 R 的现成模型和算法解决一般性的数据挖掘问题，可以自行编写程序解决特殊的数据挖掘问题。

共享性使得 R 博大精深，但也会令初学者眼花缭乱，因无从下手而感觉软件体系庞杂。学习和掌握 R 的有效途径是随着数据挖掘实践进程的推进，依据目标分阶段、有针对性地进行。数据挖掘过程与一般数据分析过程相同，主要包括数据组织、数据预处理、数据可视化、数据分析建模以及模型验证等阶段。所以，R 的学习也应遵循这个过程循序渐进地扩展和深入。

学习 R 的第一步是了解 R 的术语、软件整体架构和运行环境等。

1.6.1　R 的包

R 语言是一种面向统计分析和数据挖掘的共享性和开源性软件平台。简单来讲，R 是一个关于包的集合。包是关于函数、数据集、编译器等的集合。编写 R 程序的过程就是通过创建 R 对象组织数据，通过调用系统函数或者创建并调用自定义函数，逐步完成数据挖掘各阶段任务的过程。

包是 R 的核心，可划分为基础包（base）和共享包（contrib）两大类。

1. 基础包

基础包，顾名思义，为 R 的基本核心系统，是默认下载和安装的包，由 R 核心研发团队（Development Core Team，简称 R Core）维护和管理。基础包支持各类基本统计分析和基本绘图等功能，并包含一些共享数据集供用户使用。

2. 共享包

共享包是由 R 的全球性研究型社区和第三方提供的各种包的集合。迄今为止，共享包中的"小包"已多达 11 000 多个，涵盖了各类现代统计和数据挖掘方法，涉及地理数据分析、蛋白质质谱处理、心理学测试分析等众多应用领域。使用者可根据自身的研究目的，有选择地自行指定下载、安装和加载。

1.6.2　R 的下载安装

读者可通过 R 的主站点 www.r-project.org 进入分布全球的服务器免费下载 R 软件。网站主页如图 1-13 所示。

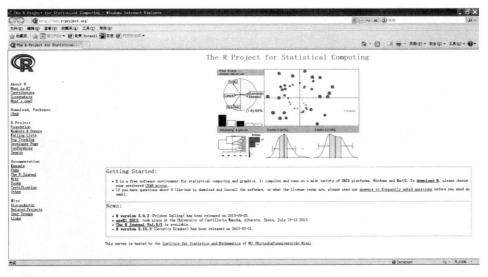

图 1-13　R 网站主页

R 主页列出了与 R 有关的各类信息，包括 R 社区的主要成员情况、R 的相关帮助文档等。R 的基础包、相关文档和大多数共享包以 CRAN（comprehensive R archive network，http://CRAN.R-project.org）的形式集成在一起。同时，为确保不同地区 R 用户的下载速度，在全球众多国家均设置了镜像链接地址。镜像可视为一种全球范围的缓存，每个镜像地址对应一个镜像站点（mirror site），它们有各自独立的域名和服务器，存放的 R 系统是主站点的备份，内容与主站点完全相同。用户下载 R 时，需首先用鼠标单击 CRAN 链接，选择一个镜像链接地址。国内的 R 用户可以选择 R 在中国的镜像站点。

R 支持在 Windows，Linux，Mac OS X 操作系统上运行，用户可根据不同情况选择不同的链接。如选择 Download R for Windows，表示下载运行于 Windows 操作系统的 R，显示窗口如图 1-14 所示。

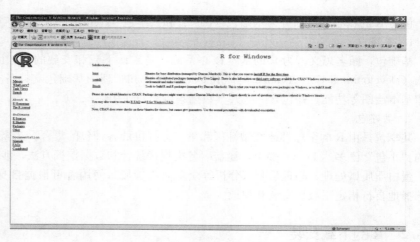

图 1 - 14　R 的下载窗口

用鼠标单击 base 基础包，下载可执行文件，文件名如 R-3.1.3-win.exe，R-3.4.2-win.exe 等。R 的版本不同，可执行文件名也会有所差别。成功下载 R 之后，即可按照 Windows 软件的一般安装方式进行安装。

1.6.3　R 起步

成功启动 R 之后显示的窗口如图 1 - 15 所示。

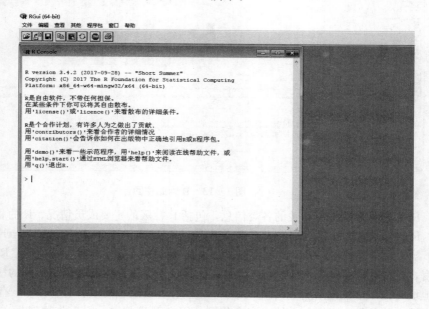

图 1 - 15　R 的工作窗口

在图 1 - 15 中：

● 名为 "RGui（64-bit）" 的窗口为 R 的主窗口，用于管理 R 的运行环境。

● 名为 "R Console" 的窗口为 R 的控制台窗口，R 的操作以及计算结果等均将默认显示在该窗口中。

控制台窗口中的">"为 R 的提示符，意味着当前已成功启动 R，且处于就绪状态等待用户输入。用户应在该提示符后书写相关的指令内容。

需要注意的是：R 的书写严格区分英文大小写；可利用键盘上的上下箭头键，回溯显示以往已输入的指令内容。

R 的起步从以下四个方面开始：

第一，R 的相关概念。

第二，R 的工作环境。

第三，如何获得 R 的帮助文档？

第四，如何拓展使用包和函数？

一、R 的相关概念

使用 R 的过程即在 R 的工作空间中，通过调用已被加载包中的函数创建和管理 R 对象并进行相关数据挖掘的过程。涉及以下基本概念。

1．工作空间

工作空间（workspace，也称工作内存）简单来讲就是 R 的运行环境。R 会自动将基础包加载到工作空间中，从而为数据挖掘提供最基本的运行保障。基础包由很多"小包"组成。R 启动后仅自动将其中的部分"小包"加载到工作内存，还有一些"小包"需用户根据分析需要手工选择性地加载。用户只能调用已载入工作空间的包中的函数和数据集等。

2．函数

R 函数是存在于 R 包中的实现某个计算或某种分析的程序段。每个函数均有一个函数名，它是用户进行函数调用的唯一标识。可通过以下两种格式调用函数：

格式一：函数名()。这种函数名后的括号中无任何内容的函数调用，称为无形式参数的函数调用。对此，R 将以默认的参数值调用和运行函数，运行结果即函数值将默认显示在 R 的控制台窗口中。

格式二：函数名(形式参数列表)。这是一种有形式参数的函数调用，即需在函数名后的括号中依顺序给出一个或多个形式参数，各参数之间以英文逗号隔开。对此，R 将以指定的参数值调用和运行函数，函数值将默认显示在 R 的控制台窗口中。

3．R 对象

R 对象是存在于工作空间中的程序处理基本单元。R 中的分析数据、相关分析结果等均以 R 对象的形式来组织。每个 R 对象都有一个对象名，是用户访问对象的唯一标识。访问 R 对象的格式：直接给出对象名。

R 的工作空间中加载了哪些包，各个包中包含哪些函数，如何利用这些函数创建和管理 R 对象并进行数据挖掘工作，是 R 数据挖掘学习的主要线索。

二、R 的工作环境

围绕 R 数据挖掘学习的主要线索，了解 R 的工作环境需关注如下三个问题：第一，R 主窗口的作用；第二，当前工作空间中已加载了基础包中的哪些"小包"；第三，已加载包中有哪些可被调用的函数。

第一，R 主窗口的作用。R 主窗口的作用是管理 R 的运行环境。通过窗口菜单和工具栏，可完成以下工作：

● 【文件】菜单：新建、打开、打印和保存 R 程序文件，管理 R 的工作空间。

- 【编辑】菜单：编写R程序，清理R控制台。
- 【查看】菜单：指定在主窗口中是否显示状态栏，是否显示工具栏。
- 【其他】菜单：终止当前或所有运算，显示或删除工作空间中的R对象，显示当前已加载的包名称列表等。
- 【程序包】菜单：加载已下载的包。在线条件下，指定镜像地址，下载安装共享包，对已下载安装包进行更新等。
- 【窗口】菜单：指定R主窗口所包含的其他窗口（如控制台窗口、程序编辑窗口、图形窗口等）的排列形式等。如左右排列（【水平铺】）或上下排列（【垂直铺】）等。
- 【帮助】菜单：以各种方式浏览R的帮助文档等。

第二，当前工作空间中已加载了基础包中的哪些"小包"。为了解当前R的工作空间中已加载了哪些包，可选择R主窗口菜单：【其他】→【列出查找路径】，或在控制台的提示符"＞"后调用函数search()，即以无形式参数的方式调用名为search的函数。于是，已加载包的名称列表将显示在R的控制台中。

默认加载的包和主要功能如下：base包，是基本的R函数包；datasets包，是基本的R数据集包；grDevices包，是基本图形设备管理函数包；graphics包，是基本绘图函数包；stats包，是各类统计函数包；utils包，是R管理工具函数包；methods包，是关于R对象的方法和类定义函数包等。可调用函数library()，查看各包的功能说明。

第三，已加载包中有哪些可被调用的函数。为了解已加载包中有哪些可被调用的函数，调用函数library(help="包名称")。例如，library(help="stats") 即以有形式参数（这里的形式参数为help="stats"）的方式调用名为library的函数。于是，R将自动显示stats包的版本号，作者，所包含的函数名、函数功能、测试数据集等。

三、如何获得R的帮助文档

对于R的初学者，学会使用R的帮助文档是必要的。要获得R的帮助可在控制台提示符"＞"后调用以下主要函数：

1. help. start()

该函数以浏览器的形式打开R的帮助手册，如图1-16所示。

图1-16　R的帮助手册

图 1-16 以链接的形式显示了 R 的相关资源和整套帮助手册。用户只需用鼠标单击相关链接即可浏览相应内容。

2. help(函数名)：用于查看指定函数的帮助文档

例如，help(boxplot)，显示内容如图 1-17 所示。

图 1-17　函数 boxplot 的帮助文档

R 的函数帮助文档通常包括函数的功能说明（参见 Description 部分）、函数的调用形式（参见 Usage 部分）、形式参数的含义（参见 Arguments 部分）、形式参数的具体取值（参见 Value 部分）、调用示例（参见 Examples 部分）等主要内容。

3. help. search("字符串")：用于查看包含指定字符串的帮助文档

例如，help. search("box")。

四、如何使用拓展包和函数

拓展包和函数的使用应关注如下问题：第一，当前下载安装了哪些包；第二，如何加载尚未加载的包并调用其中的函数；第三，如何使用共享包。

第一，当前下载安装了哪些包？选择窗口菜单【程序包】→【加载程序包】，自动弹出一个名为"Select one"的窗口，显示所有已下载安装的 R 包名称，其中包括已加载的包和尚未加载的包。

第二，如何加载尚未加载的包并调用其中的函数？基础包中有一些"小包"不会自动加载到 R 的工作空间中，已下载安装的共享包也不会自动加载。若需加载，应在上述名为"Select one"的窗口中选择一个包名，或调用函数 library("包名称")，指定加载相应包到 R 的工作空间中。

需要注意的是：

● R 运行期间包只需加载一次即可。退出并重新启动 R 后，还需再次加载。

● 对于不再有用的包，可卸载出 R 的工作空间，调用函数 detach("package:包名称")即可。

包成功加载后便可按前述方式浏览包中可调用的函数，进行无形式参数或有形式参数的函数调用。

第三，如何使用共享包？共享包的使用步骤是"先下载安装，再加载，后使用"，即首先下载安装共享包，然后将其加载到 R 的工作空间中，最后按照前述步骤浏览包中的函数并以无形式参数或有形式参数的方式调用相应函数。

若 R 启动后处于在线环境下，共享包的下载安装操作步骤分为以下两步：

第一步，指定镜像站点。选择菜单【程序包】→【设定 CRAN 镜像】。

第二步，下载安装。选择菜单【程序包】→【安装程序包】，或调用函数 install. packages("包名称")，下载安装所指定的包。

此外，还可以选择菜单或调用函数实现以下与 R 包下载安装相关的功能：

● 如果包已事先下载到本地计算机硬盘上，可选择菜单【程序包】→【Install package(s) from local files…】，指定压缩文件后完成包的安装操作。

● 调用函数 old. packages()，显示已下载安装且当前有新版本的包的目录、版本、网络镜像站点等信息。

● 如果已下载的包有了更新版本，可选择菜单【程序包】→【更新程序包…】，或调用函数 update. packages("包名称")，进行在线更新。

● 调用函数 new. packages()，显示尚未安装的新包名称列表。

● 调用函数 RSiteSearch("检索词")，自动检索与检索词有关的 R 包信息和帮助页面。例如，RSiteSearch("neural network") 表示检索与 "neural network"（神经网络）有关的 R 包手册。

需要说明的是，共享包通常可利用 Rtools 离线开发，并通过 ftp 上传至 CRAN (http://CRAN. R-project. org)，也可借助 R-Forge (http://R-Forge. R-project. org) 开发平台以工程（Projects）形式研发 R 包和相关软件产品。R-Forge 提供统一的对 R 包及相关软件产品的日常检查、出错跟踪、备份等服务。下载 R-Forge 上的 R 包时，一般需指定下载地址 (http://R-Forge. R-project. org)。此外，R 包下载安装后均会自动被 R CMD check 检查以确保在不同系统平台上正确运行。

共享包下载安装完毕后，还需将它们加载到 R 的工作空间中才可调用其中的函数。

需强调的是，R 的某些共享包之间是存在某种依赖（depend）关系的。例如，A 包中的某些函数具有较强的独立性和通用性。在研发 B 包时，为提高开发效率，B 包会直接调用 A 包中的某些通用函数。对此，称 B 包依赖于 A 包。若 B 包依赖于 A 包，则要求在加载 B 包之前首先加载 A 包。可调用函数 library(help="包名称") 或 installed. packages()，了解包之间的依赖关系。此外，包在加载时也会有相关提示信息。

1.6.4　R 的运行方式和其他

R 有两种运行方式：第一，命令行运行；第二，程序（脚本）运行。

一、命令行运行方式

命令行运行方式是指在 R 控制台的提示符">"后，输入一条命令并按回车键，得到运行结果，适用于较为简单、步骤较少的数据处理和分析。图 1-18 所示即为命令行运行方式。

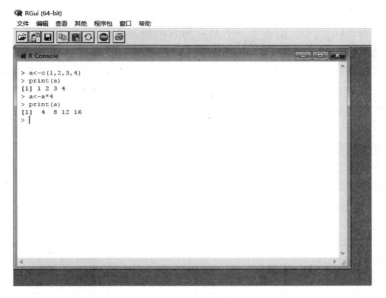

图 1 - 18　R 的命令行运行方式示例

若控制台的内容较多希望清除，可选择菜单【编辑】→【清空控制台】。

需要注意的是，如果一条命令没有输入完整就按回车键，R 会在下一行显示提示符"＋"，并等待用户继续输入。按 Esc 键可终止继续输入。

二、程序运行方式

程序运行方式也称脚本运行方式，是指首先编写 R 程序，然后一次性提交运行该程序，适用于较为复杂、步骤较多的数据处理和分析。

1. 新建或打开 R 程序

新建或打开 R 程序的菜单为【文件】→【新建程序脚本】或【打开程序脚本…】。R 程序的文件扩展名为.R。图 1 - 19 所示的是通过名为"R 编辑器"的程序窗口编写 R 程序的示例。

图 1 - 19　R 的程序（脚本）运行方式示例

图 1-19 中，R 主窗口被划分为上、下两个部分。上部分为 R 的程序编辑器窗口，正在编辑名为"L1_1.R"的程序。下部分为 R 的控制台窗口。

2. 执行 R 程序

可采用两种方式执行 R 程序：第一，逐行交互方式；第二，批处理方式。

执行 R 程序时可采用逐行交互方式。选择菜单【编辑】→【运行当前行或所选代码】或按工具栏上的 按钮，自动运行光标所在行或已选行的程序。运行结果将显示在控制台窗口中。

还可采用批处理方式执行程序，主要步骤是：

第一步，指定 R 程序所在的目录为 R 的当前工作目录。当前工作目录是 R 默认读取文件、数据和保存各种结果的目录。若不特别指定，R 将自动到当前工作目录寻找需运行的程序。调用函数 getwd()，可获得当前目录名。

例如：

```
getwd()
[1] "F:/Documents and Settings/ccccc/My Documents"
```

通常，用户自己编写的 R 程序并不存放在默认目录中，此时需指定某个特定目录作为 R 的当前工作目录。选择菜单【文件】→【改变工作目录…】，并指定目录，也可调用函数 setwd("路径名")。

例如：

```
setwd("D:\\xuewei\\R 数据挖掘")
```

需要注意的是，需用"\\"表示路径中的反斜线"\"。原因在于 R 是利用 C 语言编写的。在 C 语言中反斜线"\"是有特殊函数的转义符，并不代表反斜线本身，"\\"才代表反斜线。

第二步，执行当前工作目录中的指定 R 程序。调用函数 source("R 程序名")。

例如，执行当前工作目录中名为"L1_1.R"的程序：

```
source("L1_1.R")
[1] 1 2 3
[1] 4 8 12
```

可见，这里的结果与前述命令行方式完全相同，但这里并不显示各行程序代码，结果显示更为简洁。

三、程序执行结果的输出

R 程序的执行结果默认输出到控制台上。当处理的数据量较大，计算结果较多时，往往希望在计算结果输出到控制台的同时，将其保存到一个指定的文本文件中。为此，需在程序的第一行调用函数 sink()，基本书写格式为：

sink("结果文件名",append＝TRUE/FALSE,split＝TRUE/FALSE)

其中，结果文件一般为文本文件，默认位于当前工作目录下；参数 append 取 TRUE 表示若当前工作目录下有与结果文件同名的文件，则本程序的计算结果将追加到原文件内容的后面，取 FALSE 表示将本程序的计算结果覆盖原文件的内容；参数 split 取 TRUE 表示在计算结果输出到指定文件中的同时，还输出到控制台上，取 FALSE 表示计算结果仅输出到指定文件中。

如果后续输出结果不再需要保存到文件中，只需在相应行书写 sink() 即可。

例如：

```
sink("MyOutput. txt",append=FALSE,split=FALSE)    ♯将以下行的输出结果保存到
MyOutput. txt 文件中
a <- c(1,2,3)
print(a)
a <- a * 4
print(a)
sink()    ♯以下行的输出结果将仅输出到控制台中
```

四、R 的环境文件

若需以文件形式保存 R 工作空间中的对象和控制台指令（函数）等，就应创建 R 的环境文件。选择菜单【文件】→【保存工作空间…】，【文件】→【保存历史…】，将会在当前工作目录下依次创建两个名为“.Rdata”和“.Rhistory”的环境文件，分别存储 R 对象和指令清单等。再次启动 R 后，选择菜单【文件】→【加载工作空间…】，【文件】→【加载历史…】，即可将上次保存的环境文件中的内容再次加载到工作空间。环境文件便于继续以往尚未完成的 R 工作。

1.7　RStudio 简介

RStudio 是 RStudio 公司推出的一款 R 语言程序集成开发工具，可有效提高 R 语言程序开发的便利性。RStudio 提供了良好的 R 语言代码编辑环境、R 程序调试环境、图形可视化环境以及方便的 R 工作空间和工作目录管理。

可到 https://www.rstudio.com/网站免费下载 RStudio。安装成功启动后的窗口如图 1-20 所示。

RStudio 窗口默认包括以下四个区域：

● 左上区域为 R 的程序代码区域。在该区域中书写、调试和运行 R 程序。

● 左下区域为 R 的控制台。R 程序的运行结果默认输出到该区域中。

● 右上区域为 R 的工作空间管理区域。主要显示工作空间中已加载的 R 包、R 对象，以及上次工作的历史记录等。

● 右下区域为 R 的工作目录管理、图形显示、帮助等区域。其中，选择 Files 选项卡显示当前工作目录中的文件列表；选择 Plots 选项卡显示图形；选择 Packages 选项卡显示已安装的 R 包；选择 Help 选项卡显示帮助文件；等等。

RStudio 的操作使用非常易学。

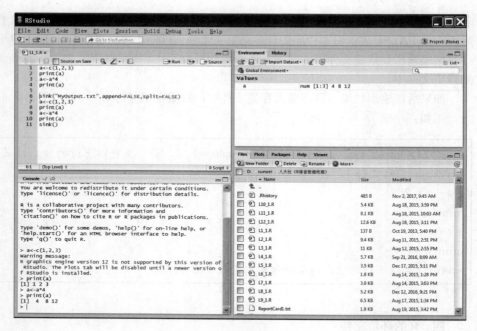

图 1 – 20　RStudio 界面

可选择菜单：【Tools】→【Global Options】对 RStudio 环境进行必要的设置，窗口如图 1 – 21 所示。

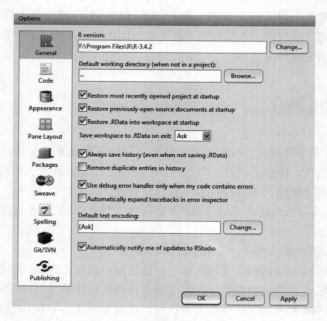

图 1 – 21　RStudio 设置窗口

可选择 General 选项卡，设置 RStudio 基于的 R 版本、默认的工作目录、默认的文本编码规则等。可选择 Packages 选项卡，设置在 RStudio 中下载 R 包时默认的 CRAN 镜像地址等。

1.8　本章函数列表

本章涉及的 R 函数如表 1-1 所示。

表 1-1　　　　　　　　　　　　　本章涉及的 R 函数列表

函数名	功能
search()	浏览已加载包的名称
library()	查看包的功能说明
library(help=)	浏览指定包中的函数
library("包名称")	加载指定包到 R 的工作空间
help. start()	启动 R 的帮助文档
help(函数名)	浏览指定函数的帮助文档
help. search()	浏览包含指定字符串的函数的帮助文档
detach()	从 R 的工作空间中卸载指定的包
install. packages()	下载安装指定包
old. packages()	显示已下载安装且当前有新版本的包的目录、版本、网络镜像站点等信息
update. packages()	在线更新指定包
new. packages()	显示尚未安装的新包名称列表
RSiteSearch()	自动检索与检索词有关的 R 包信息和帮助页面
getwd()	浏览 R 的当前工作目录
setwd()	指定 R 的当前工作目录
source()	运行指定的 R 程序
sink()	将后续控制台的输出保存到指定结果文件中，或不再保存到文件中

C 第 2 章
Chapter 2　R 的数据组织和整理

数据挖掘的首要任务是将已有数据以恰当的形式组织和整理，为后续分析奠定良好的数据基础。

2.1　R 的数据对象

数据对象是 R 存储管理数据的基本方式。每个数据对象都有一个对象名，它是创建、访问和管理对象的唯一标识。对象名通常由若干个区分大小写的英文字母组成。R 数据对象可有两种不同角度的类型划分：第一种，从存储角度划分类型；第二种，从结构角度划分类型。

2.1.1　从存储角度划分 R 对象

数据对象是 R 组织数据的基本方式。由于不同类型数据在计算机中所需的存储字节不同，可将 R 数据对象划分为数值型、字符串型、逻辑型等主要存储类型。了解 R 数据对象的存储类型，能够有效避免后续 R 程序编写过程中的某些语法错误。

1. 数值型

数值型（numeric）是计算机存储诸如家庭人口数、身高等数字形式数据的类型总称。数值型可进一步细分为整数型和实数型。整数型（integer）是整数的组织形式。根据整数位数的长短，通常需要 2 个字节或 4 个字节的存储空间。实数型用来组织包含小数位的数值型数据。根据实数取值范围的大小和小数位精度的高低，通常需要 4 个字节或 8 个字节存储。占用 8 个字节空间的实数称为双精度型（double）数。R 中的数值型数据均默认为双精度型数，其常量的具体形式如 123.5，1.235E2，1.235E$-$2 等。其中，1.235E2 表示 1.235×10^{2}，1.235E$-$2 表示 1.235×10^{-2}，均为科学计数法形式。

2. 字符串型

字符串型（character）是计算机存储诸如姓名、籍贯等字符形式数据的类型。字符串型常量的具体形式如"ZhangSan"，"Beijing"等，是由英文双引号括起来的一个字符序列，简称字符串。字符串的长度决定了存储所需占用的字节数。

3．逻辑型

逻辑型（logical）是计算机存储诸如是否已婚、是否通过某个考试等是非判断形式数据的类型。逻辑型数据只有真（是）、假（否）两个取值，具体形式为大写的英文单词 TRUE 和 FALSE。它们之间的关系是 TRUE 等于!FALSE，FALSE 等于 !TRUE。其中符号"!"表示取反操作。逻辑型数据只需 1 个字节存储。

2.1.2　从结构角度划分 R 对象

数据对象是 R 组织数据的基本方式。由于数据挖掘实践中有不同的数据组织结构，所以 R 数据对象可划分为向量、矩阵、数组、数据框、列表等多种结构类型。了解 R 数据对象的结构类型，是根据数据实际情况选择恰当数据组织方式的基础。

1．向量

向量（vector）是 R 数据组织的基本单位，是多个具有相同存储类型的数据的集合。一个向量一般对应一个变量。变量是统计学的基本概念，如年龄、月收入、性别等都是变量。每个变量通常有多个变量值（如 24 岁即为年龄变量的一个变量值）。变量是数据挖掘的最小单位。因变量值一般按列组织，所以若无明确说明，向量均为列向量。

需要注意的是，因子（factor）是一种特殊的向量。后面将详细讨论。

2．矩阵

矩阵（matrix）用于组织多个具有相同存储类型的变量，是一个二维表格形式。通常情况下，矩阵的列称为变量，行称为观测。

3．数组

数组（array）是多个具有相同存储类型的矩阵的集合，是多张二维表的罗列。通常用于存放面板数据。面板数据是统计学上的称谓，这类数据具有截面数据和时间序列数据两方面的特点。

4．数据框

数据框（data frame）用于组织多个存储类型不尽相同的变量。数据框与矩阵有类似之处，也是一张二维表格，列称为变量，行称为观测。但各变量的存储类型各异。

5．列表

列表（list）是多个向量、矩阵、数组、数据框以及列表的集合。通常，结构化的数据不采用列表组织。列表多用于相关分析结果的"打包"集成。后续章节将给出列表的具体示例。

不同结构类型的 R 对象可表示成如图 2-1 所示的直观样式。

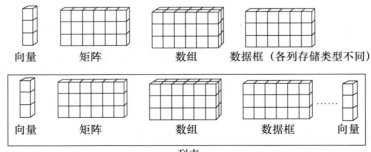

图 2-1　不同结构类型的数据对象

2.1.3　创建和访问 R 的数据对象

因数据挖掘的首要任务是数据的组织管理，且 R 的数据对象是用于数据组织的，所以应用 R 的第一步就是创建数据对象、访问数据对象、查看数据对象结构和管理数据对象。

一、创建 R 的数据对象

创建对象是通过赋值语句实现的。基本书写格式为：

对象名<- R 常量或 R 函数

式中，"<-"称为 R 的赋值操作符，功能是将其右侧的计算结果赋值到左侧对象所在的内存单元中，也称给 R 对象赋值。一方面，赋值操作符右侧的具体书写形式会因 R 对象存储类型和结构类型的不同而不同；另一方面，赋值操作符右侧不同的书写形式也决定了其左侧对象的类型。

二、访问 R 的数据对象

访问对象即浏览对象的具体取值（也称对象值）。基本书写格式为：

对象名

或

print(对象名)

于是，指定对象的对象值将按行顺序显示在 R 的控制台窗口中。

三、查看 R 数据对象的结构

查看对象的结构即查看对象的存储类型以及与结构相关的信息。基本书写格式为：

str(对象名)

于是，指定对象的相关结果信息将显示在 R 的控制台窗口中。

四、管理 R 的数据对象

管理对象即浏览当前工作空间中包含哪些对象，删除不再有用的对象等。基本书写格式为：

ls()

于是，当前工作空间中的对象名列表将显示在 R 的控制台窗口中。

rm(对象名或对象名列表)

或

remove(对象名)

删除当前工作空间中的指定对象（对象名列表之中包含多个对象名，各个对象之间应用英文逗号分隔）。

2.2　向量的创建和访问

向量可以只包含一个元素，也可以包含若干个元素。向量包含的元素可以是数值型、字符串型或逻辑型的，对应的向量依次称为数值型向量、字符串型向量或逻辑型向量。

可通过 is 函数判断数据对象是否为向量，基本书写格式为：

　　is. vector(数据对象名)

如果指定对象为向量，则函数返回结果为逻辑型常量 TRUE，否则为逻辑型常量 FALSE。

2.2.1　创建只包含一个元素的向量

只含有一个元素的向量也称为标量。创建标量的赋值语句的基本书写格式为：

　　对象名<- R 常量

赋值操作符的右侧为 R 常量。

例如：

```
#创建包含一个元素的向量
V1 <- 59    #创建整数形式的数值型向量,存储类型默认为双精度型
V1    #显示对象值
[1] 59
V2 <- 53.5    #创建实数形式的数值型向量,存储类型为双精度型
V2
[1] 53.5
V3 <- "abcD"    #创建字符串型向量
print(V3)    #显示对象值
[1] "abcD"
(V4 <- TRUE)    #创建逻辑型向量,并直接显示对象值
[1] TRUE
is. vector(V1)    #判断对象 V1 是否为向量
[1] TRUE
is. logical(V4)    #判断向量的存储类型是否为逻辑型
[1] TRUE
rm(V1,V2,V3,V4)    #删除对象 V1,V2,V3,V4
```

说明：

● R 程序中，以 "#" 开头的程序行为注释行。注释行是为便于程序阅读理解而设置的，仅是程序的相关文字说明，不参与执行。"#" 后面的所有符号均为注释。

● 若将赋值语句放入圆括号中，表示创建对象，并直接显示对象值。

● 显示 R 对象值时，各行会自动以方括号开头，例如 [1]。方括号中的数字表示相应行的第一个元素是向量对象中的第几个元素。

2.2.2　创建包含多个元素的向量

创建包含多个元素向量的目的是将一个变量组织到 R 中。赋值语句的基本书写格式为：

　　　　对象名<- R 函数

赋值操作符的右侧为 R 函数，其具体形式视具体情况而定。

一、c 函数

赋值操作符右侧最常用的 R 函数是 c 函数，基本书写格式为：

　　　　c(常量或向量名列表)

式中，各常量或向量名之间需用逗号分隔。

例如，现有私家车辆保险理赔的相关数据，包括 5 个变量：投保人年龄（holderage）、投保车型（vehiclegroup：A 型，B 型，C 型，D 型）、车龄（vehicleage：1：0～3 年，2：4～7 年，3：8～9 年，4：10 年以上）、平均赔付金额（claimamt）、累计赔付次数（nclaims）。现需将这些数据组织到 R 的数据对象中。

这里，仅存储前 4 个观测数据。因有 5 个变量，故需创建 5 个向量。程序代码如下：

```
holderage <- c(22,22,23,23)    #投保人年龄,通过常数创建数值型向量
length(holderage)    #查看 holderage 包含的元素个数
[1] 4
vehiclegroup <- rep("A",each=4)    #车型,字符串型向量,分类变量,rep 函数创建
vehicleage <- seq(from=1,to=4,by=1)    #车龄,数值型向量,顺序型变量,seq 函数创建
claimamt <- c(2312,2256,1064,1280)    #平均赔付金额,数值型向量
nclaims <- c(8,8,4,1)    #赔付次数,数值型向量
str(vehiclegroup)    #显示车型向量结构信息
chr [1:4] "A" "A" "A" "A"
str(vehicleage)    #显示车龄向量结构信息
num [1:4] 1 2 3 4
ls()    #显示当前工作空间中的对象列表
[1] "claimamt"        "holderage"        "nclaims"        "vehicleage"        "vehiclegroup"
```

说明：
● 向量包含的元素个数由 c 函数中的参数决定，可通过函数 length(对象名) 查看向量包含的元素个数。
● 若某个向量元素的取值未知，需用 "NA" 填补相应位置，表示取缺失值。
● 若两个向量取值相同，可直接利用赋值语句将某向量的值赋给另外一个向量。
● 若向量元素是有规律的取值，可借助 rep 重复函数和 seq 序列函数简化书写。

二、rep 重复函数

重复函数有两种格式：

　　　rep(起始值:终止值,each＝重复次数)
　　　rep(起始值:终止值,times＝重复次数)

● 第一种格式的功能：生成一个向量，元素的取值范围是从起始值开始到终止值结束，且每个值依次重复 each 指定的次数。

● 第二种格式的功能：生成一个向量，元素的取值范围是从起始值开始到终止值结束，且这个向量重复取值，重复次数由 times 指定。

注意：R 中符号“:”通常表示从其左侧数字起至右侧数字止的范围。如 10:15，结果为 10，11，12，13，14，15。

三、seq 序列函数

序列函数有两种格式：

　　　seq(from＝起始值,to＝终止值,by＝步长)
　　　seq(from＝起始值,to＝终止值,length＝个数)

● 第一种格式的功能：生成一个向量，元素的取值范围是从 from 指定的起始值开始，到 to 指定的终止值结束，各元素之间相差 by 指定的数值（步长）。

● 第二种格式的功能：生成一个向量，元素的取值范围是从 from 指定的起始值开始，到 to 指定的终止值结束，元素个数为 length 指定的个数，各元素之差等于｜起始值－终止值｜/(个数－1)。如 seq(from＝1,to＝5,length＝4)，结果为 1.000 000，2.333 333，3.666 667，5.000 000。

四、scan 键盘数据读入函数

R 支持从键盘输入一组数据到指定向量中，函数的基本书写格式为：

　　　对象名<- scan()

例如，从键盘输入数据 10，20，30 到向量 a 中。

```
a <- scan()    ♯R 将在控制台窗口等待用户输入数据,每个数据间以回车键分隔
1: 10
2: 20
3: 30
4:
Read 3 items
a
[1] 10 20 30
```

说明：所有数据输入完毕后，同时按住 Ctrl 键和回车键表示结束键盘输入。

五、vector 函数

还可利用 vector 函数创建包含多个元素的向量，基本书写格式为：

vector(length＝元素个数)

式中，length 用来指定向量所包含的元素个数。例如 vector(length＝3) 是创建包含 3 个元素的向量。vector 函数创建向量的初始值默认为逻辑值 FALSE，需通过向量元素访问，给各元素赋予具体的值。

2.2.3 访问向量中的元素

显示向量中某个元素的值，或给某个元素赋值，可通过以下三种方式实现。

一、访问指定位置上的元素

访问指定位置上的元素，有三种基本书写格式，分别为：

向量名[位置常量]
向量名[位置常量 1:位置常量 2]
向量名[c(位置常量列表)]

例如，创建并访问一个包含 10 个元素，且各元素依次取 1～10 的向量 a：

```
a <- vector(length＝10)   ＃创建包含 10 个元素的向量 a
a   ＃显示初始值
[1] FALSE FALSE FALSE FALSE FALSE FALSE FALSE FALSE FALSE FALSE
a[1]<- 1   ＃访问第 1 个元素,赋值为 1
a[2:4]<- c(2,3,4)   ＃访问第 2～4 个元素,赋值为 2,3,4
a
[1] 1 2 3 4 0 0 0 0 0 0
b <- seq(from＝5,to＝9,by＝1)   ＃生成一个取值为 5～9 的序列给向量 b
a[c(5:9,10)]<- c(b,10)   ＃访问第 5 至第 9 以及第 10 个元素,并赋值为 5～10
a
[1]  1  2  3  4  5  6  7  8  9 10
```

说明：
● 注意：方括号和圆括号的使用场合是不同的，不要混淆。
● 上述 c(b,10)的访问方式，可有效实现多个向量的合并。

二、利用位置向量访问指定位置上的元素

利用位置向量访问指定位置上的元素，基本书写格式为：

向量名[位置向量名]

例如，访问上例 a 向量指定位置上的元素：

```
b<-(2:4)   ＃创建数值型位置向量 b,取值依次为 2,3,4
a[b]   ＃访问 a 中位置向量 b 所指位置(即 2,3,4)上的元素
[1]  2  3  4
```

```
b <- c(TRUE, FALSE, FALSE, TRUE, FALSE, FALSE, FALSE, FALSE, FALSE,
FALSE)   #创建逻辑型位置向量 b
a[b]    #访问 a 中位置向量 b 取值为 TRUE 位置(即 1,4)上的元素
[1] 1 4
```

说明：利用逻辑型位置向量访问指定位置上的元素，使后续的查询操作更为灵活。

三、访问指定位置之外的元素

访问指定位置之外的元素，有四种基本书写格式，分别为：

> 向量名[-位置常量]
> 向量名[-(位置常量 1:位置常量 2)]
> 向量名[-c(位置常量列表)]
> 向量名[-位置向量名]

例如，访问上例 a 向量指定位置之外的元素：

```
a[-1]    #访问除第 1 个元素以外的元素
[1]  2  3  4  5  6  7  8  9 10
a[-(2:4)]   #访问除第 2 至第 4 个元素以外的元素
[1]  1  5  6  7  8  9 10
a[-c(5:9,10)]   #访问除第 5 至第 9 以及第 10 个元素以外的元素
[1] 1 2 3 4
b<-(2:4)
a[-b]    #访问除位置向量 b 以外的元素
[1]  1  5  6  7  8  9 10
ls()    #显示当前工作空间中的对象列表
[1] "a" "b"
rm(a,b)    #删除当前工作空间中的对象 a 和对象 b
```

说明：

● 负号"－"不仅表示算术运算中的减法，还可用于元素位置的指定，是 R 的一大特色。

● 对逻辑型位置向量不应采用前加负号"－"的形式。

总之，元素位置指定方式的灵活性和多样性是 R 特色的集中体现，也是 R 的初学者需要着重掌握的。

2.3　矩阵的创建和访问

矩阵用来组织具有相同存储类型的一组变量。矩阵元素可以是数值型、字符串型或逻辑型的，对应的矩阵依次称为数值型矩阵、字符串型矩阵或逻辑型矩阵。

可通过 is.matrix 函数判断数据对象是否为矩阵，基本书写格式为：

is. matrix(数据对象名)

如果指定对象为矩阵，则函数返回结果为逻辑型常量 TRUE，否则为逻辑型常量 FALSE。

2.3.1　创建矩阵

一、向量合并形成矩阵

矩阵可视为多个向量合并的结果。R 向量默认为列向量，可通过列合并函数将多个已有向量合并成矩阵。基本书写格式为：

cbind(向量名列表)

其中，向量名之间应用英文逗号分隔；各向量的存储类型应一致。列合并函数创建的矩阵，其行数取决于向量包含的元素个数，列数取决于列向量的个数。可通过以下函数显示矩阵的行列数：

dim(矩阵名)

于是，指定矩阵的行列数将显示在 R 的控制台窗口中。

进一步，因矩阵是通过列向量合并而成的，矩阵各列的名称默认为列向量名，各行尚未命名。可通过以下函数显示矩阵各列的名称，或给列重新命名：

colnames(矩阵名)

或

colnames(矩阵名[,列位置常量 1:列位置常量 2])

其中，位置常量用于指定显示名称的相应列。以下函数用于显示矩阵各行的名称或为行命名：

rownames(矩阵名)

或

rownames(矩阵名[行位置常量 1:行位置常量 2,])

其中，位置常量用于指定显示名称的相应行。

通过行合并函数 rbind (向量名列表)，也可以创建矩阵。

例如，将上述车险理赔的部分向量做列向合并，形成一个数值型矩阵。这里，除车型向量是字符串型之外，其他 4 个向量均为数值型，只能将这 4 个向量合并为矩阵：

```
ClaimData <- cbind(holderage, vehicleage, claimamt, nclaims)    #利用列合并函数创建
矩阵
dim(ClaimData)    #显示矩阵的行列数
[1]  4  4
ClaimData    #显示矩阵内容
```

```
        holderage vehicleage claimamt nclaims
[1,]          22          1      2312       8
[2,]          22          2      2256       8
[3,]          23          3      1064       4
[4,]          23          4      1280       1
str(ClaimData)   #显示对象结构
num [1:4, 1:4] 22 22 23 23 1 ...
- attr(*, "dimnames")=List of 2
 ..$ : NULL
 ..$ : chr [1:4] "holderage" "vehicleage" "claimamt" "nclaims"
colnames(ClaimData)   #显示矩阵各列名称
[1] "holderage"  "vehicleage" "claimamt"   "nclaims"
colnames(ClaimData[,2:4])   #显示矩阵指定列名称
[1] "vehicleage" "claimamt"   "nclaims"
rownames(ClaimData)<- c("1","2","3","4")   #给矩阵各行命名
rownames(ClaimData[c(1,3),])   #显示矩阵指定行名称
[1] "1" "3"
is. matrix(ClaimData)   #判断 ClaimData 是否为矩阵
[1] TRUE
```

说明：

● 该矩阵为一个 4 行 4 列的矩阵。行数取决于列向量包含的元素个数，列数取决于列向量的个数。

● 矩阵显示中，第一行为各列标题，即列向量名；[1,][2,][3,][4,] 分别表示第 1，2，3，4 行，这里各行无行标题。

● 函数 str（对象名）用来显示指定对象的存储类型及结构信息。这里，对象 ClaimData 的存储类型为 num，即数值型，包含 4 行 4 列；行名称为 NULL，表示无行名称，列名称依次为 holderage, vehicleage 等 4 个。

● 注意：列合并时各向量包含的元素个数应相等，或者成整数倍数。例如：

```
a<-(1:9)
b<-(1:3)
c<-(1:2)
cbind(a,b)   #矩阵第 2 列由向量 b 中元素依次复制 3 次得到
     a b
[1,] 1 1
[2,] 2 2
[3,] 3 3
[4,] 4 1
[5,] 5 2
[6,] 6 3
[7,] 7 1
[8,] 8 2
[9,] 9 3
```

```
cbind(a,b,c)    ＃矩阵第 3 列由向量 c 中元素复制得到,但因非整倍数关系给出警告
        a b c
 [1,]  1 1 1
 [2,]  2 2 2
 [3,]  3 3 1
 [4,]  4 1 2
 [5,]  5 2 1
 [6,]  6 3 2
 [7,]  7 1 1
 [8,]  8 2 2
 [9,]  9 3 1
Warning message:
In cbind(a, b, c) :
  number of rows of result is not a multiple of vector length (arg 3)
a b c
rbind(a,b)    ＃通过行合并函数创建向量
   [,1] [,2] [,3] [,4] [,5] [,6] [,7] [,8] [,9]
a    1    2    3    4    5    6    7    8    9
b    1    2    3    1    2    3    1    2    3
```

二、由单个向量派生矩阵

矩阵可由单个向量派生而来。如果矩阵中的数据元素已存在于一个向量中，则可以利用 matrix 函数将该向量按指定方式派生矩阵。基本书写格式为：

matrix(向量名,nrow＝行数,ncol＝列数,byrow＝TRUE/FALSE,dimnames＝list
(行名称向量,列名称向量))

式中，向量名可以省略；nrow 和 ncol 分别指定矩阵的行列数。如 matrix（nrow＝2，ncol＝3）表示创建一个 2 行 3 列的矩阵。因这里省略了向量名，故所创建的矩阵各元素默认取缺失值 NA。需通过矩阵元素访问，给各元素赋予具体的值。byrow 用于指定向量元素在矩阵中的排列顺序，TRUE 表示按行排列，FALSE 表示按列排列。dimnames 用于指定矩阵的行名称和列名称。

例如，将一个已有向量派生为矩阵：

```
a <-(1:30)
dim1 <- c("R1","R2","R3","R4","R5")    ＃行名称向量
dim2 <- c("C1","C2","C3","C4","C5","C6")    ＃列名称向量
a <- matrix(a,nrow＝5,ncol＝6,byrow＝FALSE,dimnames＝list(dim1,dim2))    ＃将向
量 a 转换为矩阵
a
    C1 C2 C3 C4 C5 C6
R1   1  6 11 16 21 26
R2   2  7 12 17 22 27
R3   3  8 13 18 23 28
R4   4  9 14 19 24 29
R5   5 10 15 20 25 30
```

说明：dimnames 项可以省略，表示所生成的矩阵没有行列名称。

2.3.2　访问矩阵中的元素

显示矩阵中某元素的值，或给某个元素赋值，可通过以下四种方式实现。

一、访问指定位置上的元素

访问指定位置上的元素，有三种基本书写格式，分别为：

　　矩阵名[行位置常量,列位置常量]
　　矩阵名[行位置常量1:行位置常量2,列位置常量1:列位置常量2]
　　矩阵名[c(行位置常量列表),c(列位置常量列表)]

其中，英文逗号前的整数为行位置，英文逗号后的整数为列位置。

　　例如：

```
ClaimData
  holderage vehicleage claimamt nclaims
1        22          1     2312       8
2        22          2     2256       8
3        23          3     1064       4
4        23          4     1280       1
ClaimData[2,3]    ♯访问第2行第3列位置上的元素
[1] 2256
ClaimData[1:2,1:3]    ♯访问第1～2行、第1～3列位置上的元素
  holderage vehicleage claimamt
1        22          1     2312
2        22          2     2256
a <-(1:2)
ClaimData[a,c(1,3)]    ♯访问第1～2行、第1,3列位置上的元素
  holderage claimamt
1        22     2312
2        22     2256
```

说明：矩阵是一种二维表格形式，访问时应给出两个位置参数，且用英文逗号分隔。

二、访问指定行上的所有元素

可利用 head 函数访问前若干行或最后若干行上的所有元素，基本书写格式为：

　　head(矩阵名,n)
　　tail(矩阵名,n)

式中，n 为行数，默认为 6。取正数表示显示前 n 行（或最后 n 行）上的所有元素；取负数表示显示除前 n 行（或最后 n 行）以外所有行上的元素。

此外，访问指定行上的所有元素，还有以下四种基本书写格式：

　　矩阵名[行位置常量,]

> 矩阵名[行位置常量 1:行位置常量 2,]
> 矩阵名[c(行位置常量列表),]
> 矩阵名[行位置向量名,]

式中，省略英文逗号后面的列位置参数，表示访问指定行上的所有列。

```
ClaimData[2,]  #访问第 2 行上的所有元素
holderage vehicleage   claimamt    nclaims
      22        2       2256          8
ClaimData[c(1,3),]  #访问第 1,3 行上的所有元素
  holderage vehicleage claimamt nclaims
1       22         1      2312       8
3       23         3      1064       4
a <- c(TRUE,FALSE,TRUE)   #利用逻辑型位置向量访问除第 2 行外其他行上的所
有元素
ClaimData[a,]
  holderage vehicleage claimamt nclaims
1       22         1      2312       8
3       23         3      1064       4
4       23         4      1280       1
```

三、访问指定列上的所有元素

访问指定列上的所有元素，有四种基本书写格式，分别为：

> 矩阵名[,列位置常量]
> 矩阵名[,列位置常量 1:列位置常量 2]
> 矩阵名[,c(列位置常量列表)]
> 矩阵名[,列位置向量名]

式中，省略英文逗号前面的行位置参数，表示访问指定列上的所有行。

例如：

```
ClaimData[,1:3]   #访问第 1~3 列上的所有元素
  holderage vehicleage claimamt
1       22         1      2312
2       22         2      2256
3       23         3      1064
4       23         4      1280
a <- matrix(nrow=5,ncol=2)   #创建一个 5 行 2 列的矩阵,初始值默认为 NA
a
     [,1] [,2]
[1,]   NA   NA
[2,]   NA   NA
[3,]   NA   NA
[4,]   NA   NA
[5,]   NA   NA
```

```
a[,1]=seq(from=1,to=10,by=2)   #给矩阵第 1 列赋值
a[,2]=seq(from=10,to=1,by=-2)   #给矩阵第 2 列赋值
a
     [,1]  [,2]
[1,]    1    10
[2,]    3     8
[3,]    5     6
[4,]    7     4
[5,]    9     2
```

说明：
- 矩阵元素的访问方式与向量元素的访问类似，只是需要指定两个位置参数。
- 访问指定位置之外的元素，需在位置参数前添加负号"—"。

四、利用编辑窗口访问矩阵元素

利用编辑窗口访问矩阵元素，基本书写格式为：

　　　fix(矩阵名)

例如，以编辑窗口形式访问和编辑车险理赔数据，即 fix(ClaimData)，显示窗口如图 2-2 所示。

Data Editor						
	row.names	holderage	vehicleage	claimamt	nclaims	var6	var7
1	1	22	1	2312	8		
2	2	22	2	2256	8		
3	3	23	3	1064	4		
4	4	23	4	1280	1		
5							
6							
7							
8							
9							
10							
11							
12							
13							
14							
15							
16							
17							
18							
19							
20							

图 2-2　数据编辑窗口

用鼠标双击任意单元格即可修改其中的数据。

总之，相对于向量，矩阵的数据组织形式更直观、更具整体性、更便于数据管理。

2.4 数据框的创建和访问

数据框与矩阵有相似之处，但用于组织多个存储类型不尽相同的变量。数据框也是一张二维表格，行和列在统计上分别称为观测和变量，计算机上分别称为记录和域。变量名的对应称谓是域名，变量值对应域值。

可通过 is. data. frame 函数判断数据对象是否为数据框，基本书写格式为：

      is. data. frame(数据对象名)

如果指定对象为数据框，则函数返回结果为逻辑型常量 TRUE，否则为逻辑型常量 FALSE。

2.4.1 创建数据框

数据框可视为多个存储类型不同的向量的集合。创建数据框就是要指定数据框由哪些向量组成，这些向量对应于数据框中的哪些域。可通过 data. frame 函数实现，基本书写格式为：

      data. frame(域名 1＝向量名 1,域名 2＝向量名 2,…)

式中，数据框中的数据已事先存储在各向量中，它们与各个域一一对应。可通过 names 函数显示各个域名，基本书写格式为：

      names(数据框名)

于是，指定数据框所包含的域名将显示在 R 的控制台窗口中。

例如，依据车险理赔相关向量创建数据框：

```
ClaimDataFrm <- data. frame(Fholderage＝holderage,Fvehiclegroup＝vehiclegroup,Fve-
hicleage＝vehicleage,Fclaimamt＝claimamt,Fnclaims＝nclaims)    #创建数据框
ClaimDataFrm
  Fholderage Fvehiclegroup Fvehicleage Fclaimamt Fnclaims
1     22             A            1        2312       8
2     22             A            2        2256       8
3     23             A            3        1064       4
4     23             A            4        1280       1
names(ClaimDataFrm)   #显示数据框的域名
[1] "Fholderage"    "Fvehiclegroup" "Fvehicleage"   "Fclaimamt"    "Fnclaims"
str(ClaimDataFrm)   #显示对象 ClaimDataFrm 的结构信息
'data.frame':    4 obs. of  5 variables:
 $ Fholderage   : num  22 22 23 23
 $ Fvehiclegroup: Factor w/ 1 level "A": 1 1 1 1
 $ Fvehicleage  : num  1 2 3 4
 $ Fclaimamt    : num  2312 2256 1064 1280
 $ Fnclaims     : num  8 8 4 1
is. data. frame(ClaimDataFrm)    #判断 ClaimDataFrm 是否为数据框
[1] TRUE
```

说明：

● 该数据框由 5 个域组成，分别对应存储类型不尽相同的 5 个向量，且这些向量已存在于工作空间中。由于数据框可将存储类型不同的向量集成在一起，因此更适合本例数据的组织。

● 本例中，关于车型（Fvehiclegroup）的域，因其对应的向量为字符串型向量，所以结构显示其存储类型为因子（Factor）。关于因子，将在后面做详细讨论。

● 为便于后续数据框的访问，域最好不要与工作空间中已有的向量同名。

若创建数据框时，各域尚未有与之对应的向量，即数据框中是"空的"，则可通过以下方式实现：

```
a <- data.frame(x1=numeric(0),x2=character(0),x3=logical(0))
str(a)
'data.frame':    0 obs. of  3 variables:
 $ x1: num
 $ x2: Factor w/ 0 levels:
 $ x3: logi
fix(a)
```

说明：

● 本例中，数据框 a 包含 3 个域，域名分别为 x1，x2，x3，且存储类型依次为数值型、字符串型和逻辑型。这里，numeric(0) 表示创建一个不包含任何数据的数值型的域，其他类似。

● 可利用 fix() 函数通过数据编辑器窗口手工录入数据到 a 中。注意，录入数据的类型应与指定类型一致。

2.4.2　访问数据框

一方面，可参照矩阵访问方式访问数据框，这里不再赘述；另一方面，由于数据框是由域组成的，对数据框的访问即为对各个域的访问，可采用更为清晰明了的方式。基本书写格式有以下三种：

数据框名 $ 域名

其中，数据框名与域名之间应用字符"$"隔开，表示访问指定数据框中的指定域。

数据框名[["域名"]]

其中，需访问的域名应用英文双引号括起来。

数据框名[[域编号]]

其中，需指定将访问的域是数据框中的第几个域，域编号取决于数据框创建时的顺序。

此外，还可通过 attach 函数和 detach 函数简化访问时的域名书写，基本书写格式为：

```
attach(数据框名)
访问域名函数 1
访问域名函数 2
⋮
detach(数据框名)
```

attach 称为数据框绑定函数，detach 用于解除对数据框的绑定。这两个函数可形象地视为两个看不见的"屏障"。在"屏障"所围成的区域内访问域，无须指定数据框名称。

例如，访问车险理赔相关数据的数据框：

```
ClaimDataFrm
  Fholderage Fvehiclegroup Fvehicleage Fclaimamt Fnclaims
1         22             A           1      2312        8
2         22             A           2      2256        8
3         23             A           3      1064        4
4         23             A           4      1280        1
ClaimDataFrm $ Fvehicleage    #访问 Fvehicleage 域
[1] 1 2 3 4
ClaimDataFrm[["Fvehicleage"]]    #访问 Fvehicleage 域
[1] 1 2 3 4
ClaimDataFrm[[3]]    #访问第 3 个域(Fvehicleage 域)
[1] 1 2 3 4
attach(ClaimDataFrm)
Fvehicleage
[1] 1 2 3 4
detach(ClaimDataFrm)
Fvehicleage    #不能在 attach 和 detach 之外省略数据框名
Error: object 'Fvehicleage' not found
```

说明：
- 在 attach 函数和 detach 函数围成的区域之内，访问域时无须指定数据框的名称。
- 在 attach 函数和 detach 函数围成的区域之外，不能仅通过域名访问相应的变量。R 会给出对象未找到的错误提示。
- 数据框中的域最好不要与工作空间中的向量重名。如果重名，尽管在其围成的区域内可以略去数据框名，但并不意味着访问相应的域，而是访问工作空间中已有的同名向量。所以此时采用 attach 函数和 detach 函数无法达到简化书写的目的。
- attach 函数和 detach 函数必须配对出现，即有一个 attach 就必须出现一个 detach 配对。使用时一定要慎重。

与 attach 函数和 detach 函数作用类似的还有 with 函数，基本书写格式为：

```
with(数据框名,{
域访问函数 1
```

域访问函数 2
　　　　 ⋮
　　　　 })

式中，"{}"可形象地比喻为两个看不见的"屏障"，在"屏障"所围成的区域内访问域，
无须指定数据框名称。

　　　例如，访问车险理赔相关数据的数据框：

```
with(ClaimDataFrm,{　 #利用 with 函数简化域访问的书写
+ print(Fvehicleage)
+ SumClaim <- Fclaimamt * Fnclaims　 #生成一个局部向量
+ print(SumClaim)
+ })
[1] 1 2 3 4
[1] 18496 18048  4256  1280
SumClaim　 #SumClaim 为局部向量,with{}以外不能访问
Error: object 'SumClaim' not found
```

　　　说明：
　　　● with 函数中的大括号"{}"必须成对出现。
　　　● with 函数大括号"{}"内是一个局部环境，所创建的 R 对象均为局部对象，即在
"{}"内可以访问，在"{}"外不能访问。如本例中的 SumClaim。
　　　若要修改数据框中的域值，或增加新的域，需采用 within 函数，基本书写格式为：

　　　　数据框名<- within(数据框名,{
　　　　域访问函数
　　　　 ⋮
　　　　域修改函数
　　　　 ⋮
　　　　 })

　　　例如，在车险理赔数据框中新增一个名为"SumClaim"的域：

```
ClaimDataFrm <- within(ClaimDataFrm,{
+ SumClaim <- Fclaimamt * Fnclaims
+ })
ClaimDataFrm
  Fholderage Fvehiclegroup Fvehicleage Fclaimamt Fnclaims SumClaim
1         22             A           1      2312        8    18496
2         22             A           2      2256        8    18048
3         23             A           3      1064        4     4256
4         23             A           4      1280        1     1280
```

　　　说明：在"{}"内生成的新向量均默认加入数据框，成为新的域。
　　　总之，数据框是 R 中数据组织最常用的方式。

2.5 数组和列表的创建和访问

2.5.1 创建和访问数组

数组是矩阵的扩展形式，可视为由多张二维表格罗列而成的"长方体"。表格的行列数分别对应长方体的长和宽，表格的张数对应长方体的高，因而通过三个维度组织数据。数组包含的元素可以是数值型的、字符串型的或逻辑型的，对应的数组依次称为数值型数组、字符串型数组或逻辑型数组。

可通过 is.array 函数判断数据对象是否为数组，基本书写格式为：

　　　is.array(数据对象名)

如果指定对象为数组，则函数返回结果为逻辑型常量 TRUE，否则为逻辑型常量 FALSE。

一、创建数组

数组可通过 array 函数创建，基本书写格式为：

　　　array(向量名,维度说明,dimnames＝list(维名称列表))

其中，数组中的数据已事先存储在指定的向量中；维度说明用于描述三个维度的最大值；dimnames 用于指定各个维的名称，可以省略。

例如，创建一个名为 a 的数组：

```
a <-(1:60)
dim1 <- c("R1","R2","R3","R4")    #分别给三个维度命名
dim2 <- c("C1","C2","C3","C4","C5")
dim3 <- c("T1","T2","T3")
a <- array(a,c(4,5,3),dimnames＝list(dim1,dim2,dim3))    #数组 a 由 3 张行数为 4、
列数为 5 的二维表组成
is.array(a)    #判断 a 是否为数组
[1]  TRUE
```

二、访问数组

数组元素的访问方式与矩阵类似，但需指定三个维度。

例如：

```
a   #逐张显示各张二维表的内容
, , T1

   C1 C2 C3 C4 C5
R1  1  5  9 13 17
R2  2  6 10 14 18
R3  3  7 11 15 19
R4  4  8 12 16 20
```

```
, , T2

   C1 C2 C3 C4 C5
R1 21 25 29 33 37
R2 22 26 30 34 38
R3 23 27 31 35 39
R4 24 28 32 36 40

, , T3

   C1 C2 C3 C4 C5
R1 41 45 49 53 57
R2 42 46 50 54 58
R3 43 47 51 55 59
R4 44 48 52 56 60
a[1:3,c(1,3),]    #显示数组中所有表格的第 1～3 行、第 1,3 列的数据内容
, , T1

   C1 C3
R1  1  9
R2  2 10
R3  3 11

, , T2

   C1 C3
R1 21 29
R2 22 30
R3 23 31

, , T3

   C1 C3
R1 41 49
R2 42 50
R3 43 51
```

说明:

● 数组显示以表格为单位,依次列出各表格的数据内容。

● 数组元素的访问方式与矩阵元素的访问方式类似,只是需要分别指定行号、列号、表号 3 个位置参数。

2.5.2　创建和访问列表

列表是对象的集合,可包含向量、矩阵、数组、数据框甚至列表等。其中的每个对象称为列表的一个成分,且均有一个名称。可通过 is.list 函数判断数据对象是否为列表,基本书写格式为:

is. list(数据对象名)

如果指定对象为列表，则函数返回结果为逻辑型常量 TRUE，否则为逻辑型常量 FALSE。

一、创建列表

创建列表的函数是 list，基本书写格式为：

list(成分名 1＝对象名 1,成分名 2＝对象名 2,…)

式中，对象是工作空间中的已有对象，分别与各个成分一一对应。可通过 names 函数显示各个成分名，基本书写格式为：

names(列表名)

于是，指定列表所包含的成分名将显示在 R 的控制台窗口中。

例如，创建并访问一个名为 d 的列表，成分名分别为 L1，L2，L3，依次对应 a，b，c 三个对象。

```
a <- c(1,2,3)
b <- matrix(nrow=5,ncol=2)
b[,1]=seq(from=1,to=10,by=2)
b[,2]=seq(from=10,to=1,by=-2)
c <- array(1:60,c(4,5,3))
d <- list(L1=a,L2=b,L3=c)    #创建列表d,包含3个成分,分别为向量、矩阵和数组
names(d)    #显示列表d各成分名
[1] "L1" "L2" "L3"
str(d)    #显示对象d的存储类型和结构信息
List of 3
 $ L1: num [1:3] 1 2 3
 $ L2: num [1:5, 1:2] 1 3 5 7 9 10 8 6 4 2
 $ L3: int [1:4, 1:5, 1:3] 1 2 3 4 5 6 7 8 9 10 ...
is.list(d)    #判断d是否为列表
[1] TRUE
```

说明：列表中的成分最好不与工作空间中的对象重名。

总之，列表是集成各种对象的有效方式。虽然在数据组织时通常并不采用，但它却是 R 组织各类数据分析结果的重要方式。对此后面章节将有具体体现。

二、访问列表

列表的访问方式与数据框完全相同。

例如：

```
d$L1    #访问列表d中的成分L1
[1] 1 2 3
d[["L2"]]    #访问列表d中的成分L2
```

```
        [,1]  [,2]
[1,]      1    10
[2,]      3     8
[3,]      5     6
[4,]      7     4
[5,]      9     2
d[[2]]    #访问列表 d 中的第 2 个成分(L2)
        [,1]  [,2]
[1,]      1    10
[2,]      3     8
[3,]      5     6
[4,]      7     4
[5,]      9     2
```

2.6　数据对象的相互转换

数据对象的相互转换主要包括两个方面：第一，数据对象不同存储类型之间的转换；第二，数据对象不同结构类型之间的转换。

2.6.1　不同存储类型之间的转换

在利用 R 编程对数据进行加工处理时会涉及算术运算问题。通常，R 要求参与算术运算的各数据对象应具有相同或兼容的存储类型。例如，整数型和双精度型是兼容的，而字符串型和整数型却不完全兼容。根据不同数据的加工需要，对象的存储类型进行转换是必要的。

一、判断数据对象的存储类型

可通过 is. 存储类型名函数判断数据对象的存储类型，基本书写格式为：

　　　is. 存储类型名(数据对象名)

式中，数据对象一般为向量、矩阵或数组，它们所包含的数据元素有相同的存储类型，存储类型名包括 numeric, integer, double, character, logical 等。如果指定向量确为相应的存储类型，则函数返回结果为逻辑型常量 TRUE，否则为逻辑型常量 FALSE。

另外，typeof 函数可直接给出数据对象的存储类型名，基本书写格式为：

　　　typeof(数据对象名)

例如：

```
a <- 123.4    #创建向量 a,其存储类型默认为双精度型,属数值型范畴
is. numeric(a)    #a 的存储类型为数值型
[1] TRUE
is. integer(a)    #a 的存储类型不是整数型
```

```
[1] FALSE
is. double(a)    ＃a的存储类型为双精度型
[1] TRUE
is. character(a)    ＃a的存储类型不是字符串型
[1] FALSE
is. logical(a)    ＃a的存储类型不是逻辑型
[1] FALSE
b<-"123.4"    ＃创建向量b,其存储类型为字符串型
typeof(b)    ＃显示b的存储类型名
[1] "character"
c<- TRUE    ＃创建向量c,其存储类型为逻辑型
typeof(c)    ＃显示c的存储类型名
[1] "logical"
```

二、数据对象存储类型的转换

有些数据对象的存储类型是兼容的。例如，双精度型和整数型是兼容的。类型兼容的数据对象无须进行类型转换即可直接参与算术运算，但对于不兼容的类型则必须做转换处理。

可利用as.存储类型名函数将数据对象的存储类型转换为指定的类型，基本书写格式为：

as.存储类型名(数据对象名)

式中，存储类型名包括 numeric，integer，double，character，logical 等。

例如：

```
a<- 123.4
(a<- as. integer(a))    ＃将双精度型转换为整数型
[1] 123
typeof(a)
[1] "integer"
a<- 123.4
(a<- as. character(a))    ＃将双精度型转换为字符串型
[1] "123.4"
typeof(a)
[1] "character"
a<-"abcd"
(a<- as. double(a))    ＃无法将包含非阿拉伯数字的字符串转换为数值型,结果为NA
[1] NA
Warning message:
NAs introduced by coercion
a<- TRUE
```

```
(a <- as.integer(a))    #将逻辑型转换为整数型
[1]  1
typeof(a)
[1] "integer"
a <- TRUE
(a <- as.character(a))    #将逻辑型转换为字符串型
[1] "TRUE"
typeof(a)
[1] "character"
```

说明：

● 有些类型转换会影响精度。例如，将带小数位的双精度数转换为整数型后，小数部分会被自动截去。

● 存储类型并非在任何情况下都可成功转换。例如，无法将包含非阿拉伯数字的字符串转换为数值型；逻辑型常量 TRUE 和 FALSE 转换为数值型后的取值为 1 和 0，无法将取 1 和 0 之外值的数值型对象转换为逻辑型。

2.6.2　不同结构类型之间的转换

数据对象不同结构之间的转换包括：向量和矩阵之间的互转；向量和因子之间的互转。

一、向量和矩阵之间的互转

正如前面讨论的，向量可通过 matrix 函数派生为具有指定行列数的矩阵。进一步，向量和矩阵也可互相转换。可利用 as 函数实现，基本书写格式为：

　　　　as.matrix(向量名)

即将指定向量转换为矩阵。

　　　　as.vector(矩阵名)

即将指定矩阵转换为向量。

例如：

```
(a <- c(1:10))    #创建包含 10 个元素的向量 a
[1]  1  2  3  4  5  6  7  8  9 10
(b <- matrix(a,nrow=5,ncol=2,byrow=TRUE))    #由向量 a 派生矩阵 b
     [,1] [,2]
[1,]    1    2
[2,]    3    4
[3,]    5    6
[4,]    7    8
[5,]    9   10
```

```
(a <- as.matrix(a))    #将向量 a 转换为 10 行 1 列的矩阵 a
        [,1]
 [1,]      1
 [2,]      2
 [3,]      3
 [4,]      4
 [5,]      5
 [6,]      6
 [7,]      7
 [8,]      8
 [9,]      9
[10,]     10
is.matrix(a)
[1] TRUE
(b <- as.vector(b))    #将矩阵 b 转换成向量 b
[1]  1  3  5  7  9  2  4  6  8 10
is.vector(b)
[1] TRUE
```

说明：

- 向量转换成矩阵时，矩阵默认只有 1 列，其行数等于原向量包含的元素个数。
- 矩阵转换为向量时，默认以列为单位依次从左至右读取矩阵数据到向量中。

二、向量转换为因子

因子是一种特殊形式的向量。由于一个向量可视为一个变量，如果该变量的计量类型为分类型或顺序型，将对应的向量转换为因子，更有利于后续的数据分析。

例如，学生的考试成绩从高分到低分依次记为 "A"，"B"，"C"，"D"，"E"，则考试成绩这个变量为顺序型变量，即各个类别间存在大小高低顺序。再如，可分别用 "1"，"2"，"3" 等表示学生的籍贯，但这里的 "1"，"2"，"3" 等仅作为籍贯的对应编码，并没有大小高低之分，所以籍贯这个变量为分类型变量。

分类型和顺序型变量有不同于数值型变量的特点，且数值型变量的统计分析方法并不一定适用于分类型变量。为便于区分，R 要求将具有 k 个类别的分类型或顺序型变量对应的向量转换为因子。这里，因子的存储类型为整数型，有 k 个水平值，依次默认取整数 1，2，3，…，k，且默认与 k 个类别一一对应。

可利用 is.factor 函数判断指定的数据对象是否为因子，基本书写格式为：

is.factor(数据对象名)

如果指定对象为因子，则函数返回结果为逻辑型常量 TRUE，否则为逻辑型常量 FALSE。

向量转换为因子的核心是指定如何将向量中的 k 个类别与因子中的 k 个水平值相对应。例如，考试成绩向量转换为因子后，其中的类别 "A"，"B"，"C"，"D"，"E" 分别对应哪个水平值。

as.factor 函数用于将向量转换为因子，基本书写格式为：

as. factor(向量名)

其中，向量所对应变量的计量尺度应为分类型。可利用 levels 函数显示因子水平值所对应的类别，基本书写格式为：

　　levels(因子名)

levels 函数将按因子水平值的升序显示它们所对应的类别。

可利用 nlevels 函数显示因子水平数，基本书写格式为：

　　nlevels(因子名)

例如：

```
(a <- c("Poor","Improved","Excellent","Poor"))   #创建包含 4 个元素的字符串型向量 a
[1] "Poor"  "Improved"  "Excellent" "Poor"
(b <- as. factor(a))   #将字符串型向量 a 转换为因子 b 并显示 b
[1] Poor  Improved  Excellent Poor
Levels: Excellent Improved Poor
is. factor(b)   #判断 b 是否为因子
[1] TRUE
levels(b)   #按因子水平值的升序显示所对应的类别
[1] "Excellent" "Improved"  "Poor"
nlevels(b)   #查看因子的水平数
[1] 3
typeof(b)   #显示因子 b 的存储类型名
[1] "integer"
```

说明：
● 本例中，尽管向量 a 包含 4 个元素，但因有 2 个相同元素，所以只有 3 个类别，转换为因子 b 后有 3 个水平值。
● 默认情况下，向量 a 中的各类别按字母升序依次对应因子的水平值 1，2，3。
● levels 函数按因子的水平值升序，依次显示它们对应的类别。
● 因子的存储类型为 integer，但显示的是类别，为字符串。

as. factor() 函数在应用中存在一定的局限性，主要体现在：第一，水平值和类别是按照类别的字母升序对应的，字母排序较低的对应较小的水平值，字母排序较高的对应较大的水平值。但实际应用中这种对应关系并不总是合理的。第二，由 as. factor() 函数得到的因子总是对应分类型变量，无法对应顺序型变量。factor 函数可较好地克服上述局限性，基本书写格式为：

　　factor(向量名,order＝TRUE/FALSE,levels＝c(类别列表))

式中，参数 order 用于指定所得因子对应变量的类型，TRUE 表示对应顺序型变量，FALSE 表示对应分类型变量；levels 用于依顺序列出类别，列在前面的类别对应的水平值较小，列在后面的类别对应的水平值较大。

例如：

```
(a <- c("Poor","Improved","Excellent","Poor"))   ＃创建字符串型向量 a
[1] "Poor"  "Improved"  "Excellent" "Poor"
(b <- factor(a,order=FALSE,levels=c("Poor","Improved","Excellent")))   ＃指定类
别和水平值的对应关系
[1] Poor  Improved  Excellent Poor
Levels: Poor Improved Excellent
(b <- factor(a,order=TRUE,levels=c("Poor","Improved","Excellent")))
[1] Poor  Improved  Excellent Poor
Levels: Poor < Improved < Excellent
```

说明：

● 本例中，由于通过 levels 参数顺序列出了类别，所以 Poor 的水平值为 1，Improved 的水平值为 2，Excellent 的水平值为 3。

● order 参数取 FALSE 时，因子各水平值对应的类别之间无大小顺序；取 TRUE 时，各水平值对应的类别间有大小之分，如 Poor<Improved<Excellent。

进一步，利用 factor 函数还可以重新设定因子水平值所对应的类别，基本书写格式为：

$$factor(向量名, levels=c(类别列表), labels=c(类别列表))$$

式中，参数 levels 为原类别；labels 为新类别。它们一一对应。

例如：

```
(a <- c("Poor","Improved","Excellent","Poor"))
[1] "Poor"  "Improved"  "Excellent" "Poor"
(b <- factor(a,levels=c("Poor","Improved","Excellent")))
[1] Poor  Improved  Excellent Poor
Levels: Poor Improved Excellent
(b <- factor(a,levels=c("Poor","Improved","Excellent"),labels=c("C","B","A")))
[1] C B A C
Levels: C B A
```

说明：通过 levels 和 labels 的共同作用，原类别“Poor”，“Improved”，“Excellent”依次替换为“C”，“B”，“A”，且依次对应水平值 1，2，3。

此外，可利用 gl 函数创建一个因子，基本书写格式为：

$$gl(k, n)$$

式中，参数 k 为因子水平的个数，且各水平值依次取 1，2，…，k；n 表示每个水平值出现的次数。例如：

```
gl(5,4)  ＃创建包含 5 个水平的因子,各水平均出现 4 次
 [1] 1 1 1 1 2 2 2 2 3 3 3 3 4 4 4 4 5 5 5 5
Levels: 1 2 3 4 5
```

三、因子转换为向量

从统计角度看，用因子组织分类型或顺序型变量，比用向量更恰当。在一般应用中，将因子转换为向量并不多见。但随着数据的动态变化，如果分类型或顺序型变量类别增加或减少了，相应的因子水平数和水平值也随之变化。由于 R 不支持对因子水平值直接修改，所以需将因子转换为向量，并对向量增减类别，之后再转换为因子。

as. vector 函数可实现因子向字符串型向量的转换，基本书写格式为：

　　　　as. vector(因子名)

例如：

```
(a<- c("A","C","B","C"))
[1] "A" "C" "B" "C"
(b<- as.factor(a))    #因子 b 的 3 个水平值依次对应"A","B","C"3 个类别
[1] A C B C
Levels: A B C
b[5]<-"D"    #不允许直接在因子 b 中增加一个水平(对应"D"类别)
Warning message:
In `[<-.factor`(`*tmp*`, 5, value = "D") :
  invalid factor level, NA generated
c<- as.vector(b)    #将因子 b 转换为字符串型向量 c
typeof(c)
[1] "character"
c[5]<-"D"    #在向量 c 中增加类别"D"
(b<- as.factor(c))    #重新转换后的因子 b 包含类别"D"
[1] A C B C D
Levels: A B C D
```

2.7　导入外部数据和保存数据

以文本、Excel、SPSS 等其他格式存储的数据是 R 的外部数据。外部数据分析的第一步是将它们读入或称导入 R 的数据对象中，通常读到 R 的数据框中。

2.7.1　导入文本数据

如果数据事先存放在文本文件中，可将数据读到 R 的向量或数据框中。

一、读文本数据到向量

可利用 scan 函数将文本数据读入向量中，基本书写格式为：

　　　　scan(file="文件名",skip=行数,what=存储类型转换函数())

式中，参数 file 用于指定从哪个文本文件读入数据。如果不特别指定文本文件所在的目录，表示文本文件存放在 R 的当前工作目录中。参数 skip 用于指定跳过文本文件的几行

后读数据，通常文本文件的第一行为数据的标题行，此时 skip 应设为1。what 说明通过指定的存储类型转换函数，首先对文本数据作类型转换，然后再将其读入向量中，且该向量的存储类型即为指定类型，通常，对数值型数据采用 double() 函数。

需要注意的是，scan 函数要求被读入的各列数据有相同的存储类型。若实际应用中的数据无法满足存储类型一致的要求，则不能使用 scan 函数读入。

例如，图2-3所示的为车险理赔的文本数据。

holderage	vehiclegroup		vehicleage	claimamt	nclaims
22	A	0-3	2312	8	
22	A	4-7	2256	8	
23	A	8-9	1064	4	
23	A	10+	1280	1	
23	B	0-3	3720	10	
22	A	4-7	1992	28	
23	A	8-9	2304	1	
22	B	10+	110	1	
22	B	0-3	1890	9	
23	B	4-7	2880	5	
23	B	8-9	1790	1	
24	A	10+	NA	0	
24	C	0-3	11445	3	
23	A	4-7	6800	2	
22	D	8-9	NA	0	
23	D	10+	NA	0	
28	A	0-3	2416	8	

图2-3 车险数据的文本文件示例

图中，vehiclegroup 和 vehicleage 均为字符串型数据；NA 表示数据缺失。

这份文本文件各列数据的存储类型不尽相同，若采用 scan 函数读入该份数据，将有以下错误提示：

```
ClaimData <- scan(file="车险数据.txt",what=double(),skip=1)    #无法成功执行
Error in scan(file, what, nmax, sep, dec, quote, skip, nlines, na.strings, :
  scan() expected 'a real', got 'A'
```

说明：错误提示意味着在利用 double() 将文本数据转换成双精度型数据时，遇到了"A"等非阿拉伯数字形式的字符串型数据。因无法将它们转换成双精度数，所以不能成功读入这些数据。对此，只能将数据读入 R 的数据框中。

二、读文本数据到数据框

可利用 read.table 函数将文本数据读入数据框中，基本书写格式为：

read.table(file="文件名",header=TRUE/FALSE,sep="数据分隔符")

式中，header 取 TRUE 表示文本文件的第一行为标题行，否则为具体数据；sep 用于指定文本文件中各数据列间的分隔符，省略时默认分隔符为空格、制表符、换行符或回车符。

例如，读入车险文本数据到数据框中：

```
ClaimData <- read. table(file="车险数据. txt",header=TRUE,sep=" ")
str(ClaimData)   #浏览对象 ClaimData 的存储类型和结构信息
'data.frame':    128 obs. of  5 variables:
 $ holderage   : int  22 22 23 23 23 22 23 22 22 23 ...
 $ vehiclegroup: Factor w/ 4 levels "A","B","C","D": 1 1 1 2 1 1 2 2 2 ...
 $ vehicleage  : Factor w/ 4 levels "0-3","10+","4-7",..: 1 3 4 2 1 3 4 2 1 3 ...
 $ claimamt    : int  2312 2256 1064 1280 3720 1992 2304 110 1890 2880 ...
 $ nclaims     : int  8 8 4 1 10 28 1 1 9 5 ...
names(ClaimData)   #显示数据框 ClaimData 的各域名
[1] "holderage" "vehiclegroup" "vehicleage" "claimamt" "nclaims"
head(ClaimData)   #浏览前 6 行数据
  holderage vehiclegroup vehicleage claimamt nclaims
1      22           A         0-3      2312      8
2      22           A         4-7      2256      8
3      23           A         8-9      1064      4
4      23           A         10+      1280      1
5      23           B         0-3      3720     10
6      22           A         4-7      1992     28
```

说明：

● read. table() 函数将文本数据读入指定的数据框中，数据框各域自动命名为文本文件中各列的标题。数据框包含的域个数等于文本文件的列数。

● 文本文件中的字符串型数据，如本例中的 vehiclegroup 和 vehicleage，读入数据框中后自动转换成因子，且按字母顺序从小到大依次对应水平值。若取消这种转换，需添加 stringsAsFactors 参数并取值 FALSE。例如：

```
ClaimData <- read. table(file="车险数据. txt",header=TRUE,sep=" ",stringsAsFactors=FALSE)
str(ClaimData)
'data.frame':    128 obs. of  5 variables:
 $ holderage   : int  22 22 23 23 23 22 23 22 22 23 ...
 $ vehiclegroup: chr  "A" "A" "A" "A" ...
 $ vehicleage  : chr  "0-3" "4-7" "8-9" "10+" ...
 $ claimamt    : int  2312 2256 1064 1280 3720 1992 2304 110 1890 2880 ...
 $ nclaims     : int  8 8 4 1 10 28 1 1 9 5 ...
```

这里，数据框中各域的存储类型取决于文本文件中的各列数据。若要强制转换为指定的存储类型，应添加 colClasses 参数依次指定各域的存储类型。例如：

```
ClaimData <- read. table(file="车险数据. txt",header=TRUE,sep=" ",colClasses=
c("integer","character","character","integer","integer"))
str(ClaimData)
'data.frame':    128 obs. of  5 variables:
 $ holderage   : int  22 22 23 23 23 22 23 22 22 23 ...
 $ vehiclegroup: chr  "A" "A" "A" "A" ...
 $ vehicleage  : chr  "0-3" "4-7" "8-9" "10+" ...
 $ claimamt    : int  2312 2256 1064 1280 3720 1992 2304 110 1890 2880 ...
 $ nclaims     : int  8 8 4 1 10 28 1 1 9 5 ...
```

2.7.2 导入 SPSS 数据

在讨论如何将 SPSS 数据导入 R 对象之前，需首先了解 SPSS 组织数据的特点。由于 SPSS 的许多分析功能不支持对字符串型数据的操作，所以一般需将字符串型数据重新编码为 1，2，3 等数值，并将原先的字符串定义为编码的值标签，以明确编码值的实际含义。

例如，图 2-4 是关于车险理赔数据的 SPSS 格式数据（文件名：车险数据. sav）。其中，vehiclegroup 和 vehicleage 均为顺序型变量，用 1，2，3 表示各类别值，并用字母作为各类别的值标签（value label）。

图 2-4　SPSS 数据示例

将 SPSS 数据导入 R 的数据框，需利用 foreign 包中的 read. spss() 实现。由于 foreign 包在 R 启动时不是默认加载的，所以需首先手动加载 foreign 包，然后再利用函数导入数据，基本书写格式为：

read. spss(file＝"SPSS 数据文件名",use. value. labels＝TRUE/FALSE,to. data. frame＝TRUE/FALSE)

式中，SPSS 数据文件是扩展名为 . sav 的文件。参数 use. value. labels 取 TRUE 表示，若 SPSS 中的变量带有值标签，则将该变量自动转换为因子，且因子的水平值取原变量值，原变量值的值标签作为因子水平值对应的类别值；取 FALSE 表示不做上述因子转换，值标签只作为数据框相应域的说明信息。通常指定 use. value. labels 取 TRUE。参数 to. data. frame 取 TRUE 表示将数据读入数据框，取 FALSE 表示将数据读到列表中。

例如，将 SPSS 格式的车险理赔数据导入数据框：

```
library(foreign)    ♯加载 foreign 包
ClaimData <- read. spss(file="车险数据. sav",use. value. labels=TRUE,to. data. frame
=TRUE)
str(ClaimData)
'data.frame':   128 obs. of  5 variables:
 $ holderage   : num  22 22 23 23 23 22 23 22 22 23 ...
 $ vehiclegroup: Factor w/ 4 levels "A","B","C","D": 1 1 1 1 2 1 1 2 2 2 ...
 $ vehicleage  : Factor w/ 4 levels "0-3","4-7","8-9",..: 1 2 3 4 1 2 3 4 1 2 ...
 $ claimamt    : num  2312 2256 1064 1280 3720 ...
 $ nclaims     : num  8 8 4 1 10 28 1 1 9 5 ...
 - attr(*, "variable.labels")= Named chr  "投保人年龄" "车辆类型" "车龄" "平均赔付金额" ...
  ..- attr(*, "names")= chr  "holderage" "vehiclegroup" "vehicleage" "claimamt" ...
 - attr(*, "codepage")= int 936
```

2.7.3　利用 ODBC 导入数据库数据和 Excel 表数据

通常可借助开放数据库互联（Open Data Base Connectivity，ODBC）导入数据库数据和 Excel 表数据。ODBC 是微软开放服务结构中有关数据库的部分，其中包括数据规范和标准 API（应用程序编程接口）。通过调用 API 可以方便地访问数据库数据以及 Excel 表数据。RODBC 是 R 中调用 ODBC 接口程序的包，手工下载安装并加载后，即可利用包中的相关函数实现数据库数据或 Excel 表数据的导入。

通过 ODBC 访问数据有如下三步：

第一步，建立关于指定数据的数据通道；

第二步，通过上述数据通道访问指定数据库或 Excel 表中的数据等；

第三步，关闭所建立的数据通道。

一、访问数据库数据

例如，图 2-5 是车险理赔数据以"车险数据"为表名存放在 Access 2007 数据库的示例（数据库文件名为：车险数据. accdb）。

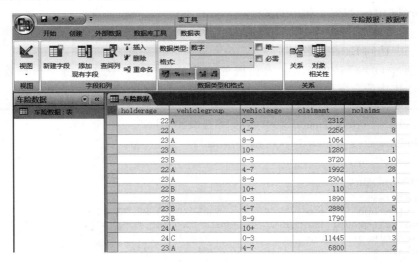

图 2-5　Access 2007 数据库示例

第一，建立数据通道。函数的基本书写格式为：

odbcConnectAccess2007(Access 数据库名,uid="用户名",pwd="访问密码")

式中，应给出数据库的文件名；uid 和 pwd 分别指定访问数据的用户名和密码，如果未设立用户名和密码，这两个参数为空。

第二，利用数据通道访问数据库中的数据表。函数的基本书写格式为：

sqlFetch(数据通道名,"数据表名")

第三，关闭数据通道。函数的基本书写格式为：

close(数据通道名)

例如，将数据库车险数据. accdb 中"车险数据"表中的数据导入 R 数据框中。

```
install. packages("RODBC")    ＃下载安装 RODBC 包
library("RODBC")   ＃加载 RODBC 包
MyConn <- odbcConnectAccess2007("车险数据.accdb",uid=" ",pwd=" ")    ＃建立车
险数据.accdb 的数据通道,通道名为 MyConn
ClaimData <- sqlFetch(MyConn,"车险数据")   ＃通过通道读取车险数据表数据到数据框中
close(MyConn)    ＃关闭数据通道
str(ClaimData)
'data.frame':   128 obs. of  5 variables:
 $ holderage  : int  22 22 23 23 23 22 23 22 22 23 ...
 $ vehiclegroup: Factor w/ 4 levels "A","B","C","D": 1 1 1 1 2 1 1 2 2 2 ...
 $ vehicleage : Factor w/ 4 levels "0-3","10+","4-7",..: 1 3 4 2 1 3 4 2 1 3 ...
 $ claimamt   : int  2312 2256 1064 1280 3720 1992 2304 110 1890 2880 ...
 $ nclaims    : int  8 8 4 1 10 28 1 1 9 5 ...
```

说明：

● 数据库数据导入后，字符串型数据将自动转换成因子。但因子水平值与类别默认按字母顺序对应，可能不正确，可利用 factor 函数重新指定水平值和各个类别的对应关系。

● 借助 RODBC 还可实现数据库表的添加、查询、更新、删除等管理操作，可参考 RODBC 包的函数列表和帮助文档。

二、访问 Excel 表数据

通过 ODBC 访问 Excel 表数据的主要步骤同上。例如，将"车险数据. xlsx"中 Sheet1 表中的数据导入 R 数据框中：

```
MyConn <- odbcConnectExcel2007("车险数据.xlsx")
ClaimData <- sqlFetch(MyConn,"Sheet1")
close(MyConn)
str(ClaimData)
'data.frame':   128 obs. of  5 variables:
 $ holderage  : num  22 22 23 23 23 22 23 22 22 23 ...
 $ vehiclegroup: Factor w/ 4 levels "A","B","C","D": 1 1 1 1 2 1 1 2 2 2 ...
 $ vehicleage : num  1 2 3 4 1 2 3 4 1 2 ...
 $ claimamt   : num  2312 2256 1064 1280 3720 ...
 $ nclaims    : num  8 8 4 1 10 28 1 1 9 5 ...
```

2.7.4　抓取网页表格数据

R可将静态网页中的表格数据一次性读入列表中。例如，图 2 - 6 所示的是网址为 http://www.nber.org/cycles/cyclesmain.html 的网页内容，其中包含一个静态表格。

Announcement Dates with Links to Announcement Memos

Turning Point Date	Peak or Trough	Announcement Date with Link
June 2009	Trough	September 20, 2010
December 2007	Peak	December 1, 2008
November 2001	Trough	July 17, 2003
March 2001	Peak	November 26, 2001
March 1991	Trough	December 22, 1992
July 1990	Peak	April 25, 1991
November 1982	Trough	July 8, 1983
July 1981	Peak	January 6, 1982
July 1980	Trough	July 8, 1981
January 1980	Peak	June 3, 1980

图 2 - 6　网页中的表格内容

可利用 XML 包中的 readHTMLTable 函数读取表格内容。首先需下载安装 XML 包，并将其加载到工作空间中。然后，调用 readHTMLTable 函数，基本书写格式为：

　　　　readHTMLTable(网页地址)

例如，获取指定 html 网页上的表格数据：

```
library("XML")　 ♯加载从网页上抓取数据的 XML 包
url <- "http://www.nber.org/cycles/cyclesmain.html "　 ♯指定网址
Mytab <- readHTMLTable(url)　 ♯将网页内容以文本方式读入名为 Mytab 的列表中
head(TableData[[3]])　 ♯显示第 3 个列表成分(数据框)的内容
  Turning Point Date Peak or Trough Announcement Date with Link
1          June 2009          Trough          September 20, 2010
2      December 2007            Peak            December 1, 2008
3      November 2001          Trough               July 17, 2003
4         March 2001            Peak           November 26, 2001
5         March 1991          Trough           December 22, 1992
6          July 1990            Peak              April 25, 1991
```

说明：

● readHTMLTable 函数将网页上的所有内容视为字符文本读入数据框，数据框中的域均为因子，需根据实际情况做类型转换。

● 由于以字符串形式读入全部网页内容，因此读入内容可能包含无效空行或不正确内容等。对读入内容加工整理是必须的，这将涉及 R 语言的程序编写。

2.7.5　共享 R 自带的数据包

R 的基础包中附带了很多数据集供学习和研究者共享。这些数据集集中在名为 datasets 的"小包"中，R 启动后会自动加载到工作空间中。可首先利用 data 函数了解其中包括哪些具体数据集，然后再根据实际需要指定使用某个数据集。

例如，在 R 控制台输入 data()，显示的数据集录入和说明信息如图 2-7 所示。

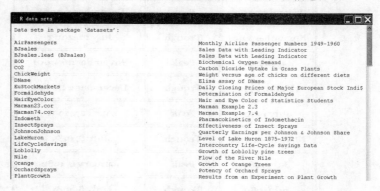

图 2-7　R 的 datasets 包中的自带数据集示例

可通过函数 data("数据集名") 指定加载使用某个数据集。例如 data("AirPassengers")，于是，当前工作空间中会出现一个名为"AirPassengers"的 R 对象。对象的结构类型通常为向量、矩阵、数组、数据框等，也可能是时间序列（time series，TS）等。

此外，R 的许多共享包也提供了很多用于验证包中模型或算法性能的数据集。可在 R 控制台输入 data(package=.packages(all.available=TRUE))，浏览已安装包中的所有可用数据集，显示的数据集录入和说明信息如图 2-8 所示。

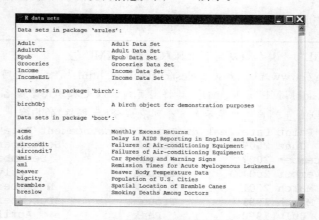

图 2-8　所有可用数据集示例

例如，共享包 arules 中提供了 Adult，Income 等数据集。要共享上述数据，需首先利用 library 函数将共享包加载到工作空间中，然后通过函数 data("数据集名") 指定加载使用某个数据集。

2.7.6　数据保存

将工作空间中的 R 对象数据永久保存到数据文件中是十分必要的。这里，只讨论如何将 R 工作空间中的数据保存到文本文件中。

保存数据到文本文件中的函数是 write. table 函数，基本书写格式为：

> write. table(数据对象名, file＝"文本文件名", sep＝"分隔符", quote＝TRUE/FALSE, append＝TRUE/FALSE, na＝"NA", row. names＝TRUE/FALSE, col. names＝TRUE/FALSE)

式中，数据对象一般为矩阵或数据框；参数 file 用于指定文本文件名；参数 sep 用于指定文本文件中各数据列间的分隔符；row. names 和 col. names 取 TRUE，表示将行编号和变量名（域名）写入文本文件，行编号将位于文本文件的第一列，变量名将位于第一行，否则不写入，通常行编号无须写入文本文件；quote 为 TRUE，表示文本文件中第一行的变量名以及字符串型数据均用双引号括起来，否则无双引号；append 为 TRUE，表示将数据追加到文本文件尾部，为 FALSE，表示以数据覆盖文本文件中的原有内容。

例如，将前述车险理赔数据框中的数据写入名为"数据. txt"的文本文件中：

> write. table(ClaimData, file＝"数据. txt", sep＝" ", quote＝FALSE, append＝FALSE, na＝"NA", row. names＝FALSE, col. names＝TRUE)

2.8　R 语言程序设计基础

R 语言为用户提供了较为完善的程序设计手段，可用于自动完成批量的、有针对性的数据整理和加工，实现某些特定的数据建模和数据挖掘算法等。

2.8.1　R 程序设计基本概念

一、R 语句

R 语言程序设计的本质就是将数据整理过程、建模和算法步骤等，表述为一行行的 R 语句以形成 R 程序。运行 R 程序的过程就是依据 R 程序的控制结构，逐行执行 R 语句的过程。

R 语句是 R 程序的基本组成单元。R 语句的核心目标是通过调用系统函数或用户自定义函数，完成对 R 对象的计算和处理。R 对象的计算处理通常以向量或矩阵为基本单位，借助赋值操作符和表达式实现。基本语句形式为：

> R 对象名<-算术表达式或关系表达式

其中：

● 赋值操作符右侧的算术表达式用于算术运算，是由 R 的常量、数据对象、算术运算符（如加 "＋"、减 "－"、乘 "＊"、乘方 "^"、除 "/"、整除 "％/％"、求余数 "％％"）、函数、括号等组成的式子。算术表达式计算结果的存储类型取决于表达式中各计算项的类型，可以是数值型、字符串型等。

● 赋值操作符右侧的关系表达式也称条件表达式，用于判断是否满足指定的条件。关系表达式是由 R 的常量、数据对象、关系运算符（如等于 "＝＝"，不等于 "！＝"，大于 "＞"，小于 "＜"，大于等于 "＞＝"，小于等于 "＜＝"，包含 "％in％"）、逻辑运算符（如逻辑与 "&"，逻辑或 "｜"，逻辑非 "!"）、括号等组成的式子。关系表达式计算结果的存储类型为逻辑型，结果为 TRUE 表示满足条件，为 FALSE 表示不满足指定条件。

● 赋值操作符左侧的 R 对象通常是向量，也可以是矩阵等。图 2-9 所示的是把向量 A 和向量 B 的运算（可以是算术运算，也可以是关系运算）结果赋值给向量 C。

图 2-9 R 对象计算示例图

● R 函数是具有特定处理功能、服务于某种复杂计算的独立程序段。用户只需通过函数调用即可便捷地完成相应的计算处理。如前面的示例均是在调用 R 函数。进一步，R 函数包括系统函数和用户自定义函数。其中，系统函数是存在于 R 包中，由 R 的开发者事先开发好、可直接调用的 "现成" 函数。用户自定义函数是 R 的用户为实现个性化计算处理需求而自行编写的函数。

二、R 程序的控制结构

运行 R 程序的过程是依据 R 程序的控制结构，逐行执行 R 语句的过程。这里的控制结构是实现 R 的复杂计算处理的基础和保证。

综上，R 语言程序设计的基础将主要集中于 R 的系统函数、用户自定义函数、R 程序的控制结构等方面。下面将分别予以讨论。

2.8.2 R 的系统函数

正如前文所述，R 的系统函数是存在于 R 包中，由 R 的开发者事先开发好、可直接调用的 "现成" 函数。R 包中的函数种类很多，这里仅给出基础包中常用函数的简要列表，还有许多特色函数后续再做详尽说明和示例。本节暂不讨论 R 共享包中的函数。要了解这些函数的功能和调用参数等需参照第 1 章浏览帮助文件。

R 基础包中的函数种类很多，从计算功能上大致分为数学函数、概率函数、统计函数、矩阵运算函数、字符串函数、数据管理函数、逻辑判断函数、文件管理函数等。

一、数学函数
数学函数用于数学运算。常用的数学函数如表 2-1 所示。

表 2-1　　　　　　　　　　　常用的数学函数

函数名及参数	函数功能	函数示例
abs(x)	计算 x 的绝对值	abs(-4)，函数值：4
sqrt(x)	计算 x 的平方根	sqrt(4)，函数值：2
ceiling(x)	计算不小于 x 的最小整数	ceiling(3.4)，函数值：4。ceiling(-3.4)，函数值：-3
floor(x)	计算不大于 x 的最大整数	floor(3.4)，函数值：3。floor(-3.4)，函数值：-4
trunc(x)	截掉 x 的小数部分	trunc(3.9)，函数值：3
round(x,digits$=n$)	计算 x 四舍五入为 n 位小数的值	round(3.456,digits$=2$)，函数值：3.46
signif(x,digist$=n$)	计算 x 四舍五入为 n 位数的值	signif(3.456，digits$=2$)，函数值：3.5
sin(x),cos(x)，tan(x)	计算 x 的正弦、余弦、正切值	sin(pi/6)，函数值：0.5。pi 是 R 的保留字，等于 3.14
log(x,base$=n$)	计算以 n 为底的 x 的对数	log(8,base$=2$)，函数值：3
log(x)	计算 x 的自然对数	log(8)，函数值：2.079 442
exp(x)	计算 x 的指数函数	exp(2.079 442)，函数值：8.000 00

二、概率函数

R 的概率函数主要实现以下四类计算：

● 对服从某个理论分布的随机变量 x，计算概率密度函数。这类计算用字母 d 代表。

● 对服从某个理论分布的随机变量 x，计算分位值等于 q 时的累计概率。这类计算用字母 p 代表。

● 对服从某个理论分布的随机变量 x，计算累计概率为 p 时的分位值。这类计算用字母 q 代表。

● 生成 n 个服从某个理论分布的随机数。这类计算用字母 r 代表。

R 的概率函数名有统一的命名规则，即以上述四个字母中的某个开头，后跟理论分布的英文缩写。以正态分布为例，其英文缩写为 norm，则四个函数如表 2-2 所示。

表 2-2　　　　　　　　　　有关正态分布的概率函数

函数名及参数	函数功能	函数示例
dnorm(x,mean$=n$,sd$=m$)	计算服从均值为 n、标准差为 m 的正态分布的随机变量等于 x 的密度值	dnorm(1.96,mean$=0$,sd$=1$)，函数值：0.058 440 94
pnorm(q,mean$=n$,sd$=m$)	计算服从均值为 n、标准差为 m 的正态分布的随机变量小于等于 q 的累计概率	pnorm(1.96,mean$=0$,sd$=1$)，函数值：0.975 002 1
qnorm(p,mean$=n$,sd$=m$)	计算均值为 n、标准差为 m 的正态分布中，累计概率等于 p 的分位值	qnorm(0.975 002 1,mean$=0$,sd$=1$)，函数值：1.96
rnorm(x,mean$=n$,sd$=m$) 为使随机结果能够重复出现，可先设置随机数种子：set.seed(整数)	生成 x 个服从均值为 n、标准差为 m 的正态分布的随机数	set.seed(123456) rnorm(5,mean$=0$,sd$=1$)，函数值： 0.833 733 17　-0.276 047 77 -0.355 001 84　0.087 487 42 2.252 255 73

表 2-3 是分布名称和英文缩写的对应表。依据该表和函数命名的上述规则，可方便地组合出各种概率函数。

表 2-3 　　　　　　各种分布与英文缩写

分布名称	英文缩写	分布名称	英文缩写
Beta 分布	beta	Logistic 分布	logis
二项分布	binom	多项分布	multinom
柯西分布	cauchy	负二项分布	nbinom
卡方分布	chisq	正态分布	norm
指数分布	exp	泊松分布	pois
F 分布	f	Wilcoxon 符号秩分布	signrank
Gamma 分布	gamma	t 分布	t
几何分布	geom	均匀分布	unif
对数正态分布	lnorm	Weibull 分布	weibull

由于各统计分布要求的参数不同，因此调用概率函数时需填写不同的参数。对此可参见 R 的帮助手册。

三、统计函数

统计函数用于基本描述统计。常用的统计函数如表 2-4 所示。

表 2-4 　　　　　　常用的统计函数

函数名及参数	函数功能	函数示例
mean(x)	计算 x 的均值	mean(c(1,2,3,4))，函数值：2.5
median(x)	计算 x 的中位数	median(c(1,2,3,4,5))，函数值：3 median(c(1,2,3,4))，函数值：2.5
sd(x)	计算 x 的样本标准差	sd(c(1,2,3,4))，函数值：1.290 994
var(x)	计算 x 的样本方差	var(c(1,2,3,4))，函数值：1.666 667
range(x)	计算 x 的取值范围	range(c(1,2,3,4))，函数值：1 4
max(x)	计算 x 的最大值	max(c(1,2,3,4))，函数值：4
length(x)	计算 x 包含的元素个数	length(c(1,2,3,4))，函数值：4
min(x)	计算 x 的最小值	min(c(1,2,3,4))，函数值：1
sum(x)	计算 x 的总和	sum(c(1,2,3,4))，函数值：10
cumsum(x) cumprod(x) cummax(x) cummin(x)	计算 x 的累计和、乘积、当前最大值、当前最小值	cumsum(c(1,2,3,4))，函数值：1 3 6 10 cummax(c(3:1, 2:0, 4:2))，函数值：3 3 3 3 3 3 4 4 4
prod(x)	计算 x 的连乘积	prod(c(1,2,3,4))，函数值：24
quantile(x,probs)	计算 x 在 probs 分位点上的分位值	quantile(c(1,2,3,4,5), c(0.25,0.5,0.75))，函数值：2 3 4 quantile(c(1,2,3,4), c(0.25,0.5,0.75))，函数值：1.75 2.50 3.25

续前表

函数名及参数	函数功能	函数示例
cut(x,n)	依据 x 的最小值和最大值将 x 分成 n 组，并给出 x 各元素所在的组	cut(c(1,4,2,5,3,7,6),3) 函数值：(0.994,3] (3,5] (0.994,3] (3,5] (3,5] (5,7.01] (5,7.01] Levels：(0.994,3] (3,5] (5,7.01]
scale(x)	对 x 做标准化处理（各元素减其均值除以其标准差）	scale(c(1,2,3,4))，函数值： −1.161 895 0　−0.387 298 3　0.387 298 3　1.161 895 0
diff(x,lag=n)	计算 x 滞后 n 项的差分	diff(c(1,8,10,30),lag=1)，函数值：7 2 20
rank(x)	计算 x 的秩（升序排序的名次，同名次时求平均）	rank(c(10,40,20,50))，函数值：1 3 2 4 rank(c(10,40,10,50))，函数值：1.5 3 1.5 4
cor($x1$,$x2$)	计算 $x1$ 和 $x2$ 的简单相关系数	set.seed(123) x1 <- rnorm(10,5,1) x2 <- x1+rnorm(10,0,1) cor(x1,x2)，函数值：0.877 875 4
cov($x1$,$x2$)	计算 $x1$ 和 $x2$ 的协整方差	set.seed(123) x1 <- rnorm(10,5,1) x2 <- x1+rnorm(10,0,1) cov(x1,x2)，函数值：1.481 599

表 2-4 中的 x 为数值型向量。

四、矩阵运算函数

矩阵乘法运算符为％＊％，有关矩阵运算的其他常用函数如表 2-5 所示。

表 2-5　　　　　　　　　常用的矩阵运算函数

函数名及参数	函数功能	函数示例
diag(n) diag(x) diag(x)	1) 创建行列数为 n 的单位阵 2) 创建正对角元素取向量 x 元素的矩阵 3) 访问矩阵 x 的正对角元素	1) diag(3), 函数值： 　　　[,1] [,2] [,3] [1,]　1　 0　 0 [2,]　0　 1　 0 [3,]　0　 0　 1 2) x <- diag(c(1,2,3,4)), 函数值： 　　　[,1] [,2] [,3] [,4] [1,]　1　 0　 0　 0 [2,]　0　 2　 0　 0 [3,]　0　 0　 3　 0 [4,]　0　 0　 0　 4 3) diag(x), 函数值：1 2 3 4
t(x)	对矩阵 x 转置	x <- matrix(1:9,nrow=3,ncol=3) 　　　[,1] [,2] [,3] [1,]　1　 4　 7 [2,]　2　 5　 8 [3,]　3　 6　 9 t(x), 函数值： 　　　[,1] [,2] [,3] [1,]　1　 2　 3 [2,]　4　 5　 6 [3,]　7　 8　 9

续前表

函数名及参数	函数功能	函数示例
solve(*x*)	求矩阵 *x* 的逆	
eigen(*x*)	求矩阵 *x* 的特征值和特征向量	
det(*x*)	求矩阵 *x* 的行列式值	

upper. tri(*x*,diag=TRUE/FALSE)
lower. tri(*x*,diag=TRUE/FALSE)
	取矩阵 *x* 的上（或下）三角部分。diag 取 TRUE 表示包括正对角元素，否则不包括	```x <- matrix(1:9,nrow=3,ncol=3)```
		`      [,1] [,2] [,3]`
		`[1,]    1    4    7`
		`[2,]    2    5    8`
		`[3,]    3    6    9`
		`upper. tri(x)`
		`      [,1]  [,2]  [,3]`
		`[1,] FALSE  TRUE  TRUE`
		`[2,] FALSE FALSE  TRUE`
		`[3,] FALSE FALSE FALSE`
		函数值为逻辑值

outer(*x*,*y*,FUN=函数名)	计算向量 *x*，*y* 的外积，FUN 指定运算符或函数名	`x <- 1:3`
		`outer(x,x,FUN=" * ")`
		`      [,1] [,2] [,3]`
		`[1,]    1    2    3`
		`[2,]    2    4    6`
		`[3,]    3    6    9`
		`y <- 1:3`
		`outer(x,y,FUN="^")`
		`      [,1] [,2] [,3]`
		`[1,]    1    1    1`
		`[2,]    2    4    8`
		`[3,]    3    9   27`
		`outer(month. abb, 2014:2015, FUN="paste")`
		`          [,1]        [,2]`
		`[1,] "Jan 2014" "Jan 2015"`
		`[2,] "Feb 2014" "Feb 2015"`
		`[3,] "Mar 2014" "Mar 2015"`
		`[4,] "Apr 2014" "Apr 2015"`
		`[5,] "May 2014" "May 2015"`
		`[6,] "Jun 2014" "Jun 2015"`
		`[7,] "Jul 2014" "Jul 2015"`
		`[8,] "Aug 2014" "Aug 2015"`
		`[9,] "Sep 2014" "Sep 2015"`
		`[10,] "Oct 2014" "Oct 2015"`
		`[11,] "Nov 2014" "Nov 2015"`
		`[12,] "Dec 2014" "Dec 2015"`

五、字符串函数

字符串函数用于字符串处理。常用的字符串函数如表 2-6 所示。

表 2-6 常用的字符串函数

函数名及参数	函数功能	函数示例
nchar(*x*)	计算 *x* 中各字符串元素的长度	nchar(c("ab","cd","aad"))，函数值：2 2 3

续前表

函数名及参数	函数功能	函数示例
substr(x,n,m)	取 x 中第 n 至 m 位的字符串。若 x 不是常量，可用指定字符串替换第 n 至 m 位的字符串	substr("abcde",2,4)，函数值：bcd a<-"abcde"，substr(a,2,4)<-"xxx"，a 为"axxxe"
grep(p,x)	计算 p 出现在 x 的第几个元素中。p 可以是拓展正则表达式(extended regular expressions)，包含"\"。"."" * "等有特殊意义的字符。其中，"\"同 C 语言，为转义符；"."表示匹配 1 个字符位；" * "表示匹配 0 或任意个字符位。"\"表示取消上述特殊意义	grep("A",c("z","yA","b","Ad"))，函数值：2 4 grep("a.1","aabb11dd")，函数值：0。判断串 aabb11dd 中是否包含以 a 开头 1 结尾长度为 3 的子串 grep("a * 1","aabb11dd")，函数值：1。判断串 aabb11dd 中是否包含以 a 开头 1 结尾任意长度的子串
gsub(p,a,x)	将 x 中的串 p 替换为串 a。p 可以是拓展正则表达式，具体同上	gsub("ab","12","abcdabcd")，函数值："12cd12cd" gsub("x. a","12","xaabcdxxaabcd")，函数值："12bcd12abcd" gsub("x * a","12","xaabcdxxaabcd")，函数值："1212bcd1212bcd"
strsplit(x,s)	以 s 为分隔符分隔 x	strsplit("a,b,c,d",",")，函数值：a b c d
paste(x,y,sep$=s$)	以 s 为分隔符连接 x 和 y	paste("abcd","123",sep="－")，函数值："abcd－123" paste("abcd",c("1","2","3"),sep="－")，函数值:"abcd－1" "abcd－2" "abcd－3" paste("abcd",1:3,sep="－")，函数值:"abcd－1" "abcd－2" "abcd－3"
toupper(x)	将 x 中的小写字母转成大写	toupper("aBcd")，函数值："ABCD"
tolower(x)	将 x 中的大写字母转成小写	tolower("AbCD")，函数值："abcd"

六、数据管理函数

数据管理函数用于向量、数据框的加工和管理。常用的数据管理函数如表 2-7 所示。

表 2-7　　　　　　　　　　　常用的数据管理函数

函数名及参数	函数功能	函数示例
unique(x)	返回除去向量 x(或数据框)中的重复元素(或行)后的向量(或数据框)	unique(c(1:4,2:3))，函数值：1 2 3 4
append(x,s,after=n)	在向量 x 的第 n 个位置后插入向量	append(1:5, 0:1, after=3)，函数值：1 2 3 0 1 4 5
sort(x,decreasing = FALSE)	返回向量 x 按默认升序排序的结果	sort(5:0,decreasing=FALSE)，函数值：0 1 2 3 4 5 sort(5:0,decreasing=TRUE)，函数值：5 4 3 2 1 0

续前表

函数名及参数	函数功能	函数示例
order(x, decreasing＝FALSE)	返回向量 x 按默认升序排序后的元素位置	order(c(20,40,10,20), decreasing＝FALSE)，函数值：3 1 4 2
rev(x)	返回向量 x 的倒排结果	rev(c(1:4))，函数值：4 3 2 1
which(条件表达式)	返回满足条件的元素	which((1:12)%%2==0)，找出1～12的偶数，函数值：2,4,6,8,10,12
which. min(x) which. max(x)	返回数值向量 x 中的最小(或最大)值首次出现的位置	which. max(c(1:4,0:5,12))，函数值：11 which. min(c(1:4,0:5,12))，函数值：5
1) table(x) 2) table($x1$, $x2$)	1)返回关于向量 x 的频数分布表 2)返回关于向量 $x1$ 和 $x2$ 的交叉列联表	table(c(rep(1:5,time＝2),6,7))，函数值：2 2 2 2 2 1 1 table(c("a","a","b","c","c"), c("a","b","c","d","d"))，函数值： a b c d a 1 1 0 0 b 0 0 1 0 c 0 0 0 2
1) colSums(x) 2) colMeans(x)	1)计算矩阵或数据框 x 中各列(数值型)的合计 2)计算矩阵或数据框 x 中各列(数值型)的均值	x <- matrix(1:9,nrow＝3,ncol＝3) [,1] [,2] [,3] [1,] 1 4 7 [2,] 2 5 8 [3,] 3 6 9 colSums(x)，函数值：6 15 24 colMeans(x)，函数值：2 5 8
1) rowSums(x) 2) rowMeans(x)	1)计算矩阵或数据框 x 中各行(数值型)的合计 2)计算矩阵或数据框 x 中各行(数值型)的均值	x <- matrix(1:9,nrow＝3,ncol＝3) [,1] [,2] [,3] [1,] 1 4 7 [2,] 2 5 8 [3,] 3 6 9 rowSums(x)，函数值：12 15 18 rowMeans(x)，函数值：4 5 6
sapply(x, FUN＝函数名) lapply(x, FUN＝函数名)	对数据框 x 中各列分别计算 FUN 指定的函数	x <- as. data. frame(matrix(1:9,nrow＝3,ncol＝3)) V1 V2 V3 1 1 4 7 2 2 5 8 3 3 6 9 sapply(x,FUN＝mean)，函数值：2 5 8

tapply(x, INDEX＝a, FUN＝函数名)	对数据框 x 按列(域)a 的取值分成若干组，并对指定列分组计算 FUN 指定的函数	x <- as. data. frame(matrix(1:9,nrow＝3,ncol＝3))
		x $ V4 <- c("a","b","a")
		  V1 V2 V3 V4
		1 1 4 7 a
		2 2 5 8 b
		3 3 6 9 a
		tapply(x $ V2, INDEX＝x $ V4, FUN＝sum)，函数值：a b
		  10 5

续前表

函数名及参数	函数功能	函数示例

aggregate（**x**，by＝ list（**g1**，**g2**，…），FUN＝函数名…）	依据 **g1**，**g2** 等的取值，对数据框 **x** 进行交叉分组并进行 FUN 指定的分类汇总	x<‒ as. data. frame(matrix(1:10,nrow＝5,ncol＝2))
		g1 <‒ c("a","b","a","a","b")
		g2 <‒ c(1,1,2,2,1)
		cbind(x,g1,g2)，函数值：
		`  V1 V2 g1 g2`
		`1  1  6  a  1`
		`2  2  7  b  1`
		`3  3  8  a  2`
		`4  4  9  a  2`
		`5  5 10  b  1`
		aggregate(x, by = list (g1, g2), FUN = sum)，函数值：
		`  Group.1 Group.2 V1 V2`
		`1       a       1  1  6`
		`2       b       1  7 17`
		`3       a       2  7 17`

apply(**x**,MARGIN＝1（或 2），FUN＝函数名）	对数据框 **x** 中各行（MARGIN＝1）或列（MARGIN＝2）分别计算 FUN 指定的函数	x <‒ as. data. frame(matrix(1:9,nrow＝3,ncol＝3))
		`  V1 V2 V3`
		`1  1  4  7`
		`2  2  5  8`
		`3  3  6  9`
		apply(x, MARGIN = 1, FUN = sum)，函数值：12 15 18
		apply(x, MARGIN = 2, FUN = sum)，函数值：6 15 24

merge(**x1**，**x2**，by＝"关键字")	依关键字将数据框 **x1** 和 **x2** 的域合并。合并后的数据自动按关键字取值升序排序	F1 <‒ data. frame(x1＝1:5,x2＝11:15)
		F2 <‒ data. frame(x1＝1:5,x3＝21:25)
		merge(F1,F2,by="x1")
		`  x1 x2 x3`
		`1  1 11 21`
		`2  2 12 22`
		`3  3 13 23`
		`4  4 14 24`
		`5  5 15 25`

subset(**x**，关系表达式)	提取数据框 **x** 中使关系表达式为真的数据子集	Frame <‒ data. frame(x1＝c("M","M","F","F","M"),x2＝1:5)
		`  x1 x2`
		`1  M  1`
		`2  M  2`
		`3  F  3`
		`4  F  4`
		`5  M  5`
		subset(Frame,x1＝＝"M")
		`  x1 x2`
		`1  M  1`
		`2  M  2`
		`5  M  5`

续前表

函数名及参数	函数功能	函数示例
sample(x, size=n, prob=c(p_1, p_2, ...), replace=TRUE/FALSE)	在向量 x 中随机抽取 n 个元素值。replace 取 TRUE 表示做有放回随机抽样，否则做无放回随机抽样。prob 中 p_1, p_2 等为 x 各元素的入样概率	set. seed(123) sample(1:10, size=5, replace=FALSE)，函数值：3 8 4 7 6 set. seed(123) sample(c("a", "b", "c"), size=10, prob=c (1/6, 2/3, 1/6), replace=TRUE)，对"a", "b", "c"做 10 次有放回的随机抽样，且它们被抽中的概率依次为 1/6, 2/3, 1/6, 函数值："b" "c" "b" "a" "a" "b" "b" "a" "b" "b"

七、逻辑判断函数

逻辑判断函数用于各种条件的判断，函数结果为 TRUE 或 FALSE。常用的逻辑判断函数如表 2-8 所示。

表 2-8　　　　　　　　　　　常用的逻辑判断函数

函数名及参数	函数功能	函数示例
is. na(x)	判断向量 x 中各元素是否取缺失值 NA(Not Available)	x <- c(1:3, NA, 5:6) is. na (x)，函数值：FALSE FALSE FALSE TRUE FALSE FALSE
is. nan(x)	判断向量 x 中各元素是否取缺失值 NaN(Not a Number)	x <- c(1:3, NA, 5:6, NaN) is. nan (x)，函数值：FALSE FALSE FALSE FALSE FALSE FALSE TRUE
complete. cases(x)	判断数据框(或向量或矩阵)x 中各观测是否为完整观测(不包含 NA 或 NaN 的观测)	x <- c(1:3, NA, 5:6, NaN) complete.cases(x)，函数值：TRUE TRUE TRUE FALSE TRUE TRUE FALSE
is. unsorted(x)	判断向量 x 中各元素是否未排序	is. unsorted(c(2,3,1,3))，函数值：TRUE is. unsorted(c(1,2,3,4))，函数值：FALSE
any(逻辑向量 x)	判断逻辑向量 x 中是否至少有一个元素取值为 TRUE	set. seed(123) x <- rnorm(5,0,1)，函数值：−0. 560 475 65 −0. 230 177 49　1. 558 708 31　0. 070 508 39 0. 12928774 any(x<0), 函数值：TRUE
x %in% y	%in% 为逻辑运算符，判断向量 x 的元素是否存在于向量 y 中	1:10%in% c(1,3,5,9)，函数值：TRUE FALSE TRUE FALSE TRUE FALSE FALSE FALSE TRUE FALSE

八、文件管理函数

文件管理函数通常用于文件和目录的列示创建等。如 list. files() 用于显示当前工作目录下的子目录名或文件名；dir. create(x) 用于在当前工作目录下创建名为 x 的子目录。

2.8.3　用户自定义函数

尽管系统函数能够满足绝大部分的计算需求，但有时也可能无法完成较为烦琐的、需经多个步骤才能完成的、具有用户个性需求的计算任务。如果这个计算具有一定的功能完整性且应用场合较多，就有必要将其编写或称定义成一个独立程序段，即函数。与系统函数不同的是，这些函数是用户自行编写的，因而称为用户自定义函数。

对任何一个用户自定义函数首先都需定义，然后才可以调用。

定义函数即明确给出函数说明和函数体。定义的基本书写格式为：

```
用户自定义函数名<- function(参数列表){
计算步骤 1
计算步骤 2
⋮
return(函数值)
}
```

其中，第一行为函数说明。函数是一个特殊的 R 对象，出现在赋值操作符的左边，用于指定用户自定义函数的名称（它是后续函数调用的唯一标识）。赋值操作符右边需跟function 字样，括号内部说明用户在调用该函数时需填写的参数，多个参数间需用英文逗号分隔。为避免函数调用时参数填写错误，可给参数命名以明示各参数的含义，书写格式形如：

```
function(参数名 1=参数 1,参数名 2=参数 2,…)
```

用程序设计的术语讲，这里的参数称为形式参数，即只是个"形式"，在定义函数时并无实际取值。形式参数的实际取值在调用函数时给定，调用函数中的参数称为实际参数。

"{}"中的部分称为函数体，所有计算处理均需写在"{}"中。函数体通常以 return作为结束行，用于指定返回哪些函数计算结果。R 的用户自定义函数的特色在于：一个函数允许有多个返回值。多个返回值以怎样的形式组织，返回的对象就有怎样的结构类型。例如，若多个返回值以列表形式组织，返回对象即为列表。

需要注意的是：
- "{}"必须成对出现；
- 用户自定义函数中出现的所有对象均称为局部对象。

通俗地讲，局部对象只"存活"在大括号"{}"的内部。一旦出了大括号"{}"，局部对象就自动"消亡"，视为不存在，也就无法访问了。

用户自定义函数的调用方式与系统函数的调用方式完全相同，格式为：

```
用户自定义函数名(参数列表)
```

需要说明的是，用户自定义函数的调用只能出现在用户自定义函数的定义后面。

例如，编写一个名为"MyFun"的用户自定义函数，其功能是合并任意两个指定数据框中的数据：

```
MyFun <- function(dataname1=x1,dataname2=x2,key=c){
result <- merge(dataname1,dataname2,by=key)
return(result)
}
ReportCard1 <- read.table(file="ReportCard1.txt",header=TRUE)
ReportCard2 <- read.table(file="ReportCard2.txt",header=TRUE)
MyData <- MyFun(dataname1=ReportCard1,dataname2=ReportCard2,key="xh")
#调用函数
MyData <- MyFun(ReportCard1,ReportCard2,"xh")    #调用函数的简便写法
```

说明：

● 本例中，用户自定义函数名为 MyFun，调用时应填写 3 个参数，参数名依次为 dataname1，dataname2，key，分别对应两份数据所在的数据框名以及合并关键字。

● 第一种调用函数的书写方式较为规范。用户自定义函数中的形式参数 x1（对应的参数名是 dataname1）的实际值是数据框 ReportCard1，ReportCard1 是形式参数 x1 对应的实际参数。同理，形式参数 x2（对应的参数名是 dataname2）的实际值是数据框 ReportCard2，ReportCard2 是形式参数 x2 对应的实际参数。形式参数 c（对应的参数名是 key）的实际值为字符串 xh。

● 第二种调用函数的书写方式较为简洁，但参数含义不明确。熟练时可采用此方式。

● 因自定义函数的返回值 result 为数据框，所以 MyData 即为数据框。

● 因函数体中只有一个计算处理功能，较为简单，没有必要写成一个用户自定义函数。本例仅是一个用户自定义函数的示例。

此外，为更灵活有效地控制函数体的数据处理流程，确保函数能够实现更为复杂的变量计算，还会涉及程序设计的流程控制等更多内容。

2.8.4　R 程序的控制结构

简单的数据管理任务均可通过顺序调用函数来实现，但较为复杂的数据管理还需更为灵活的流程控制手段。如果将顺序调用函数视为一种顺序结构的流程控制，即 R 程序的执行过程完全取决于程序语句的先后顺序，那么，更为灵活的流程控制则包括分支结构的流程控制和循环结构的流程控制。

一、分支结构的流程控制

分支结构的流程控制是指 R 程序在某处的执行取决于某个条件。当条件满足时执行一段程序，当条件不满足时执行另一段程序。因程序的执行在该点出现了"分支"，因而得名"分支结构的流程控制"。

分支结构的流程控制如图 2-10 所示。图 2-10 表明，条件满足时程序执行左侧的语句序列，条件不满足时程序执行右侧的分支。

R 有三种方式实现分支结构的流程控制：if 结构；if-else 结构；switch 结构。

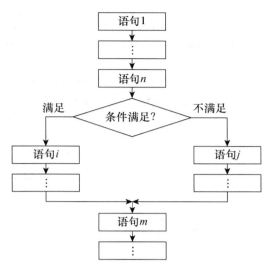

图 2-10 分支结构的流程控制

1. if 结构

基本书写格式为:

```
if(关系表达式){
语句 i
 ⋮
语句 i+n }
语句 j
```

式中,关系表达式的含义和写法同 2.8.1 节。当关系表达式的执行结果为 TRUE(真)时,执行语句 i 至语句 i+n。之后,执行语句 j。

例如,某电子商务网站为促销推出了打折信息:凡消费金额低于 200 元的不再享受额外折扣;消费金额高于 200 元(含)低于 500 元的,再额外打 9.7 折;消费金额高于 500 元(含)低于 1 000 元的,再额外打 9.5 折;消费金额高于 1 000 元(含)低于 2 500 元的,再额外打 9.2 折;消费金额高于 2 500 元(含)低于 5 000 元的,再额外打 9 折;消费金额高于 5 000 元(含)的,再额外打 8.5 折。现编写 R 程序,要求输入消费金额,输出打折信息。

利用 if 结构控制,具体代码如下。

```
Price <- scan()
1: 250
2:
Read 1 item
if(Price<200) print("No discount!")
if(Price>=200 & Price<500) print("off 3%")
[1] "off 3 %"
if(Price>=500 & Price<1000) print("off 5%")
```

```
if(Price>=1000 & Price<2500) print("off 8%")
if(Price>=2500 & Price<5000) print("off 10%")
if(Price>=5000) print("off 15%")
```

说明：本例利用 scan 函数从键盘输入消费金额 250 元，程序给出的输出结果为 off 3%，即额外打 9.7 折。

2. if-else 结构

基本书写格式为：

```
if(关系表达式){
语句 i
⋮
语句 i+n }else
{
语句 j
⋮
语句 j+m}
```

当关系表达式执行结果为 TRUE（真）时，执行语句 i 至语句 $i+n$；当关系表达式执行结果为 FALSE（假）时，执行语句 j 至语句 $j+m$。

例如，打折问题也可以采用 if-else 的书写格式。

```
if(Price<200) print("No discount!") else{
if(Price>=200 & Price<500) print("off 3%") else{
if(Price>=500 & Price<1000) print("off 5%") else{
if(Price>=1000 & Price<2500) print("off 8%") else{
if(Price>=2500 & Price<5000) print("off 10%") else
print("off 15%")
}
}
}
}
[1] "off 3%"
```

说明：本例采用 if-else 结构，该结构可读性不及前例，但其分支处理能力强于前例。

此外，对于 if-else 结构，当无论条件是否成立均仅执行一条语句时，可采用 ifelse 函数简化书写，基本书写格式为：

ifelse(关系表达式,语句 1,语句 2)

当关系表达式成立时，执行语句 1，否则执行语句 2。

3. switch 结构

当条件分支较多时，switch 结构的表述更清晰易懂。

switch 的第一种基本书写格式为：

> switch(R 对象,值列表)

式中，值列表为以逗号分隔的一系列常数；R 对象为包含一个元素的整数型向量。switch 首先得到 R 对象值 n，并以它为序号，到后面的值列表中取第 n 个元素，作为 switch 函数的返回值。

例如，打折问题采用 switch 结构实现：

```
if(Price<200) F <- 1 else {
if(Price>=200 & Price<500) F <- 2 else {
if(Price>=500 & Price<1000) F <- 3 else {
if(Price>=1000 & Price<2500) F <- 4 else{
if(Price>=2500 & Price<5000) F <- 5 else
F <- 6
}
}
}
}
print(switch(F,"No discount","off 3%","off 5%","off 8%","off 10%","off 15%"))
[1] "off 3 %"
```

说明：本例首先利用 if 判断条件给 F 赋值，然后利用 switch 对 F 的值进行判断。当消费金额为 250 元时，F 等于 2，所以执行 switch 时，结果为值列表中的第 2 项。

switch 的第二种基本书写格式为：

> switch(R 对象,字符串 1＝值 1,字符串 2＝值 2,…)

式中，R 对象为包含一个元素的字符串向量。switch 将 R 对象字符串依次与后续字符串作对比，找到相同的并执行等号后面的语句。

例如，编写一个计算描述统计量的通用函数：

```
x <- c(1,2,3,4,5)
Type <-"mean"  #赋值为 mean
switch(Type,center=,mean=mean(x),sd=sd(x))   #Type 为 mean,所以执行 mean
(x)
[1] 3
Type <-"center"  #赋值为 center
switch(Type,center=,mean=mean(x),sd=sd(x))   #center 和 mean 均执行 mean(x)
[1] 3
Type <-"sd"  #赋值为 sd
switch(Type,center=,mean=mean(x),sd=sd(x))   #Type 为 sd,所以执行 sd(x)
[1] 1.581139
```

说明：switch 将多个计算函数合理组织在一起，结构清晰简洁。

二、循环结构的流程控制

循环结构的流程控制是指 R 程序在某处开始，根据条件判断结果决定是否反复执行某个程序段。循环结构的流程控制如图 2－11 所示。

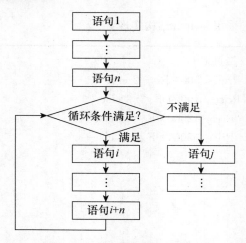

图 2－11　循环结构的流程控制

图 2－11 表明，当循环条件满足时，程序执行语句 i 至语句 $i+n$。语句 i 至语句 $i+n$ 组成循环体，循环条件用于控制是否进入循环体；当循环控制条件不满足时，不进入循环体，执行语句 j 及后续语句。

R 有三种方式实现循环结构的流程控制：for 结构；while 结构；repeat 结构。

1. for 结构

for 结构适用于循环次数固定的循环。基本书写格式为：

```
for(循环控制变量 in 值序列){
语句 i
 ⋮
语句 i＋n
}
```

式中，循环控制变量依次取值序列中的每个元素，并进入循环体执行相应语句，完成一次循环。直至循环控制变量取遍值序列中的所有元素，再无其他元素可取时终止循环。

例如，利用 for 结构计算 $1+2+3+\cdots+100$ 的和：

```
s<-0  #和,初始值为 0
for(i in 1:100){  #循环控制变量 i 依次取 1,2,3,…,100
s＝s＋i  #每次循环均在和的基础上加上 i
}
print(s)  #当 i 取完 100 后再无其他值可取,跳出循环输出计算结果
[1] 5050
```

2. while 结构

while 结构不仅适用于循环次数固定情况下的循环，也适用于循环次数无法固定情况下的循环。基本书写格式为：

```
while(关系表达式){
语句 i
⋮
语句 i+n
改变关系表达式的结果语句
}
```

式中，关系表达式为循环控制条件。当结果为 TRUE 时进入循环体，执行相应的语句。当结果为 FALSE 时，不进入循环体。需要注意的是，循环体中应至少有一条语句能够使关系表达式的结果不再为真，否则关系表达式永远为真，循环体将被执行无限次，无法停止，出现"死循环"现象。

例如，利用 while 结构计算 $1+2+3+\cdots+100$ 的和：

```
s<- 0    #和,初始值为 0
i<- 1    #循环控制变量,初始值为 1
while(i<=100){    #当循环控制变量 i 小于等于 100 的条件满足时进入循环体
s<- s+i    #每次循环均在和的基础上加上 i
i<- i+1    #改变循环控制变量的值使其可能大于 100
}
print(s)    #当循环控制变量的值为 101 时跳出循环输出计算结果
[1] 5050
```

3. repeat 结构

repeat 与 while 有类似的应用场合和表述形式，基本书写格式为：

```
repeat{
语句 i
⋮
语句 i+n
break
}
```

repeat 将无条件进入循环体并反复执行循环体。为避免出现"死循环"现象，可通过 break 语句强行跳出循环。

例如，利用 repeat 结构计算 $1+2+3+\cdots+100$ 的和。

```
s<- 0    #和,初始值为 0
i<- 1    #循环控制变量,初始值为 1
```

```
repeat{    #无条件进入循环体
if(i<=100){    #当循环控制变量 i 小于等于 100 时求和
s <- s+i
i <- i+1} else    #改变循环控制变量的值使其可能大于 100
break    #当循环控制变量 i 大于 100 时强行跳出循环输出计算结果
}
print(s)
[1] 5050
```

2.9　R 语言数据整理和程序设计综合应用

2.9.1　数据整理基础综合应用

　　这里以车险数据为例进行各种处理，目的是强化前述统计和数据管理函数的应用，以及循环控制处理技巧等。

```
#计算基本描述统计量的用户自定义函数
Des. Fun <- function(x,…){
Av <- mean(x,na. rm=TRUE)    #剔除缺失值后计算均值
Sd <- sd(x,na. rm=TRUE)    #剔除缺失值后计算标准差
N <- length(x[! is. na(x)])    #剔除缺失值后计算样本量
Sk <- sum((x[! is. na(x)]-Av)^3/Sd^3)/N    #剔除缺失值后的偏态系数
Ku <- sum((x[! is. na(x)]-Av)^4/Sd^4)/N-3    #剔除缺失值后的峰态系数
result <- list(avg=Av,sd=Sd,skew=Sk,kurt=Ku)    #将计算结果合成为列表
return(result)    #返回计算结果
}
ClaimData <- read. table(file="车险数据. txt",header=TRUE,sep=" ")
with(ClaimData,{
Des1 <- sapply(ClaimData[,c(1,5)],FUN=Des. Fun)    #计算投保人年龄、理赔次数的描述统计量
print(Des1)
Des2 <- tapply(nclaims,INDEX=vehiclegroup,FUN=mean,na. rm=TRUE)    #计算不同车型的平均理赔次数
print(Des2)
cor(nclaims,holderage,use="complete. obs")    #计算理赔次数和投保人年龄的简单相关系数
})
#计算各车型的平均理赔金额
```

```
for(i in unique(ClaimData $ vehiclegroup)){    #利用循环分别对不同车型进行处理
temp <- subset(ClaimData,vehiclegroup==i)    #读取指定车型的数据
Des3 <- sum((temp $ claimamt * temp $ nclaims),na. rm=TRUE)/sum(temp $ nclaims,
na. rm=TRUE)    #计算平均理赔金额
print(paste(i,round(Des3,2),sep=":"))
}
#计算车型和车龄的交叉列联表
CrossTable <- table(ClaimData $ vehiclegroup,ClaimData $ vehicleage)
addmargins(CrossTable)    #在列联表中添加合计项
addmargins(prop. table(CrossTable,1) * 100,2)    #计算列百分比
addmargins(prop. table(CrossTable,2) * 100,1)    #计算行百分比
addmargins(prop. table(CrossTable) * 100)    #计算总百分比
```

2.9.2　利用流程控制还原汇总数据

在许多数据分析应用中，收集到的可能是如表 2-9 所示的汇总数据。

表 2-9　　　　　　　　　　　汇总数据示例

性别	平均分等级			
	B	C	D	E
M	2	11	12	5
F	2	13	10	3

基于表 2-9 中的数据，可能要分析性别与平均分等级间是否具有相关性。为此，需首先将表格中的数据组织到 R 的数据对象中。通常情况下，完全依照表格样式组织数据是不合理的，需将它还原为原始数据表的组织形式，即一行为一个观测样本，一列为一个变量，如表 2-10 所示。

表 2-10　　　　　　　　　　　原始数据表

观测编号	性别	平均分等级
1	M	B
2	M	B
3	M	C
4	M	C
⋮	⋮	⋮
56	F	E
57	F	E
58	F	E

现在的任务是编写一个用户自定义函数 MyTable，将表 2-9 所示的汇总表还原为表 2-10 所示的原始数据表形式。该应用示例不仅强化了循环结构的流程控制，而且解决的

问题具有普遍代表性。具体代码如下：

```
MyTable <- function(mytable){　 #自定义函数 MyTable 的定义
rows <- dim(mytable)[1]
cols <- dim(mytable)[2]
DataTable <- NULL
for(i in 1:rows){
  for(j in 1:mytable $ freq[i]){
    RowData <- mytable[i,c(1:(cols-1))]
    DataTable <- rbind(DataTable,RowData)
    }
}
row. names(DataTable)<- c(1:dim(DataTable)[1])
return(DataTable)
}
Grade <- rep(c("B","C","D","E"),times=2)　 #组织分数等级数据,分数等级重复
2 次
Sex <- rep(c("M","F"),each=4)　 #组织性别数据,性别取值各重复 4 次
Freq <- c(2,11,12,5,2,13,10,3)　 #组织汇总结果
Table <- data. frame(sex=Sex,grade=Grade,freq=Freq)
MyData <- MyTable(Table)　 #调用用户自定义函数 MyTable
```

说明：

● 本例中，Table 是一个数据框，其中包含一个名为 freq 的域存放频数，重新描述了表 2-9 中的数据。

● 对每一行数据：首先，读入前两列数据且行向合并到一个矩阵中；然后，将读入的数据重复执行行向合并到矩阵的操作，共重复 n 次，n 等于相应行 freq 列上的值。这个过程反复执行，直到处理完最后一行数据为止。

2.10　本章函数列表

本章涉及的 R 函数如表 2-11 所示。

表 2-11　　　　　　　本章（除表 2-1 至表 2-8 外）涉及的 R 函数列表

函数名	功能	函数名	功能
print()	显示指定对象的内容	is. list()	判断指定对象是否为列表
str()	显示指定对象的存储类型及结构信息	list()	创建列表
ls()	显示当前工作空间中的对象列表	is. numeric()	判断指定数据对象是否为数值型

续前表

函数名	功能	函数名	功能
rm（），remove（）	删除当前工作空间中的指定对象	is. integer（）	判断指定数据对象是否为整型
is. vector（）	判断指定对象是否为向量	is. double（）	判断指定数据对象是否为双精度型
c（）	创建包含指定元素的向量	is. character（）	判断指定数据对象是否为字符串型
rep（）	重复函数	is. logical（）	判断指定数据对象是否为逻辑型
seq（）	序列函数	typeof（）	显示指定数据对象的存储类型
scan（）	从键盘输入一组数据到指定向量中	as. matrix（）	将指定向量转换为矩阵
vector（length＝）	创建包含指定元素个数的空向量	is. factor（）	判断指定向量是否为因子
is. matrix（）	判断指定对象是否为矩阵	as. factor（）	将向量转换为因子
cbind（）	将向量列项合并为矩阵	levels（）	显示因子水平值所对应的类别值
dim（）	显示指定矩阵的行列数	nlevels（）	显示因子水平数
colnames（）	显示指定矩阵的列名称或重命名	factor（）	将向量按指定方式转换为因子
rownames（）	显示指定矩阵的行名称或重命名	gl（）	创建一个因子
rbind（）	将向量行向合并为矩阵	as. vector（）	将指定矩阵转换为向量
matrix（）	将指定向量按指定格式转换为矩阵	scan（）	将指定文本文件中的数据读到向量中
head（）	显示前 n 行的所有元素	read. table（）	将指定文本格式数据读到数据框中
tail（）	显示后 n 行的所有元素	read. spss（）	将指定 SPSS 格式数据导入数据框中
fix（）	以编辑窗口形式访问指定矩阵	odbcConnec-tAccess2007（）	建立 Access 数据库访问通道
is. data. frame（）	判断指定对象是否为数据框	sqlFetch（）	将指定表数据导入数据框中
data. frame（）	创建数据框	close（）	关闭数据通道
names（）	显示数据框的域名或列表的成分名	readHTMLT-able（）	读取静态网页中的表格内容
attach（）	绑定指定的数据框	data（）	浏览数据集名称列表
detach（）	解除对指定数据框的绑定	data（"数据集名"）	加载使用指定数据集
with（）	以只读方式绑定指定的数据框	write. table（）	保存数据到文本文件中
within（）	以读写方式绑定指定的数据框	function（）	定义用户自定义函数
is. array（）	判断指定对象是否为数组	if（），ifelse（），switch（）	分支结构控制
array（）	创建数组	for（），where（），repeat{}	循环结构控制

C 第 3 章

Chapter 3 R 的数据可视化

数据可视化是利用各种图形直观展示数据特征，是数据挖掘的重要方面。R 的图形绘制功能强大，图形种类丰富，在数据可视化方面优势突出。基础包中的绘图函数一般用于绘制基本统计图形，大量绘制各类复杂图形的函数一般包含在共享包中。

本章首先讨论 R 的绘图基础，然后讨论如何利用图形展示单个变量的分布特征、多个变量的联合分布特征，如何利用图形展示变量间的相关性等。接下来，讨论如何借助地图绘制热力图，以及文本词频的词云图等。

3.1 绘图基础

3.1.1 图形设备和图形文件

R 的图形并不显示在 R 的控制台中，而是默认输出到一个专用的图形窗口中。这个图形窗口称为 R 的图形设备。R 允许多个图形窗口同时打开，图形可分别显示在不同的图形窗口中，即允许同时打开多个图形设备用以显示多组图形。为此，图形设备管理就显得较为必要。

R 的每个图形设备都有自己的编号。当执行第一条绘图语句时，第一个图形设备被自动创建并打开，其编号为 2（1 被空设备占用）。后续创建打开的图形设备将依次编号为 3，4，5 等。某一时刻只有一个图形设备能够"接收"图形，该图形设备称为当前图形设备。换言之，图形只能输出到当前图形设备中。若希望图形输出到其他某个图形设备中，则必须指定它为当前图形设备。有关图形设备管理的函数如表 3-1 所示。

表 3-1 常用的图形设备管理函数

函数	功能
win. graph()	手工创建打开一个图形设备，该设备为当前图形设备
dev. cur()	显示当前图形设备的编号
dev. list()	显示当前已有几个图形设备被创建打开

续前表

函数	功能
dev. set(*n*)	指定编号为 *n* 的图形设备为当前图形设备
dev. off()	关闭当前图形设备，即关闭当前图形窗口
dev. off(*n*)	关闭编号为 *n* 的图形设备

此外，不仅图形窗口是一种图形设备，图形文件也是一种图形设备。在 R 中，如果希望将图形保存到某种格式的图形文件中，则需指定该图形文件为当前图形设备。相关函数如表 3－2 所示。

表 3－2　　　　　　　　　　　　常用的图形文件

函数	功能
pdf("文件名. pdf")	指定某 PDF 格式文件为当前图形设备
win. metafile("文件名. wmf")	指定某 WMF 波形格式文件为当前图形设备
png("文件名. png")	指定某 PNG 格式文件为当前图形设备
jpeg("文件名. jpg")	指定某 JPEG 格式文件为当前图形设备
bmp("文件名. bmp")	指定某 BMP 格式文件为当前图形设备
postscript("文件名. ps")	指定某 PS 格式文件为当前图形设备

于是，后续所有图形将被保存到指定格式的指定文件中。若不再保存图形到图形文件中，则需利用 dev. off()函数关闭当前图形设备，即关闭当前图形文件。于是后续所有图形将自动显示到新的图形窗口（图形设备）中。

3.1.2　图形组成和图形参数

R 的图形由多个部分组成，主要包括主体、坐标轴、坐标标题、图标题四个必备部分。绘制图形时，一方面应提供用于绘图的数据；另一方面还需对图形各部分的特征加以说明。以图 3－1 所示的各车型车险理赔次数的箱线图为例，绘图时需给出各车型车险理赔

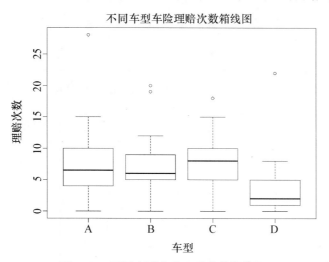

图 3－1　不同车型车险理赔次数箱线图

次数数据，同时还要说明：图形主体部分是箱线图，横、纵坐标的标题分别为车型和理赔次数，图标题为不同车型车险理赔次数箱线图，等等。

一、图形参数

尽管图形各组成部分有默认的特征取值，R 称之为图形参数值，但默认的图形参数值不可能完全满足用户的个性化需要，所以根据具体情况设置和调整图形参数的参数值是必要的。

R 的图形参数与图形的组成部分相对应，各图形参数均有各自固定的英文表述。图形参数取不同的参数值，所呈现出来的图形特征也不同。归纳起来，与图形必备部分相对应的图形参数主要有四大类。此外，还有一类关于图形尺寸、边界和布局的图形参数。

1. 图形主体部分的参数

图形主体部分的参数如表 3 - 3 所示。

表 3 - 3　　　　　　　　　　　图形主体部分的参数

类别	特征	表述
符号	类型	pch
	大小	cex
	填充色	bg
线条	线型	lty
	宽度	lwd
颜色	颜色	col

图 3 - 2 第 1～5 行所示的为 pch 依次取 0～25 对应的符号。图 3 - 3 第 1～6 行所示的为 lty 依次取 1～6 对应的线型。

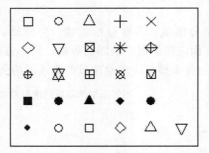

图 3 - 2　pch 参数值对应的符号

图 3 - 3　lty 参数值对应的线型

col 颜色包括灰色系和彩色系。灰色系的表示方式为：col＝gray（灰度值）。灰度值在 0～1 范围内取值，值越大，灰度越浅。彩色系的表示方式为：col＝色彩编号。不同编号对应不同的颜色，如 1 是黑色，2 是红色，3 是绿色，4 是蓝色等。或者 col＝rainbow(n)，即利用 rainbow 函数自动生成 n 个色系上相邻的颜色。或者 col＝rgb()，即利用调色板生成各种颜色。

2. 坐标轴部分的参数

坐标轴部分的参数如表 3-4 所示。

表 3-4　　　　　　　　　　　　　　　坐标轴部分的参数

类别	特征	表述
刻度	位置	at
	长度和方向	tcl
刻度范围	横坐标范围	xlim
	纵坐标范围	ylim
刻度文字	文字内容	label
	文字颜色	col. axis
	文字大小	cex. axis
	文字字体	font. axis

3. 坐标标题部分的参数

坐标标题部分的参数如表 3-5 所示。

表 3-5　　　　　　　　　　　　　　　坐标标题部分的参数

类别	特征	表述
标题内容	横坐标内容	xlab
	纵坐标内容	ylab
标题文字	文字颜色	col. lab
	文字大小	cex. lab
	文字字体	font. lab

4. 图标题部分的参数

图标题部分的参数如表 3-6 所示。

表 3-6　　　　　　　　　　　　　　　图标题部分的参数

类别	特征	表述
标题内容	主标题内容	main
	副标题内容	sub
主标题文字	文字颜色	col. main
	文字大小	cex. main
	文字字体	font. main
副标题文字	文字颜色	col. sub
	文字大小	cex. sub
	文字字体	font. sub

5. 图形边界和布局的参数

图形边界是指图形四周空白处的宽度，表述为 mai 或 mar，它们均为包含四个元素的向量，依次设置图形下边界、左边界、上边界、右边界的宽度。mai 的计量单位为英寸（约为 2.54 厘米），mar 的计量单位为英分（为英寸的 1/12）。

所谓图形布局，是指对于多张有内在联系的图形，若希望将它们共同放置在一张图上，应按怎样的布局组织它们。具体来讲，就是将整个图形设备划分成几行几列，按怎样的顺序摆放各个图形，各个图形上下左右的边界是多少等。设置图形布局的函数为 par，基本书写格式为：

$$par(mfrow=c(行数,列数),mar=c(n1,n2,n3,n4))$$

或

$$par(nfcol=c(行数,列数),mar=c(n1,n2,n3,n4))$$

式中，行数和列数分别表示将图形设备划分为指定的行和列；mfrow 表示逐行按顺序摆放图形；nfcol 表示逐列按顺序摆放图形；mar 参数用来设置整体图形的下边界、左边界、上边界、右边界的宽度，分别为 $n1$、$n2$、$n3$、$n4$。

par 函数设置的图形布局较为规整，各图形按行列单元格依次放置。若希望图形的摆放更加灵活，可利用 layout 函数进行布局设置。为此，需要首先定义一个布局矩阵，然后调用 layout 函数设置布局，最后显示图形布局。

第一步，定义布局矩阵。

定义布局矩阵仍采用 matrix 函数，不同的是矩阵元素值表示图形摆放顺序，0 表示不放置任何图形。

例如，图形布局为 2 行 2 列，且第 1 行放置第一幅图（该图较大，需横跨第 1 和第 2 列），第 2 行的第 2 列放置第二幅图：

```
MyLayout <- matrix(c(1,1,0,2),nrow=2,ncol=2,byrow=TRUE)
MyLayout
     [,1] [,2]
[1,]    1    1
[2,]    0    2
```

第二步，设置布局对象。

调用 layout 函数设置图形的布局对象，基本书写格式为：

$$layout(布局矩阵名,widths=各列图形宽度比,heights=各行图形高度比,respect=TRUE/FALSE)$$

式中，布局矩阵名是第一步的矩阵名（如上例的 MyLayout）；widths 参数以向量形式从左至右依次给出各列图形的宽度比例；heights 参数以向量形式从上至下依次给出各行图形的高度比例；respect 取 TRUE，表示所有图形具有统一的坐标刻度单位，取 FALSE，则允许不同图形有各自的坐标刻度单位。

例如，依据第一步的布局矩阵设置图形布局：

```
DrawLayout <- layout(MyLayout,widths=c(1,1),heights=c(1,2),respect=TRUE)
```

该设置表明：两列图有相同的宽度，均为 1 份宽；第 1 行的图形高度为 1 份，第 2 行的图形高度为 2 份。

第三步，显示图形布局。

调用 layout. show 函数，基本书写格式为：

　　　layout. show(布局对象名)

式中，布局对象名是第二步的布局对象。

例如，显示图形布局：

layout. show(DrawLayout)

于是，R 将自动打开一个图形设备，显示的图形布局如图 3-4 所示。其中，1 的位置放置第一幅图，2 的位置放置第二幅图，无数字的位置不放置图形。

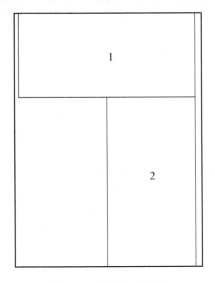

图 3-4　图形布局示例

以上五大类参数均有默认的参数值。利用函数 par 可看到当前的默认值。关于具体应用的示例，后续将一一呈现。

二、如何修改图形参数

修改图形参数值有两种方式：

第一种，若希望后续均以统一指定的参数值绘图，则需在绘图之前首先利用 par 函数设置参数。

例如，par(pch=3,lty=2,mar=c(1,0.5,1,2))，则后续绘制的所有图形符号均为加号，线型均为点线，图形的下边界、左边界、上边界、右边界的宽度依次为 1，0.5，1，2 英分。若要还原为原先的参数值，则需在修改参数值之前保存原参数值到 R 对象。

例如：

```
DrawP <- par()    #保存原始参数值
par(pch=3,lty=2,mar=c(1,0.5,1,2))    #修改参数值
par(DrawP)    #还原参数值
```

第二种，设置绘图函数中的参数。

R 有很多绘制各类图形的绘图函数，这些函数本身支持对上述大部分图形参数的设置。如果在这些函数中设置图形参数，则参数值只在函数中有效。函数一旦执行完毕，图形参数将自动还原为默认值。相关绘图函数后续将逐一讨论。

3.2　单变量分布特征的可视化

单变量可视化的常用统计图形有茎叶图、箱线图、直方图、折线图、核密度图、小提琴图、克利夫兰点图等。前四种图形较为普遍，因此，这里以第 2 章的车险理赔数据为例，仅讨论后三种 R 中较有特色的统计图形。

3.2.1　核密度图

核密度图用于展示单个数值型变量的分布或多个数值型变量的联合分布特征。绘制核密度图的首要任务是进行核密度估计（kernel density estimation）。核密度估计是一种仅从样本数据自身出发估计其密度函数并准确刻画其分布特征的非参数统计方法。这里仅以单个变量为例，讨论核密度估计的基本思想。

核密度估计的最初思路是基于直方图的密度估计。核密度曲线可视为将直方图各组中值对应的密度值做点连线后的折线图。设有 N 个观测，计算落入以 x_0 为中心、h 为组距的"直方桶"区间 R 中的观测个数。

首先，定义一个非负的距离函数：

$$k(\|x_0-x_i\|)=\begin{cases}1, & |x_0-x_i|\leqslant\dfrac{h}{2};i=1,2,\cdots,N\\[2mm]0, & |x_0-x_i|>\dfrac{h}{2};i=1,2,\cdots,N\end{cases}$$

表示若观测 x_i 落入 R 中，则距离函数值为 1，否则为 0。然后，计算落入 R 中的观测占观测总数的比率，即频率：$\dfrac{1}{N}\sum\limits_{i=1}^{N}k(\|x_0-x_i\|)$。计算以 x_0 为中心 h 范围内频率的函数：频率/组距 h。$f(x_0)=\dfrac{1}{hN}\sum\limits_{i=1}^{N}k(\|x_0-x_i\|)$ 即为 x_0 处密度的估计。这里，距离函数 $k(\|x_0-x_i\|)$ 称为核函数，其中 h 称为核宽。上述核函数为均匀核函数。

在核宽 h 范围内的多个观测 x_i，有的距 x_0 近，有的距 x_0 远，计算时可考虑给予不同的权重。可采用其他形式的平滑核函数，如常见的高斯核函数 $k(\|x_0-x_i\|)=\dfrac{1}{\sqrt{2\pi}h}e^{-\frac{(x_0-x_i)^2}{2h^2}}$ 等。可见，在以 x_0 为均值、h 为标准差的高斯分布中，观测 x_i 距 x_0 越近，核函数值越大，

在上述函数 $f(x_0)$ 中的权重越大，反之越小。此外，核密度估计也可视为 x_0 在多个高斯分布下不同概率密度值的平均。可见，核密度曲线完全由"多点平均"平滑而来，无须假设数据服从某种理论分布。

需要说明的是，核密度曲线的光滑程度受到核宽 h 的影响。对如何确定核宽，如何选择核函数等问题，这里不展开讨论。

核密度估计的 R 函数为 density，基本书写格式为：

density(数值型向量)

R 默认采用高斯核函数。density 将返回一个 R 的列表对象，其中包括名为 x 和 y 的两个成分（均为数值型向量，默认包含 512 个元素。R 自动在样本观测值之外的取值区域做插值处理以使核密度曲线更为完整和平滑），分别为 x 值和密度 $f(x)$。这两个向量元素一一对应，便可确定点在图中的坐标。

例如，对于车险理赔数据，绘制关于理赔次数的直方图和核密度图，如图 3-5 所示。

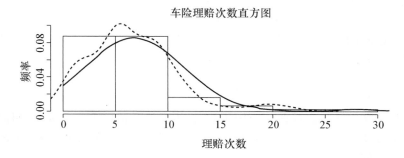

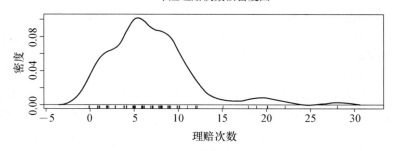

图 3-5　车险理赔次数的直方图与核密度图

具体代码如下：

```
ClaimData <- read. table(file="车险数据. txt",header=TRUE)
DrawL <- par()
par(mfrow=c(2,1),mar=c(4,6,4,4))
hist(ClaimData $ nclaims,xlab="理赔次数",ylab="频率",main="车险理赔次数直方
图",cex. lab=0. 7,freq=FALSE,ylim=c(0,0. 1))
MeanTmp=mean(ClaimData $ nclaims,rm. na=TRUE)
SdTmp=sd(ClaimData $ nclaims)
```

```
d=seq(from=min(ClaimData $ nclaims),to=max(ClaimData $ nclaims),by=0.1)
lines(x=d,y=dnorm(d,MeanTmp,SdTmp),lty=2,col=2)
lines(density(ClaimData $ nclaims),lty=4,col=4)    ♯添加核密度曲线
plot(density(ClaimData $ nclaims),type="l",main="车险理赔次数核密度图",xlab=
"理赔次数",ylab="密度")
rug(jitter(ClaimData $ nclaims),side=1,col=2)    ♯添加数据地毯
par(DrawL)
```

本例说明如下。

一、图形布局

由于本例的图形布局较为简单，采用 par 函数设置布局，将图形窗口划分成两行一列。

二、hist 函数

函数 hist 用于绘制直方图，基本书写格式为：

$$hist(数值型向量,freq=TRUE/FALSE)$$

式中，freq 取 TRUE 表示直方图中的纵坐标为频数，取 FALSE 表示纵坐标为频率。

hist 函数中使用了 xlab 和 ylab，定义图形横、纵坐标轴标题内容；cex. lab 定义坐标轴标题文字的大小。

三、添加正态分布曲线

为对比观测数据的分布与正态分布的差异性，通常需在所绘制的直方图上添加正态分布的概率密度函数曲线。为此，需做如下处理：

第一步，数据计算。

首先，计算观测数据的均值和标准差；其次，利用 dnorm 函数计算在指定均值和标准差的正态分布中，变量在实际取值范围（步长为 0.1）内取值时的概率密度值。

第二步，利用 lines 函数添加曲线。

lines 函数用于在已有图形上添加曲线，基本书写格式为：

$$lines(x=横坐标向量,y=纵坐标向量)$$

lines 函数中使用了 col 定义颜色（2 为红色，4 为蓝色），lty 定义线型。其中，曲线可视为平滑连接若干点形成的，为此需给出若干点的横、纵坐标。两个坐标向量的元素个数应相等，一一对应后可确定图形上点的具体位置。

四、利用 plot 函数绘制核密度图

第二幅图为理赔次数的核密度图。可利用 plot 函数实现。plot 函数的基本书写格式为：

$$plot(数值型向量或矩阵,type=线的类型名)$$

式中，参数 type 用于指定线图中线条的类型，取"p"为点连接的线图，取 "l"为实线线图，取 "b"为点线线图，取 "s"为阶梯形线图。

　　plot 函数是 R 的一类特色函数，属于泛型函数，即绘制图形的类型随参数设置的变化而变化。如本例利用 plot 函数直接绘制核密度曲线，还可以绘制时序折线图、散点图和其他各种各样的图形。

五、添加数据地毯和噪声数据

　　为进一步展示变量的取值，可在第二幅图的横坐标上添加一些红色①的小线段。其中每个小线段代表一个变量值。因多条小线段的集合看似一张红色的地毯，也称其为数据地毯。添加数据地毯的函数是 rug，基本书写格式为：

$$rug(向量,side＝1/3)$$

式中，参数 side 取 1 或 3 分别表示在图的底部或顶部添加数据地毯。

　　通常，变量取值相等时，数据地毯中的小线段将重合，不利于展示变量取值的分布。为此，可在变量值上人为添加一些噪声，以避免小线段的大量重合。

　　对数据人为增加噪声，即在原有变量值上加上或减去一个极小的并不改变变量取值分布特征的随机数。所采用的函数为 jitter，基本书写格式为：

$$jitter(数值型向量,factor＝1)$$

式中，参数 factor 为扩充因子，默认为 1。噪声是来自均匀分布 $[-a,a]$ 的一个随机数 b，添加噪声后的变量值为 $x+b$，x 为原变量值。$a＝factor * d/5$，$d＝|x-x$ 的最近邻居（相距最近的值）$|$。

3.2.2　小提琴图

　　小提琴图是箱线图和核密度图的结合，因形状酷似小提琴而得名。绘制小提琴图的 R 函数 vioplot 在 vioplot 包中，首次应用时需要下载安装，并加载到 R 的工作空间中。

　　vioplot 函数的基本书写格式为：

$$vioplot(数值型向量,horizontal＝TRUE/FALSE)$$

或

$$vioplot(数值型向量名列表,names＝横坐标轴标题向量)$$

其中，第一种格式用于绘制一个数值型变量的小提琴图，参数 horizontal 用于指定小提琴的放置方向是竖直的还是水平的。第二种格式用于绘制多个变量的小提琴图，还可用于对比不同样本组中变量分布的差异性。应事先将各组样本的变量值分别组织到若干个向量中，且各个向量名之间以逗号分隔。参数 names 用于指定图形横坐标轴的标题文字。

　　例如，对于车险理赔数据，绘制两幅关于理赔次数的小提琴图，如图 3-6 所示。

---

① 本书黑白印刷，颜色不显示，全书同。

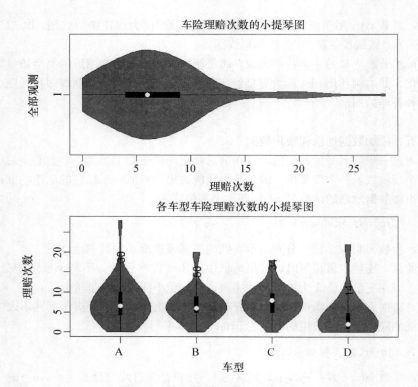

图 3 - 6　车险理赔次数的小提琴图

具体代码如下：

```
install. packages("vioplot")
library("vioplot")
ClaimData <- read. table(file="车险数据. txt",header=TRUE)
DrawL <- par()
par(mfrow=c(2,1),mar=c(4,6,4,4))
vioplot(ClaimData $ nclaims,horizontal=TRUE)  #绘制全部观测的小提琴图
title(main="车险理赔次数的小提琴图",cex. main=0.8,xlab="理赔次数",ylab="全部
观测",cex. lab=0.7)  #添加图标题等
TmpD1 <- ClaimData $ nclaims[ClaimData $ vehiclegroup=="A"]
TmpD2 <- ClaimData $ nclaims[ClaimData $ vehiclegroup=="B"]
TmpD3 <- ClaimData $ nclaims[ClaimData $ vehiclegroup=="C"]
TmpD4 <- ClaimData $ nclaims[ClaimData $ vehiclegroup=="D"]  #绘制各车型的小
提琴图
LabX <- c("A","B","C","D")
Lo <- vioplot(TmpD1,TmpD2,TmpD3,TmpD4,names=LabX)  #画图同时得到关键
位置坐标
text(x=1:4,y=Lo $ upper,labels=c(length(TmpD1),length(TmpD2),length(TmpD3),
```

```
length(TmpD4)),srt=90)　♯在指定位置添加文字信息
title(main="各车型车险理赔次数的小提琴图",cex.main=0.8,xlab="车型",ylab="理
赔次数",cex.lab=0.7)
par(DrawL)
```

本例说明如下。

一、小提琴图的特点

第一幅小提琴图是关于全部观测数据的。其中的空心圆表示中位数，黑色矩形以及直线组成箱线图。外围的曲线为核密度估计曲线，呈左右（或上下）对称。小提琴图融合了箱线图和核密度图的特点，更利于刻画数值型变量的分布特征和形态。本例中全部观测的小提琴图显示，理赔次数呈明显的右偏分布，存在少部分理赔次数很多的观测。

二、title 函数

vioplot 函数不支持设置图形标题 main 等的参数值，需利用 title 函数单独设置，基本书写格式为：

title(main＝图标题,sub＝副标题,xlab＝横坐标标题,ylab＝纵坐标标题)

三、获得关键位置坐标

若将绘图结果赋值给一个 R 对象，则该对象将存储图形的关键位置坐标。以小提琴图为例，本例中的 Lo 对象为一个列表，其中包含名为 upper，lower，median，q1，q3 的成分，依次存储了小提琴图的上端、底端、中位数、下四分位数、上四分位数处的位置纵坐标。

四、在指定位置添加文字信息

若希望在已有图形的指定位置上添加一些文字信息，可采用 text 函数，基本书写格式为：

text(x＝横坐标向量,y＝纵坐标向量,labels＝文字内容,srt＝旋转度数)

其中，横、纵坐标向量的元素个数应相同，一一对应后可确定图形上的某个具体位置。labels 用于指定添加的文字内容，一般用双引号括起来。对于一些特殊的数学文字，如 a^2 等，需采用特殊形式表示，具体参见 help(plotmath)。srt 用于指定文字的摆放角度，默认为水平放置，也可指定一个逆时针旋转角度。

本例在小提琴的上端位置添加各个车型的样本量信息，且文字逆时针旋转 90 度。

3.2.3　克利夫兰点图

克利夫兰点图可用于直观展示数据中可能的异常点。克利夫兰点图的横坐标为变量值，纵坐标为各观测编号（观测编号越小，对应的纵坐标值越大）。绘制克利夫兰点图的函数是 dotchart，基本书写格式为：

dotchart(数值型向量)

进一步，dotchart 还可绘制不同样本组数据的克利夫兰点图，基本书写格式为：

dotchart(数值型向量,group=分组向量,gdata=组均值向量,gpch=均值点符号类型)

式中，参数 group 用于指定分组的向量，应是因子；参数 gdata 指定各分组的变量均值向量；参数 gpch 指定绘制各组均值点的符号类型。

例如，对于车险理赔数据，绘制两幅克利夫兰点图，如图 3-7 所示。

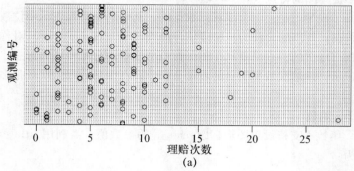

(a)

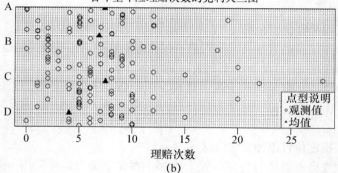

(b)

图 3-7　理赔次数的克利夫兰点图

具体代码如下：

```
DrawL <- par()
ClaimData <- read. table(file="车险数据. txt",header=TRUE)
par(mfrow=c(2,1),mar=c(4,6,4,4))
dotchart(ClaimData $ nclaims,main="车险理赔次数的克利夫兰图",cex.main=0.8,
xlab="理赔次数",ylab="观测编号",cex. lab=0.8)
AvN <- tapply(ClaimData $ nclaims,INDEX=ClaimData $ vehiclegroup,FUN=mean)
#计算各车型理赔次数的平均值
dotchart(ClaimData $ nclaims[order(ClaimData $ vehiclegroup)],main="各车型车险理
赔次数的克利夫兰图",cex. main=0.8,xlab="理赔次数",cex. lab=0.8,groups=Claim-
Data $ vehiclegroup,gdata=AvN,gpch=17)
```

> legend("bottomright",title＝"点型说明",c("观测值","均值"),pch＝c(1,17),bg＝"white",cex＝0.5)
> par(DrawL)

本例说明如下。

一、克利夫兰点图的特点

全部观测的理赔次数的克利夫兰点图如图 3－7（a）所示。图中的每个圆圈表示一个观测。可见，本例数据中理赔次数基本集中在 3～10 次，有个别理赔次数较多（20 次以上）的观测分布在图的右侧，它们可能是异常数据点。

进一步，为直观展示不同车型的理赔次数情况，首先按车型对理赔次数数据分组，并计算各车型的理赔次数的平均值，且将各平均值以三角形绘制在相应车型的类别标识线上，如图 3－7（b）所示。可见，车型 D 的平均理赔次数是最少的，平均理赔次数最多的是车型 C。

二、添加图例

在图 3－7（b）中，观测的理赔次数和平均理赔次数采用了不同的符号，为使图的含义更清楚，可在图中添加图例。添加图例说明的函数是 legend，基本书写格式为：

> legend(图例位置常量,title＝图例标题,图例说明文字向量,pch＝图例符号说明向量,bg＝图例区域背景色,horiz＝TRUE/FALSE)

式中，图例位置可以是一个字符串型常量，说明图例放置在图形的哪个位置上，可取"bottom","bottomleft","topleft","top","topright","right","center"中的一个。图例说明文字向量和图例符号说明向量，两者中的元素应一一对应，依次说明每个符号所对应的文字，且符号应与图中的符号相匹配。参数 horiz 取 TRUE 表示图例说明横向排列，取FALSE 表示纵向排列。

本例中，图例放置在右下方，圆圈（pch＝1）表示观测值，三角形（pch＝17）表示均值，图例区背景为白色，图例文字是正常文字大小的 0.5 倍。

3.3　多变量联合分布特征的可视化

多变量联合分布特征的可视化工具是曲面图和等高线图。

3.3.1　曲面图和等高线图

曲面图由 x，y，z 三个坐标轴组成。其中，x 和 y 是变量，z 是关于 x 和 y 的二元函数。绘制曲面图的函数是 persp，基本书写格式为：

> persp(x,y,z,theta＝n_1,phi＝n_2,expand＝n_3,shade＝n_4)

式中，x，y，z 均为数值型向量，依次对应 x，y，z 三个坐标轴，x，y 应按升序排序；参数 theta 和 phi 为曲面图的审视角度，theta 为方位角度数，phi 为余纬度度数；参数 expand 是对 z 轴的缩放比例；参数 shade 设置曲面图的阴影效果。

等高线是曲面上高程相等的各相邻点所连成的曲线。绘制等高线的函数是 contour，基本书写格式为：

$$contour(x, y, z, nlevels = n)$$

式中，x，y，z 的含义同上；nlevels 为等高曲线的条数，默认为 10 条。

这里以绘制二元正态分布密度函数为例，说明曲面图的绘制方法，曲面图和等高线图如图 3-8 所示。

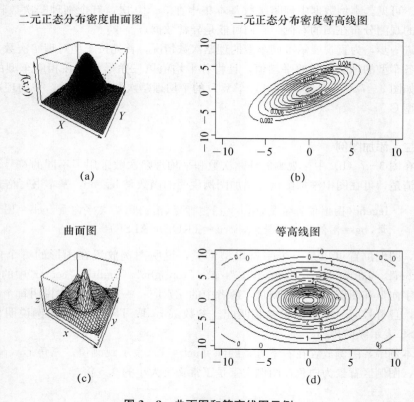

图 3-8　曲面图和等高线图示例

具体代码如下：

```
mu1 <- 0     # x 的期望
mu2 <- 0     # y 的期望
ss1 <- 10    # x 的方差
ss2 <- 10    # y 的方差
rho <- 0.7   # x,y 的相关系数
MyDen <- function(x,y)    # 用户自定义函数,计算联合分布
{
t1 <- 1/(2 * pi * sqrt(ss1 * ss2 * (1-rho^2)))
```

```
t2 <- -1/(2 * (1-rho^2))
t3 <-(x-mu1)^2/ss1
t4 <-(y-mu2)^2/ss2
t5 <- 2 * rho * ((x-mu1) * (y-mu2))/(sqrt(ss1) * sqrt(ss2))
return(t1 * exp(t2 * (t3+t4-t5)))
}
x <- seq(-10,10,length=50)    #生成 50 个 x 轴的取值数据
y <- x    #y 轴取值等于 x 轴的取值
z <- outer(x,y,FUN=MyDen)    #调用用户自定义函数,密度值保存在 z 中
par(mfrow=c(2,2),mar=c(6,4,4,1))
persp(x,y,z,main="二元正态分布密度曲面图",theta=30,phi=20,expand=0.5,shade=
0.5,xlab="X",ylab="Y",zlab="f(x,y)")    #绘制曲面图
contour(x,y,z,main="二元正态分布密度等高线图")    #绘制等高线图
Myf <- function(x,y) {    #其他曲面图示例
r <- sqrt(x^2 + y^2)
r <- 10 * sin(r)/r
return(r)
}
x <- seq(-10,10,length=30)
y <- x
z <- outer(x,y,Myf)
z[is.na(z)]<- 1    #z 中的缺失值调整为 1
persp(x,y,z,main="曲面图",theta=30,phi=30,expand=0.5)    #绘制曲面图
contour(x,y,z,main="等高线图")    #绘制等高线图
```

本例说明如下。

一、二元正态分布的密度曲线

本例中名为 MyDen 的自定义函数用于计算给定变量 x 和 y 时 z 的取值。z 为二元正态分布的联合密度，计算公式为：

$$f(x,y)=\frac{1}{2\pi\,\sigma_1\sigma_2\,\sqrt{1-\rho^2}}\exp\left\{-\frac{1}{2(1-\rho^2)}\left[\left(\frac{x-\mu_1}{\sigma_1}\right)^2-2\rho\left(\frac{x-\mu_1}{\sigma_1}\right)\left(\frac{y-\mu_2}{\sigma_2}\right)+\left(\frac{y-\mu_2}{\sigma_2}\right)^2\right]\right\}$$

式中，μ_1 和 μ_2 分别为 x 和 y 的期望；σ_1 和 σ_2 为 x 和 y 的标准差；ρ 为 x 和 y 的相关系数。如图 3-8（a）所示。图 3-8（b）为相应的等高线图。其中的横坐标为变量 x，纵坐标为变量 y，等高线上的数字为密度值，即 z 值。等高线越密的位置对应的联合概率密度值变化越大。本例中椭圆向右上方倾斜，表明 x 和 y 正相关（事实上它们的相关系数指定为 0.7）。

二、任意曲面图

本例中名为 Myf 的自定义函数说明了变量 x，y 和 z 的如下函数关系：$f(x,y)=\frac{10\sin(\sqrt{x^2+y^2})}{\sqrt{x^2+y^2}}$，相应的曲面图如图 3-8（c）所示，图 3-8（d）为相应的等高线图。

可见，绘制曲面图的核心是给定 x 和 y 的取值以及 z 与 x 和 y 的二元函数。

3.3.2　二元核密度曲面图

若要刻画两个数值型变量的实际联合分布特征，可首先进行核密度估计，并在核密度估计的基础上，绘制曲面图和等高线图。这里，通过两个示例加以说明。

第一个示例：生成服从指定参数的二元正态分布的随机数，然后进行核密度估计并绘图，如图 3-9（a）和图 3-9（b）所示。其中，生成二元正态分布随机数的函数为 MASS 包中的 mvrnorm 函数。需首先加载 MASS 包到 R 的工作空间，然后再调用 mvrnorm 函数。mvrnorm 的基本书写格式为：

mvrnorm（n＝样本量，mu＝均值向量，Sigma＝协方差阵，empirical＝TRUE/FALSE）

式中，参数 empirical 取 TRUE，表示所生成的随机数为随机样本，该样本的均值向量和协方差阵分别等于 mu 和 Sigma；若 empirical 取 FALSE，表示所生成的随机数为来自均值向量为 mu、协方差阵为 Sigma 的总体的一个随机样本。

进行二元核密度估计的函数为 mclust 包中的 densityMclust 函数。需首先加载 mclust 包到 R 的工作空间，然后再调用 densityMclust 函数。densityMclust 的基本书写格式为：

densityMclust（data＝矩阵或数据框）

densityMclust 函数将返回二元核密度估计值，存放在名为 density 的列表成分中。

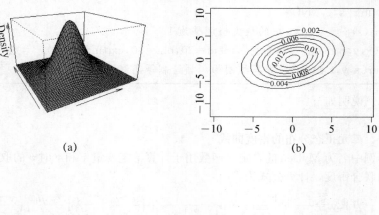

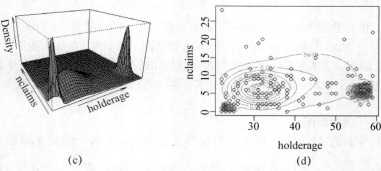

图 3-9　二元核密度估计曲面图和等高线图示例

具体代码如下。

```
library(MASS)
mu1 <- 0    #x 的期望
mu2 <- 0    #y 的期望
ss1 <- 10    #x 的方差
ss2 <- 10    #y 的方差
s12 <- 3    #x,y 的协方差
sigma <- matrix(c(ss1,s12,s12,ss2),nrow=2,ncol=2)    #生成协方差阵
Data <- mvrnorm(n=1000,mu=c(mu1,mu2),Sigma=sigma,empirical=TRUE)    #生
成指定分布的随机数
library(mclust)
DataDens <- densityMclust(Data)    #核密度估计
par(mfrow=c(2,2),mar=c(6,4,4,1))
plot(x=DataDens,type="persp",col=grey(level=0.8))    #绘制曲面图
plot(x=DataDens,type="contour",col=grey(level=0))    #绘制等高线图
```

本例说明如下:

● mvrnorm 函数要求给出变量 x 和 y 的均值向量和协方差阵。本例中的 sigma 为协方差阵,由 matrix 函数生成。服从指定分布的两组随机数以矩阵形式组织在 Data 中。

● 本例中的 plot 函数用于绘制关于核密度估计结果的图形。函数中的参数 x 用于指定存放核密度估计结果的列表名称,这里为 DataDens;参数 type 用于指定图形类型,persp 和 contour 分别表示曲面图和等高线图;grey 函数指定绘图颜色为灰色系,其中参数 level 取值在 0~1 之间,0 表示黑色,1 表示白色,数值越接近 1,灰度越浅。

第二个示例,以车险理赔数据为例,估计投保人年龄和理赔次数的实际联合分布并绘图,如图 3-9 (c) 和图 3-9 (d) 所示。具体代码如下:

```
ClaimData <- read.table(file="车险数据.txt",header=TRUE)
library(mclust)
ClaimDens=densityMclust(data=ClaimData[,c(1,5)])    #核密度估计
plot(x=ClaimDens,type="persp",col=grey(0.8))    #绘制曲面图
plot(x=ClaimDens,data=ClaimData[,c(1,5)],type="contour",col=grey(0.8),nlevels=
20)    #绘制等高线图
```

本例中,指定对车险理赔数据的第 1 列(投保人年龄)和第 5 列(理赔次数)进行联合密度估计,结果存放在名为 ClaimDens 的列表中。plot 函数中的 data 参数表示将指定数据以点的形式显示在等高线图中,并通过参数 nlevels 指定绘制 20 条等高线。由图可见,大部分年龄较小和较大的投保人,理赔次数较少,呈明显的双峰分布。

3.3.3　雷达图

可采用雷达图刻画不同样本在多个变量上的取值差异性。雷达图从一个点出发,用多

条射线依次对应多个变量。将不同样本在多个变量上的取值点连线，便形成雷达图。

绘制雷达图的函数是 fmsb 包中的 radarchart 函数。应首先将 fmsb 包加载到 R 的工作空间中，然后调用 radarchart 函数。radarchart 函数的基本书写格式为：

radarchart(df＝数据框,axistype＝n_1,seg＝n_2,maxmin＝TRUE/FALSE,vlabels＝标签,title＝图标题)

其中：

● 参数 df 用于指定绘图数据，通常为数据框。数据框的行代表各个样本组，列为多个绘图变量。

● 参数 axistype 用于指定雷达图坐标轴的类型，n_1 取值在 0～5 之间，默认为 0，表示不标出坐标刻度，否则将依取值标出不同类型的坐标刻度，如 1 表示在主轴上标出百分比刻度等。

● 参数 seg 用于指定在坐标轴上标出 n_2+1 条刻度线，即将坐标轴等分为 n_2 份，默认值为 4。

● 参数 maxmin 取 TRUE 表示，雷达图各个轴的最小值均为所有变量的最小值，各个轴的最大值均为所有变量的最大值。FALSE 表示各个轴的最小值和最大值为轴所对应变量的最小值和最大值。各变量存在数量级差异时通常取 FALSE。

● 参数 vlabels 用于指定各个轴的轴标题。title 用于指定图的标题。

这里，以一份描述森林气候状况的数据为例讨论雷达图。该数据包括 9 个变量：森林所在地区的经度坐标（X）和纬度坐标（Y）、测量的月份（month）及星期（day）、温度（temp，单位：摄氏）、相对湿度（RH,%）、风速（wind，单位：km/h）、降雨量（rain，单位：mm/m^2）、过火面积（area，单位：km^2）。

现通过雷达图刻画不同纬度地区在各气候数据均值上的差异性，如图 3-10 所示。

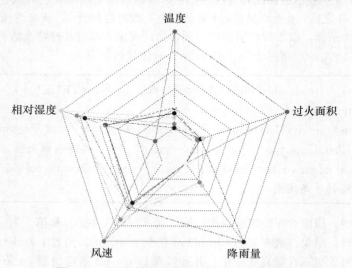

图 3-10 不同纬度地区气候平均值的雷达图

具体代码和部分结果如下：

```
install.packages("fmsb")
library("fmsb")
```

```
Forest <- read. table(file="森林数据. txt",header=TRUE,sep=" ")
head(Forest)    #浏览部分数据
  X Y month day temp RH wind rain area
1 1 2   aug fri 14.7 66  2.7    0    0
2 1 2   aug fri 18.5 73  8.5    0    0
3 1 2   aug fri 25.9 41  3.6    0    0
4 1 2   aug sat 25.9 32  3.1    0    0
5 1 2   aug sun 19.5 39  6.3    0    0
6 1 2   aug sun 17.9 44  2.2    0    0
AvY <- aggregate(Forest[,5:9],by=list(Forest[,2]),FUN=mean)   #汇总各纬度的
气候数据平均值
AvY
  Group.1      temp       RH      wind       rain        area
1       2 19.48864 41.72727 3.895455 0.00000000  15.513409
2       3 19.94375 41.70312 3.943750 0.00000000   9.110000
3       4 18.61527 44.97044 4.150246 0.01379310   8.412857
4       5 18.31200 44.08000 3.956800 0.05760000  15.758560
5       6 19.15270 46.79730 3.947297 0.01621622  20.385946
6       8 26.20000 36.00000 4.500000 0.00000000 185.760000
7       9 20.06667 42.33333 3.266667 0.00000000   0.745000
radarchart(df=AvY[,2:6],axistype=0,seg=5,maxmin=FALSE,
vlabels=c("温度","相对湿度","风速","降雨量","过火面积"))
```

本例中，首先利用 aggregate 函数计算不同纬度（7 个纬度值）温度、相对湿度、风速、降雨量以及过火面积（依次对应数据框 Forest 的第 5～9 列）的平均值，并存放在数据框 AvY（包含 7 行计算结果）中；然后利用 radarchart 函数对 AvY 的第 2～6 列数据（依次对应温度、相对湿度、风速、降雨量以及过火面积的平均值）绘制雷达图。不同颜色代表不同的纬度地区。

3.4　变量间相关性的可视化

直观展示不同变量之间相关性的图形主要包括马赛克图、散点图以及相关系数图等。

3.4.1　马赛克图

马赛克图用于展示两个或三个分类型变量的相关性，因图中格子的排列形似马赛克而得名。图 3-11 为车险理赔数据中车型和车龄的马赛克图。

绘制马赛克图的 R 函数是 vcd 包中的 mosaic 函数，基本书写格式为：

mosaic(～分类型域名 1＋分类型域名 2＋…,data=数据框名,shade=TRUE/
FALSE,legend=TRUE/FALSE)

其中，数据组织在指定数据框中，分类型域名应为因子。参数 shade 取 TRUE 表示以灰度的深浅表示列联表中观测频数与期望频数的差值大小，差值绝对值越大，灰度越深；否则

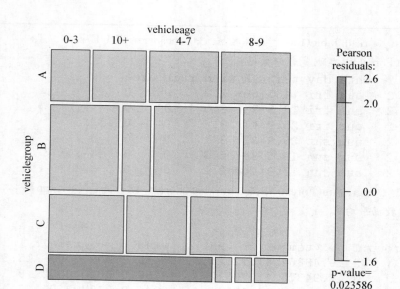

图 3 - 11　车型和车龄的马赛克图

取 FALSE。参数 legend 取 TRUE 时，表示显示灰度图例以及 Pearson 卡方检验统计量观测值对应的概率 p -值。

例如，对于车险理赔数据，绘制车型和车龄的马赛克图，具体代码和部分结果如下：

```
library("vcd")
ClaimData <- read. table(file="车险数据. txt",header=TRUE)
mosaic(～vehiclegroup+vehicleage,data=ClaimData,shade=TRUE,legend=TRUE)
#绘制马赛克图
with(ClaimData,{table(vehiclegroup,vehicleage)})   #制作车型和车龄的列联表
            vehicleage
vehiclegroup 0-3 10+ 4-7 8-9
           A   5   7   9   9
           B  15   6  19  10
           C  11   9  10   4
           D  10   1   1   2
```

图 3-11 中，各行代表 A，B，C，D 四种车型，行高代表各车型的百分比。可见，D车型的百分比最小，B 车型最大。不同宽度的马赛克格排列代表不同车型中各车龄的百分比分布。可见，D 车型 3 年以下的新车比例是最高的。对此，可从 table 函数给出的列联表数据得到印证。

列联表各个残差（观测频数－期望频数）的标准化值的最小值为－1.6，最大值为 2.6（颜色最深）。列联表 Pearson 卡方检验统计量观测值对应的概率 p -值为 0.024。从统计推断的角度看，若显著性水平 α 为 0.05，因概率 p -值小于 α，应拒绝车型和车龄不相关的假设。

3.4.2　散点图

散点图将观测数据以点的形式绘制在一个二维平面中，通过数据点分布的形状展示两

个或多个数值型变量间的相关性特点。散点图分为简单散点图、气泡图、矩阵散点图等。

一、简单散点图及添加回归线的散点图

绘制简单散点图的函数是 plot，该函数在前面绘制核密度图时曾经讨论过。由于 plot 函数属于泛型函数，应用非常灵活，因此应重点关注其参数的设定。利用 plot 绘制散点图时，函数的基本书写格式为：

$$plot(x=数值型向量1,y=数值型向量2)$$

或

$$plot(域名2 \sim 域名1,data=数据框名)$$

式中，数值型向量1（域名1）和数值型向量2（域名2）分别作为散点图的横坐标和纵坐标。第一种格式较为直接，容易理解；第二种格式采用了R公式的写法，符号"～"前的作为纵坐标，符号"～"后的作为横坐标，数据组织在 data 参数指定的数据框中。

例如，以前述森林气候状况的数据为例，绘制温度和相对湿度的简单散点图并添加回归线，如图 3-12 所示。

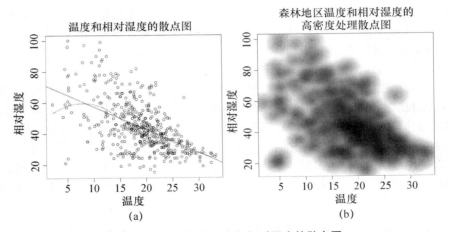

图 3-12　森林气候温度和相对湿度的散点图

具体代码如下：

```
Forest <- read. table(file="森林数据. txt",header=TRUE,sep=" ")
DrawL <- par()
par(mfrow=c(1,2),mar=c(6,4,4,1))
plot(Forest $ temp,Forest $ RH,main="温度和相对湿度的散点图",xlab="温度",ylab=
"相对湿度",cex. main=0.8,cex. lab=0.8)　#绘制散点图
M0 <- lm(RH~temp,data=Forest)
abline(M0 $ coefficients)　#在散点图上添加一元线性拟合线
M. Loess <- loess(RH~temp,data=Forest)
Ord <- order(Forest $ temp)　#按 x 轴取值排序后再绘图
lines(Forest $ temp[Ord],M. Loess $ fitted[Ord],lwd=1,lty=1,col=2)　#在散点图
上添加局部加权散点平滑法拟合线
```

```
smoothScatter(x＝Forest $ temp,y＝Forest $ RH,main＝"森林地区温度和相对湿度的高
密度处理散点图",xlab＝"温度",ylab＝"相对湿度",cex. main＝0.8,cex. lab＝0.8)
#高密度散点图的处理
par(DrawL)
```

本例说明如下。

1. 在散点图上添加回归线

为进一步刻画散点图所体现的两变量间的相关关系，可在散点图上添加能最大限度地拟合数据点的回归线。为此，需经以下两步：

第一步，求解回归线。

求解回归线主要有两种方法：第一，一元线性回归法；第二，局部加权散点平滑（locally weighted scatterplot smoothing，LOWESS）法，属非参数统计方法。一元线性回归法的函数是 lm 函数，基本书写格式为：

　　　　lm(被解释变量名～解释变量名,data＝数据框名)

式中，被解释变量是散点图中纵坐标对应的变量；解释变量是横坐标对应的变量。因这些变量已存储在数据框中，这里只需依次给出对应的域名即可。参数 data 指定数据框名。lm 函数的返回值是个列表，其中包括一个名为 coefficients 的成分，它是一个向量，存储了线性回归直线的截距值和斜率值。

局部加权散点平滑法的主要思想是：不同于一般线性回归法中依赖全部观测数据建模，局部加权散点平滑法总是取一定比例的局部数据，并采用多项式回归曲线去拟合以展示数据的局部规律和趋势。若在散点图上从左往右逐一"框"出若干个局部数据范围，可得到若干条多项式回归曲线。将它们顺序连接最终可得到一条连续的平滑曲线，即回归线。当无法确定数据之间是否呈现或是否总是呈现线性关系时，可采用这种方法得到回归线。R 中的 loess 函数是对局部加权散点平滑法 lowess 函数的修正，更为常用，基本书写格式为：

　　　　loess(被解释变量名～解释变量名,data＝数据框名)

loess 函数的返回值是一个列表，其中名为 fitted 的成分存储了模型计算出的各观测样本被解释变量的预测值。

第二步，将回归线添加到已有的散点图上。

对于采用一元线性回归法得到的回归线，因是一条直线，添加时可采用 abline 函数，基本书写格式为：

　　　　abline(数值型向量)

或

　　　　abline(h＝纵坐标值)

或

　　　　abline(v＝横坐标值)

式中，数值型向量应依次存储回归直线的截距值和斜率值；参数 h 用于指定纵坐标取值，直线平行于 x 轴；参数 v 用于指定横坐标取值，直线平行于 y 轴。

对于采用局部加权散点平滑法得到的回归线，因往往为一条曲线，故添加时一般采用 lines 函数，并给出曲线中各点的横纵坐标。

本例中添加了回归线的简单散点图，如图 3-12（a）所示。

2. 高密度散点图的处理

当观测样本量较大时，所绘制的散点图可能会出现数据点非常集中、很多数据点重叠在一起的现象，这样的散点图称为高密度散点图。由于高密度散点图中的点大量重合叠加，不利于直观展示变量间的相关性特征，因此需对其做进一步的处理。主要有以下两种方式：

第一，增加数据"噪声"，减少数据点的重叠，可利用 3.2.1 节讨论的 jitter 函数实现。

第二，利用色差突出散点图中的数据密集区域，明晰散点图的整体轮廓。为此，可使用 smoothScatter 函数绘制散点图，基本书写格式为：

smoothScatter（x＝横坐标向量,y＝纵坐标向量）

该函数自动将一定范围内的数据点并为一组，称为分箱。最终数据点将被分成若干个箱子。用颜色的深浅表示箱中数据点的多少。本例经处理后的散点图如图 3-12（b）所示。

此外，与第二种处理方式类似的函数是 hexbin 包中的 hexbin 函数。它首先对数据进行分箱处理，用正六边形形象地表示各个箱体，并用灰度值表示箱内的数据点个数。hexbin 函数的基本书写格式为：

hexbin（数值型向量 1,数值型向量 2,xbins＝箱数）

式中，数值型向量 1、数值型向量 2 分别为散点图中横坐标和纵坐标上的变量；参数 xbins 指定将横坐标变量取值分成几组，它决定了箱体的长度和宽度。

例如，对于森林数据，对温度和相对湿度的散点图采用该方式处理后的图形如图 3-13 所示。

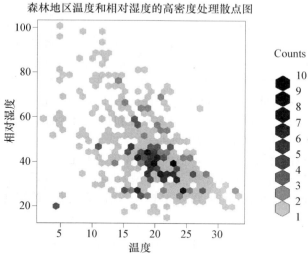

图 3-13　森林地区温度和相对湿度的高密度处理散点图

具体代码如下。

```
install. packages("hexbin")
library("hexbin")
bin <- hexbin(Forest $ temp,Forest $ RH,xbins＝30)
plot(bin,main＝"森林地区温度和相对湿度的高密度处理散点图",xlab＝"温度",ylab＝
"相对湿度")
```

本例中 plot 泛型函数的特征体现得较为突出。

二、三维散点图和气泡图

三维散点图在展示两数值型变量相关性的同时，还希望体现第三个变量的取值状况。绘制三维散点图的函数是 scatterplot3d 包中的 scatterplot3d 函数，首次使用该包时应下载安装并加载到 R 的工作空间中。scatterplot3d 的基本书写格式为：

scatterplot3d（数值型向量1，数值型向量2，数值型向量3）

式中，三个数值型向量分别对应 x 轴、y 轴、z 轴的变量。

例如，对森林数据，绘制温度和相对湿度以及风速的三维散点图，如图 3-14（a）所示。

具体代码如下：

```
install. packages("scatterplot3d")
library("scatterplot3d")
DrawL <- par()
MyLayout <- matrix(c(1,2,3,3),nrow=2,ncol=2,byrow=TRUE)
DrawLayout <- layout(MyLayout,widths=c(1,1),height=c(1,1),respect=FALSE)
layout. show(DrawLayout)
s3d <- with(Forest,scatterplot3d(temp,RH,wind,main="森林地区温度、相对湿度和风速的三维散点图",xlab="温度",ylab="相对湿度",zlab="风速",cex. main=0.7,cex. lab=0.7,cex. axis=0.7))
fit <- lm(wind~temp+RH,data=Forest)    #建立二元线性回归方程
s3d $ plane3d(fit,col="blue")    #在三维散点图上添加回归平面
```

本例中，参数 zlab 是 scatterplot3d 函数特有的，用于指定 z 轴（第三个变量所在轴）的标题。本例的 lm 函数用于建立风速对温度和相对湿度的二元线性回归方程。回归平面表明，随着温度升高，风速是在降低的。

若三维散点图对第三个变量取值大小的体现尚不充分，可引入气泡图。气泡图即在绘制两个变量的散点图时，各个数据点的大小取决于第三个变量的取值。第三个变量的取值不同，数据点的大小也就不同，形如大小不一的一组气泡。绘制气泡图的函数是 symbols，基本书写格式为：

symbols（向量名1，向量名2，circle=向量名3，inches=计量单位，fg=绘图颜色，bg=填充色）

式中，向量名1、向量名2分别对应横坐标和纵坐标上的变量；参数 inches 用于指定气泡大小的计量单位，默认为英寸；参数 fg 用于指定绘制气泡的颜色；参数 bg 用于指定气泡填充色。

例如，对森林数据，绘制温度和相对湿度以及风速的气泡图，如图 3-13（b）和图 3-13（c）所示。

具体代码如下：

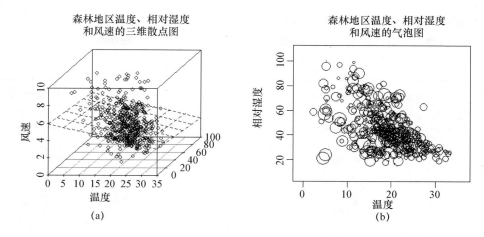

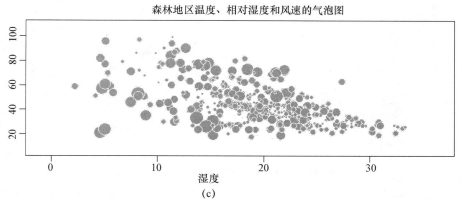

图 3－14　森林地区温度、相对湿度和风速的三维散点图

> with(Forest,symbols(temp,RH,circle＝wind,inches＝0.1,main＝"森林地区温度、相对
> 湿度和风速的气泡图",xlab＝"温度",ylab＝"相对湿度",cex.main＝0.7,cex.lab＝0.7,
> cex.axis＝0.7))
> with(Forest,symbols(temp,RH,circle＝wind,inches＝0.1,main＝"森林地区温度、相对
> 湿度和风速的气泡图",xlab＝"温度",ylab＝"相对湿度",cex.main＝0.7,cex.lab＝0.7,
> cex.axis＝0.7,fg＝"white",bg＝"lightblue"))
> par(DrawL)

　　本例中，如果不指定 bg 参数，则表示对气泡不做填充。可见，较高的温度大多伴随的是较低的风速。

三、矩阵散点图

　　矩阵散点图用于在一幅图上同时展示多对数值型变量的相关性。绘制矩阵散点图的函数是 pairs，基本书写格式为：

　　　　pairs(～域名 1＋域名 2＋…＋域名 n,data＝数据框名)

式中，第一个参数是 R 公式的写法，表示对指定域两两绘制散点图，并集成在一幅图中。

数据已经存放在 data 指定的数据框中。

例如，对森林数据，温度、相对湿度和风速的矩阵散点图如图 3-15（a）所示。具体代码如下：

```
pairs(～temp＋RH＋wind,data＝Forest,main＝"森林地区温度、相对湿度和风速的矩阵散点图")
```

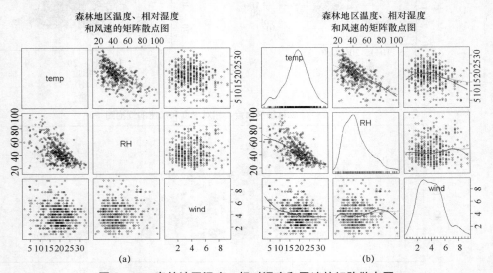

图 3-15　森林地区温度、相对湿度和风速的矩阵散点图

若希望在散点图上添加回归曲线，并在正对角线的方格单元中绘制各个变量的密度估计图，则应采用 car 包中的 scatterplotMatrix 函数。首次使用时应下载安装并将其加载到 R 的工作空间中。函数的基本书写格式为：

scatterplotMatrix(～域名 1＋域名 2＋…＋域名 n,data＝数据框名,lty. smooth＝2,spread＝FALSE)

式中，第一个参数是 R 公式的写法，表示分别对指定域两两绘制散点图，并集成在一幅图中。数据已经存放在 data 指定的数据框中。参数 lty. smooth 说明在添加以局部加权散点平滑法得到的回归线时，采用怎样的线型。参数 spread 用于控制是否添加有关数据离散程度等信息的曲线，取 FALSE 表示不添加，取 TRUE 表示添加。

例如，对森林数据，添加曲线的温度、相对湿度和风速的矩阵散点图如图 3-15（b）所示。具体代码为：

```
install. packages("car")
library("car")
scatterplotMatrix(～temp＋RH＋wind,data＝Forest,main＝"森林地区温度、相对湿度和风速的矩阵散点图",lty. smooth＝2,spread＝FALSE)
```

四、分组散点图

若要展示两个数值型变量之间的相关性在不同样本组上的差异，需要绘制分组散点图，也称协同图。可采用 coplot 函数绘图，基本书写格式为：

$$coplot(域名 1 \sim 域名 2 | 分组域名, number = 分组数, data = 数据框名)$$

式中，域名 1 和域名 2 分别作为散点图的纵坐标和横坐标，是 R 公式的写法。"｜"后跟分组域名，其对应的变量通常是分类型的且为因子，当然也可以是数值型变量。当分组变量为数值型变量时，需通过参数 number 指定将数值型变量分成几个有重叠的组。如果省略参数 number，默认分成 6 组。参数 data 用于指定数据框名。该函数首先依据指定的分组变量或分组后的数值型变量将观测样本分成若干组，之后分别绘制各个组的散点图。

　　例如，对森林数据绘制不同月份的温度和相对湿度的散点图，如图 3-16 所示。

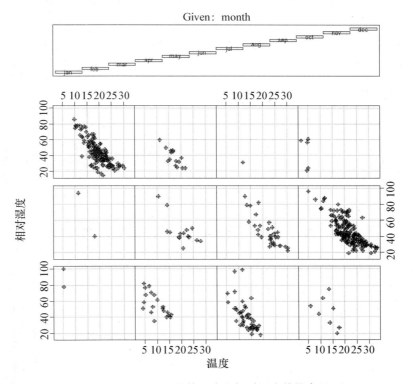

图 3-16　不同月份的温度和相对湿度的散点图

　　图 3-16 最上边的图为月份的各个类别值。图中最下面一行从左至右各单元格（也称面板）依次是月份第 1 至第 4 个水平的散点图，第二行从左至右依次为月份第 5 至第 8 水平的散点图，其他类推。可见，月份的因子水平值和月份的类别值有合理的一一对应关系是必要的。

　　图 3-17 是分组变量为数值型变量时的分组散点图。这里的分组变量为风速，指定将其分成有重叠的 6 个组，之后再绘制温度和相对湿度的散点图。风速最低组的散点图位于左下角的面板中，最高组的散点图位于右上角的面板中。

　　进一步，分组变量可以是多个，即绘制多个变量交叉分组下的散点图。图 3-18 是不同坐标区域下的温度和相对湿度的散点图。

　　图 3-18 中，左下角面板中的散点图是区域横坐标 x 为 1、纵坐标 y 为 2 下的散点图；右上角面板中的散点图是区域横坐标 x 和纵坐标 y 均为 9 下的散点图。

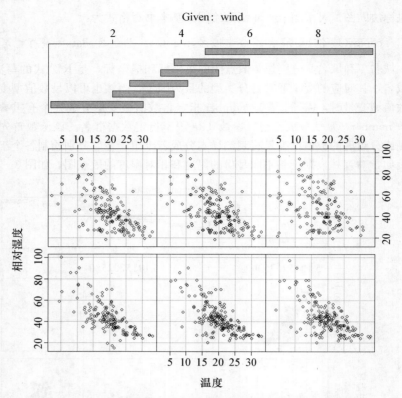

图 3 - 17　不同风速水平下温度和相对湿度的散点图

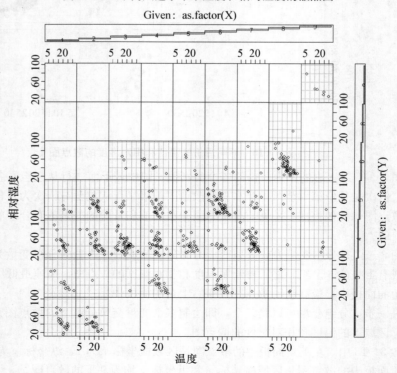

图 3 - 18　不同坐标区域下温度和相对湿度的散点图

绘制图 3-16 至图 3-18 的具体代码如下。

```
coplot(RH~temp|month,pch=9,data=Forest,xlab="温度",ylab="相对湿度")
coplot(RH~temp|wind,number=6,pch=1,data=Forest,xlab="温度",ylab="相对湿度")
coplot(RH~temp|as. factor(X) * as. factor(Y),pch=1,data=Forest,xlab="温度",ylab=
"相对湿度")
```

本例中，x 和 y 均为数值型变量，利用 as. factor 函数将其强行转换成因子后，每个变量值对应一个因子水平。如果不指定进行转换，则需要通过参数 number 指定将它们划分成几组。

进一步，可以通过定义面板函数为一个用户自定义函数形式，指定在各散点图上添加回归线，如图 3-19 所示。

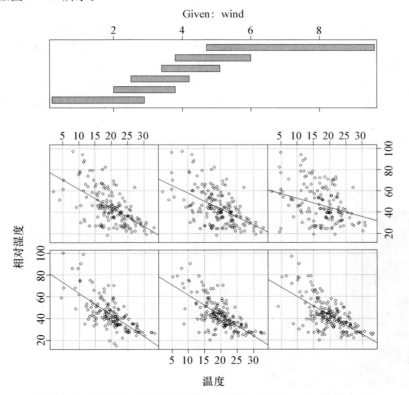

图 3-19　不同风速水平下温度和相对湿度的带回归线的散点图

具体代码如下：

```
Mypanel. lm <- function(x,y,…){
Tmp <- lm(y~x)
abline(Tmp $ coefficients)
points(x,y,pch=1)}
coplot(RH~temp|wind,number=6,panel=Mypanel. lm,data=Forest,pch=1,
xlab="温度",ylab="相对湿度")
```

coplot 函数中的参数 panel 用于指定面板函数，一般可指定为一个可视化的函数。此外，图形上各观测点是利用 points 函数添加的。

points 函数是在已有图上添加圆圈、三角、星形等符号，基本书写格式为：

    points(点的横坐标,点的纵坐标)

3.4.3 相关系数图

相关系数矩阵能够准确地反映两两变量线性相关性的强弱，但当这个矩阵较大时，分析起来不是很直观。为此，可基于相关系数矩阵绘制相关系数图。

相关系数图由下三角区域、上三角区域、对角区域三个部分组成。区域在这里称为面板，三个区域也分别称为下面板、上面板和对角面板。除对角面板外，上下面板以不同形式直观展示一对变量的相关性强弱。

例如，利用某时间段淘宝各行业商品在全国 31 个省级行政区的成交指数数据，绘制各类商品成交指数的相关系数图，如图 3-20 所示。在左边的相关系数图中，下面板通过阴影颜色的深浅表示相关性的强弱。同时，阴影中的斜线若从左下至右上则表示正相关，若从左上至右下则表示负相关。上面板以饼图的填充比例展示相关系数的大小。对角面板仅有变量名，没有其他信息。在右侧的相关系数图中，下面板通过椭圆大致描绘散点图的外围轮廓，中间的红色曲线是采用局部加权散点平滑法拟合的回归线。上面板是散点图。对角面板不仅显示变量名，而且显示变量取值的最小值和最大值。

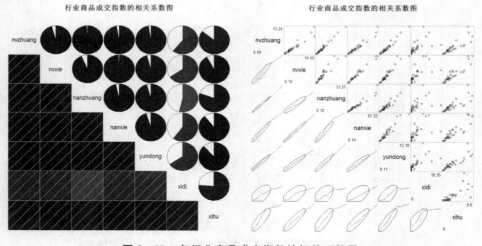

图 3-20　各行业商品成交指数的相关系数图

绘制相关系数图的函数是 corrgram 包中的 corrgram 函数，首次使用时应下载安装并加载到 R 的工作空间中。corrgram 函数的基本书写格式为：

    corrgram(矩阵或数据框列,lower. panel＝面板样式,upper. panel＝面板样式,text.
    panel＝面板样式,diag. panel＝面板样式)

式中，lower. panel，upper. panel 分别为下面板和上面板。text. panel 和 diag. panel 均属于对角面板。面板样式：对角面板取 panel. minmax 表示显示变量的最小值和最大值，取 panel. text 表示显示变量名。上面板和下面板取 NULL 表示空白，不显示任何内容；取

panel. pie 表示显示饼图；取 panel. shade 表示显示阴影；取 panel. ellipse 表示显示椭圆；取 panel. pts 表示显示散点图。

例如，绘制某时间段淘宝各行业商品成交指数相关系数图的代码如下：

```
TaoBaoData <- read. table(file="淘宝成交指数. txt",header=TRUE,sep="")
cor(TaoBaoData[,2:8])  #计算相关系数矩阵
install. packages("corrgram")
library("corrgram")
corrgram(TaoBaoData[,2:8],lower. panel=panel. shade,upper. panel=panel. pie,text.
panel=panel. txt,main="行业商品成交指数的相关系数图")
corrgram(TaoBaoData[,2:8],lower. panel=panel. ellipse,upper. panel=panel. pts,diag.
panel=panel. minmax,main="行业商品成交指数的相关系数图")
```

本例对数据框 TaoBaoData 的第 2 至第 8 个域绘制相关系数图。可见，洗涤行业类商品的成交指数与其他行业类商品的成交指数的相关系数是相对较低的。女装和男装、女鞋和男鞋的成交指数相关性很高。各类商品成交指数均呈正相关关系。

3.5 GIS 数据的可视化

GIS（geographic information system）数据简单讲就是与地理位置有关的一系列数据，包括地理遥感数据、地理统计资料、地理实测数据、地理多媒体数据以及地理文本数据等。GIS 数据是一种典型的空间数据，通常有以下两种描述方式。

1. 栅格方式

栅格（raster）方式是将物体表面划分为大小均匀、紧密相邻的网格阵列。每个网格都视为一个像素，且只能存储一个值以对应相应地理位置上的遥感影像、航片、扫描地形图等。以栅格方式描述的空间数据称为栅格型 GIS 数据，通常用于反映遥感或实测的气象、农作物产量、基础设施建设、生态环境等方面的状况。

2. 矢量方式

矢量（vector）方式是通过坐标记录的方式精确地表示点、线和多边形等地理实体。以矢量方式描述的空间数据称为矢量型 GIS 数据，通常用于刻画国家或区域的边界、海岸线等。

矢量型 GIS 数据一般包括以下两大部分：

● 空间数据，即描述地物所在位置的数据，包括点状要素、线状要素、面状要素的坐标数据。

● 属性数据，即描述地物特征的定性或定量数据，如地物编码、面积、中心位置的经纬度坐标等。

本节主要讨论如何利用矢量型 GIS 数据绘制世界地图、中国行政区划地图，进一步讨论如何在地图的基础上，借助热力图直观展示地理统计资料等相关数据。

3.5.1 绘制世界地图和美国地图

绘制世界地图和美国等国家地图的 R 包是 maps。一方面，R 的 maps 包中包括世界地

图，美国、意大利、法国、加拿大、新西兰等国家边界，美国各州、郡县、城市的边界以及海岸线的矢量型 GIS 数据集合，还有相关的人口、收入等数据。还有一个名为 mapdata 的包，存储了其他国家地区的更丰富的 GIS 矢量数据。另一方面，R 的 maps 包提供了基于包中数据集的绘图函数。

应首先下载 maps 包并将其加载到 R 的工作空间中。maps 包中世界及美国、法国、意大利、新西兰等国家的 GIS 数据集分别为 world，state，france，italy，nz 等。通过调用函数，例如 data（state）加载美国数据集后，工作空间中会出现 state. name（州名称）、state. area（州面积）、state. center（州中心经纬度坐标）、state. xx7（州的人口、收入、文盲率、生活支出、犯罪等）等对象，是关于地区的属性数据。此外，在下载 maps 包时会自动下载关于位置坐标的矢量数据，这些数据以二进制的文件形式存储在本地磁盘上。

绘制地图的函数是 map，基本书写格式为：

map(database＝数据集,fill＝TRUE/FALSE)

式中，参数 database 用于指定数据集的名称；fill 取 TRUE 或 FALSE 表示是否用颜色填充地区多边形。若需在地图上添加地名文字，可调用 map. text 函数，基本书写格式为：

map. text(database＝数据集,region＝区域,add＝TRUE/FALSE)

式中，参数 database 用于指定数据集的名称；region 应给出一个字符串向量，指定给出哪些区域的地名文字，省略则给出所有的地名；参数 add 取 TRUE 或 FALSE，表示是在已有地图上添加文字还是重新画图并添加文字。

绘制世界地图和美国地图的具体代码如下：

```
install. packages("maps")
library("maps")
map(database＝"world",fill＝TRUE,col＝rainbow(n＝200),ylim＝c(－60,90),mar＝
c(0,0,2,0))   ♯画世界地图
title("世界地图",cex＝0.7)
par(mfrow＝c(2,1),mar＝c(2,2,6,2))
map(database＝"state",fill＝TRUE,col＝rainbow(n＝209),mar＝c(2,0,1,0))   ♯画美
国各州地图
title("美国州地图",cex＝0.7)
map. text(database＝"state",region＝c("California","Florida","Texas","Wisconsin",
"Utah"),cex＝0.6,add＝TRUE)   ♯在州地图上添加指定州的名称
map(database＝"county",region＝"Michigan",fill＝TRUE,col＝grey(level＝0.9),mar＝
c(2,0,1,0))   ♯画美国郡县地图
title("美国密歇根州郡县地图",cex＝0.7)
map. text(database＝"state",region＝"Michigan",cex＝0. 75,add＝TRUE,col＝2)
♯在郡县地图上标出州名
```

本例说明如下：

● 指定参数 database 为 world，表示绘制世界地图。R 将根据该参数，自动依据本地磁盘上的二进制矢量型 GIS 数据绘图。rainbow 函数用于生成颜色，基本书写格式为：

$$\text{rainbow}(n=m, start=0, alpha=a)$$

式中，参数 n 表示指定生成 m 个连续颜色向量。这 m 个颜色的初始值 start 默认为 0（白色），终止值为 $\max(1, m-1)/m$，取值范围在 $0 \sim 1$ 之间。alpha 为透明度，取值在 $0 \sim 1$ 之间，默认值为 1，表示不透明。

● 指定参数 database 为 state，表示绘制美国地图。利用 map. text 函数指定在地图相应位置上给出加利福尼亚州、佛罗里达州、得克萨斯州、威斯康星州、犹他州的州名。

● 指定参数 database 为 county，表示绘制美国郡县地图，填充色为灰度色。这里，请读者绘制密歇根州的郡县图，并在图上添加密歇根州的州名。

3.5.2 绘制中国行政区划地图

一、矢量型 GIS 数据的格式

前述 maps 包中并不包含中国行政区划的矢量型 GIS 数据，mapdata 包中的中国行政区划 GIS 数据较为陈旧。为此，本节将采用第三方研究机构提供的矢量型 GIS 数据绘图。

较为常见的矢量型 GIS 数据格式是美国 ESRI（Environmental Systems Research Institute）的 Shape files 格式。该格式数据所占的磁盘空间较小，可支持较快的绘图速度。Shape files 由一组同用户名文件组成，主要包括坐标文件（. shp）、索引文件（. shx）和属性文件（. dbf）三个文件，分别记录空间要素的几何布局，即空间数据（矢量顶点的坐标集）和属性数据等。

以中国行政区划的 GIS 数据为例，每个省级行政区或岛屿的边界围成的形状可视为一个多边形。只要有每个行政区多边形的各顶点坐标，便可通过顺序在各顶点坐标间连线得到多边形区域，以最终绘制所有行政区划的地图。所以，空间数据是多边形的多对顶点坐标。属性数据是关于各省级行政区的基本信息，如省级行政区的编码、中文或英文名称、面积、经纬度坐标等。可见，每个省区仅有一条属性数据，但会有多条空间数据。

可利用 maptools 包读取 Shape files 格式数据并绘图。首先应下载 maptools 包并将其加载到 R 的工作空间中。需要说明的是，maptools 包认为，由于每个地区有一条属性数据和多条空间数据，对此采用常见的数据框形式组织数据是不恰当的。maptools 利用空间多边形数据框（Spatial Polygons DataFrame）类（Spatial Polygons DataFrame 类是依据 R 的 S4 类规则创建的），将数据组织成空间多边形的实例对象，目的是将属性数据和空间数据"打包"在一起以便于管理。

进一步，maptools 的空间多边形数据框通过以下两个主槽（slot）共同说明。以中国行政区划的 GIS 数据为例，其中：

● data 槽：用于存放属性数据，如各个省级行政区的汉语拼音名称和中文名称等。data 槽本质上是一个数据框，行数等于行政区划数。

● polygons 槽：用于存放空间多边形坐标数据。polygons 槽本质上是一个列表。对于中国行政区划数据，列表成分个数等于行政区划数。polygons 的每个列表成分又由多个槽组成，如 ID（编码）槽、area（面积）槽、labpt（经纬度相对坐标）槽，以及 Polygons（多边形多个顶点坐标数据）槽等。

二、绘图步骤

maptools 包绘制地图的基本步骤如下：

第一步，读取 Shape files 格式数据到空间多边形数据框。

读取 Shape files 格式数据的 R 函数是 readShapeSpatial，基本书写格式为：

readShapeSpatial(fn＝Shape file 文件名)

式中，这里的 Shape file 文件的扩展名为 .shp，应给出文件所在的完整路径，并用英文双引号括起来。readShapeSpatial 函数将返回一个空间多边形数据框。

进一步，可利用 slot 函数了解空间多边形数据框各个槽的数据情况。slot 函数的基本书写格式为：

slot(object＝空间多边形数据框名,name＝槽名)

式中，参数 object 用于指定空间多边形数据框；参数 name 可取 "data"，"polygons"，"ID"，"area"，"labpt"等，分别对应前述的各个槽。

第二步，依据空间多边形数据框绘制地图。

绘制地图的函数是 plot 函数，基本书写格式为：

plot(空间多边形数据框名,panel. first＝grid())

式中，panel. first＝grid() 表示在绘图前首先画出网格线。

进一步，可利用 pointLabel 函数在地图上标出省区名称。pointLabel 函数的基本书写格式为：

pointLabel(坐标,labels＝文字,doPlot＝TRUE)

式中，坐标为文字所在的地图位置；参数 doPlot 取 TRUE 表示将文字添加在地图上。

例如，绘制中国行政区划地图的具体代码如下：

```
install. packages("maptools")
library("maptools")
chinaMap <- readShapeSpatial(fn＝"省级行政区.shp")   #读取中国行政区划的 Shape
file 格式数据
plot(chinaMap,panel. first＝grid(),col＝grey(level＝0.7))   #绘制省级行政区划地图
slot(object＝chinaMap,name＝"data")   #获取属性数据
slot(object＝chinaMap,name＝"polygons")   #获取多边形数据
sapply(slot(object＝chinaMap,name＝"polygons"),FUN＝function(x) slot(x,"ID"))
#获得各多边形对应的地区 ID
sapply(slot(object＝chinaMap,name＝"polygons"),FUN＝function(x) slot(x,"area"))
#获得各多边形对应的面积
xy <- sapply(slot(object＝chinaMap,name＝"polygons"),FUN＝function(x) slot(x,
"labpt"))   #获得各多边形对应的经纬度相对坐标
xy <- t(xy)
pointLabel(xy[,1],xy[,2],labels＝chinaMap $ NAME,cex＝0. 6,col＝rgb(red＝1,green＝
0,blue＝0),doPlot＝TRUE)
```

本例说明如下：

● 本例读取了名为"省级行政区 . shp"的 Shape file 格式数据。通过 slot 函数可看到数据的具体取值情况。

● labpt 槽是 2 行 34 列的矩阵，各行为经纬度的相对坐标，列为各省级行政区。为便于绘图，可利用矩阵转置函数 t 将其转置。

● 本例地图采用灰色，省区名称采用红色，利用 rgb 函数指定。rgb 函数的基本格式为：

$$rgb(red=n_1,green=n_2,blue=n_3,maxColorValue=n_4)$$

rgb 函数通过指定红色、绿色、蓝色的取值 n_1，n_2，n_3，调配出各种颜色。当三色取值相等时为灰色系，灰色深浅取决于值的大小。取最小值 0 时为黑色（灰度最深），取最大值（默认值为 1）时为白色（灰度最浅）。可通过参数 maxColorValue 指定颜色的最大取值（通常为 255）。

3.5.3　依据地图绘制热力图

若数据与地理位置一一对应，使这类数据可视化的最佳方式是依据地图绘制热力图。热力图通过颜色的深浅反映对应地区某变量取值的大小。绘制热力图的关键是依据某个变量的取值设置地图中各地区的填充颜色。例如，可依据某时间段淘宝女装成交指数绘制热力图，具体代码如下：

```
library("maptools")
chinaMap <- readShapeSpatial("省级行政区. shp")
xy <- sapply(slot(chinaMap,"polygons"),FUN=function(x) slot(x,"labpt"))
xy <- t(xy)
MapFun <- function(Indices,provName,titleName){
colT <-(max(Indices)-Indices[])/(max(Indices)-min(Indices)) * 100    #根据变量取值设置颜色
Name <- as. vector(chinaMap $ NAME)
MapIndex <- sapply(Name,FUN=function(x) grep(x,provName))    #对行政区划名称进行匹配
colPanel <- sapply(MapIndex,FUN=function(x){
  if(length(x)!=0) return(rgb(red=colT[x],green=colT[x],blue=colT[x],maxColorValue=100))
  else return(grey(1))
})
plot(chinaMap,panel. first=grid(),col=colPanel)
pointLabel(xy[,1],xy[,2],labels=chinaMap $ NAME,cex=0. 6,col=rgb(1,0,0),doPlot=TRUE)
title(main=titleName)    #给图加指定标题
}
```

```
Data <- read. table(file="女装淘宝成交指数. txt",header=TRUE,sep=" ")
indices <- Data[[2]]
provname <- as. vector(Data[[1]])
MapFun(indices,provname,"淘宝女装成交指数热力图")
```

本例中，编制了一个名为 MapFun 的用户自定义函数，用于对指定变量和地区绘制指定图标题的热力图，对应的三个形式参数为 Indices，provName，titleName。本例使用的矢量型 GIS 数据包含中国香港和澳门地区（不包括台湾地区），各个行政区划名称均采用简写方式，且行政区划的排列顺序不同于数据中的排列顺序，这给热力图的绘制带来了一些麻烦。为此：

● MapFun 函数中，首先将 Indices 的取值映射到 0～100 之间，以确定如何调整地图中各灰色块的灰度深浅。

● MapFun 函数通过对名称进行匹配，确定地图上各地区与数据中各地区的对应关系，并依此设置地图上各地区的填充灰度。

● 由于香港、澳门等地区在数据资料中没有相应的数据，所以名称匹配结果为空，即结果的长度为 0。对于匹配不上的地区，地图上均以白色填充。否则，依据调整过的 Indices 确定灰度深浅。

● 这里的 sapply 函数很有用，实现了循环处理。例如，MapIndex <- sapply(Name，FUN=function(x) grep(x,provName))，即将 Name 中的每个元素依次作为实际参数，赋给 FUN 指定的函数处理（即进行名称匹配）。它相当于一个循环处理操作，且将多次循环的多个函数值返回到 MapIndex 中。

3.6 文本词频数据的可视化

文本挖掘是数据挖掘的重要应用之一。文本挖掘的基本任务是计算文本中各个词的词频，并试图利用词频反映文本的核心内容。若已获得文本中各个词以及它们的词频数据，可视化词频的图形工具是词云图。

例如，某年我国政府工作报告（节选）的词云图如图 3-21 所示。词云图以字号的大小表示词频的高低。在图 3-21 中，"发展"一词出现的频率最高，其次为"投资""贸易""经济"等。

绘制词云图的函数是 wordcloud 包中的 wordcloud 函数。首先需下载并加载 wordcloud 包到 R 的工作空间中，然后再调用 wordcloud 函数。wordcloud 函数的基本书写格式为：

wordcloud(words=词向量，freq=词频向量，min. freq=n，max. words=m，random. order=TRUE/FALSE)

式中，参数 words 用于指定存放词的向量；freq 指定相应的词频向量；参数 min. freq=n 表示词频小于 n 的词将不出现在词云图中；参数 max. words=m 表示仅词向量中的前 m 个出现在词云图中，后面的词将不出现，有些高频词将被忽略；random. order 取 TRUE 表示随机画词云图，取 FALSE 表示按词频降序先画词频高的词后画词频低的词，通常词频高的词出现在词云图的中部位置。

图 3 - 21　政府工作报告（节选）的词云图

例如，绘制政府工作报告（节选）的词云图，具体代码和部分结果如下：

```
install. packages("wordcloud")
library("wordcloud")
wordFreq <- read. table(file = "词频示例. txt", header = TRUE, sep = " ")　#读词频
数据
head(wordFreq[order(wordFreq $ Freq, decreasing = TRUE),])　#浏览词频最高的前 6
个词
     Word Freq
45   发展   17
187  投资   12
139  贸易   11
113  经济   10
181  提高   8
23   出口   7
set. seed(123)　#设置随机数种子
wordcloud(words = wordFreq $ Word, freq = wordFreq $ Freq, random. order = FALSE,
min. freq=20)　#画词云图
```

本例中，有关词和词频的数据已保存在"词频示例. txt"数据文件中，读取并直接画
图即可。对于中文的文本挖掘来讲，分词并计算各个词的词频是绘制词云图的基础，这里
并未涉及。

3.7　本章函数列表

本章涉及的 R 函数如表 3-7 所示。

表 3-7　　　　　　　　　　　　　　　　本章涉及的 R 函数列表

函数名	功能	函数名	功能
par(参数)	设置图形布局	mosaic()	绘制马赛克图
layout()	设置图形的布局对象	lm()	建立线性回归方程
layout. show()	显示图形布局	loess()	采用局部加权散点平滑法获得回归线
par()	显示或修改图形参数	abline()	在已有图上添加直线
density()	核密度估计	smoothScatter()	绘制高密度处理后的散点图
hist()	绘制直方图	hexbin()	数据的分箱处理
lines()	在已有图上添加曲线	scatterplot3d()	绘制三维散点图
rug()	在已有图上添加数据地毯	symbols()	绘制气泡图
jitter()	添加噪声数据	pairs()	绘制矩阵散点图
vioplot()	绘制小提琴图	scatterplotMatrix()	绘制复杂矩阵散点图
title()	在图形上添加标题信息	coplot()	绘制协同图
text()	在已有图形上添加文字	points()	在已有图形上添加点
dotchar()	绘制克利夫兰点图	corrgram()	绘制相关系数图
legend()	在已有图上添加图例	map()	绘制世界地图或美国等国家地图
persp()	绘制曲面图	map. text()	在地图上添加文字
contour()	绘制等高线图	readShapeSpatial()	读 Shape file 文件
mvrnorm()	生成二元正态分布随机数	rainbow()	生成彩虹色
densityMclust()	二元核密度估计	rgb()	利用调色板生成颜色
radarchart()	绘制雷达图	wordcloud()	绘制词云图

第 4 章

C Chapter 4 R 的近邻分析：数据预测

数据预测是基于对历史数据的分析，归纳和提炼其中包含的规律，并将这种规律体现于预测模型中。数据预测的核心是建立预测模型，它要求参与建模的变量分饰两种不同的角色：输入变量（也称解释变量、特征变量，记为 x。解释变量可以有多个，记为 $\boldsymbol{x}$）角色和输出变量（也称被解释变量，记为 y，通常被解释变量只有一个）角色，且输入和输出变量的取值在已有数据集上是已知的。预测模型充分反映并体现输入变量取值和输出变量取值间的线性或非线性关系，能够用于对新数据对象的预测，或对数据未来发展趋势进行预测等。

预测模型分为两种类型：输出变量为分类型的预测模型称为分类预测模型，输出变量为数值型的预测模型称为回归预测模型。传统统计中的一般线性模型、广义线性模型、判别分析都能够解决不同预测模型的建立问题，但它们首先需要研究者在数据满足某种分布的假设下，明确设定输出变量与输入变量取值关系的函数形式，即 $y = f(\boldsymbol{x})$，然后再根据所得数据估计出函数中的未知参数，进而实现预测。

在更为宽泛的应用中，大多数假设可能是无法满足的。同时，在输入变量较多、样本量较大的情况下，给出函数 f 的具体形式非常困难。对此，可采用数据挖掘中经典而简单有效的建模方法，即近邻分析法。

4.1 近邻分析：K-近邻法

近邻分析法进行数据预测的基本思想是：为预测一个新观测 $\boldsymbol{X}_0$ 输出变量 y_0 的取值，可首先在已有数据中找到与 $\boldsymbol{X}_0$ 相似的若干个（如 K 个）观测，如（$\boldsymbol{X}_1$，$\boldsymbol{X}_2$，$\cdots$，$\boldsymbol{X}_K$），这些观测称为 $\boldsymbol{X}_0$ 的近邻。然后，对近邻（$\boldsymbol{X}_1$，$\boldsymbol{X}_2$，$\cdots$，$\boldsymbol{X}_K$）的输出变量（y_1，y_2，$\cdots$，y_K），计算算术平均值（或加权均值，或中位数，或众数），并以此作为新观测 $\boldsymbol{X}_0$ 输出变量取值 y_0 的预测值 $\hat{y}_0$。可见，近邻分析并不需要指定 $y = f(\boldsymbol{x})$ 的具体形式，只需假设 $\hat{y}_0$ 是（y_1，y_2，$\cdots$，y_K）的一个函数 $\hat{y}_0 = F(y_1, y_2, \cdots, y_K)$ 即可。

典型的近邻分析方法是 K-近邻法（K-nearest neighbor，KNN）。它将样本包含的 n 个观测数据看成 p 维（p 个输入变量）特征空间（feature space）中的点，并根据 $\boldsymbol{X}_0$ 的 K

个近邻的 $(y_1, y_2, \cdots, y_K)$ 依函数 $F(y_1, y_2, \cdots, y_K)$ 计算 $\hat{y}_0$。通常函数 F 定义为：$\hat{y}_0 = \dfrac{1}{K} \displaystyle\sum_{\boldsymbol{X}_i \in N_K(\boldsymbol{X}_0)} y_i$。其中，$N_K(\boldsymbol{X}_0)$ 是 $\boldsymbol{X}_0$ 的 K 个近邻的集合。对于二分类（只有 0 和 1 两个类别）的分类预测问题，$\hat{y}_0$ 是类别值取 1 的概率，$\hat{y}_0 = P(y_0 = 1 \mid \boldsymbol{X})$。通常，若概率大于 0.5，意味着有超过半数的近邻的类别值为 1，则应预测为 1 类，否则预测为 0 类。对于多分类的预测问题，$\hat{y}_0 = P(y_0 = m \mid \boldsymbol{X})$，即类别值取 m 的概率。预测值应为最大概率值对应的 m，m 是众数类。对于回归预测问题，$\hat{y}_0$ 是近邻输出变量的平均值。

可见，利用 K-近邻法进行数据预测充分体现了"近朱者赤，近墨者黑"的原则。

K-近邻法的核心问题有如下两方面：第一，依怎样的标准测度与 $\boldsymbol{X}_0$ 的近邻关系；第二，应找到 $\boldsymbol{X}_0$ 的几个近邻，即依怎样的原则确定 K 的取值。

4.1.1　K-近邻法中的距离

由于 K-近邻法将样本包含的 n 个观测数据看成 p 维（p 个输入变量）特征空间中的点，所以可在特征空间中定义某种距离，作为测度与 $\boldsymbol{X}_0$ 近邻关系的依据。常用的距离有闵可夫斯基距离、欧氏距离、绝对距离、切比雪夫距离、夹角余弦距离等。

对两观测点 $\boldsymbol{x}$ 和 $\boldsymbol{y}$，若 x_i 是观测点 $\boldsymbol{x}$ 的第 i 个变量值，y_i 是观测点 $\boldsymbol{y}$ 的第 i 个变量值，两观测点 $\boldsymbol{x}$ 和 $\boldsymbol{y}$ 之间的上述距离定义如下。

1. 闵可夫斯基距离

两观测点 $\boldsymbol{x}$ 和 $\boldsymbol{y}$ 间的闵可夫斯基（Minkowski）距离是两观测点 p 个变量值绝对差 k 次方总和的 k 次方根（k 可以任意指定），数学定义为：$\mathrm{MINKOWSKI}(\boldsymbol{x}, \boldsymbol{y}) = \sqrt[k]{\displaystyle\sum_{i=1}^{p} |x_i - y_i|^k}$。

2. 欧氏距离

两观测点 $\boldsymbol{x}$ 和 $\boldsymbol{y}$ 间的欧氏距离（Euclidean distance）是两观测点 p 个变量值之差的平方和开平方，数学定义为：$\mathrm{EUCLID}(\boldsymbol{x}, \boldsymbol{y}) = \sqrt{\displaystyle\sum_{i=1}^{p} (x_i - y_i)^2}$。欧氏距离是闵可夫斯基距离 $k=2$ 时的特例。

3. 绝对距离

两观测点 $\boldsymbol{x}$ 和 $\boldsymbol{y}$ 间的绝对距离（也称曼哈顿（Manhattan）距离）是两观测点 p 个变量值绝对差的总和，数学定义为：$\mathrm{BLOCK}(\boldsymbol{x}, \boldsymbol{y}) = \displaystyle\sum_{i=1}^{p} |x_i - y_i|$。绝对距离是闵可夫斯基距离 $k=1$ 时的特例。

4. 切比雪夫距离

两观测点 $\boldsymbol{x}$ 和 $\boldsymbol{y}$ 间的切比雪夫（Chebychev）距离是两观测点 p 个变量值绝对差的最大值，数学定义为：$\mathrm{CHEBYCHEV}(\boldsymbol{x}, \boldsymbol{y}) = \max(|x_i - y_i|)\,(i=1, 2, \cdots, p)$。

5. 夹角余弦距离

两观测点 $\boldsymbol{x}$ 和 $\boldsymbol{y}$ 间的夹角余弦（cosine）距离的数学定义为：$\mathrm{COSINE}(\boldsymbol{x}, \boldsymbol{y}) = \dfrac{\displaystyle\sum_{i=1}^{p} (x_i y_i)^2}{\sqrt{\left(\displaystyle\sum_{i=1}^{p} x_i^2\right)\left(\displaystyle\sum_{i=1}^{p} y_i^2\right)}}$。夹角余弦距离测度的是两观测变量整体结构的相似度。夹角余弦越

大，结构相似度越高。

值得注意的是，若 p 个输入变量取值存在数量级差异，数量级较大的变量对距离大小的"贡献"会大于数量级较小的变量。为使各输入变量对距离有"同等的贡献"，计算距离前应对数据进行预处理以消除数量级差异。常见的预处理方法是极差法和标准分数法。

例如，对第 j 个观测点第 i 个输入变量 x_{ij} 进行预处理。采用极差法：$x'_{ij} = \dfrac{x_{ij} - \min(x_i)}{\max(x_i) - \min(x_i)}$。其中，$\max(x_i)$ 和 $\min(x_i)$ 分别为输入变量 x_i 的最大值和最小值。采用标准分数法：$x'_{ij} = \dfrac{x_{ij} - \bar{x}_i}{\sigma_{x_i}}$。其中，$\bar{x}_i$ 和 σ_{x_i} 分别为输入变量 x_i 的均值和标准差。

可分别计算样本中各观测点到 $\boldsymbol{X}_0$ 的距离。距离近的观测视为与 $\boldsymbol{X}_0$ 具有近邻关系，距离远的观测视为与 $\boldsymbol{X}_0$ 没有近邻关系。

4.1.2　K-近邻法中的近邻个数

样本中可能有许多与 $\boldsymbol{X}_0$ 具有近邻关系的观测点。应选择距离最近的几个观测，作为预测 $\boldsymbol{X}_0$ 输出变量 y_0 取值的依据，即 K 应如何确定，这是 K-近邻法的关键，K 是 K-近邻法的关键参数。

最简单情况下只需找到距离 $\boldsymbol{X}_0$ 最近的一个近邻 $\boldsymbol{X}_i$，即参数 $K=1$（1-近邻）。此时，可令 $\hat{y}_0 = y_i$，表示仅以最近的一个近邻的输出变量值，作为预测 $\boldsymbol{X}_0$ 输出变量值的依据。

1-近邻方法的预测效果可从预测误差角度分析。1967 年 Cover 和 Hart 对此进行了探讨。研究表明：对于分类预测，如果采用普通贝叶斯方法，预测 $\boldsymbol{X}_0$ 输出变量类别取 1 的概率为 $P(y=1 \mid \boldsymbol{X})$，则预测错误的概率为 $1 - P(y=1 \mid \boldsymbol{X})$。1-近邻法中预测值仅取决于一个近邻。若该近邻以 $P(y=1 \mid \boldsymbol{X})$ 的概率取类别 1，则预测 $\boldsymbol{X}_0$ 的类别为 1 时犯错的概率为 $1 - P(y=1 \mid \boldsymbol{X})$；若该近邻以 $P(y=0 \mid \boldsymbol{X})$ 的概率取类别 0，则预测 $\boldsymbol{X}_0$ 的类别为 0 时犯错的概率为 $1 - P(y=0 \mid \boldsymbol{X})$。所以，1-近邻预测错误的概率为：

$$P(y=1|\boldsymbol{X})[1-P(y=1|\boldsymbol{X})] + P(y=0|\boldsymbol{X})[1-P(y=0|\boldsymbol{X})]$$
$$= 2P(y=1|\boldsymbol{X})[1-P(y=1|\boldsymbol{X})]$$

可见，1-近邻预测是一种基于单个近邻随机性的预测。由于 $2P(y=1|\boldsymbol{X})[1-P(y=1|\boldsymbol{X})] \leqslant 2[1-P(y=1|\boldsymbol{X})]$，所以，1-近邻法的预测错误概率不会高于普通贝叶斯方法预测错误率的 2 倍。

尽管 1-近邻法非常简单，但在很多数据预测中均有不俗的表现，尤其适用于分类预测时，特征空间维度较低且类别边界极不规则的情况。但由于 1-近邻法只根据单个近邻进行预测，预测结果受近邻差异的影响极大，通常预测波动性（方差）较大，稳健性低。为此，可通过增加近邻个数 K 来提升预测的稳健性。由于增加 K 会导致分类边界趋于平滑，预测误差增大，所以依据对预测误差的接受程度设置参数 K 是一种可取的方式。

预测误差是模型对未见的新数据集进行预测时的误差。在回归预测中，预测误差一般采用均方误差。均方误差为各观测输出变量实际值与预测值之差的平方和（即误差平方和）的平均，即 $MSE = \dfrac{1}{n} \sum_{i=1}^{n} (y_i - \hat{y}_i)^2$。其中，$n$ 为样本量。在分类预测中，预测误差为错判率。由于新数据集中输入变量取值已知，输出变量取值未知，所以，预测误差事前是未知的，只能通过某些方式进行估计。一般有如下两种估计方式。

1. 旁置法

旁置法（hold out）将整个样本集随机划分为两个集合。一个集合称为训练样本集，通常包含 60%～70% 的观测，用于训练预测模型。另一个集合称为测试样本集，用于估计预测误差。即利用建立在训练样本集上的预测模型，对测试样本集作预测并计算误差。该误差也称为测试（test）误差，将作为模型预测误差的估计。

K-近邻法中，对于测试样本集中的每个观测，需首先找到它们在训练样本集中的 K 个近邻，然后依函数 $\hat{y}_0 = \dfrac{1}{k} \sum\limits_{X_i \in N_k(X_0)} y_i$ 进行预测。将测试样本集输出变量的预测值与实际值作对比并计算测试误差。

基于训练样本集（若基于整个样本集训练预测模型，训练样本集即为整个样本集）计算的误差，称为训练误差。模型参数估计的策略决定了训练误差是对预测误差的乐观估计。利用旁置法计算测试误差，能够在一定程度上克服预测误差估计偏低的问题。

旁置法适合样本量较大的情况。否则，一方面，当样本量较小时训练样本集会更小，将导致算法对数据的学习欠充分，从而测试误差偏大，存在高估预测误差的悲观倾向。另一方面，样本量较小可能导致建立在随机划分下的不同训练样本集上的多个预测模型，参数差异较大，预测值差异较大，从而预测误差估计值的方差（波动性）偏大，进而降低了估计的有效性。

2. 留一法

留一法（leave one out）是在包含 n 个观测的整个样本集中，依次抽出一个观测作为测试样本集，剩余的 $n-1$ 个观测作为训练样本集。依据建立在训练样本集上的预测模型，对测试样本集进行预测。这个过程需重复 n 次。最后，计算总的测试误差并作为模型预测误差的估计。

K-近邻法中，均在训练集中找 K 个近邻，并依函数 $\hat{y}_0 = \dfrac{1}{K} \sum\limits_{X_i \in N_K(X_0)} y_i$ 进行预测。该过程重复 n 次。

留一法中每次均有 $n-1$ 个观测（绝大多数观测）参与建模。当样本量较小时，留一法仍能保证充足的训练样本，且几乎消除了样本随机性对模型构建的影响。相对于旁置法而言，基于留一法的预测模型对数据的学习较为充分，测试误差低于旁置法，克服了小样本下旁置法对预测误差估计偏高，以及预测误差估计值的方差较大的问题。大量模拟研究表明，留一法更接近给出预测误差的无偏估计。

留一法并非适用于所有情况，尤其在样本的观测值类别分布不平衡时。例如，在二分类预测问题中，若 1 类的占比远高于 0 类，即两类不平衡，会出现对几乎所有原本属于 1 类的观测的预测都正确，对几乎所有 0 类的预测都错误的情形。此外，留一法的计算成本较高，尤其在样本量较大时。

总之，在 K-近邻分析中，依据上述方式可不断调整参数 K 的取值，考察相应 K 值下的预测误差。一般 K 取误差达到最小时的值。

4.1.3　R 的 K-近邻法应用示例

R 实现 K-近邻法的函数是 class 包中的 knn 函数。首先应下载安装 class 包，并将其加载到 R 的工作空间中。knn 函数的基本书写格式为：

knn(train＝训练样本集,test＝测试样本集,cl＝输出变量,k＝近邻个数 K,prob＝TRUE/FALSE,use. all＝TRUE/FALSE)

式中，参数 train 和 test 分别指定训练样本集和测试样本集。参数 cl 指定训练样本集中的哪个变量为输出变量。参数 k 用于指定参数 K。prob 取 TRUE 表示函数的返回值是预测类别的概率值，取 FALSE 表示函数的返回值是预测类别值，默认值为 FALSE。回归预测中，prob 应设置为 FALSE，表示返回数值型输出变量的预测值。分类预测中，prob 可设置为 TRUE。use. all 取 TRUE 表示当有多个等距离的近邻而使得实际近邻个数大于 K 时，所有近邻均参与预测；取 FALSE 表示在多个等距离的近邻中随机抽取近邻，确保实际近邻个数等于 K，默认值为 TRUE。knn 函数中的距离定义为欧氏距离。

R 中有关于 1-近邻法的专用函数 knn1，基本书写格式为：

knn1(train＝训练样本集,test＝测试样本集,cl＝输出变量)

参数含义与函数 knn 相同。

此外，R 中有将 K-近邻法和留一法"打包"成一体的 knn. cv，基本书写格式为：

knn. cv(train＝训练样本集,cl＝输出变量,k＝近邻个数)

参数含义与函数 knn 相同。knn. cv 函数无须指定测试样本集。

knn，knn1，knn. cv 函数的返回值均为因子向量。分类预测时返回关于类别值的因子向量，回归预测时返回预测结果的因子向量，可视情况做必要的转换处理。

这里进行如下关于分类预测和回归预测的模拟分析，目的是观察参数 K 对 K-近邻法的影响。

（1）分类预测，步骤如下：

● 在二维特征空间的 [−1，＋1] 取值范围内，随机生成 60 个均匀分布的随机数。按 7∶3 随机指派类别值 1 和 0。按 7∶3 随机划分训练样本集和测试样本集。

● 令所有观测进入训练样本集，计算参数 K 取不同值时的预测误差（错判概率）。

● 依据旁置法计算参数 K 取不同值（1～30）时的预测误差（错判概率），并与上述误差进行对比。

● 依据留一法计算参数 K 取不同值（1～30）时的预测误差（错判概率），并与上述误差进行对比。

（2）回归预测，步骤如下：

● 在二维特征空间的 [−1，＋1] 取值范围内，随机生成 60 个均匀分布的随机数。输出变量为 [10，20] 上的均匀分布随机数。按 7∶3 随机划分训练样本集和测试样本集。

● 依据旁置法计算参数 K 取不同值时的预测误差。

具体代码如下。

```
set. seed(12345)
x1 <- runif(60,−1,1)    ♯x1 为 N[−1,1]上的均匀分布
x2 <- runif(60,−1,1)    ♯x2 为 N[−1,1]上的均匀分布
y <- sample(c(0,1),size＝60,replace＝TRUE,prob＝c(0.3,0.7))    ♯随机指派类别标
签 1 和 0,概率分别为 0.7 和 0.3
Data <- data. frame(Fx1＝x1,Fx2＝x2,Fy＝y)    ♯全部观测的集合
```

```
SampleId <- sample(x=1:60,size=18)    #随机划分样本标志
DataTest <- Data[SampleId,]    #生成测试样本集
DataTrain <- Data[-SampleId,]    #生成训练样本集
par(mfrow=c(2,2),mar=c(4,6,4,4))
plot(Data[,1:2],pch=Data[,3]+1,cex=0.8,xlab="x1",ylab="x2",main="全部样本")
plot(DataTrain[,1:2],pch=DataTrain[,3]+1,cex=0.8,xlab="x1",ylab="x2",
main="训练样本和测试样本")
points(DataTest[,1:2],pch=DataTest[,3]+16,col=2,cex=0.8)
library("class")
errRatio <- vector()    #全部观测的错判率向量
for(i in 1:30){    #近邻参数 K 从 1 取到 30
KnnFit <- knn(train=Data[,1:2],test=Data[,1:2],cl=as.factor(Data[,3]),k=i)
#训练集和测试集相同
CT <- table(Data[,3],KnnFit)    #计算混淆矩阵
errRatio <- c(errRatio,(1-sum(diag(CT))/sum(CT))*100)    #计算错判率(百分比)
}
plot(errRatio,type="l",xlab="近邻个数 K",ylab="错判率(%)",main="近邻数 K 与
错判率",ylim=c(0,80))
errRatio1 <- vector()    #测试样本错判率向量(旁置法)
for(i in 1:30){    #近邻参数 K 从 1 取到 30
KnnFit <- knn(train=DataTrain[,1:2],test=DataTest[,1:2],cl=as.factor(DataTrain
[,3]),k=i)    #训练集不同于测试集
CT <- table(DataTest[,3],KnnFit)    #计算混淆矩阵
errRatio1 <- c(errRatio1,(1-sum(diag(CT))/sum(CT))*100)    #计算错判率(百分比)
}
lines(1:30,errRatio1,lty=2,col=2)
set.seed(12345)
errRatio2 <- vector()    #留一法错判率向量
for(i in 1:30){    #近邻参数 K 从 1 取到 30
KnnFit <- knn.cv(train=Data[,1:2],cl=as.factor(Data[,3]),k=i)    #留一法交叉验
证 KNN
CT <- table(Data[,3],KnnFit)    #计算混淆矩阵
errRatio2 <- c(errRatio2,(1-sum(diag(CT))/sum(CT))*100)    #计算错判率(百分比)
}
lines(1:30,errRatio2,col=2)
#KNN 回归
set.seed(12345)
x1 <- runif(60,-1,1)    #x1 为 N[-1,1]上的均匀分布
x2 <- runif(60,-1,1)    #x2 为 N[-1,1]上的均匀分布
y <- runif(60,10,20)    #因变量为 N[10,20]上的均匀分布随机赋值
```

```
Data <- data. frame(Fx1=x1,Fx2=x2,Fy=y)
SampleId <- sample(x=1:60,size=18)    #随机划分样本
DataTest <- Data[SampleId,]    #生成测试样本集
DataTrain <- Data[-SampleId,]    #生成训练样本集
mseVector <- vector()    #均方误差向量
for(i in 1:30){
KnnFit <- knn(train=DataTrain[,1:2],test=DataTest[,1:2],cl=DataTrain[,3],k=i,
prob=FALSE)
KnnFit <- as. double(as. vector(KnnFit))    #回归结果为因子向量,需转换成数值型
向量
mse <- sum((DataTest[,3]-KnnFit)^2)/length(DataTest[,3])    #计算均方误差
mseVector <- c(mseVector,mse)
}
plot(mseVector,type="l",xlab="近邻个数 K",ylab="均方误差",main="近邻数 K 与
均方误差",ylim=c(0,80))
```

本例中，利用 set. seed 函数设置随机数种子是为了确保计算结果可重复出现。混淆矩阵如表 4-1 所示。

表 4-1　　　　　　　　　　　　　二分类的混淆矩阵

		预测值	
		1	0
实际值	1	n_1	n_3
	0	n_2	n_4

表 4-1 所示的为二分类的混淆矩阵，其中，n_2 表示实际类别值为 0、预测类别值为 1 的样本量，n_3 表示实际类别值为 1、预测类别值为 0 的样本量。n_2+n_3 为错判样本量。错判率等于 $(n_2+n_3)/(n_1+n_2+n_3+n_4)$。代码运行结果如图 4-1 所示。

图 4-1（a）是观测全体在特征空间中的分布。圆圈和三角表示输出变量的类别值分别为 0 和 1。图 4-1（b）是训练样本集和测试样本集的观测分布，其中有填充色的点属于测试样本集。

图 4-1（c）中的黑线为全部观测进入训练样本集时，参数 K 取 1～30 下的错判率曲线。K=1 时错判率一般为 0。上方的红色虚线为旁置法的错判率曲线，K=9 时达到最小。红色实线为留一法的错判率曲线，K=7 时达到最小。此外，图中基于整个样本的训练误差曲线在最下方，可见是对预测误差偏低的乐观估计。留一法曲线基本位于三条线中间，是较为客观的估计。

图 4-1（d）是回归预测时预测误差（均方误差）的估计随参数 K 变化的曲线。在 K=4 或 K=7 等时较小。

需要说明的是：如果存在多个与 $\boldsymbol{X}_0$ 有相等距离的观测点，将通过随机方式确定 $\boldsymbol{X}_0$ 的近邻，近邻会因随机数的不同而不同。

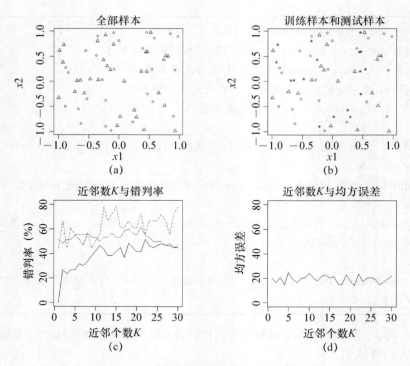

图 4-1   K-近邻法的分类和回归预测模拟结果

4.1.4   K-近邻法的适用性及特征选择

一、K-近邻法的适用性

K-近邻法适用于特征空间维度较低且类别边界不规则情况下的分类预测。

首先，边界不规则对很多分类预测模型来说都比较棘手，但对 K-近邻法则相对简单。调整参数 K，K 越大，模型给出的分类边界就越平滑；反之，K 越小，边界越不规则。

其次，由前面的讨论可以看出，K-近邻法是一种"局部"方法，即依据 $\boldsymbol{X}_0$ 的局部空间中的近邻点进行预测。假设样本观测点在 p 维特征空间中均匀分布。当特征空间维度不变（较低）时，大数据集下点分布的密集程度高于小样本。此时，一方面，随着参数 K 的增加，有更多的点进入 $\boldsymbol{X}_0$ 的局部空间参与预测，能够有效弱化个别极端观测点对预测的干扰，使预测结果更加稳健；另一方面，研究表明，当 n（样本量）和 K 均趋于∞，且 K/n 趋于 0 时，$\hat{y}_0$ 趋于 $E(y\mid\boldsymbol{X}=\boldsymbol{X}_0)$，即预测值逼近于真值。

在高维特征空间中，情形并不像上述那样乐观，会存在一系列问题。最突出的是随着特征空间维度 p 的增加，K-近邻法的"局部性"逐渐丧失，导致预测偏差增大。

在样本量 n 和参数 K 确定后，意味着 $\boldsymbol{X}_0$ 的近邻个数占总观测的比率 r 就确定下来。在 p 维特征空间中，若采用极差法对各维（各输入变量）取值做变换，令它们的最大值均等于 1。于是，可将 n 个样本观测点视为 p 维单位超立方体中均匀分布的 n 个点，如图 4-2（a）所示。

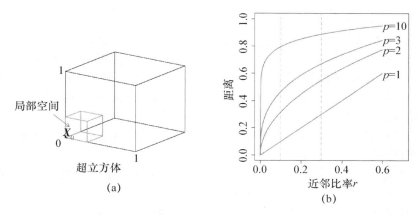

图 4 - 2　超立方体和近邻比率与距离示例图

1961 年 Bellman 的研究表明，假设 X_0 处在超立方体的原点位置上，要找到它的比率为 r 的近邻，超立方体各边的期望边界长度为：$Ed_p(r) = r^{\frac{1}{p}}$。在 10 维空间中，要找到 $r=0.01$ 或 $r=0.1$ 的近邻，$Ed_{10}(0.01) = 0.01^{\frac{1}{10}} = 0.63$，$Ed_{10}(0.1) = 0.1^{\frac{1}{10}} = 0.8$，即 10 维空间中近邻的特征取值，平均跨越了总长度 1 的 63% 和 80%。可见，这些近邻不再是低维空间意义上 X_0 的近邻，已丧失了原本的"局部"意义。所以基于它们的预测会产生较大的偏差。

减少 r 对解决问题并没有显著帮助。如图 4 - 2（b）所示，其中 p 表示维度。在 10 维下，近邻比率 r 从 0.3 减少至 0.2 或 0.1 时，期望边界长度的减少并不明显。同时导致的负面效应是随着 r 的减小预测的方差增大。

事实上，在高维特征空间中这些"近邻"更多地集中在空间的边缘位置而非 X_0 周围。Bellman 的研究表明，假设 X_0 处在超立方体的原点位置上，若将一个包含 n 个观测的样本视为均匀分布于 p 维超立方体中的一个随机样本，那么，距 X_0 最近的观测点到 X_0 距离的中位数估计值为：$d(p,n) = (1 - \frac{1}{2}^{\frac{1}{n}})^{\frac{1}{p}}$。若 $n=500$，$p=2$，$d(p,n) \approx 0.04$；若 $n=500$，$p=10$，$d(p,n)$ 约高达 0.52。相对于低维空间，高维空间中绝大多数观测点更靠近边缘。

因此，有效降低特征空间的维度，是获得 K-近邻方法理想应用的前提保证。降低特征空间维度的最常见处理策略是特征选择。

二、特征选择

所谓特征选择，就是从众多的输入变量中找出对输出变量分类预测有意义的重要变量。那些对输出变量分类预测没有意义的输入变量，将不再参与预测模型的建立。

变量的重要性可从三个方面考察：第一，从变量本身考察；第二，从输入变量与输出变量相关性角度考察；第三，从预测误差角度考察。

1. 从变量自身考察

从变量本身看，重要的变量应是取值离散（差异）性较大的变量。若所有观测在某个输入变量上的值均相同，这个变量对数据预测来讲是没有意义的。

统计上，测度数值型变量取值离散性的指标是标准差或变异系数。标准差越大，变量取值的离散程度越大；反之则越小。变异系数在消除数量级影响的情况下，便于对多个变量的离散程度进行对比。

可基于如下标准，从自身角度考察变量的重要性：

（1）如果某数值型变量的变异系数小于某个阈值，则该变量应视为不重要变量。

（2）如果某数值型变量的标准差小于某个阈值，则该变量应视为不重要变量。

（3）对某分类型变量，计算各个类别值的取值比例。如果其中的最大值大于某个阈值，则该变量应视为不重要变量。

（4）对某分类型变量，计算其类别值个数。如果类别值个数与样本量的比大于某个阈值，则该变量应视为不重要变量。

（5）如果某个变量中缺失值的占比大于某个阈值，则该变量也应视为不重要变量。

2. 从输入变量与输出变量相关性角度考察

变量间相关性的测度方法因变量的类型不同而不同。

（1）输入变量为数值型，输出变量也为数值型时，可采用相关分析方法。计算 Pearson 简单相关系数，t 检验统计量的观测值和对应的 $1-$概率 p-值。$1-$概率 p-值越高，输入变量与输出变量的总体线性相关性越强，输入变量对输出变量的预测越重要。

（2）输入变量为数值型，输出变量为分类型时，利用方差分析方法。设输入变量为观测变量，输出变量为控制变量，分析输出变量不同类别水平下输入变量的均值是否存在显著差异。如果输出变量不同类别水平下输入变量的均值存在显著差异，输入变量和输出变量之间的相关性较强；反之，较弱。可计算方差分析中 F 检验统计量的观测值和对应的 $1-$概率 p-值。$1-$概率 p-值越大，输入变量与输出变量的相关性越强，输入变量对输出变量的预测越重要。

（3）输入变量为分类型变量，输出变量为数值型变量时，利用方差分析方法。输出变量为观测变量，输入变量为控制变量，分析输入变量不同类别水平下输出变量的均值是否存在显著差异。如果输入变量不同类别水平下输出变量的均值存在显著差异，输入变量和输出变量之间的相关性较强；反之则较弱。可计算方差分析中 F 检验统计量的观测值和对应的 $1-$概率 p-值。$1-$概率 p-值越大，输入变量与输出变量的相关性越强，输入变量对输出变量的预测越重要。

（4）输入变量为分类型变量，输出变量也为分类型时，利用卡方检验方法。

首先，编制每个输入变量和输出变量的列联表。然后，基于列联表计算卡方统计量：$\chi^2 = \sum_{i=1}^{r} \sum_{j=1}^{c} \frac{(f_{ij}^o - f_{ij}^e)^2}{f_{ij}^e}$。其中，$f^o$ 为观测频数；f^e 为期望频数；r，c 分别为列联表的行数和列数。卡方统计量服从 $(r-1)(c-1)$ 个自由度的卡方分布。可计算卡方统计量的观测值和对应的 $1-$概率 p-值。$1-$概率 p-值越大，输入变量与输出变量的相关性越强，输入变量对输出变量的预测越重要。

上述相关性的判断是从线性相关角度测度的，且对各输入变量逐个进行分析，并不考虑输入变量间的相互影响。

总之，无论从变量本身角度，还是从输入变量与输出变量相关性角度，都有一定的应用优势和不足。其共同特点是将特征选择和 K-近邻法作为两个独立阶段分而治之。事实上，将两个阶段融为一体更为可取。

3. 从预测误差角度考察

从预测误差角度考察，即依据预测误差给输入变量的重要性打分同时完成 K-近邻分析。其中应用较为广泛的是 2007 年 Cunningham 和 Delany 提出的 Wrapper 方法。该方法依据预测的错判率（分类预测）或均方误差（回归预测）下降的速度给输入变量打分。设 S_J 表示当前的输入变量集合，包含 J 个输入变量；S_J^c 表示当前剩余的输入变量集合；e_J 表示基于 S_J 的错判率或均方误差。在近邻个数 K 确定的条件下，Wrapper 方法的基本步骤为：

第一步，强制 J 个输入变量进入 S_J，计算 e_J。

第二步，令 S_J^c 中的每个输入变量分别暂时进入 S_J 并计算 e_J。最终选择使 e_J 下降最快的输入变量进入 S_J，此时 $J=J+1$。

重复执行第二步，直到满足终止条件。终止条件为：J 等于用户指定的个数。或者加入第 $J+1$ 个输入变量使错判率（或均方误差）的变化率 $\dfrac{|e_J-e_{J+1}|}{e_J}>2\Delta_{\min}$，$\Delta_{\min}$ 为用户指定的最小误差下降率，此时输入变量集合为 S_{J+1}，即第 $J+1$ 个输入变量应进入 S_J；或者 $\dfrac{|e_J-e_{J+1}|}{e_J}\leqslant\Delta_{\min}$，此时输入变量集合为 S_J，即第 $J+1$ 个输入变量不应进入 S_J。

上述过程基于已确定的参数 K。因参数 K 会直接影响错判率或均方误差，所以，该方法可改进为：对每个可能的参数 K 值，采用 Wrapper 法进行特征选择。最终，选择使错判率或均方误差最小的 K 及相应的输入变量集合。

可见，从预测误差角度实施特征选择，一方面需要人为指定参数 J 或 $\Delta_{\min}$，应用中不易操作；另一方面，该方法的计算量比较大。

4.2　基于变量重要性的加权 K-近邻法

4.2.1　基于变量重要性的加权 K-近邻法的基本原理

由以上讨论可见，K-近邻法默认各输入变量在距离测度中有"同等重要"的贡献。但情况并不总是如此。为此，采用基于变量重要性的加权 K-近邻方法计算加权距离，给重要的变量赋予较高的权重，给不重要的变量赋予较低的权重。

例如，若依欧氏距离测度近邻关系，则加权的欧氏距离为：$\text{EUCLID}(\boldsymbol{x},\boldsymbol{y})=\sqrt{\sum_{i=1}^{p}w_{(i)}(x_i-y_i)^2}$。其中，$w_{(i)}$ 为第 i 个输入变量的权重，是输入变量重要性（也称特征重要性（feature importance，FI））的函数，定义为：$w_{(i)}=\dfrac{FI_{(i)}}{\sum\limits_{j=1}^{p}FI_{(j)}}$。其中，$FI_{(i)}$ 为第 i 个输入变量的特征重要性。$w_{(i)}<1$，$\sum w_{(i)}=1$。这里，$FI_{(i)}$ 依第 i 个输入变量对预测误差的影响定义。

首先需确定近邻个数 K。设输入变量集合包含 p 个变量：x_1，x_2，x_3，…，x_p。剔除第 i 个变量，计算输入变量集合为 x_1，x_2，x_3，…，x_{i-1}，x_{i+1}，…，x_p 时，K-近邻预测的错判率（分类预测）或均方误差（回归预测），记作 e_i。若第 i 个变量对预测有重要作用，则剔除该变量后的预测误差 e_i 应较大。于是，第 i 个变量的重要性定义为：$FI_{(i)}=e_i+\dfrac{1}{p}$。可见，变量越重要，在计算距离时其权重越高。

确定近邻之后，基于变量重要性的加权 K-近邻法的预测过程与普通 K-近邻法相同。

基于变量重要性的加权 K-近邻法的核心是以变量重要性定义为基础的权重设计。由于权重计算依赖于确定的参数 K 和预测误差，实际应用中为得到恰当的参数 K 和合理的权重，需要较大的计算量。

4.2.2 变量重要性判断应用：以天猫数据为例

本节通过示例讨论如何借鉴基于变量重要性的加权 K-近邻法，对输入变量的重要性进行判断。

天猫顾客在某年 4 个月份的部分消费行为数据经去敏后已公开。对该数据进行必要的加工整理，形成本案例的数据集。变量包括：顾客 ID、一段时间内浏览品牌数量（brandN）、成交品牌数量（buyBrandN）、活动天数（actDateN）、有成交的天数（buyDateN）、商品点击次数（hitN）、订单成交数（buyN）、收藏数（storeN）、存入购物车数（cartN）。现希望通过对顾客一段时间内消费行为规律的分析，预测其未来是否会有订单成交并分析成交顾客的特征规律。为此，分析思路如下：

第一，数据预处理。基于对数据的理解，为更利于预测分析，考虑在原始变量的基础上派生若干个转换率变量，包括消费活跃度（BuyDNactDN＝buyDateN/ActDateN）、活跃度（ActDNTotalDN＝actDateN/研究周期天数）、成交有效度（BuyBBrand＝buyBrandN/brandN）、活动有效度（BuyHit＝buyN/ hitN）。同时，定义标签变量（BuyOrNot），若订单成交数（buyN）不等于 0，则有订单成交，变量取值为 1；否则，无订单成交，变量取值为 0。

这里，将前 3 个月的数据作为训练样本集，后 1 个月的数据作为测试样本集。输入变量集为派生的 4 个转换率变量，输出变量为表示是否成交的标签变量。

第二，采用 K-近邻方法确定参数 K。

第三，选取错判率较低时的 K 值。根据上述重要性 FI 的定义，评价输入变量的重要性。

具体代码如下：

```
GetRatio <- function(data,days){    #依据原始数据计算各种转换率
data <- within(data,{
BuyHit <- ifelse(data $ hitN!＝0,round(data $ buyN/data $ hitN * 100,2),NA)    #活动有
效度＝购买量/点击量
BuyBBrand <- ifelse(data $ brandN!＝0,round(data $ buyBrandN/data $ brandN * 100,2),
NA)    #成交有效度＝成交品牌量/总品牌量
ActDNTotalDN <- round(data $ actDateN/days * 100,2)    #活跃度＝活动天数/研究周
期天数
BuyDNactDN <- ifelse(data $ actDateN!＝0,round(data $ buyDateN/data $ actDateN *
100,2),NA)    #消费活跃度＝购买天数/活动天数
BuyOrNot <- sapply(data $ buyN,FUN＝function(x) ifelse(x!＝0,"1","0"))    #定义输
出变量标签
BuyOrNot <- as. factor(BuyOrNot)
})
```

```
return(data)
}
Tmall_train <- read.table(file="天猫_Train.txt",header=TRUE,sep=",")
Tmall_train <- GetRatio(Tmall_train,92)
Tmall_train <- Tmall_train[complete.cases(Tmall_train),]   #只取完整观测数据
Tmall_test <- read.table(file="天猫_Test.txt",header=TRUE,sep=",")
Tmall_test <- GetRatio(Tmall_test,31)
Tmall_test <- Tmall_test[complete.cases(Tmall_test),]   #只取完整观测数据
library("class")
par(mfrow=c(2,2))
errRatio <- vector()
for(i in 1:30){    #选择恰当的参数 K
fit <- knn(train=Tmall_train[,-(1:9)],test=Tmall_test[,-(1:9)],cl=Tmall_train
[,10],k=i)
CT <- table(Tmall_test[,10],fit)
errRatio <- c(errRatio,(1-sum(diag(CT))/sum(CT))*100)    #计算测试样本集的错
判率
}
plot(errRatio,type="l",xlab="参数 K",ylab="错判率(%)",main="参数 K 与错判率",
cex.main=0.8)
errDelteX <- errRatio[7]
for(i in -11:-14){
fit <- knn(train=Tmall_train[,c(-(1:9),i)],test=Tmall_test[,c(-(1:9),i)],cl=
Tmall_train[,10],k=7)
CT <- table(Tmall_test[,10],fit)
errDelteX <- c(errDelteX,(1-sum(diag(CT))/sum(CT))*100)
}
plot(errDelteX,type="l",xlab="剔除变量",ylab="剔除错判率(%)",main="剔除变
量与错判率(K=7)",cex.main=0.8)
xTitle=c("1:全体变量","2:消费活跃度","3:活跃度","4:成交有效度","5:活动有效度")
legend("topright",legend=xTitle,title="变量说明",lty=1,cex=0.6)    #给出图例
FI <- errDelteX[-1]+1/4  #根据 FI 的定义计算 FI
wi <- FI/sum(FI)    #计算各输入变量的权重
GLabs <- paste(c("消费活跃度","活跃度","成交有效度","活动有效度"),round(wi,
2),sep=":")
pie(wi,labels=GLabs,clockwise=TRUE,main="输入变量权重",cex.main=0.8)
ColPch=as.integer(as.vector(Tmall_test[,10]))+1
plot(Tmall_test[,c(11,13)],pch=ColPch,cex=0.7,xlim=c(0,50),ylim=c(0,50),col
=ColPch,xlab="消费活跃度",ylab="成交有效度",main="二维特征空间中的观测",
cex.main=0.8)
```

本例说明如下：

● 首先定义一个名为 GetRatio 的用户自定义函数，计算各种转换率，定义输出变量标签。由于数据中存在缺失值，转换率无法计算时取 NA。

● 分别对训练样本集和测试样本集调用函数 GetRatio 计算各种转换率。计算结果加入数据框中。只取完整观测（不存在取缺失值的变量和观测）。

● 利用普通 K-近邻方法确定参数 K。测试误差（错判率）随 K 值变化的曲线如图 4-3（a）所示。可见，K 等于 7 时的错判率较低（约等于 3.3%），且能保证预测的稳健性。

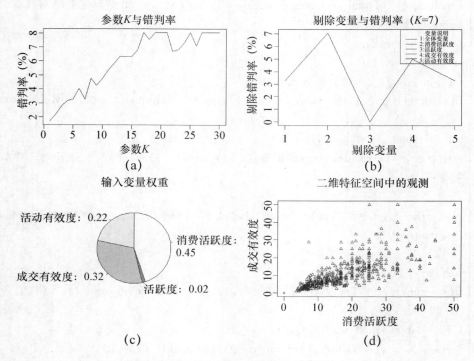

图 4-3 K-近邻分析结果可视化图

● 确定 K 等于 7。逐个剔除输入变量，剔除后的错判率曲线如图 4-3（b）所示。图中，横坐标等于 1 对应的是 4 个输入变量全体参与 K-近邻分析时的错判率。剔除消费活跃度后错判率明显增加，说明消费活跃度对预测的影响巨大。剔除活跃度后，错判率大幅下降，说明该变量包含较强噪声，对预测有负面影响。剔除成交有效度后错判率也大幅上升，说明该变量对预测贡献较大。

● 依据 FI 的定义计算各个输入变量的重要性，并以此确定权重。各输入变量的权重分配如图 4-3（c）的饼图所示，消费活跃度和成交有效度权重较高。R 中绘制饼图的函数是 pie 函数，基本书写格式为：

$$pie(数值型向量, labels = 切片标签向量, clockwise = TRUE/FALSE)$$

式中，数值型向量是各类别的频数；参数 labels 是字符型向量，给出饼图中各个切片的标签；clockwise 用于指定切片的方向，取 TRUE 表示按顺时针方向切片，取 FALSE 表示按逆时针方向切片，默认取 FALSE。

● 图 4-3（d）是在消费活跃度和成交有效度特征空间中观测点的分布情况。其中黑色圆圈表示无成交，红色三角形表示有成交。可以看出，所有无交易点均在消费活跃度和成交有效度等于 0 处，消费活跃度和成交有效度大于 0 则均有成交，这是由本例数据生成机制的特殊性所决定的。

综上，本例主要结论包括：首先，在近邻数 K 等于 7 时，普通 K-近邻方法的测试误差（错判率）仅为 3.3%，效果较为理想。其次，大部分成交顾客处在消费活跃度和成交有效度取值水平较低的位置上，在消费活跃度和成交有效度上取值较高位置上的成交顾客数量相对较少，说明高的消费活跃度和成交有效度并不意味着顾客未来会再次消费。

4.3   基于观测相似性的加权 K-近邻法

采用 K-近邻法预测时，默认 K 个近邻对预测结果有"同等力度"的影响。事实上，距 X_0 近的观测对预测的贡献应大于距离较远的观测。此外，K-近邻法中的距离测度通常适合所有输入变量均为数值型的情况。当某些输入变量是分类型或顺序型时，距离的计算将不再恰当。为解决上述两个问题，Klaus Hechenbichler 在 2004 年提出的加权 K-近邻法（以下简称加权 K-近邻法）得到了较为广泛的应用。

4.3.1   加权 K-近邻法的权重设计

不同于基于变量重要性的加权 K-近邻法，Hechenbichler 的加权 K-近邻法中，权重并不针对输入变量，也不依赖于预测误差，而是针对各观测，依赖于各观测与 X_0 的相似性。其核心思想是：将相似性定义为各观测与 X_0 距离的某种非线性函数，且距离越近，相似性越强，权重越高，预测时的贡献越大。

设观测 X 与 X_0 的距离为 d（$d \geqslant 0$，$d \in \mathbf{R}$）。若采用函数 $K(\cdot)$ 将距离 d 转换为 X 与 X_0 的相似性，则函数 $K(d)$ 应有如下特征：

- $K(d) \geqslant 0$。
- $d = 0$ 时，$K(d)$ 取最大值，即距离最近时相似性最大。
- $K(d)$ 是 d 的单调减函数，即距离越远，相似性越小。

通常，核函数是符合上述特征的函数。若函数 I 为示性函数，$I(d) = \begin{cases} 1, & |d| \leqslant 1 \\ 0, & |d| > 1 \end{cases}$，常见的核函数有：

- 均匀核（uniform kernel）：$K(d) = \dfrac{1}{2} \cdot I(|d| \leqslant 1)$。
- 三角形核（triangular kernel）：$K(d) = (1 - |d|) \cdot I(|d| \leqslant 1)$。
- 抛物线核（Epanechnikov kernel）：$K(d) = \dfrac{3}{4}(1 - d^2) \cdot I(|d| \leqslant 1)$。
- 四次核（quartic，biweight kernel）：$K(d) = \dfrac{15}{16}(1 - d^2)^2 \cdot I(|d| \leqslant 1)$。
- Triweight 核：$K(d) = \dfrac{35}{32}(1 - d^2)^3 \cdot I(|d| \leqslant 1)$。
- 高斯核（Gaussian kernel）：$K(d) = \dfrac{1}{\sqrt{2\pi}} \exp\left(-\dfrac{d^2}{2}\right) \cdot I(|d| \leqslant 1)$。

● 余弦核（cosine kernel）：$K(d) = \frac{\pi}{4}\cos(\frac{\pi}{2}d) \cdot I(|d| \leqslant 1)$。

上述核函数曲线如图 4-4 所示。其中，横坐标为 d。在加权 K-近邻法中，$d \geqslant 0$。

由图 4-4 可见，在加权 K-近邻法中若采用均匀核，表示 $\boldsymbol{X}_0$ 的 K 个近邻，无论距离远近（均小于 1），与 $\boldsymbol{X}_0$ 的相似性都相等。因其有悖于加权 K-近邻法的设计初衷，故不可取。Hechenbichler 的研究表明，除均匀核之外的其他核函数，无论选用哪种，预测误差差异均不明显。所以应用中选择哪种核函数都可以。核函数值即为权重。

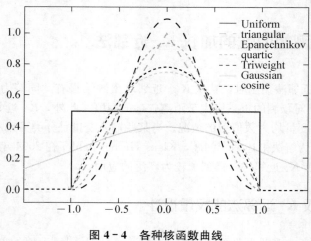

图 4-4　各种核函数曲线

4.3.2　加权 K-近邻法的距离和相似性变换

采用加权 K-近邻法计算观测间距离的步骤如下。

1. 第一步，输入变量值的预处理

对数值型输入变量 x_i 的第 j 个观测值 x_{ij} 做预处理：$z_{ij} = \frac{x_{ij}}{\sigma_{x_i}}$，$\sigma_{x_i}$ 为输入变量 x_i 的标准差。

对分类型输入变量 x_i，将其转换成虚拟变量形式。设输入变量 x_i 有 m 个类别值，虚拟变量有 m 个。m 个虚拟变量的取值共同表示类别。例如，若 $m=5$，则虚拟变量如表 4-2 所示。

表 4-2　　　　　　　　　　　　$m=5$ 的分类型变量的虚拟变量

类别值	v_{i1}	v_{i2}	v_{i3}	v_{i4}	v_{i5}
1	1	0	0	0	0
2	0	1	0	0	0
3	0	0	1	0	0
4	0	0	0	1	0
5	0	0	0	0	1

对顺序型输入变量 x_i，将其转换成虚拟变量形式。设输入变量 x_i 有 m 个类别值，虚

拟变量有 $m-1$ 个。$m-1$ 个虚拟变量的取值共同表示类别。例如，若 $m=5$，则虚拟变量如表 4 - 3 所示。

表 4 - 3　　　　　　　　　　　$m=5$ 的顺序型变量的虚拟变量

类别值	v_{i1}	v_{i2}	v_{i3}	v_{i4}
1	1	1	1	1
2	-1	1	1	1
3	-1	-1	1	1
4	-1	-1	-1	1
5	-1	-1	-1	-1

2. 第二步，计算距离 D

加权 K-近邻法的距离采用闵可夫斯基距离。第 i 个观测点 $\boldsymbol{X}_i$ 与 $\boldsymbol{X}_0$ 间的闵可夫斯基距离为：$D(\boldsymbol{X}_i, \boldsymbol{X}_0) = D(\boldsymbol{Z}_i, \boldsymbol{Z}_0) = \sqrt[k]{\sum_{j=1}^{p} |z_{ij} - z_{0j}|^k}$。$z_{ij}$ 和 z_{0j} 分别是 $\boldsymbol{X}_i$ 和 $\boldsymbol{X}_0$ 第 j 个数值型变量的预处理值，共有 p 个数值型输入变量。对于分类型或顺序型输入变量，应基于虚拟变量计算：$D(\boldsymbol{X}_i, \boldsymbol{X}_0) = \sqrt[k]{\sum_{j=1}^{p} \frac{1}{m_j} \sum_{l=1}^{m_j} |v_{ij_l} - v_{0j_l}|^k}$。$v_{ij_l}$ 和 v_{0j_l} 分别为 $\boldsymbol{X}_i$ 与 $\boldsymbol{X}_0$ 的第 j 个分类型或顺序型输入变量对应的第 l 个虚拟变量的取值，它有 m_j 个虚拟变量。共有 p 个分类型或顺序型输入变量。k 通常取 2 或 1。

3. 第三步，采用核函数将距离变换为相似性

依相似度概念，需将距离 $D(\boldsymbol{X}_i, \boldsymbol{X}_0)$ 的取值调整至 $[0, +1]$。加权 K-近邻法的调整方式是：$d(D(\boldsymbol{X}_i, \boldsymbol{X}_0)) = \dfrac{D(\boldsymbol{X}_i, \boldsymbol{X}_0)}{D(\boldsymbol{X}_{K+1}, \boldsymbol{X}_0)}$（$i=1, 2, \cdots, K$）。式中，$\boldsymbol{X}_{K+1}$ 为 $\boldsymbol{X}_0$ 的第 $K+1$ 个近邻。因第 $K+1$ 个近邻距 $\boldsymbol{X}_0$ 最远，故 $0 \leqslant d(D) \leqslant 1$。可见，加权 K-近邻法需找到 $K+1$ 个近邻。但 $d=1$ 时的核函数值等于 0（意味着相似性等于 0），所以第 $K+1$ 个近邻对预测结果并没有影响。最终核函数为 $K(d(D))$，且第 i 个观测的权重为：$w_i = K(d(D(\boldsymbol{X}_i, \boldsymbol{X}_0)))$。

综上，加权 K-近邻法的实现步骤如下：

- 确定 $\boldsymbol{X}_0$。
- 依函数 $D(\boldsymbol{X}_i, \boldsymbol{X}_0)$ 找到 $\boldsymbol{X}_0$ 的 $K+1$ 个近邻。
- 依函数 $w_i = K(d(D(\boldsymbol{X}_i, \boldsymbol{X}_0)))$（$i=1, 2, \cdots, K$）确定 K 个近邻的权重。
- 预测。对于回归预测：$\hat{y}_0 = \dfrac{1}{K}(\sum_{i=1}^{K} w_i y_i)$。对于分类预测：$\hat{y}_0 = \max_r(\sum_{i=1}^{K} w_i I(y_i = r))$，$I$ 为示性函数，即预测为 r 类，因为 $\boldsymbol{X}_0$ 的 K 个近邻中属于 r 类的近邻权重之和最大。预测为 r 类的概率为：

$$P(\hat{y}_0 = r \mid \boldsymbol{X}_0) = \frac{\sum_{i=1}^{K} w_i I(y_i = r)}{\sum_{i=1}^{K} w_i}$$

4.3.3　加权 K-近邻法的 R 实现及应用示例

一、加权 K-近邻法的 R 函数

实现 Hechenbichler 的加权 K-近邻法的 R 函数是 kknn 包中的 kknn。首先应下载安装 kknn 包并将其加载到 R 的工作空间中。kknn 函数的基本书写格式为：

kknn(formula＝R 公式, train＝训练样本集, test＝测试样本集, na. action＝na. omit(), k＝近邻个数 K, distance＝k, kernel＝核名称)

其中：

● 参数 formula 以 R 公式的形式指定训练样本集中的输入变量和输出变量。R 公式的基本写法是：输出变量名～输入变量名，如 $y\sim x1$。若有多个输入变量，各输入变量名用 "＋" 号连接，如 $y\sim x1＋x2$。$y\sim-x1$ 表示除了 $x1$ 之外的其他变量（不包括 y）均作为输入变量。$y\sim.$ 表示除了 y 之外的其他变量均作为输入变量。

● 参数 train 用于指定训练样本集；test 用于指定测试样本集。

● na. action＝na. omit() 表示带有缺失值的观测不参与分析。

● 参数 k 用于指定近邻个数 K，默认值为 7；distance 用于指定闵可夫斯基距离中的参数 k，默认值为 2。

● 参数 kernel 用于指定核函数，可取 "rectangular"，"triangular"，"epanechnikov"，"biweight"，"triweight"，"cos"，"gaussian"，"optimal" 等。

kknn 函数的返回值是列表，包含如下主要列表成分：

● fitted. values：数值型向量，存放测试样本集中输出变量的预测值。

● CL：$n\times k$ 的矩阵（n 为测试样本集的样本量，k 为近邻个数 K），存放各观测的各自 K 个近邻所属的类别。

● W：$n\times k$ 的矩阵（n 为测试样本集的样本量，k 为近邻个数 K），存放各观测的各自 K 个近邻的权重。

● D：$n\times k$ 的矩阵（n 为测试样本集的样本量，k 为近邻个数 K），存放各观测与各自 K 个近邻的闵可夫斯基距离。

● prob：数值型向量，存放测试样本集中各观测属于预测类别的概率。

此外，kknn 包中有将加权 K-近邻法和留一法 "打包" 成一体的 train. kknn 函数，基本书写格式为：

train. kknn(formula＝R 公式, data＝数据集, kmax＝m, distance＝k, kernel＝核名称)

式中，参数 data 用于指定数据集（这里不区分训练样本集和测试样本集，数据集中的各个观测将依次作为测试样本集）；参数 kmax 用于指定近邻个数 K 的最大可能取值（默认值为 11，近邻个数 K 的取值范围是 $1\sim m$；参数 distance 用于指定闵可夫斯基距离中的参数 k，默认值为 2；若希望观察不同核函数对预测的影响，参数 kernel 可以是一个字符型向量，如 kernel＝c("triangular","rectangular","epanechnikov")，函数将自动考察 3 种核下当近邻个数 K 取不同值时的测试误差。

train. kknn 函数的返回值为一个列表，包含如下主要列表成分：

● MISCLASS：kmax$\times n$ 的矩阵（n 为指定的核函数个数），存放不同核函数下当近邻个数 K 依次取 1 至 kmax 时，分类预测的留一法错判率。

● MEAN. ABS：kmax×n 的矩阵（n 为指定的核函数个数），存放不同核函数下当近邻个数 K 依次取 1 至 kmax 时，回归预测的留一法平均绝对误差。

● MEAN. SQU：kmax×n 的矩阵（n 为指定的核函数个数），存放不同核函数下当近邻个数 K 依次取 1 至 kmax 时，回归预测的留一法均方误差。

● fitted. values：以列表方式给出不同核函数下当近邻个数 K 依次取 1 至 kmax 时，各个观测的预测值。

● best. parameters：为一个列表，存放最优（留一法测试误差最小）核函数名以及最优核函数下的最优近邻个数 K。

二、加权 K-近邻法的应用示例

仍采用上述天猫数据，利用加权 K-近邻法预测顾客的未来消费行为。具体代码如下。

```
install. packages("kknn")
library("kknn")
par(mfrow=c(2,1))
Tmall_train <- read. table(file="天猫_Train_1. txt",header=TRUE,sep=",")
Tmall_train $ BuyOrNot <- as. factor(Tmall_train $ BuyOrNot)
fit <- train. kknn(formula=BuyOrNot~. ,data=Tmall_train,kmax=11,distance=2,
kernel=c("rectangular","triangular","gaussian"),na. action=na. omit())
plot(fit $ MISCLASS[,1] * 100,type="l",main="不同核函数和近邻个数 K 下的错判
率曲线图",cex. main=0. 8,xlab="近邻个数 K",ylab="错判率(%)")
lines(fit $ MISCLASS[,2] * 100,lty=2,col=1)
lines(fit $ MISCLASS[,3] * 100,lty=3,col=2)
legend("topleft",legend=c("rectangular","triangular","gaussian"),lty=c(1,2,3),col=
c(1,1,2),cex=0. 7)
#利用加权 K-近邻分类
Tmall_test <- read. table(file="天猫_Test_1. txt",header=TRUE,sep=",")
Tmall_test $ BuyOrNot <- as. factor(Tmall_test $ BuyOrNot)
fit <- kknn(formula=BuyOrNot~. ,train=Tmall_train,test=Tmall_test,k=7,distance=2,
kernel="gaussian",na. action=na. omit())
CT <- table(Tmall_test[,1],fit $ fitted. values)
errRatio <-(1-sum(diag(CT))/sum(CT)) * 100
#利用 K-近邻分类
library("class")
fit <- knn(train=Tmall_train,test=Tmall_test,cl=Tmall_train $ BuyOrNot,k=7)
CT <- table(Tmall_test[,1],fit)
errRatio <- c(errRatio,(1-sum(diag(CT))/sum(CT)) * 100)
errGraph <- barplot(errRatio,main="加权 K-近邻法与 K-近邻法的错判率对比图(K=
7)",cex. main=0. 8,xlab="分类方法",ylab="错判率(%)",axes=FALSE)
axis(side=1,at=c(0,errGraph,3),labels=c(" ","加权 K-近邻法","K-近邻法"," "),
tcl=0. 25)
axis(side=2,tcl=0. 25)
```

本例说明如下：
- 直接采用包含各种转换率的天猫数据文件。
- 首先，调用 train. kknn 函数对比 3 种核函数（均匀核、三角核、高斯核）下，近邻个数 K 依次取 1，2，…，11 时的留一法错判率，如图 4-5（a）所示。图中黑色实线、黑色长虚线、红色短虚线分别为均匀核、三角核和高斯核的错判率曲线。可见，均匀核（相当于不加权）的错判率高于其他两种核。

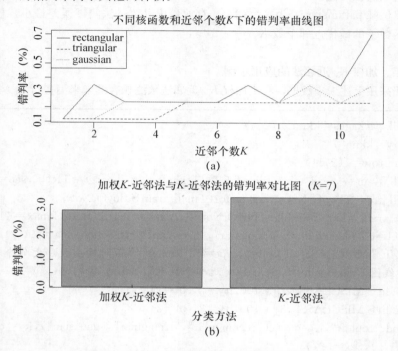

图 4-5　加权 K-近邻分析结果可视化图

- 然后，选择高斯核函数，设置近邻个数 $K=7$，利用柱形图对比加权 K-近邻方法和一般 K-近邻方法在测试样本集上的错判率（测试误差），结果如图 4-5（b）的柱形图所示。这里，加权 K-近邻法的错判率较低。绘制柱形图的函数是 barplot，基本书写格式为：

$$barplot(数值型向量名,horiz＝TRUE/FALSE,names. arg＝条形标签向量)$$

其中，向量包含几个元素就绘制几个矩形条，且各矩形条的高低取决于对应元素值的大小；参数 horiz 取 TRUE 表示绘制条形图，默认为 FALSE，绘制柱形图；names. arg 可指定条形的类别标签，为字符串型向量。

- barplot 函数中的 axes＝FALSE，表示不画出坐标轴。这里，利用 axis 函数绘制坐标轴。axis 函数的基本书写格式为：

$$axis(side＝1/2/3/4,at＝位置向量,labels＝标签向量,tcl＝刻度方向和长度)$$

式中，参数 side 用于指定绘制哪个坐标轴，1，2，3，4 依次表示上、左、下、右轴；参数 at 为向量，用于指定在哪个位置给出刻度标签；参数 labels 为字符串型向量，用于指定刻度标签，该向量的元素个数应等于 at 向量的元素个数，且位置和标签一一对应；参数

tcl 用于指定刻度线的方向和长短，大于 0，刻度线向内，小于 0，刻度线向外，tcl 的绝对值表示刻度线的长短。

4.4　本章函数列表

本章涉及的 R 函数如表 4－4 所示。

表 4－4　　　　　　　　　　　　　　本章涉及的 R 函数列表

函数名	功能
knn()	K-近邻法
knn1()	1-近邻法
knn.cv()	基于留一法的 K-近邻法
kknn()	加权 K-近邻法
barplot()	绘制柱形图或条形图
axis()	坐标轴设置函数

C 第 5 章
Chapter 5   R 的决策树：数据预测

决策树（decision tree）最早源于人工智能的机器学习技术。因其核心算法较为成熟，很早就被各类智能决策系统采纳。后来，由于决策树算法具有出色的数据分析能力和直观易懂的结果展示等特点，被纳入数据挖掘的范畴之中，并成为倍受广大数据挖掘用户青睐、使用最为广泛的分类和回归预测方法。

决策树较好地规避了传统统计中一般线性模型、广义线性模型、判别分析对数据分布的要求，能够在无分布限制的"宽松环境"下，找出数据中输入变量和输出变量取值间的逻辑对应关系或规则，并实现对新数据输出变量的预测。

5.1   决策树算法概述

5.1.1   什么是决策树

决策树算法的目标是建立分类预测模型或回归预测模型。决策树得名于其分析结论的展示方式类似于一棵倒置的树。图 5-1 所示的即为一棵典型的决策树。其输入变量包括收入（Income）和年龄（Age），输出变量为是否购买（Purchase），为分类型变量，1 表示购买，0 表示不购买。

一、相关基本概念

决策树涉及以下基本概念：
- 根节点：图 5-1 中最上方的节点称为根节点。一棵决策树只有一个根节点。
- 叶节点：没有下层的节点称为叶节点。一棵决策树可以有多个叶节点。图 5-1 中有 3 个叶节点。
- 中间节点：位于根节点下且自身有下层的节点称为中间节点。中间节点可分布在多个层中。图 5-1 中有 1 个中间节点。

同层节点称为兄弟节点。上层节点是下层节点的父节点。下层节点是上层节点的子节点。根节点没有父节点，叶节点没有子节点。

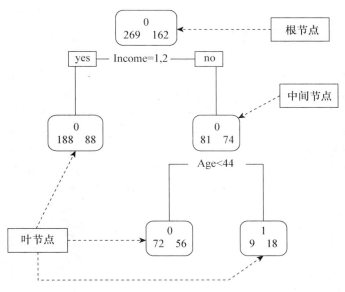

图 5-1　决策树图示

- 二叉树和多叉树：若树中每个节点最多只能"长出"两个分枝，即父节点只能有两个子节点，这样的决策树称为二叉树。若能够"长出"不止两个分枝，即父节点有两个以上的子节点，这样的决策树称为多叉树。图 5-1 所示的为二叉树。

二、决策树的特点

决策树有以下特点：

- 决策树分为分类树和回归树。分类树和回归树分别对应分类预测模型和回归预测模型，分别用于对分类型和数值型输出变量值的预测。图 5-1 所示的为一棵分类树。
- 决策树体现了对样本数据的不断分组过程。每个节点均包含一定数量的样本。根节点包含所有观测，其他节点包含的观测个数依层递减。例如，图 5-1 中根节点包含所有观测，共 431 个（269＋162）。对全部观测按收入（Income）分为两组，生成两个子节点，分别包含 276 个（188＋88）和 155 个（81＋74）观测样本。对包含 155 个观测的中间节点继续按照年龄（Age）分成两组，生成两个子节点，分别包含 128 个（72＋56）和 27 个（9＋18）观测样本。
- 决策树体现了输入变量和输出变量取值的逻辑关系。与很多同样可以实现预测的算法相比，决策树的最大特点是：它的预测是基于逻辑的。即采用"IF…THEN…"的形式，通过输入变量取值的布尔比较（逻辑比较）预测输出变量的取值。例如，图 5-1 中的决策树体现的逻辑关系有：IF（Income＝＝1 | Income＝＝2）THEN Purchase＝0；IF（Income!＝1 & Income!＝2）&（Age＜44）THEN Purchase＝0；IF（Income!＝1&Income!＝2）&（Age＞44）THEN Purchase＝1。

逻辑比较形式表述的是一种推理规则，每个叶节点都对应一条推理规则，是对新数据输出变量取值预测的依据。对于一个新的数据对象，预测只需按照决策树的层次，从根节点开始依次根据其输入变量取值进入决策树的不同分枝，直至叶节点。对于分类树，叶节点的预测值是它所含样本的输出变量值的众数类别。预测置信度是叶节点中众数类别的百分比。对于回归树，叶节点的预测值是它所含样本的输出变量值的平均值。

5.1.2　决策树的几何理解

　　对于分类树，可将样本集中的每一个观测看成 p 维（p 个输入变量）特征空间上的一个点，输出变量取不同类别的点以不同形状（如圆圈或三角形）表示。

　　决策树建立的过程就是决策树各个分枝依次形成的过程。从几何意义上理解，是决策树的每个分枝在一定规则下完成对 p 维特征空间的区域划分。决策树建立好之后，p 维特征空间被划分成若干个小的矩形区域。矩形区域的边界平行或垂直于坐标轴。

　　由于特征空间维度较高，不直观，不易于理解，因此采用树形方式展现决策树。图 5-2 所示的是一个 2 维特征空间划分和相应决策树的示例。

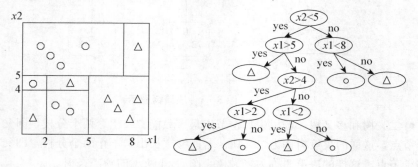

图 5-2　特征空间划分和决策树

　　决策树在确定每一步的特征空间划分标准时，都同时兼顾由此形成的两个区域，希望划分形成的两个区域所包含的观测点尽可能同时"纯正"，异质性（impurity）低，即一个区域中多数观测点有相同的形状，尽量少地掺杂其他形状的点。换言之，同一区域中样本输出变量尽可能取同一类别值。

　　对于回归树，其本质也是特征空间的区域划分。其确定划分标准的原则与分类树类似，即同一区域中样本输出变量取值的离散程度，即异质性应尽可能低。

5.1.3　决策树的核心问题

　　决策树主要围绕以下两大核心问题展开：

　　第一，决策树的生长，即利用训练样本集完成决策树的建立过程。

　　决策树模型一般不建立在全部观测样本上。通常需首先利用旁置法（详见 4.1.2 节）将全部观测样本随机划分成训练样本集和测试样本集。在训练样本集上建立决策树，利用测试样本集估计决策树模型的预测误差。

　　第二，决策树的剪枝，即利用测试样本集对所形成的决策树进行精简。

一、决策树的生长

　　决策树的生长过程是对训练样本集不断分组的过程。决策树上的各个分枝是在数据不断分组的过程中逐渐生长出来的。当对某组数据的继续分组不再有意义时，它所对应的分枝便不再生长；当所有数据组的继续分组均不再有意义时，决策树的生长过程结束。此时，一棵完整的决策树便形成了。因此，决策树生长的核心算法是确定决策树的分枝准则。

　　图 5-3 是决策树生长过程示意图。

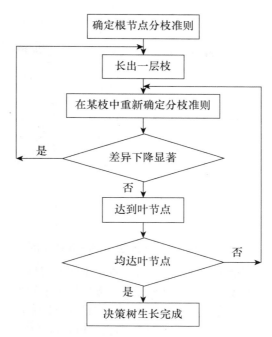

图 5 - 3　决策树生长过程示意图

图 5 - 3 中：

● 差异下降是否显著是指分组样本中输出变量取值的异质性是否随决策树的生长（分组的进行）而显著降低。有效的决策树分枝（分组）应当使枝（组）中样本的输出变量取值尽快趋同，差异迅速下降。

● 达到叶节点的一般标准是，节点中样本的输出变量均为相同类别，或达到用户指定的停止生长标准。

分枝准则的确定涉及两方面的问题：第一，如何从众多的输入变量中选择一个当前最佳的分组变量；第二，如何从分组变量的众多取值中找到一个最佳分割点。不同的决策树算法会采用不同的策略。

二、决策树的剪枝

决策树充分生长后会变成一棵极为茂盛的大树，如图 5 - 4 所示。

但充分生长的大树并不是一棵预测新数据对象的最佳树。主要原因是，完整的决策树对训练样本特征的描述可能"过于精确"。

从决策树建立的过程看，随着决策树的生长，所处理的样本量不断减少，决策树对数据总体规律的代表程度在不断下降。在根节点上，确定分枝准则时，处理对象是训练样本集中的全体观测数据，此时样本量最大。在第二层分枝形成后，全部观测被分成若干组，于是再下层的分枝准则将基于各分组内的样本，样本量相对第一层根节点要少许多。这样的过程会不断重复，后续分枝准则的确定依据是分组又分组再分组后的极少样本。可见，随着决策树的生长和样本量的不断减少，越深层处的节点所体现的数据特征就越显个性化，一般性就越差。极端情况下可能产生这样的推理规则："收入大于 50 000 元且年龄大于 50 岁且姓名是张三的人购买某种商品"。这条规则的精确性在训练样本中是毋庸置疑的，但却失去了一般性。

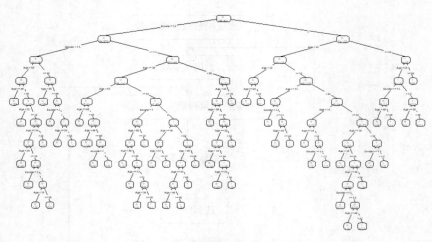

图5-4　充分生长的决策树示例

　　虽然完整的决策树能够准确反映训练样本集中数据的特征，但很可能因其失去一般代表性而无法用于对新数据的预测，这种现象在数据挖掘中称为过拟和（overfitting）。

　　解决这个问题的主要方法是决策树修剪。例如，对图5-4所示的决策树进行修剪，最终使其变为图5-1所示的"身形适中"的决策树。这棵树是预测新数据对象的最佳树。

　　常用的修剪技术有预修剪（pre-pruning）和后修剪（post-pruning）两种。预修剪技术主要用来限制决策树的充分生长，后修剪技术则是待决策树生长到一定程度后再进行剪枝。

　　预修剪的最直接方法有：第一，事先指定决策树生长的最大深度，决策树生长到指定深度后就不再继续生长；第二，事先指定样本量的最小值，节点所含样本量不应低于该值。预修剪技术能够有效阻止决策树的充分生长，但要求对变量取值分布有比较清晰的把握，参数需反复尝试。否则很可能因参数值不合理而导致决策树深度过浅，使得决策树的代表性"过于一般"，同样也无法实现对新数据的准确预测。

　　后修剪技术从另一个角度解决过拟和问题。它允许决策树充分生长到一定程度，然后根据一定的规则，剪去决策树中那些不具一般代表性的子树，是一个边修剪边检验的过程。用户可以事先指定一个可接受的最大误差（错判率或均方误差）。当误差高于可接受的最大值时，停止剪枝，否则可以继续剪枝。

　　通常依据测试误差（详见4.1.2节）评价决策树的剪枝效果。当决策树的测试误差在达到最低值后又开始增大时，应停止剪枝，如图5-5所示。

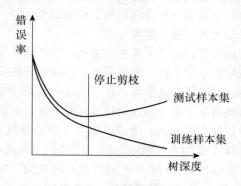

图5-5　决策树的修剪

图 5-5 中，上下两条线分别代表决策树的测试误差（详见 4.1.2 节）曲线和训练误差曲线。在决策树生长初期，决策树的训练误差和测试误差会快速减少。随着树深度的继续增加，决策树的训练误差和测试误差的减少速度开始放慢。当树生长到一定深度后，决策树的训练误差仍继续减少，但测试误差却开始增大，表明出现了过拟合。后修剪应停止于训练误差最低且过拟合现象尚未出现的时刻。

目前有很多决策树算法。其中应用较广的是分类回归树（classification and regression tree，CART）和 C4.5，C5.0 算法系列。分类回归树是由美国斯坦福大学和加州大学伯克利分校的 Leo Breiman 等学者于 1984 年提出的，同年他们出版了相关专著 *Classification and Regression Trees*。C4.5，C5.0 算法系列是人工智能专家 Quinlan 对鼻祖级决策树 ID3 算法的延伸。以下将重点讨论分类回归树。

5.2　分类回归树的生长过程

分类回归树为一个二叉树，建模过程包括决策树生长和决策树剪枝两个阶段。

分类回归树的生长过程本质上是对训练样本集的反复分组过程。涉及的两个问题是：如何从众多输入变量中选择当前最佳分组变量；如何从分组变量的众多取值中找到一个最佳分割点。

最佳分组变量和最佳分割点应是使输出变量异质性下降最快的变量和分割点。分类回归树包括分类树和回归树，因其输出变量的类型不同，测度输出变量异质性的指标也不同。为此，将分别进行讨论。

5.2.1　分类树的生长过程

一、输出变量异质性及异质性变化的测度

常见的分类型输出变量的异质性测度指标有 Gini 系数和信息熵。

1. Gini 系数

Gini 系数的数学定义为：

$$G = 1 - \sum_{j=1}^{k} p^2(j) \tag{5.1}$$

式中，k 为输出变量的类别数；$p(j)$ 为样本中输出变量取第 j 类的比率。可见，当样本中输出变量均取同一类别，即输出变量取值差异性最小（无差异）时，Gini 系数为 0。当样本中输出变量取各个类别的比率均为 $1/k$，即输出变量取值差异性最大时，Gini 系数最大，为 $1 - 1/k$。

分类树采用 Gini 系数测度输出变量的异质性。节点 t 的 Gini 系数定义为：$G(t) = 1 - \sum_{j=1}^{k} p^2(j \mid t)$。其中，$p(j \mid t)$ 是节点 t 中样本输出变量取第 j 类的归一化概率，定义为：$p(j \mid t) = \dfrac{p(j,t)}{\sum_j p(j,t)}$，$p(j,t) = \dfrac{N_{j,t}}{N_j}$。$N_{j,t}$ 是节点 t 中输出变量取第 j 类的样本量；N_j 是全部样本中输出变量取第 j 类的样本量。进行归一化处理的目的是使各节点的 Gini 系数具

有可比性。

分类树采用 Gini 系数的减少量测度异质性下降的程度，其数学定义为：

$$\Delta G(t) = G(t) - \left\{ \frac{N_r}{N}G(t_r) + \frac{N_l}{N}G(t_l) \right\} \tag{5.2}$$

式中，$G(t)$ 和 N 分别为父节点 t 的输出变量 Gini 系数和样本量，$G(t_l)$，N_l 和 $G(t_r)$，N_r分别为依某输入变量分割父节点 t，形成的左右两个子节点的 Gini 系数和样本量。大括号中为子节点 Gini 系数的加权平均。最佳分组变量和分割点应是使 $\Delta G(t)$ 最大的变量和分割点。

2. 信息熵和信息增益

信息熵也是一种度量变量异质性的常用测度，是信息论中的基本概念。信息论是 1948 年 C. E. Shannon 首次提出的，主要解决信息传递过程中的问题。信息论的基本出发点为：第一，信息传递（信息通信）通过一个由信源、信道和信宿组成的传递系统实现。其中，信源是信息的发送端，信宿是信息的接收端。第二，传递系统存在于一个随机干扰环境之中，因而对信息的传递存在随机误差。如果将发送的信息记为 U，接收的信息记为 V，那么可将信道定义为一个信道模型，记为 $P(U \mid V)$。$P(U \mid V)$ 是一个条件概率矩阵，称为信道传输概率矩阵，具体为：

$$\begin{bmatrix} P(u_1|v_1) & P(u_2|v_1) & \cdots & P(u_r|v_1) \\ P(u_1|v_2) & P(u_2|v_2) & \cdots & P(u_r|v_2) \\ \vdots & \vdots & & \vdots \\ P(u_1|v_q) & P(u_2|v_q) & \cdots & P(u_r|v_q) \end{bmatrix}$$

式中，$P(u_i \mid v_j)$ 表示信宿收到信息 v_j 下信源发出信息 u_i 的概率，且 $\sum_{i=1}^{r} P(u_i \mid v_j) = 1$（$j = 1, 2, \cdots, q$）。

在这个通信系统中，信息 $u_i (i=1, 2, \cdots, r)$ 的发送概率 $P(u_i)$ 组成信源的数学模型，且 $\sum_{i=1}^{r} P(u_i) = 1$。

通信发生之前，信宿不可能确切了解信源究竟会发出什么样的信息，这种情形称为信宿对信源的状态具有不确定性。由于这种不确定性是存在于通信之前的，因而称为先验不确定性。

通信发生之后，信宿收到信息，先验不确定性有可能被全部消除或降低。如果干扰很小且不对信息传递产生影响，先验不确定性被完全消除。通常情况下，干扰总会对信源发出的信息造成某种破坏，使信宿收到的信息存在噪声。因此，先验不确定性只能被部分消除。也就是说，通信结束后，信宿对信源仍有一定程度的不确定性，称为后验不确定性。

如果后验不确定性等于先验不确定性，表示信宿没有收到信息；如果后验不确定性等于零，表示信宿收到了全部信息。从这个角度看，信息是用来消除随机不确定性的。

信息的价值可用信息量测度，单位是比特（bit），采用以 2 为底的对数形式。信息 u_i 的信息量定义为：$I(u_i) = \log_2 \frac{1}{P(u_i)} = -\log_2 P(u_i)$。信息熵是信息量的数学期望，数学定义为：

$$Ent(\boldsymbol{U}) = \sum_i P(u_i)\log_2 \frac{1}{P(u_i)} = -\sum_i P(u_i)\log_2 P(u_i) \tag{5.3}$$

如果 $P(u_i)=1$，即信源以 100% 的概率发送信息 u_i，其他信息被发送的概率均等于 0，信源不存在信息发送的不确定性，信息熵等于 0；如果信源的 r 个信息有相同的发送概率，$P(u_i)=1/r$ $(i=1,2,\cdots,r)$，即信源信息发送的不确定性最大，信息熵等于 $-\log_2 1/r$，达到最大。测度通信发生前的先验不确定性的熵称为先验熵。

进一步，若信宿收到信息 v_j，信源发出信息 $\boldsymbol{U}$ 的概率记为 $P(\boldsymbol{U}\mid v_j)$。此时，信源发送信息的不确定性修正为：

$$Ent(\boldsymbol{U}\mid v_j) = \sum_i P(u_i\mid v_j)\log_2 \frac{1}{P(u_i\mid v_j)} = -\sum_i P(u_i\mid v_j)\log_2 P(u_i\mid v_j) \tag{5.4}$$

称为后验熵。后验熵的期望：

$$Ent(\boldsymbol{U}\mid \boldsymbol{V}) = \sum_j P(v_j)\Big[-\sum_i P(u_i\mid v_j)\log_2 P(u_i\mid v_j)\Big] \tag{5.5}$$

称为条件熵或信道疑义度，测度了通信发生后的后验不确定性。通常，$Ent(\boldsymbol{U}\mid \boldsymbol{V}) < Ent(\boldsymbol{U})$。于是有：

$$Gains(\boldsymbol{U},\boldsymbol{V}) = Ent(\boldsymbol{U}) - Ent(\boldsymbol{U}\mid \boldsymbol{V}) \tag{5.6}$$

称为信息增益，反映的是信息 $\boldsymbol{V}$ 消除不确定性的程度。

从信息传递角度看，可将分类树根节点中输出变量的取值视为信源发送的信息 $\boldsymbol{U}$，它具有随机性或不确定性。各个信息发送的概率取决于根节点中输出变量的概率分布。采用先验熵测度根节点输出变量的异质性。通常，根节点输出变量取值具有较大的异质性，表现为先验熵较大。

将某输入变量视为信宿接收到的信息 $\boldsymbol{V}$，用条件熵测度中间节点（或叶节点）的输出变量异质性。随着分类树的不断生长，中间节点（或叶节点）的输出变量异质性逐渐降低，表现为条件熵小于先验熵。

进一步，可采用信息增益测度父节点 t 到子节点输出变量异质性下降的程度。因分类回归树有左右两个子节点，所以异质性下降程度定义为：

$$Gains(t) = Ent(t) - \Big\{\frac{N_r}{N}Ent(t_r) + \frac{N_l}{N}Ent(t_l)\Big\} \tag{5.7}$$

式中，$Ent(t)$ 和 N 分别为父节点 t 中输出变量的先验熵和样本量；$Ent(t_l)$，N_l 和 $Ent(t_r)$，N_r 分别为依某输入变量分割父节点 t 形成的左右两个子节点的条件熵和样本量。大括号中为子节点条件熵的加权平均。最佳分组变量和分割点应是使 $Gains(t)$ 最大的变量和分割点。

研究表明，分类树中 Gini 系数和信息熵在测度异质性上并无明显差异，如图 5-6 所示。

图 5-6（左）是二分类问题中，在第一类的概率 p 从 0 至 1 变化的过程中 Gini 系数和信息熵的变化曲线。图 5-6（右）为 Gini 系数和信息熵经归一化处理后的图形。两测度曲线基本重合，两种测度差异不明显。

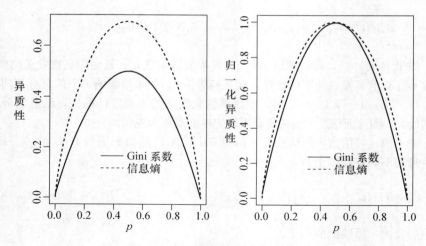

图 5-6 Gini 系数和信息熵的比较

二、分类树对输入变量的处理策略

输入变量包括数值型变量和分类型变量，分类树生长过程中对不同类型的输入变量也有不同的处理策略。

1. 分类树对于数值型输入变量的处理

分类回归树的二叉树特征决定：应确定一个合理的分割点将数值型输入变量分成两组。

分割点的确定过程为：首先，将数据按升序排序；然后，从小到大依次以相邻数值的中间值作为分割点将样本分成两组，并计算两组样本输出变量值的异质性。

理想的分割点应尽量使两组样本输出变量值的平均异质性达到最小，即"纯度"最大，也就是使两组输出变量值的异质性随着分组而快速减弱，"纯度"快速增加。

按照这种计算方法反复计算便可得到异质性下降最大，即使式（5.2）的 $\Delta G(t)$ 或式（5.7）的 $Gains(t)$ 达到最大的分割点。

对多个数值型输入变量，遵循上述步骤，便可找到使式（5.2）的 $\Delta G(t)$ 或式（5.7）的 $Gains(t)$ 达到最大的数值型输入变量及其分割点。应根据该数值型输入变量及其分割点将当前样本分成两组，在当前节点下长出一层分枝。

2. 分类树对于分类型输入变量的处理策略

分类回归树的二叉树特征决定了：对于多分类型输入变量，应确定将哪些类别合并，以最终形成两个"超类"。

理想的"超类"应使两组输出变量的平均异质性达到最小，"纯度"达到最大，即使式（5.2）的 $\Delta G(t)$ 或式（5.7）的 $Gains(t)$ 达到最大。此外，还可采用 Twoing 策略和 Ordered 策略。

Twoing 策略是要找到使合并形成的左右子节点（两个"超类"）中 Gini 系数差异即 $\Phi(s,t) = p_l p_r \left[\sum_j | p(j \mid t_l) - p(j \mid t_r) | \right]^2$ 足够大的合并点 s。其中，t_l 和 t_r 分别表示左右子节点，p_l 和 p_r 分别为左右子节点与父节点 t 的样本量之比，$p(j \mid t_l)$ 和 $p(j \mid t_r)$ 分别为左右子节点中输出变量值取第 j 类的归一化概率。"超类"的合并点 s 应使 $\Phi(s,t)$ 最大，体现了类间差异大、类内差异小的分类原则。

Ordered 策略适用于顺序型输入变量，它限定只有相邻两个类别才可合并成"超类"，因此可选择的"超类"合并点会大大减少。

重复上述过程，最终得到最理想的两个"超类"。

对多个分类型输入变量，遵循上述步骤，便可找到使式（5.2）的 $\Delta G(t)$ 或式（5.7）的 $Gains(t)$ 或 $\Phi(s,t)$ 达到最大的分类型输入变量及其"超类"。应根据该分类型输入变量及其"超类"将当前样本分成两组，在当前节点下长出一层分枝。

5.2.2　回归树的生长过程

回归树确定当前最佳分组变量的策略与分类树类似，也需对数值型输入变量分组，对分类型数据变量生成"超类"。不同点在于，测度输出变量取值异质性的指标是方差。

由于回归树的输出变量为数值型，方差是取值异质性测度最理想的指标，其数学定义为：

$$R(t) = \frac{1}{N_t - 1} \sum_{i=1}^{N_t} \left[y_i(t) - \bar{y}(t) \right]^2 \tag{5.8}$$

式中，t 为节点；N_t 为节点 t 的样本量；$y_i(t)$ 为节点 t 中第 i 个观测的输出变量值；$\bar{y}(t)$ 为节点 t 中输出变量的平均值。

于是，异质性下降的测度指标为方差的减少量，数学定义为：

$$\Delta R(t) = R(t) - \left\{ \frac{N_r}{N} R(t_r) + \frac{N_l}{N} R(t_l) \right\} \tag{5.9}$$

式中，$R(t)$ 和 N 分别为父节点 t 的输出变量方差和样本量；$R(t_l)$，N_l 和 $R(t_r)$，N_r 分别为依某输入分割父节点 t 形成的左右两个子节点的输出变量方差和样本量。大括号中为子节点输出变量方差的加权平均。

使 $\Delta R(t)$ 达到最大的变量应为当前最佳分组变量。可根据该变量及其分割点或"超类"将当前样本分成两组，在当前节点下长出一层分枝。

5.2.3　损失矩阵对分类树的影响

分类预测模型给出的分类预测结果可能是错误的，不同错误类型造成的实际损失可能是不同的。

例如，股票市场中，股票价格实际上涨但被错误地判断为下跌，或者实际下跌却被错误地判断为上涨，都会给投资者带来损失。在这种情况下，进行投资决策时不仅仅要考虑价格上涨和下跌的可能性，更要评估不同类型的错误判断所造成的损失差异。如果实际下跌被错误地判断为上涨所导致的损失远远大于实际上涨但被错误地判断为下跌所导致的损失，即使后者的预测置信度较低，从规避更大损失的角度考虑，也可能倾向选择后者。因此，不仅预测置信度会影响决策，而且错判的损失同样会影响决策，两者兼顾是必要的。

以二分类预测模型为例，判断错误包括两类：一类是实际为真却预测为假的错误，一类是实际为假却预测为真的错误。给出这两类错误的单位损失可得到相应的损失矩阵，如表 5-1 所示。

表 5 - 1　　　　　　　　　　　二分类的损失矩阵

		预测值	
		真	假
实际值	真	0	m
	假	n	0

其中，m 和 n 分别为两类错误的单位损失，可以是具体的财务数据。多分类问题的损失矩阵同理。

若定义了损失矩阵，一方面，分类树建立过程中，因 Gini 系数等价表示为 $G(t) = \sum_{j=1}^{k} p(j\,|\,t)p(i\,|\,t)$，共有 k 个类别，i 类代表除第 j 类之外的其他类，Gini 系数将调整为 $G(t) = \sum_{j=1}^{k} c(i\,|\,j)p(j\,|\,t)p(i\,|\,t)$，$c(i\,|\,j)$ 为将 j 类错误预测为其他 i 类的损失。另一方面，利用分类树预测时，节点的预测类别不仅由众数类决定，即不单纯以预测置信度为依据，还需考虑错判损失，根据 $\min \sum_j c(i\,|\,j)p(j\,|\,t)$ 的原则确定预测类别。此外，损失矩阵还可以通过权重或先验概率的形式影响模型。对损失较大的类别赋以较高的权重，对损失较小的类别赋以较低的权重，可使模型更多地向损失大的类别数据学习，"偏向"损失大的类别。例如，将 Gini 系数调整为：$G(t) = \sum_{j=1}^{k} \pi(j)p(j\,|\,t)p(i\,|\,t)$。式中，$\pi(j)$ 为第 j 类的权重或先验概率。

损失矩阵不对回归树产生影响。

5.3　分类回归树的剪枝

分类回归树采用预修剪和后修剪相结合的方式剪枝。

预修剪目标是控制决策树充分生长，可以事先指定一些控制参数。具体包括：第一，决策树最大深度。如果决策树的层数已经达到指定深度，则停止生长。第二，树中父节点和子节点所包含的最小样本量或比例。对于父节点，如果节点所包含的样本量已低于最小样本量或比例，则不再分枝；对于子节点，如果分组后生成的子节点所包含的样本量低于最小样本量或比例，则上层不必进行分枝。第三，输出变量的异质性减少量。如果分枝后的输出变量异质性减少量小于一个指定值，则不必进行分枝。

后修剪策略是在决策树生长到一定程度之后，根据一定规则剪去决策树中不具有一般代表性的叶节点或子树，是一个边修剪边检验的过程。分类回归树采用的后修剪技术称为最小代价复杂度剪枝法（minimal cost complexity pruning，MCCP）。

5.3.1　最小代价复杂度的测度

最小代价复杂度剪枝法有这样的基本考虑：首先，复杂的决策树虽然在训练样本上有很好的预测精度，但在测试样本和未来新样本上不会仍有令人满意的预测效果；其次，理解和应用一棵复杂的决策树是一个复杂过程。因此，决策树剪枝的目标是得到一棵"大小恰当"的树，它在具有一定预测精度的同时复杂度也恰当。

决策树的高预测精度往往以高复杂度为代价，而简单易应用的决策树又无法达到令人满意的预测效果。因此，决策树修剪中复杂度和精度（或误差）之间的权衡是必要的，既要通过剪枝降低决策树的复杂度，又要保证剪枝后决策子树的精度（或误差）不明显高于剪枝前。

如果将决策树的误差看作代价，以叶节点个数作为决策树复杂程度的度量，则决策树 T 的代价复杂度 $R_a(T)$ 定义为：

$$R_a(T) = R(T) + \alpha |\tilde{T}| \tag{5.10}$$

式中，$R(T)$ 表示 T（所包含的所有规则）的训练误差（分类树中为错判率，回归树中为均方误差）；$|\tilde{T}|$ 表示 T 的叶节点个数；α 为复杂度参数（complexity parameter，CP），表示每增加一个叶节点所带来的单位复杂度，是一个非负数。由于低代价通常伴随着高复杂度，而低复杂度往往又有高代价，两者同时小是极端理想的情况，因此只能希望两者之和 $R_a(T)$ 最小，这是最小代价复杂度剪枝法的根本原则。

当 CP 参数 α 等于 0 时，表示不考虑复杂度对 $R_a(T)$ 的影响，基于最小代价复杂度原则，算法倾向于选择叶节点最多的决策树，因为它的误差是最小的；当 CP 参数 α 逐渐增大时，复杂度对 $R_a(T)$ 的影响也随之增加；当 CP 参数 α 足够大时，$R(T)$ 对 $R_a(T)$ 的影响可以忽略，此时算法倾向于选择只有一个根节点的决策树，因为它的复杂度是最低的。因此 CP 参数 α 是决定剪枝结果的关键。

当判断能否剪掉一个中间节点 $\{t\}$ 下的子树 T_t 时，应计算中间节点 $\{t\}$ 及其子树 T_t 的代价复杂度。树结构如图 5-7 所示。

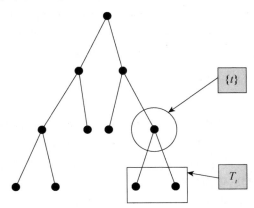

图 5-7　中间节点 $\{t\}$ 和它的子树 T_t

- 首先，对中间节点 $\{t\}$ 的代价复杂度 $R_a(\{t\})$ 进行测度，定义为：$R_a(\{t\}) = R(\{t\}) + \alpha$。式中，$R(\{t\})$ 为中间节点 $\{t\}$ 的训练误差。中间节点 $\{t\}$ 的代价复杂度可看作剪掉其所有子树 T_t 后的代价复杂度。

- 中间节点 $\{t\}$ 的子树 T_t 的代价复杂度 $R_a(T_t)$ 定义为：$R_a(T_t) = R(T_t) + \alpha |\tilde{T_t}|$。

如果中间节点 $\{t\}$ 的代价复杂度大于其子树的代价复杂度，即 $R_a(\{t\}) > R_a(T_t)$，则应该保留子树 T_t。此时有 $\alpha < \dfrac{R(\{t\}) - R(T_t)}{|\tilde{T_t}| - 1}$。当 $\alpha = \dfrac{R(\{t\}) - R(T_t)}{|\tilde{T_t}| - 1}$ 时，中间节点

$\{t\}$ 的代价复杂度等于子树 T_t，从减少复杂度角度出发，应剪掉子树 T_t；当 $\alpha > \dfrac{R(\{t\}) - R(T_t)}{|\tilde{T}_t| - 1}$ 时，中间节点 $\{t\}$ 的代价复杂度小于子树 T_t，应剪掉子树 T_t。

基于这样的思路，$\dfrac{R(\{t\}) - R(T_t)}{|\tilde{T}_t| - 1}$ 越小（且小于某个指定的 α），说明 $\{t\}$ 的代价复杂度比子树 T_t 的代价复杂度小得越多，剪掉子树 T_t 越有把握。因此，CP 参数 α 是关键。

5.3.2　分类回归树后剪枝过程

分类回归树后剪枝过程分为两个阶段：第一个阶段，不断调整 CP 参数 α 并依据 α 剪掉子树，得到 k 个备选子树；第二个阶段，在 k 个备选子树中选出最优子树。

第一阶段：首先，令 $\alpha = \alpha_1 = 0$。以最小代价复杂度为剪枝原则，此时的决策子树为充分生长的最大树，记为 T_{α_1}。可计算 T_{α_1} 的代价复杂度。逐渐增大 CP 参数 α，$R_\alpha(\{t\})$ 和 $R_\alpha(T_t)$ 会同时增大。尽管子树 T_t 的叶节点多，复杂度 $\alpha |\tilde{T}_t| > \alpha$，但因 α 较小，$R(T_t)$ 和 $R(\{t\})$ 仍起决定性作用。若此时 $R(T_t) << R(\{t\})$，则仍不能剪掉子树 T_t。继续增大 CP 参数 α。当 CP 参数 α 从 α_1 经若干步长增大至 α_2 时，$R_\alpha(\{t\}) \leqslant R_\alpha(T_t)$，即子树 T_t 的代价复杂度开始大于 $\{t\}$ 的代价复杂度时，应剪掉子树 T_t，得到一棵"次茂盛"的树，记为 T_{α_2}。可计算 T_{α_2} 的代价复杂度。重复上述步骤，直到决策树只剩下一个根节点为止。此时，$\alpha_1 < \alpha_2 < \alpha_3 < \cdots < \alpha_k$。最终将得到若干个具有嵌套（包含）关系的子树序列 T_{α_1}，T_{α_2}，T_{α_3}，$\cdots$，T_{α_k}，它们包含的叶节点数依次减少，T_{α_k} 只包含根节点。同时，T_{α_1}，T_{α_2}，T_{α_3}，$\cdots$，T_{α_k} 的代价复杂度已知。

第二阶段：根据一定标准在 k 棵子树中确定一棵最佳子树作为最终的剪枝结果。确定最佳子树 T_{opt} 的标准是：$R(T_{\text{opt}}) \leqslant \min_k \{ R_\alpha(T_k) + m \times \text{SE}[R(T_k)] \}$。式中，$m$ 称为放大因子；$\text{SE}[R(T_k)]$ 为子树 T_k 的误差标准误，定义为：

$$\text{SE}[R(T_k)] = \sqrt{\frac{R(T_k)[1 - R(T_k)]}{N}} \tag{5.11}$$

这个标准意味着对代价复杂度的真值进行估计，估计时需考虑 m 个误差标准误单位。当 m 为 0 时，最终子树 T_{opt} 是 k 个子树中代价复杂度最小者，对应图 5-8 中代价复杂度曲线（CP 参数不变下）最低点处的树。图 5-8 中，1 号圈中的树深度较小、较为简单，4 号圈中的树深度较大、较为复杂。

通常，m 为 1。此时满足上述标准的子树并非代价复杂度最小的子树。m 越大，最终所选择子树的误差（代价）越大，复杂度越小，为图 5-8 中 2 号圈内的某棵子树。

合理的决策树复杂度相对较小，且误差在用户可容忍（由 m 决定）的范围内。从统计角度看，决策树的剪枝本质上是一个模型选择问题，是在模型精度和复杂度之间找到"平衡点"的过程。

可见，复杂度 CP 参数是剪枝的重要依据，为一个可调参数。CP 参数初始值确定后，迭代过程中 CP 参数的一系列取值 α_1，α_2，$\cdots$，α_k（$\alpha_1 < \alpha_2 < \alpha_3 < \cdots < \alpha_k$）可自动计算出来。为提高剪枝效率，CP 的初始值 α_1 可从某个用户指定的大于零的值开始。一方面，初始值 α_1 不能太小，否则剪枝过程较长；另一方面，初始值 α_1 不能太大，否则起始的决策树 T_{α_1} 可能就已经过小。

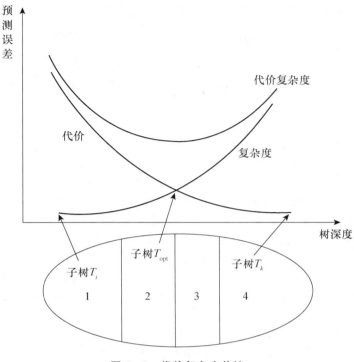

图 5－8　代价复杂度剪枝

5.3.3　分类回归树的交叉验证剪枝

CP 参数是决策树剪枝的重要参数，对最优决策树的确定有决定性作用。可采用 N 折交叉验证（N cross-validation）更好地确定合理 CP 参数。

一、N 折交叉验证

N 折交叉验证首先将整个样本数据随机近似等分为不相交的 N 组，称为 N 折。然后，令其中的 $N-1$ 组为训练样本集，用于建立模型。剩余的一组为测试样本集，估计预测误差。训练样本集的样本量为 $(N-1) \times \dfrac{n}{N}$，$n$ 为总样本量。反复进行训练样本集和测试样本集的轮换。图 5－9 是 5 折交叉验证的图示。以第 2，3，4，5 组为训练样本集建立预测模型，并依此给出第 1 组的预测值；以第 1，3，4，5 组为训练样本集建立预测模型，并依此给出第 2 组的预测值，类推下去。

图 5－9　5 折交叉验证示意图

N 折交叉验证将基于 N 个不同的训练样本集建模，并分别对 N 个不同的测试集进行预测。如果称训练样本集中的观测为袋内观测，测试样本集中的观测为袋外（out of bag，

OOB）观测，则 N 折交叉验证即为一种"袋外验证"，很好地模拟了模型对新数据预测的情景。

可见，4.1.2 节讨论的留一法是 N 折交叉验证的一个特例，N 折交叉验证是对旁置法的拓展。一方面，N 折交叉验证解决了留一法计算成本高的问题（无须迭代 n（样本量）次，只需 N（折数）次，$N<<n$）；另一方面，N 折交叉验证也克服了旁置法中随机性的影响问题。

N 折交叉验证一般应用于如下两个方面。

第一，模型预测误差的估计，即模型评价（model assessment）。

研究表明，旁置法会高估模型的预测误差，留一法更接近给出模型预测误差的无偏估计，N 折交叉验证介于两者之间。但由于留一法计算成本高，所以通常采用 N 折交叉验证。同时，大量模拟研究表明，使 N 折交叉验证给出的预测误差估计接近真实误差的途径是调整折数。当 $N=5$ 或 10 时，N 折交叉验证的预测误差估计与留一法相差很小。总之，N 折交叉验证法能够为评价预测模型优劣提供准确依据。

第二，确定合理的模型，即模型选择（model selection）。

N 折交叉验证能够为如何在众多模型中选择一个恰当值提供依据。例如，将 N 折交叉验证法应用于 K -近邻分析中，找到预测误差估计最小下的参数 K 值。

二、分类回归树的交叉验证剪枝

分类回归树的交叉验证剪枝是利用 N 折交叉验证选择模型（最佳子树）的又一例证，旨在找到在 N 个测试集上的总代价复杂度最小的 CP 参数值和对应的决策子树。交叉验证剪枝过程如图 5-10 所示。

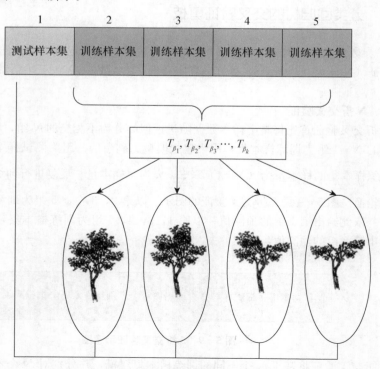

图 5-10　交叉验证剪枝过程

交叉验证剪枝法的核心是通过进一步修正 CP 参数得到更为恰当的嵌套子树序列。首先，基于整个样本集建立分类回归树，并依据上述后剪枝方式，得到 CP 参数的一系列"粗略"取值 α_1，α_2，α_3，$\cdots$，α_k（$\alpha_1 < \alpha_2 < \alpha_3 < \cdots < \alpha_k$）；然后，设参数 β 等于上述 α 相邻值的几何平均，依次取值为：$\beta_1 = \sqrt{\alpha_1 \alpha_2}$，$\beta_2 = \sqrt{\alpha_2 \alpha_3}$，$\cdots$，$\beta_{k-1} = \sqrt{\alpha_{k-1} \alpha_k}$，$\beta_k = \infty$。这里的参数 β 称为 CP 参数 α 的典型代表值。最后，确定 N 折交叉验证的折数 N，重复如下处理步骤：

第一步，基于第 i（$i = 1$，2，$\cdots$，N）个训练样本集得到 $T_{\beta_1(i)}$，$T_{\beta_2(i)}$，$T_{\beta_3(i)}$，$\cdots$，$T_{\beta_k(i)}$ 子树序列。

第二步，利用 $T_{\beta_1(i)}$，$T_{\beta_2(i)}$，$T_{\beta_3(i)}$，$\cdots$，$T_{\beta_k(i)}$ 子树序列分别对测试样本集进行预测，计算各子树的测试误差 $R(T_{\beta_1(i)})$，$R(T_{\beta_2(i)})$，$R(T_{\beta_3(i)})$，$\cdots$，$R(T_{\beta_k(i)})$，这里也称为交叉验证误差。

不断轮换训练样本集和测试样本集，重复执行上述两步。

对每个 β_j（$j = 1$，2，$\cdots$，k）计算 $\sum_{i=1}^{N} R(T_{\beta_j(i)})$，并找到其中最小值对应的 β_j 且令 $\beta = \beta_j$。若以交叉验证误差最小的模型为最优模型（交叉验证误差本质上为测试误差，测试误差最小时的模型复杂度是最恰当的），则 β 即为经 N 折交叉验证得到的最合理的 CP 参数值，β 对应在整个样本上的子树为最终剪枝后的决策树。

5.4　分类回归树的 R 函数和应用示例

5.4.1　分类回归树的 R 函数

一、建立分类回归树的 R 函数

建立分类回归树的 R 函数是 rpart 包中的 rpart。首次使用时应下载安装 rpart 包，并将其加载到 R 的工作空间中。rpart 函数的基本书写格式为：

> rpart(输出变量~输入变量,data=数据框名,method=方法名,parms=list(split=异质性测度指标),control=参数对象名)

其中：
- 数据事先组织在 data 参数指定的数据框中；输出变量~输入变量是 R 公式的写法，若建立分类树，输出变量应为因子，若有多个输入变量，需用加号连接。
- 参数 method 用于指定方法，取"class"表示建立分类树，取"poisson"和"anova"分别表示输出变量为计数变量和其他数值型变量，此时建立回归树。
- 参数 parms 用于指定分类树的异质性测度指标，取"gini"表示采用 Gini 系数，取"information"表示采用信息熵。
- 参数 control 用于设定预修剪参数和后修剪中的复杂度参数 CP 值。

二、自行设置预修剪等参数的 R 函数

若希望自行设置预修剪等参数，则需首先调用 rpart.control 函数，基本书写格式为：

> rpart.control(minsplit=20,maxcompete=4,xval=10,maxdepth=30,cp=0.01)

其中：

● 参数 minsplit 用于指定节点的最小样本量，默认值为 20。当节点样本量小于指定值时将不再继续分组。

● 参数 maxcompete 用于指定按重要性（使输出变量异质性下降）降序，输出当前最佳分组变量的前若干个候选变量，默认值为 4。当某观测在当前最佳分组变量上取缺失值时，将自动根据第二候选变量进行分组。若在第二候选变量上仍为缺失，则自动按第三候选变量分组。等等。

● 参数 xval 用于指定进行交叉验证剪枝时的交叉折数，默认值为 10。

● 参数 maxdepth 用于指定最大树深度，默认值为 30。

● 参数 cp 用于指定最小代价复杂度剪枝中的 CP 参数的初始值，默认值为 0.01。

当参数 cp 采用默认值 0.01 且 R 给出的决策树过小时（由于 0.01 过大），可适当减小 cp 参数的初始值。如可指定参数 cp 为 0，此时的决策树是满足预修剪参数下的未经后修剪的最大树，实际应用中这棵树可能过于茂盛。在此基础上，R 将依次给出 CP 值从 0 开始逐渐增大过程中经过若干次后修剪的决策树。

rpart.control 函数的执行结果应赋给一个 R 对象，该对象名将作为 rpart 函数中 control 的参数值。

三、可视化决策树的 R 函数

为更形象直观地展示决策树，还需下载安装 rpart.plot 包，并调用 rpart.plot 函数实现决策树的可视化。rpart.plot 函数的基本书写格式为：

rpart.plot(决策树结果对象名,type＝编号,branch＝外形编号,extra＝1)

其中：

● 决策树结果对象名为 rpart 函数的返回对象。

● 参数 type 用于指定决策树的展示方式，0 为默认值，对于叶节点，显示所包含的样本量和预测值；对于根节点和中间节点，显示分组条件。取 1 表示显示所有节点包含的样本量和预测值，对于根节点和中间节点，还在上方显示分组条件。取 2 与取 1 类似，只是分组条件显示在根节点和中间节点的下方。此外，还可以取 3 或 4，具体参见系统帮助。

● 参数 branch 用于指定决策树的外形，取 0 表示以斜线形式连接树的上下节点；取 1 表示以垂线形式连接。

● 参数 extra 用于指定在节点中显示哪些数据，取 1（为默认值）表示显示预测类别和节点样本量，取 2 表示显示预测类别和置信度，取 3 表示显示预测类别和节点错判率。此外，还可以取 4～9 等值，具体参见系统帮助。

四、复杂度参数 CP 对预测误差的影响

复杂度参数 CP 是决策树剪枝的关键参数。该参数设置是否合理将直接决定决策树是否过于复杂而出现过拟合，或是否过于简单而无法得到理想的预测精度。为此，需进一步了解复杂度参数 CP 对模型预测误差的影响，并依此判断用户指定的初始 CP 值是否合理。

可通过函数 printcp 和 plotcp 浏览与可视化 CP 值，基本书写格式为：

printcp(决策树结果对象名)
plotcp(决策树结果对象名)

5.4.2　分类回归树的应用示例

例如，收集到顾客特征及其消费行为数据共 431 条，变量包括是否购买（Purchase，0 为没有购买，1 为购买）、年龄（Age）、性别（Gender，1 为男，2 为女）和收入水平（Income，1 为高收入，2 为中收入，3 为低收入）。年龄为数值型变量，其他为分类型变量。为预测顾客的消费决策，建立分类树模型。其中，输出变量为是否购买，其他变量均为输入变量。

一、初建分类树

```
install. packages("rpart")
install. packages("rpart. plot")
library("rpart")
library("rpart. plot")
BuyOrNot <- read. table(file="消费决策数据. txt",header=TRUE)
BuyOrNot $ Income <- as. factor(BuyOrNot $ Income)    #指定收入为因子
BuyOrNot $ Gender <- as. factor(BuyOrNot $ Gender)    #指定性别为因子
Ctl <- rpart. control(minsplit=2,maxcompete=4,xval=10,maxdepth=10,cp=0)    #自行
指定预修剪等参数,复杂度参数 CP 初始值为 0
set. seed(12345)    #设置随机数种子使交叉验证剪枝法的结果可以重现
TreeFit1 <- rpart(Purchase~. ,data=BuyOrNot,method="class",parms=list(split=
"gini"),control=Ctl)    #按自行指定的参数建立决策树
printcp(TreeFit1)    #显示复杂度 CP 参数列表

Classification tree:
rpart(formula = Purchase ~ ., data = BuyOrNot, method = "class",
    parms = list(split = "gini"), control = Ctl)

Variables actually used in tree construction:
[1] Age    Gender Income

Root node error: 162/431 = 0.37587

n= 431

        CP nsplit rel error xerror    xstd
1 0.0277778      0   1.00000 1.0000 0.062070
2 0.0092593      2   0.94444 1.0864 0.062990
3 0.0061728     11   0.83333 1.0679 0.062817
4 0.0046296     22   0.75309 1.0864 0.062990
5 0.0041152     26   0.73457 1.1296 0.063343
6 0.0030864     30   0.71605 1.1296 0.063343
7 0.0020576     36   0.69753 1.1111 0.063200
8 0.0000000     51   0.66667 1.1420 0.063431

plotcp(TreeFit1)    #可视化复杂度参数 CP
```

本例说明如下：

● 本例首先自行指定预剪枝参数以及复杂度参数 CP 的初始值。异质性指标采用 Gini 系数。由于预修剪参数设置不当，后修剪中的 CP 参数初始值设置较小，建立的决策树极为茂盛，如图 5-4 所示。显然，这棵树并不利于预测。

● 利用 printcp 了解 CP 参数对模型误差的影响。本例中，年龄、性别和收入出现在分类回归树中，所以这三个输入变量对输出变量的预测有意义。从这个角度看，决策树可用于判断哪些输入变量对输出变量的预测有重要意义，哪些没有意义。

● 结果显示：根节点包含全部 431 个观测样本，其中 162 个输出变量值为 1 的观测被错判为 0，错判率为 0.38。

● CP 列表。第一列为序号。第二列（CP）为 CP 值。第三列（nsplit）为样本数据共经过的分组次数。第四列（rel error）是训练误差的相对值。第五列（xerror）是交叉验证误差的相对值。第六列（xstd）为误差的标准误。这里只考虑 1 个单位的误差标准误。需注意的是，这里的第四、第五列给出的是以根节点误差为单位 1 的相对值。例如，本例中根节点的错判率为 162/431，为单位 1，经两次分组得到有 3 个叶节点的分类树，因其训练误差相对值为 0.944，所以该树总的错判率为 153/431。可在后续图 5-12 中得到验证。

● CP 列表中，第 8 行：复杂度参数 CP 取指定值 0（最小值），此时的分类树是经过 51 次分组（nsplit）的结果，包含 52 个叶节点，如图 5-4 所示。以根节点的误差为单位 1，该分类树的训练误差相对值为 0.667。第 7 行：经过交叉验证，在 CP 参数增加至 0.002 的过程中进行了若干次剪枝，此时决策树是经过 36 次分组后的结果，包含 37 个节点，训练误差相对值为 0.698，增加了 0.031 个单位。其他同理。复杂度参数 CP 值以及预测误差的可视化图形如图 5-11 所示。

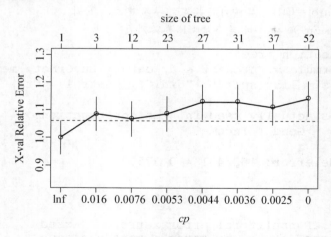

图 5-11 示例决策树的 CP 及误差折线图

图 5-11 中，纵坐标为根节点的交叉验证误差为 1 个单位时当前决策树的交叉验证误差的单位数；横坐标从右往左是 CP 列表中 8 个 CP 值的典型代表值 β（$\beta_1 = \sqrt{\alpha_1 \alpha_2}$，…，$\beta_7 = \sqrt{\alpha_7 \alpha_8}$，$\beta_8 = \infty$），上方对应的是当前决策树所包含的叶节点个数（等于 nsplit+1，如 52，37，31 等）。可以看到，包含 12 个叶节点（也即 nsplit=11 处）的决策树有最小的交叉验证误差。

由于本次建立决策树时的参数设置不尽合理，树过于茂盛，需要重新建树。

二、再建分类树

这里，依据 R 默认的参数建立决策树。

```
set. seed(12345)
(TreeFit2 <- rpart(Purchase~. ,data=BuyOrNot,method="class",parms=list(split=
"gini")))

n= 431

node), split, n, loss, yval, (yprob)
      * denotes terminal node

1) root 431 162 0 (0.6241299 0.3758701)
  2) Income=1,2 276   88 0 (0.6811594 0.3188406) *
  3) Income=3 155   74 0 (0.5225806 0.4774194)
    6) Age< 44.5 128   56 0 (0.5625000 0.4375000) *
    7) Age>=44.5 27    9 1 (0.3333333 0.6666667) *
rpart. plot(TreeFit2,type=4,branch=0,extra=2)   #可视化决策树
printcp(TreeFit2)    #显示复杂度 CP 参数列表

Classification tree:
rpart(formula = Purchase ~ ., data = BuyOrNot, method = "class",
    parms = list(split = "gini"))

Variables actually used in tree construction:
[1] Age     Income

Root node error: 162/431 = 0.37587

n= 431

        CP nsplit rel error xerror      xstd
1 0.027778      0   1.00000 1.0000 0.062070
2 0.010000      2   0.94444 1.0617 0.062757
plotcp(TreeFit2)    #可视化复杂度参数 CP
```

本例说明如下：

● 重新按系统默认参数建立决策树，CP 参数取默认初始值 0.01。异质性指标采用 Gini 系数。

● 节点 2 后有 "＊" 标记，表示为叶节点，其中所有观测的 Income 取 1 或 2，样本量为 276，其中 88 个输出变量为 1 的观测被错判为 0，置信度为 0.68，错判率为 0.32。其他同理。

● 最终决策树有 3 个叶节点，对应 3 条推理规则：Income 为 1 或 2，即中高收入者将不购买，该推理规则的置信度为 68%；Income 为 3 且 Age 小于 44.5，即 44.5 岁以下的低收入人群将不购买，置信度为 56%；Income 为 3 且 Age 大于等于 44.5，即 44.5 岁以上的低收入人群将购买，置信度为 67%。可见，该商品的潜在消费人群是低收入的中老年消费者。决策树如图 5-12 所示。

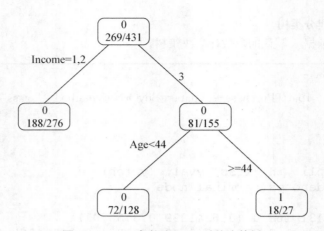

图 5 - 12　CP 参数为 0.01 时的决策树

图 5-12 所示的决策树同图 5-1，只是可视化参数有差异致使决策树的外形等有所差别。

● 本例中，年龄和收入出现在分类回归树中，这两个输入变量对输出变量的预测有意义。与第一次建立的决策树对比可知，性别不再重要了。

本次得到的决策树是 CP 参数取默认值 0.01 时的决策树，若希望得到前述包含 12 个叶节点的决策树，可直接利用 R 的 prune 函数。基本书写格式为：

prune(分类回归树结果对象名,cp＝指定 CP 典型代表值)

prune 将给出 CP 参数为指定值时的决策子树。

```
TreeFit3 <- prune(TreeFit1,cp＝0.008)
rpart.plot(TreeFit3,type＝4,branch＝0,extra＝2)
```

这里设置 CP 值为 0.008 依据的是第一次建立决策树时的 CP 列表的 CP 典型代表值 β。本次决策树的可视化结果略去。

建立回归树的函数与分类树完全相同，这里不再给出具体示例。

总之，分类回归树的优点在于：分析结果以推理规则形式给出，容易理解；分析结果的可视化形式直观明了；能够方便地处理顺序分类型或名义分类型的输入变量，相对于统计学中的虚拟变量转换更简单，且不会增加特征空间的维度。另外，R 的 tree 包中的 tree 函数也可建立分类回归树。

分类回归树只能建立二叉树。若要建立多叉树，一般采用 C4.5 算法。C4.5 算法的理论细节，请参考其他书籍（如薛薇：《基于 SPSS Modeler 的数据挖掘》，北京，中国人民大学出版社，2014）。R 中的 C4.5 算法可通过调用 RWeka 包中的 J48 函数实现，详细内容请参见 R 的帮助文档。

5.5　建立分类回归树的组合预测模型

研究表明，分类回归树具有不稳定性，模型会随训练样本的变化而剧烈变动。如何提高分类回归树预测的稳健性，如何在训练样本中存在大量噪声数据的情况下提高分类回归树的预测精度，是需要进一步研究的问题。

组合预测模型是提高模型预测精度和稳健性的有效途径。组合预测模型的首要工作是基于样本数据建立一组模型而非单一模型。其次，预测时由这组模型同时提供各自的预测结果，通过类似"投票表决"的形式决定最终的预测结果。

组合预测中的单个模型称为基础学习器（base learner），它们通常有相同的模型形式，如决策树或是其他预测模型等。多个预测模型是建立在多个训练样本集上的。如何获得多个训练样本集，如何将多个模型组合起来实现更合理的"投票表决"，是组合模型预测中的两个重要方面。对此，常见的技术有袋装（Bagging）技术和推进（Boosting）技术。

5.5.1　袋装技术

袋装技术的英文为 Bagging，是 Bootstrap Aggregating 的缩写。顾名思义，Bagging 的核心是 Bootstrap，也称重抽样自举法。

一、重抽样自举法

决策树尤其是没有充分剪枝的决策树，虽然训练误差较低，预测精度较高，但所给出的预测值会因训练样本的较小变化而出现较大波动，即预测结果的方差较大，稳健性较低。为此，可参照统计学的研究思路解决这个问题。以统计学样本均值的抽样分布为例，来自随机变量 x 总体、样本量均为 n 的 k 个独立随机样本，k 个样本均值 $\overline{x}_1$，$\overline{x}_2$，$\cdots$，$\overline{x}_k$ 的方差为 $\frac{\sigma^2}{n}$，σ^2 为 x 的总体方差。方差 $\frac{\sigma^2}{n} < \sigma^2$ 给出的启示是：既然一棵决策树给出的预测值方差较大，那么将多棵不相关的决策树给出的预测值进行平均，平均预测值的方差将显著下降，预测结果的稳健性会大大提高。于是，希望在多组独立的数据集上建立多棵决策树。因为实际中只能获得一组数据集，所以如何通过某种"模拟"方式获得多组独立数据集成为问题的关键。重抽样自举法就是这样一种应用广泛的"模拟"方式。

对样本量为 n 的样本集 $\boldsymbol{S}$，重抽样自举法（也称 0.632 自举法）的做法是：对 $\boldsymbol{S}$ 做 k 次有放回的重复抽样，得到 k 个样本量仍为 n 的随机样本 $\boldsymbol{S}_i$（$i=1$，2，$\cdots$，k），称自举样本。自举样本即为前述多组独立数据集的"模拟"结果。

二、袋装过程

袋装技术基于 k 个自举样本建立组合预测模型，包括三个阶段：建模阶段、预测阶段、评价模型阶段。

1. 建模阶段

建模阶段的基本步骤是：首先，获得自举样本 $\boldsymbol{S}_i$，并视为一个训练样本集；然后，基于自举样本 $\boldsymbol{S}_i$，建立分类回归树（一般不剪枝条，目的是使决策树给出的预测偏差较小），记为 T_i。上述两步重复 k 次，最终将得到基于 k 个自举样本 $\boldsymbol{S}_1$，$\boldsymbol{S}_2$，$\cdots$，$\boldsymbol{S}_k$ 的 k 棵决策树 T_1，T_2，$\cdots$，T_k，即 k 个预测模型。

2. 预测阶段

对于新观测的预测是由第一阶段生成的 k 个预测模型共同完成的。对于分类问题，采用 k 个预测模型"投票"和少数服从多数的原则。哪个类别"得票"最多，就预测为哪个类别。对于回归问题，以 k 个预测模型给出的预测值的平均作为最终的预测值。

上述过程如图 5－13 所示。

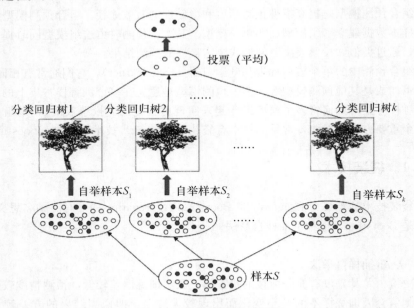

图 5－13　袋装技术示意图

研究表明，袋装技术对预测精度的改进程度主要取决于所建立的模型。如果训练样本集小的数据波动对模型参数的影响较小，则袋装技术的改进效果是有限的。反之，如果训练样本集小的数据波动对模型参数的影响较大，则袋装技术的改进效果明显。对于分类回归树这样的模型，因其对训练样本较为"敏感"，所以采用袋装技术进行组合预测是有意义的，且在大数据集上表现尤为突出。

3. 评价模型阶段

若令 k 个预测模型为所有观测投票预测，并由此估计预测误差的问题是总有部分观测参与建模，会导致预测误差的估计偏乐观。为更准确地评价袋装技术所建组合模型的预测效果，一般采用基于袋外观测（详见 5.3.3 节）的测试误差。

对预测模型 T_i，袋外观测是未在 S_i 内的观测。以分类问题为例，基于袋外观测的测试误差是针对每个观测的，首先得到它作为袋外观测时预测模型对它的预测结果。若第 i 个观测在建模过程中有 q（$q<k$）次作为袋外观测，对第 i 个观测进行预测时应有 q 个预测模型为其投票，并以得票最高的类别作为其预测类别。所有袋外观测均照此处理。最后，计算错判观测个数占总样本的比例，即为基于袋外观测的测试误差。

对袋装技术而言，袋外观测的比例大约为 36.8%。重抽样自举法决定了样本集 S 中的某些观测可能被多次抽中而多次进入自举样本，另一些观测可能从未被抽中而与自举样本无缘。一个观测一次被抽中的概率为 $\frac{1}{n}$，未被抽中的概率为 $1-\frac{1}{n}$。当 n 较大时，n 次均未被抽中的概率为 $\left(1-\frac{1}{n}\right)^{n} \approx \frac{1}{e} = 0.368$（e 是自然对数的基数 2.718 3），这意味着总体上大致有 36.8% 的观测不能参与建模，为袋外观测。有 63.2% 的观测可进入自举样本（训练样本集）参与建模，这就是重抽样自举法也称为 0.632 自举法的原因。与 10 折交叉验证法相比，袋装技术的训练样本总体仅为 63.2%，少于 10 折时的 90%，因而所得的预测误差估计会偏高。

三、袋装技术中变量重要性的测度

决策树的优势之一是分析结论以推理规则展现，简单明了、通俗易懂。同时，直观观察决策树的分枝可知，越接近树根的分组变量对输出变量值的预测越重要。在袋装技术中由于预测过程由多棵树共同参与，此时很难直观判断在众多输入变量中，哪个变量对预测更重要些。

为此，需对如何测度变量重要性进行定义。袋装技术中的一般做法是，对 k 棵树计算按各输入变量分组后，输出变量取值的异质性下降（分类树，即式（5.2）或式（5.7）），或离散度下降（回归树，即式（5.9））的总和，然后再计算 k 棵树的平均。最大平均值对应的输入变量即为对输出变量取值预测最重要的变量，最小平均值对应的输入变量重要性最低。

5.5.2 袋装技术的 R 函数及应用示例

一、ipred 包中的 bagging 函数

实现袋装技术的 R 函数是 ipred 包中的 bagging 函数。首次使用时应下载安装 ipred 包，并将其加载到 R 的工作空间中。bagging 函数的基本书写格式为：

> bagging（输出变量名～输入变量名,data＝数据框名,nbagg＝k,coob＝TRUE,control＝参数对象名）

其中：
- 数据事先组织在 data 参数指定的数据框中；输出变量名～输入变量名为 R 公式的写法，有多个输入变量时应用加号连接。
- 参数 coob＝TRUE 表示基于袋外观测估计预测误差。
- 参数 control 用于指定袋装过程所建模型的参数。bagging 函数的"内嵌"模型，即基础学习器为分类回归树，control 参数应为 rpart 函数的参数。
- 参数 nbagg 用于指定自举次数 k，默认重复 25 次自举过程，生成 25 棵分类回归树。

二、adabag 包中的 bagging 函数

实现袋装技术的另一个 R 函数是 adabag 包中的 bagging 函数。首次使用时应下载安装 adabag 包，并将其加载到 R 的工作空间中。

与前一个 bagging 函数不同的是，该 bagging 函数的基础学习器是分类树。由于 ipred 和 adabag 包中的袋装函数同名，为防止混淆，可在使用 adabag 包中的 bagging 函数之前，利用 detach 函数卸载 ipred 包。bagging 函数的基本书写格式为：

> bagging（输出变量名～输入变量名,data＝数据框名,mfinal＝重复次数,control＝参数对象名）

其中，参数 mfinal 用于指定自举过程的重复次数，默认值为 100。bagging 函数的基础学习器为分类树，control 参数应为 rpart 函数的参数。

bagging 函数的返回值是列表。trees 成分中存储 k 棵分类树的结果；votes 中存储 k 个

模型的投票情况；prob 中存储预测类别的概率值；class 中存储预测类别；importance 中存储输入变量对输出变量预测重要性的得分。

进一步，若要对新样本集进行预测，可采用 predict. bagging 函数，基本书写格式为：

　　predict. bagging(bagging 结果对象名,新样本集名)

predict. bagging 将返回名为 votes，prob，class 的列表成分，含义同 bagging 函数。此外，还返回名为 confusion 和 error 的列表成分，分别存储混淆矩阵和错判率。

三、应用示例

某公司销售部以快递的方式向潜在顾客递送产品宣传资料。有的潜在顾客因此对商品产生兴趣并进行了咨询，有的则没有反馈。已收集到相关数据，包括潜在顾客的编号（ID）、年龄（AGE）、性别（GENDER）、居住地（REGION）、收入（INCOME）、婚姻状况（MARRIED）、是否有车（CAR）、是否有存款（SAVE）、是否有债务（MORT-GAGE）、对产品是否有反馈（MAILSHOT）。现利用分类树建立预测模型，输出变量为是否反馈，除编号之外的其他变量作为输入变量。进一步，采用袋装技术进行组合模型预测。具体代码和部分结果如下：

```
library("rpart")
MailShot <- read. table(file="邮件营销数据. txt",header=TRUE)
MailShot <- MailShot[,-1]   ＃剔除第 1 列 ID
Ctl <- rpart. control(minsplit=20,maxcompete=4,maxdepth=30,cp=0.01,xval=10)
＃rpart 的默认参数
set. seed(12345)
TreeFit <- rpart(MAILSHOT~. ,data=MailShot,method="class",parms=list(split=
"gini"))   ＃建立单个分类树
CFit1 <- predict(TreeFit,MailShot,type="class")   ＃利用单棵分类树对全部观测进行
预测
ConfM1 <- table(MailShot $ MAILSHOT,CFit1)   ＃计算单棵分类树的混淆矩阵
(E1 <-(sum(ConfM1)-sum(diag(ConfM1)))/sum(ConfM1))   ＃计算单棵分类树的错
判率
[1] 0. 2833333
install. packages("ipred")
library("ipred")   ＃引用 ipred 包中的 bagging
set. seed(12345)
(BagM1 <- bagging(MAILSHOT~. ,data=MailShot,nbagg=25,coob=TRUE,control=
Ctl))   ＃bagging 建立组合分类树
Bagging classification trees with 25 bootstrap replications

Call: bagging.data.frame(formula = MAILSHOT ~ ., data = MailShot, coob = TRUE,
    control = Ctl)

Out-of-bag estimate of misclassification error:  0.4467
CFit2 <- predict(BagM1,MailShot,type="class")   ＃利用组合分类树对全部观测进行预测
```

```
ConfM2 <- table(MailShot $ MAILSHOT,CFit2)    #计算组合分类树的混淆矩阵
(E2 <-(sum(ConfM2)-sum(diag(ConfM2)))/sum(ConfM2))    #计算组合分类树的错
判率
[1] 0.2233333
install. packages("adabag")
detach("package:ipred")
library("adabag")    #引用 adabag 包中的 bagging
MailShot <- read. table(file="邮件营销数据. txt",header=TRUE)
MailShot <- MailShot[,-1]
Ctl <- rpart. control(minsplit=20,maxcompete=4,maxdepth=30,cp=0.01,xval=10)
set. seed(12345)
BagM2 <- bagging(MAILSHOT~. ,data=MailShot,control=Ctl,mfinal=25)
BagM2 $ importance

      AGE        CAR     GENDER     INCOME    MARRIED   MORTGAGE     REGION       SAVE
22.441791   3.060468   3.491039  47.170386   6.366719   3.737574   9.530415   4.201607
CFit3 <- predict. bagging(BagM2,MailShot)    #利用组合分类树对全部观测进行预测
CFit3 $ confusion

                Observed Class
Predicted Class  NO YES
            NO  152  43
            YES  13  92
CFit3 $ error
[1] 0.1866667
```

本例说明如下：

- 首先，建立单棵分类树，并利用单棵分类树对全部观测做预测，错判率为 0.28。
- 利用 ipred 包中的 bagging 函数建立组合分类树。袋装过程默认进行 25 次重抽样自举，生成 25 棵分类树。基于袋外观测的测试误差（预测误差估计值）为 0.447。利用组合分类树并对全部观测做预测，错判率为 0.22。预测精度相对单棵分类树有一定提高。

- predict 函数中的 type 参数指定为 class 时，给出的预测结果是分类值。不指定参数时，默认给出的预测结果是各类别的概率值（预测置信度）。

- 利用 adabag 包中的 bagging 函数建立组合分类树。分类树的参数设置同前。此外，函数还自动给出了输入变量重要性的测度结果，并进行了归一化处理。输出的变量重要性为归一化后的百分比，所有输出变量的总和为 100%。本例中较为重要的两个输入变量依次为收入和年龄。

- 用组合分类树对全部观测做预测的错判率为 0.187。预测精度相对单一分类树有一定提高。

从预测角度看，无须关注袋装过程中建立的一系列模型。由重抽样自举过程可知，总体上训练样本集包含的观测仅是全部观测的 1-36.8%=63.2%。也就是说，训练样本集所反映的信息仅为全部的 63.2%。所以，袋装过程中的单个模型一般不是理想的预测模型，通常称为弱（weak）模型。尽管单个模型是弱模型，但它们的组合却能得到较为理想的预测效果。所以这些弱模型组合起来可成为一个强（strong）模型。

5.5.3　提升技术

袋装技术中，自举样本的生成完全是随机的。多个模型在预测投票中的地位也都相同，并未考虑不同模型预测精度的差异性。提升技术在这两方面进行了调整，其中的 Ad-aBoost（Adaptive Boosting）策略已有较为广泛的应用。

AdaBoost 技术包括两个阶段：建模阶段和预测阶段。

1.　建模阶段

建模过程中，AdaBoost 技术通过对加权样本的有放回随机抽样，获得训练样本集。

● 第一次建模时，对样本量为 n 的原始样本集 S，进行有放回的随机抽样，得到一个容量为 n 的自举样本 S_1。此时 S 中每个观测有相同的权重，每个观测进入训练样本 S_1 的概率是相等的。在 S_1 的基础上建立模型 T_1 之后，AdaBoost 技术重新调整 S 中各个观测的权重。对 T_1 正确预测的观测赋以较低的权重，T_1 错误预测的观测权重不变。

● 第二次建模时，根据权重再次对 S 进行有放回的随机抽样，构造容量为 n 的自举样本 S_2。权重越大的观测进入 S_2 的可能性越高。在 S_2 的基础上建立模型 T_2。可见，模型 T_2 重点关注的是模型 T_1 未能正确预测的样本。之后，AdaBoost 技术再次调整 S 中各个观测的权重。对 T_2 正确预测的观测赋以较低的权重，T_2 错误预测的观测权重不变。

● 同理，第三次建模时，根据权重再次对 S 进行有放回的随机抽样，构造自举样本 S_3，并在 S_3 的基础上建立模型 T_3。可见，模型 T_3 重点关注的是模型 T_2 未能正确预测的样本。

上述过程重复 k 次，将得到 k 个自举样本 S_1，S_2，…，S_k 以及 k 个预测模型 T_1，T_2，…，T_k。

权重的调整方式如下：第一次建模时，各观测的权重为 $w_j(i)=1/n(i=1)$。$w_j(i)$ 表示第 j 个观测在第 i 次迭代中的权重。然后，对于第 i 次迭代过程：

● 根据权重 $w_j(i)$，从 S 中有放回地随机抽取 n 个观测形成自举样本 S_i，建立模型 T_i，计算模型 T_i 的误差 $e(i)$。

● 如果 $e(i) \geqslant 0.5$ 或者 $e(i)=0$，终止建模的迭代过程。否则，根据误差 $e(i)$ 更新每个观测的权重。正确预测的观测权重调整为 $w_j(i+1)=w_j(i) * \beta(i)$。其中 $\beta(i)=e(i)/[1-e(i)]<1$。错误预测的观测权重保持不变，为 $w_j(i+1)=w_j(i)$。

● 对权重进行归一化处理，调整 $w_j(i+1)$ 使各观测的权重之和等于 1，即 $w_j(i+1)=\dfrac{w_j(i+1)}{\sum\limits_{j=1}^{n} w_j(i+1)}$。

上述过程可用图 5-14 形象地表示。图中，蓝色点和红色点分别代表属于不同类别的观测；点的大小代表观测进入训练样本集（自举样本）的权重，点越大，被抽到的可能性越大。

建立预测模型的目的是找到区分两类样本的边界。图 5-14（a）表示，第 1 次迭代时各观测的权重相同。由于错判样本通常在类的交界处，所以后续迭代中交界处的大多数观测的权重都增大。图 5-14（b）是若干次迭代时的情景。图 5-14（c）和图 5-14（d）分别是进行了几十次迭代和上百次迭代时的情况。与周围观测点相对比，边界上的观测权重要大得多。

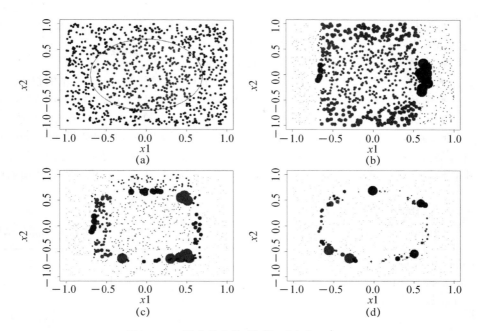

图 5 - 14　提升技术的观测权重变化示意图

2．预测阶段

对新观测的预测由建模阶段生成的 k 个预测模型共同完成。与袋装技术不同，Ada-Boost 采用的是加权投票方式。不同的模型具有不同的权重，权重大小与模型的误差成反比。误差较小的模型有较高的投票权重，误差较大的模型有较低的投票权重。可见，权重越高的模型，对决策结果的影响越大。

对新观测 X_0 的投票过程具体为：

● 对新观测 X_0，每个模型 $T_i (i=1, 2, \cdots, k)$ 都给出一个预测值 $C_i(X_0)$，且每个预测值都有一个权重。权重是模型误差的函数，有不同的定义方法，如 Breiman 的定义为 $W_i(e)=1/2 \ln \dfrac{1-e(i)}{e(i)}$，Freund 的定义为 $W_i(e)=\ln \dfrac{1-e(i)}{e(i)}$ 等。误差越小权重越大。于是，k 个模型将有 k 个 $C_i(X_0)$ 和 $W_i(e)$。

● 对于分类问题，依预测类别分别计算权重的总和。权重总和最高的类别即为观测 X_0 的最终预测类别。对于回归问题，以 k 个预测模型给出的预测值的加权平均作为最终的预测值。

5.5.4　提升技术的 R 函数及应用示例

一、R 函数

实现提升技术的 R 函数是 adabag 包中的 boosting 函数。首次使用时应下载安装 adabag 包，并将其加载到 R 的工作空间中。boosting 函数的基本书写格式为：

boosting(输出变量名～输入变量名,data＝数据框名,mfinal＝重复次数,boos＝TRUE,coeflearn＝模型权重调整方法,control＝参数对象名)

其中：

R 语言数据挖掘（第 2 版）

- 数据事先组织在 data 参数指定的数据框中；输出变量名～输入变量名为 R 公式的写法，有多个输入变量时应用加号连接。
- 参数 mfinal 用于指定重复几次自举过程，默认值为 100。
- 参数 boos=TRUE 表示每次自举过程均调整各观测进入自举样本的权重。
- 参数 coeflearn 用于指定预测时各模型的权重设置方法，可取 "Breiman"或"Freund"。
- boosting 函数的基础学习器为分类树，control 参数应为 rpart 函数的参数。

boosting 函数的返回值是列表。trees 成分中存储 k 棵分类树的结果；votes 中存储 k 棵分类树的投票情况；prob 中存储预测类别的概率值；class 中存储预测类别；importance 中存储输入变量对输出变量预测重要性的得分；weight 中存储各棵分类树的预测权重。

二、应用示例

例如，对上述营销示例，采用提升技术进行组合模型预测。具体代码和部分结果如下：

```
library("adabag")
MailShot <- read. table(file="邮件营销数据. txt",header=TRUE)
MailShot <- MailShot[,-1]
Ctl <- rpart. control(minsplit=20,maxcompete=4,maxdepth=30,cp=0. 01,xval=10)
set. seed(12345)
BoostM <- boosting(MAILSHOT~. ,data=MailShot,boos=TRUE,mfinal=25,
coeflearn="Breiman",
control=Ctl)
BoostM $ importance

      AGE        CAR     GENDER     INCOME    MARRIED   MORTGAGE     REGION       SAVE
25.403367   2.455409   4.487407  46.219433   5.519897   3.189211   8.906537   3.818738
ConfM4 <- table(MailShot $ MAILSHOT,BoostM $ class)
(E4 <-(sum(ConfM4)-sum(diag(ConfM4)))/sum(ConfM4))
[1] 0.07
```

本例中，较为重要的两个输入变量依次为收入（INCOME）和年龄（AGE）。用组合分类树对全部观测做预测的错判率为 0.07，相对单棵分类树预测精度有显著提高。

可见，提升技术是一种嵌套的"串行"建模技术。训练样本集的获得方式决定了每个模型对全部观测做预测时，无法获得较为理想的预测精度，每个模型都是弱模型。但每个模型均对不同的观测有"侧重"，所以这些弱模型组合起来可成为一个强模型。

总之，袋装技术与提升技术有类似的研究目标，但两者训练样本集的生成方式不同，组合预测方式也不同。研究表明，两者都可以有效地提高预测准确性。在大多数数据集中，提升技术的准确性一般高于袋装技术，但也更可能导致过拟合问题。

5.6 随机森林

5.6.1 随机森林概述

随机森林（random forest）也是一种组合预测模型。顾名思义，随机森林是用随机方式建立一片森林，森林中包含众多有较高预测精度且弱相关甚至不相关的决策树，并形成组合预测模型。后续，众多预测模型将共同参与对新观测输出变量取值的预测。

随机森林的"内嵌"模型即基础学习器是决策树，其特色在于随机。这表现在两个方面：

第一，训练样本是对原始样本的重抽样自举，训练样本具有随机性。

第二，在每棵决策树建立的过程中，成为当前最佳分组变量的输入变量是输入变量全体的一个随机候选变量子集中的"竞争获胜者"。分组变量具有随机性。

一、构建随机森林的样本随机性

上述第一个方面是随机森林构建的样本基础。自举样本作为训练样本，袋外观测组成测试样本，这点与袋装技术相同。训练样本的获得方式使得每次参与建模的训练样本存在一定的随机性差异，所获得的决策树模型也因随机性而有一定差异。如果将输入变量和输出变量的内在复杂关系比喻为一张庞大的"关系网"，那么，各训练样本所体现的输入输出变量间的关系就是构成这张庞大"关系网"的各张小网，建立在不同训练样本集上的决策树就视为对各局部小网关系的侧重和体现。只有这样的组合预测模型，才能达到比较理想的整体预测效果。

然而，袋装技术带来的随机性是有限的。若输入变量 x_1，x_2 对输出变量影响非常显著，那么即使自举样本之间有随机性差异，建立在它们之上的 k 棵决策树也大多会以 x_1，x_2 的顺序"长出"分枝，最终得到较为类似的 k 棵决策树，极端情况下 k 棵决策树可能完全一样，从而导致组合预测不再有意义。所以，在袋装技术基础上"制造"更多的随机性，旨在建立多棵不相似的决策树，是随机森林"随机性"特色的第二个方面。

二、构建随机森林的变量随机性

对于一般的决策树模型，决策建立过程中，每个输入变量通过"竞争"（如前所述的 Gini 系数或信息熵）都有成为当前最佳分组变量的可能。对于随机森林，在第 i 棵决策树建立的过程中，首先通过随机方式选取少数几个输入变量构成候选变量子集Θ_i。只有进入变量子集Θ_i的输入变量才有机会通过"竞争获胜"成为最佳分组变量。

输入变量进入候选变量子集Θ_i的随机性，使得前述的重要输入变量 x_1，x_2 可能因无法进入Θ_i而最终不能成为最佳分组变量，这将给其他输入变量成为最佳分组变量提供更多机会，使得所建立的多棵决策树"看上去不再类似"。同时，通常并不对各棵决策树做剪枝，所以每棵决策树的预测精度倾向于较高。于是，每棵决策树就好比一名"精通某专业领域的专家"，那么随机森林便拥有众多"精通各自专长"的专家。

构建变量子集Θ_i的常见方式是：随机选择输入变量和随机组合输入变量。

1. 随机选择输入变量

随机选择输入变量方式也称 Forest-RI（random input）方式，即通过随机方式从 p 个输入变量中选择 k 个变量进入候选变量子集Θ_i。通常，$k=\sqrt{p}$或 $[\log_2 p+1]$，$[\ ]$ 表示取整。依据变量子集 Θ_i 将建立一棵充分生长的决策树，无须剪枝以减少预测偏差。

2. 随机组合输入变量

随机组合输入变量方式也称 Forest-RC（random combination）方式。若输入变量个数 p 较小，将使多个变量子集Θ_i相似，获得的决策树仍有较高的相似度。为此，可通过随机选择 L 个

- 参数 ntree 用于指定随机森林包含 M 棵决策树，默认为 500。
- 参数 importance＝TRUE 表示计算输入变量对输出变量重要性的测度值。

randomForest 函数的返回值为列表，包含以下成分：

- predicted：各决策树对其袋外观测的预测类别的众数，或预测值的平均。
- confusion：基于袋外观测的混淆矩阵。
- votes：适用于分类树。给出各预测类别的概率值，即随机森林中有多大比例的决策树投票给第 i 个类别。
- oob. times：各个观测作为袋外观测的次数，即在重抽样自举中有多少次未进入自举样本，它会影响基于袋外观测的误差结果。
- err. rate：随机森林对袋外观测的整体预测错误率，以及对各个类别的预测错误率。
- importance：输入变量重要性测度矩阵，矩阵行数等于输入变量个数 p，列数因输出变量类型的不同而不同。其中第 i（$i＝1$，2，$\cdots$，p）行各元素为对第 i 个输入变量加入噪声导致的各测度量，在 M 棵树上的平均变化量。对于输出变量有 m 个类别的分类问题，矩阵列数等于 $m+2$。其中，第 j（$j \leqslant m$）列为噪声导致的第 j 个类别预测置信度的平均变化，第 $m+1$ 列为噪声导致的整体预测精度的平均变化。第 $m+2$ 列含义特殊，为第 i 个输入变量作为最佳分组变量引起的 Gini 系数在 M 棵树上的平均变化量。对于回归问题，矩阵列数为 2。其中，第 1 列为噪声导致的预测精度的平均变化，第 2 列为噪声导致的均方误差的平均变化。

例如，对上述营销示例，建立随机森林组合模型，具体代码和部分结果如下：

```
install. packages("randomForest")
library("randomForest")
MailShot <- read. table(file="邮件营销数据. txt",header=TRUE)
MailShot <- MailShot[,-1]
set. seed(12345)
(rFM <- randomForest(MAILSHOT~. ,data=MailShot,importance=TRUE))
Call:
 randomForest(formula = MAILSHOT ~ ., data = MailShot, importance = TRUE)
               Type of random forest: classification
                     Number of trees: 500
No. of variables tried at each split: 2

        OOB estimate of  error rate: 42.67%
Confusion matrix:
    NO YES class.error
NO  110  55   0.3333333
YES  73  62   0.5407407
head(rFM $ votes)   #各观测的各类别预测概率

          NO       YES
1 0.6296296 0.3703704
2 0.3027027 0.6972973
3 0.7882353 0.2117647
4 0.7272727 0.2727273
5 0.3184358 0.6815642
6 0.4023669 0.5976331
```

```
head(rFM$oob.times)    #各观测作为袋外观测的次数
[1] 189 185 170 198 179 169
DrawL <- par()
par(mfrow=c(2,1),mar=c(5,5,3,1))
plot(rFM,main="随机森林的 OOB 错判率和决策树棵数")    #等价于对 err.rate 画图
plot(margin(rFM),type="h",main="边界点探测",xlab="观测序列",ylab="比率
差")    #探测边界点
par(DrawL)
Fit <- predict(rFM,MailShot)    #随机森林对全部观测做预测
ConfM5 <- table(MailShot$MAILSHOT,Fit)    #随机森林对全部观测做预测的混淆矩阵
(E5 <-(sum(ConfM5)-sum(diag(ConfM5)))/sum(ConfM5)    #随机森林的整体错判率
[1] 0.03333333
head(treesize(rFM))    #浏览各个树的叶节点个数
[1] 67 81 63 69 56 54
head(getTree(rfobj=rFM,k=1,labelVar=TRUE))    #提取第 1 棵树的部分信息
  left daughter right daughter split var split point status prediction
1             2              3       AGE        47.5      1       <NA>
2             4              5   MARRIED         1.0      1       <NA>
3             6              7    REGION         7.0      1       <NA>
4             8              9    REGION         1.0      1       <NA>
5            10             11    REGION         4.0      1       <NA>
6            12             13    INCOME     42903.5      1       <NA>
barplot(rFM$importance[,3],main="输入变量重要性测度(预测精度变化)指标柱形图")
box()
importance(rFM,type=1)
          MeanDecreaseAccuracy
AGE                  2.1003153
GENDER               0.4431996
REGION              -1.9197366
INCOME               8.3163087
MARRIED              6.3368026
CAR                 -4.5590855
SAVE                 0.5879436
MORTGAGE             6.7972176
varImpPlot(x=rFM,sort=TRUE,n.var=nrow(rFM$importance),main="输入变量重
要性测度散点图")
```

本例说明如下。

1. 随机森林的预测误差问题

● 随机森林共建立了 500 棵决策树，每个节点的候选输入变量个数为 2。基于袋外观
测的错判率为 42.67%。从袋外观测的混淆矩阵看，模型对两个类别的预测精度均不理
想。对 NO 类的预测错误率达 33%，对 YES 类的高达 54%。

● 以第 1 个观测为例：有 63% 的决策树投票给 NO 类，37% 投票给 YES 类。它有 189
次作为袋外观测未进入训练样本集。

● 进一步，采用 plot 函数画图直观观察基于袋外观测的错判率随随机森林中决策树数量的变化特点，如图 5-15 (a) 所示。plot 的绘图数据为 err. rate。图中黑色线为整体错判率，红色线为对 NO 类的错判率，绿色线为对 YES 类的错判率。可见，模型对 NO 类的预测效果好于对整体和 YES 类的。当决策树数量达到 380 后，各错判率基本保持稳定。所以，本例中参数 ntree 可设置为 380。

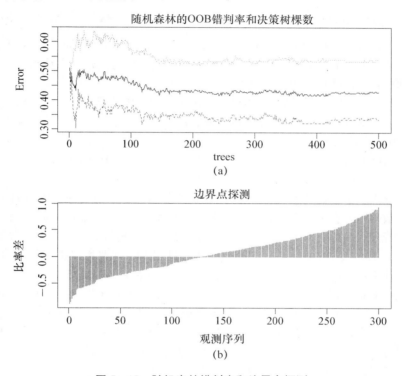

图 5-15　随机森林错判率和边界点探测

● 可利用 margin 函数考察处于分类边界附近的点和错判情况。这里，边界附近点的定义依据为：对于一个观测点，投票给正确类别（该观测的实际类别）的树的比率－投票给其他众数类别（除实际类别以外得票最高的其他类别）的树的比率几乎为 0。容易理解，这两个比率之差为正数表示对该点预测正确，为负数表示预测错误。差的绝对值接近 0，表明该观测处在分类边界上，不易判定其类别。margin 函数的基本书写格式为：

　　　margin(随机森林结果对象名)

margin 函数以差的升序返回所有观测的比率差。可利用 plot 函数可视化结果，如图 5-15 (b) 所示。其中，比率差近似等于 0 的观测中红色类（NO 类）居多，预测错误的观测中蓝色类（YES 类）居多。

● 随机森林对所有观测进行预测，错判率较小，仅为 0.033，体现了多棵决策树的整体组合预测能力。

2. 提取随机森林中的决策树信息

● 可利用 treesize 函数显示随机森林中各决策树的大小。treesize 函数的基本书写格式为：

　　　treesize(随机森林结果对象名,terminal＝TRUE/FALSE)

式中，参数 terminal 取 TRUE 表示仅统计决策树的叶节点个数，取 FALSE 表示统计所有节点的个数。

本例中，第 1 棵决策树包含 67 个叶节点。

● 可利用 getTree 函数抽取随机森林中的某棵树并浏览其结构。getTree 函数的基本书写格式为：

$$getTree(rfobj=随机森林结果对象名, k=n, labelVar=FALSE/TRUE)$$

式中，参数 k 用于指定抽取第 n 棵树，默认 k=1；参数 labelVar 取 TRUE 或 FALSE，取 TRUE 表示在所有输入变量中找到当前节点的最佳分组变量，默认值为 FALSE，表示仅显示随机森林以随机性为前提给出的分组变量。

getTree 函数将返回指定决策树中各个节点的具体情况：

■ left daughter，right daughter：分别存储当前节点下的左子节点和右子节点的节点编号。0 表示当前节点为叶节点。

■ split var：存储当前节点的分组变量，0 表示当前节点为叶节点。

■ split point：存储当前节点的分割点。

若分组变量为数值型变量，split point 为分割点值，小于等于该值的观测归入左子节点，其余的归入右子节点。若分组变量为分类型变量，split point 为一个整数，定义如下。例如，若分组变量有 4 个类别，且将当前输入变量类别为 2 的观测归入右子节点（记为二进制 0），其余类别的归入左子节点（记为二进制 1）。于是以二进制位序列 1011 为基础从左往右计算：$1 \times 2^0 + 0 \times 2^1 + 1 \times 2^2 + 1 \times 2^3 = 13$。split point 等于 13。

■ status：当前节点是否为叶节点，-1 表示为叶节点，1 表示为中间节点。

■ prediction：当前叶节点给出的预测值。0（或 NA）表示当前节点不是叶节点。

如本例中，第 1 棵决策树的第 1 个节点为中间节点，其左子节点和右子节点的节点编号分别为 2 和 3，最佳分组变量是 AGE，分割点为 47.5，等等。

3. 随机森林中的输入变量重要性

为评价输入变量的重要性，可直接利用 importance 成分绘制柱形图。图 5-16 即为对各输入变量添加噪声后对整体预测精度平均影响的柱形图。图 5-16 显示收入、是否有债务、婚姻状况是对输出变量预测较为重要的输入变量。

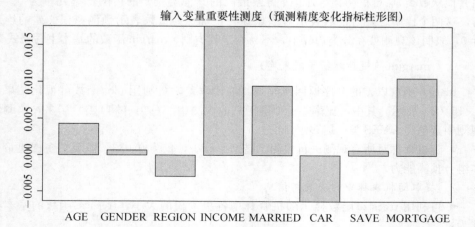

图 5-16 输入变量重要性测度的柱形图

- 可调用 randomForest 包中的 importance 函数，基本书写格式为：

    importance(随机森林结果对象名,type＝类型编号)

式中，参数 type 用于指定返回哪种测度指标，取 1 表示给出预测精度的平均减少量，取 2 表示给出节点异质性的平均减少量。importance 函数给出的是各测度指标的相对指标。

本例中，收入、是否有债务、婚姻状况的重要程度较高。

- 为更全面直观地评价各输入变量的重要性，可采用 randomForest 包中的 varImpPlot 函数画图。基本书写格式为：

    varImpPlot(随机森林结果对象名,sort＝TRUE,n. var＝个数)

式中，参数 sort＝TRUE 表示对输入变量按重要性程度排序后再绘图；参数 n. var 用于指定在图中显示前几个重要的输入变量。输入变量重要性测度的可视化图形如图 5－17 所示。

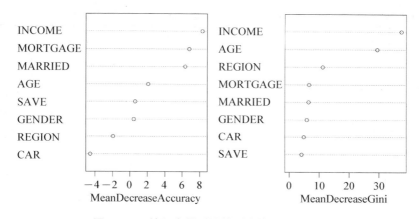

图 5－17　输入变量重要性测度的可视化图形

由图 5－17 可知，从对输出变量预测精度影响的角度看，收入、是否有债务、婚姻状况较为重要。从对输出变量异质性下降程度影响的角度看，收入、年龄和居住地较为重要，即收入不同、年龄不同、居住地不同的人群，对快递宣传资料的反应有较大差异。

5.7　本章函数列表

本章涉及的 R 函数如表 5－2 所示。

表 5－2　　　　　　　　　　　　　　本章涉及的 R 函数列表

函数名	功能
rpart()	建立分类回归树
rpart. control()	设置分类回归树的参数
rpart. plot()	可视化分类回归树
printcp()	浏览复杂度参数 CP
plotcp()	可视化复杂度参数 CP

续前表

函数名	功能
prune()	得到决策树的修剪子树
bagging()	利用袋装技术建立组合预测模型
predict. bagging()	进行组合预测
boosting()	利用提升技术建立组合预测模型
randomForest()	建立随机森林
margin ()	探测边界观测
treesize()	显示随机森林中各决策树的大小
getTree()	显示随机森林中某决策树的信息
importance()	根据随机森林进行输入变量重要性测度
varImpPlot()	随机森林对输入变量重要性测度的可视化

第 6 章
Chapter 6　R 的人工神经网络：数据预测

神经网络起源于生物神经元的研究，研究对象是人脑。人脑是一个高度复杂的非线性并行处理系统，具有联想推理和判断决策能力。对人脑活动机理的研究一直是一个挑战。

研究发现，人脑大约拥有 10^{11} 个相互连接的生物神经元。婴儿出生后大脑不断发育，外界刺激信号会不断调整或加强神经元之间的连接及强度，最终形成成熟稳定的连接结构，如图 6 - 1 所示。

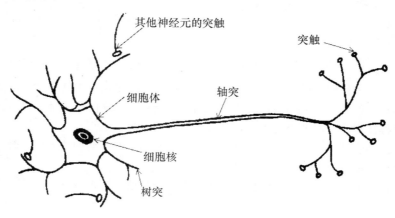

其他神经元的突触

突触

细胞体

轴突

细胞核

树突

图 6 - 1　生物神经元

人们通常认为，人脑智慧的核心在于其连接机制。图 6 - 1 中大量神经元的突触彼此相互巧妙搭接，使得人脑成为一个高度复杂的大规模非线性自适应系统。

人工神经网络（artificial neural network，ANN）是一种人脑的抽象计算模型，是一种模拟人脑思维的计算机建模方式。自 20 世纪 40 年代开始，人们对人工神经网络的研究已达半个多世纪。随着计算机技术的迅猛发展，人们希望通过计算机程序实现对人脑系统的模拟。通过类似于生物神经元的处理单元，以及处理单元之间的有机连接，解决现实世界的模式识别、联想记忆、优化计算等复杂问题。

目前，人工神经网络的应用研究正从人工智能逐步跨入以数据分析为核心的数据挖掘领域，并大量应用于数据的分类和回归预测，同时也可应用于聚类分析。本章讨论神经网络的分类和回归预测问题。

6.1 人工神经网络概述

6.1.1 人工神经网络的概念和种类

与人脑类似，人工神经网络由相互连接的神经元（也称处理单元（processing element））组成。如果将人工神经网络看作一张网状图，则处理单元也称为节点（node）。节点之间的连接称为边，反映了各节点之间的关联性。关联性的强弱即连接强度体现在边的连接权重上。

人工神经网络种类繁多，可以从拓扑结构和连接方式等角度划分。

一、从拓扑结构角度划分

根据网络的层次数，神经网络可分为两层神经网络、三层神经网络和多层神经网络。图 6 - 2 （a）和图 6 - 2 （b）所示的就是典型的两层神经网络和三层神经网络。

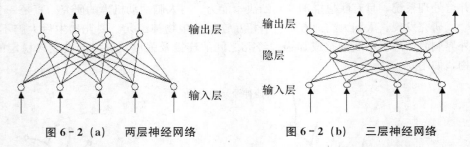

图 6 - 2 （a）　两层神经网络　　　　图 6 - 2 （b）　三层神经网络

图中，神经网络的底层称为输入层，顶层称为输出层，中间层称为隐层。神经网络的层数和每层的处理单元的数量决定了网络的复杂程度。为防止混乱，以后针对多层神经网络，统称接近输入层的层为上层，接近输出层的层为下层。

人工神经网络中的处理单元通常按层次分布于神经网络的输入层、隐层和输出层，因而分别称为输入节点、隐节点和输出节点。其中：

● 输入节点负责接收训练样本集中各输入变量值。输入节点的个数取决于输入变量的个数。

● 隐节点负责实现非线性样本的线性变换，隐层的层数和节点个数可自行指定。

● 输出节点给出关于输出变量的分类预测结果，输出节点个数依具体问题而定，且不同软件的处理策略也有所不同。在 R 中，对于回归问题，只有一个输出节点。对于二分类（输出变量只有两个类别值）问题，输出节点有一个；对于多分类（输出变量有两个以上的类别值）问题，输出节点个数等于输出变量的类别数，且以输出节点的二进制排列方式对应相应类别值。

二、从连接方式角度划分

神经网络的连接方式包括层间连接和层内连接，连接强度用权重表示。根据层间连接方式，神经网络可分为：

● 前馈式神经网络：前馈式神经网络的节点连接是单向的，上层节点的输出是下层节点的输入。B-P（back-propagation）反向传播网络就是典型的前馈式神经网络。目前数据挖掘软件中的神经网络大多为前馈式神经网络。

● 反馈式神经网络：除单向连接外，输出节点的输出又作为输入节点的输入。如 Hopfield 网络，包括离散型反馈神经网络（discrete hopfield neural network，DHNN）和连续型反馈神经网络（continuous hopfield neural network，CHNN）等。

层内连接方式是指神经网络同层节点之间相互连接，如 SOM 网络。

6.1.2　人工神经网络中的节点和意义

节点是人工神经网络的重要元素。输入节点只负责数据输入，且没有上层节点与之相连，因而比较特殊。除此之外的其他节点都具有这样的共同特征：接收上层节点的输出作为本节点的输入。此外，本节点还接收名为偏差节点的常数输入。对这些输入进行计算后给出本节点的输出。

将神经网络中的节点放大去看，完整的节点由加法器和激活函数（activation function）组成，如图 6-3 中的大圆圈部分所示。

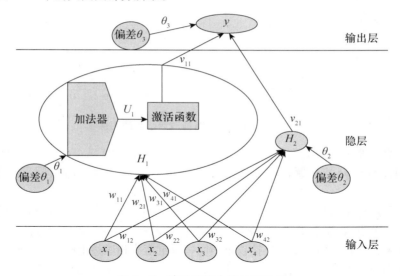

图 6-3　神经网络中的处理单元

图 6-3 中，输入层包含 4 个输入节点，分别对应 4 个输入变量 x_1，x_2，x_3，x_4。隐层包含 H_1，H_2 两个隐节点。输出层的节点仅有 y。节点之间有向箭头上的 w_{11}，w_{12} 等，表示输入节点与隐节点的连接权重。例如，w_{11} 表示第 1 个输入节点与第 1 个隐节点的连接权重。v_{11}，v_{21} 表示第 1、第 2 个隐节点与第 1 个输出节点的连接权重。除输入节点外，其他节点都有一个偏差节点与之相连接，θ_1，θ_2 等为偏差节点的连接权重。

一、加法器

如果节点接收的输入用向量 $\boldsymbol{X}$ 表示，节点给出的输出用 y 表示，节点与上层连接的权重用向量 $\boldsymbol{W}$ 表示，节点的偏差用 $\boldsymbol{\theta}$ 表示，则第 j 个节点的加法器 U_j 定义为：$U_j = \sum_{i=1}^{p} w_{ij}x_i + \theta_j$。其中，$p$ 表示上层节点的个数。x_i 为上层第 i 个节点的输出。由于上层每个节点的输出都作为本节点的输入，因此有 p 个输入。w_{ij} 为上层第 i 个节点与本层第 j 个节点的连接权重。从定义可知，加法器的作用是节点输入的线性组合，θ_j 可看成线性组合中的常数项。其中的关键是如何确定线性组合系数 w_{ij}。

二、激活函数

第 j 个节点的激活函数定义为：$y_j = f(U_j)$。其中，y_j 是激活函数值，也是节点 j 的输出。函数 f 的输入是加法器 U_j。激活函数 f 的具体形式通常为：

- $[0，1]$ 阶跃函数：$f(U_j) = \begin{cases} 1, & U_j > 0 \\ 0, & U_j < 0 \end{cases}$。

- $(0，1)$ 型 Sigmoid 函数：$f(U_j) = \dfrac{1}{1 + \mathrm{e}^{-U_j}}$。

函数图像如图 6-4 所示。

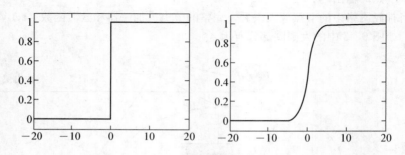

图 6-4　两种激活函数的图像

可见，激活函数的作用是将加法器的函数值转换为 1 或 0，或者映射到 $0 \sim 1$ 的取值范围内。对于分类问题，可采用上述两个激活函数。对于回归问题，仅采用 Sigmoid 函数。

下面用一个简单例子说明上述问题。图 6-5 中，设节点 1，2，3 的偏差均为 0（因而略去偏差节点），激活函数为 $(0，1)$ 型 Sigmoid 函数。x_1，x_2 分别为上层节点的输出，均被分成两条连接，值不变但连接权重不同，权重值为相应边上的数字。则

- 节点 1：加法器 $U_1 = 1 \times 0.2 + 0.5 \times 0.5 = 0.45$；激活函数 $y_1 = f(0.45) = 0.61$。
- 节点 2：加法器 $U_2 = 1 \times (-0.6) + 0.5 \times (-1.0) = -1.1$；激活函数 $y_2 = f(-1.1) = 0.25$。
- 节点 3：加法器 $U_3 = 0.61 \times 1.0 + 0.25 \times (-0.5) = 0.485$；激活函数 $y_3 = f(0.485) = 0.62$。

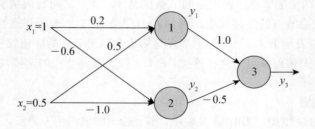

图 6-5　神经网络节点计算示例

可见，神经网络在处理单元上的计算很简单。但随着处理单元个数和层数的增多，计

算工作量将激增。因此，神经网络的处理难度取决于网络结构的复杂程度。

三、节点的意义

节点的意义与建立神经网络的目标有关。

1. 对于分类问题，一个节点是分割两个类别的一个超平面

从几何意义上讲，可将训练样本集中的每个观测看作 p 维特征空间（p 个输入变量）上的点。节点的加法器 $U_j = \sum_{i=1}^{p} w_{ij}x_i + \theta_j = 0$ 就是一个超平面。当 $p=2$ 时，超平面是一条线；当 $p=3$ 时，超平面是一个平面，维度是 $p-1$。超平面可将 p 维特征空间划分成两部分。将一个观测的输入变量值代入加法器，若加法器结果等于 0，表示该观测落在超平面上；若大于或小于 0，表示该观测落在超平面的一侧或另一侧。

进一步，$[0，1]$ 阶跃激活函数决定了加法器结果大于 0 的观测，激活函数值为 1，即指派其预测类别为 1 类。所以，位于超平面一侧的、加法器结果大于 0 的观测，预测类别值为 1 类；同理，位于超平面另一侧的、加法器结果小于 0 的观测，预测类别值为 0 类，实现了二值分类。

此外，Sigmoid 激活函数决定了 Sigmoid 激活函数值在 0～1 之间，可视为预测类别等于 1 的概率。对位于加法器大于 0 一侧的观测，其激活函数（加法器的非线性函数）值大于 0.5，即预测类别等于 1 的概率大于 0.5，通常判定其类别预测值为 1，也即位于超平面一侧的、加法器结果大于 0 的观测，预测类别值为 1 类；反之，预测类别值为 0 类。Sigmoid 激活函数也可实现二值分类，不同的是输出结果是预测类别等于 1 的概率。加法器结果等于 0 的观测因落在超平面上，其类别无法判断。

所以，一个节点可实现二值分类。多个节点是多个超平面，它们相互平行或相交，将 p 维特征空间划分成若干区域，实现多值分类。

进一步，超平面是由加法器中的参数 **W** 即连接权重确定的。建立超平面的最终目标是正确预测观测点所属的类别。较为理想的超平面应能够使位于超平面一侧的观测点，其预测类别值和实际类别值相等。也就是说，大部分的观测落入超平面的正确一侧。建模开始时，连接权重 **W** 取一组随机数，此时的超平面无法实现既定目标。所以，神经网络需要不断向训练样本学习，不断调整连接权重，使超平面不断朝正确的方向移动，以最终定位到期望的位置上。

2. 对于回归问题，一个节点是一个回归平面

节点的加法器 $U_j = \sum_{i=1}^{p} w_{ij}x_i + \theta_j$ 就是一个回归平面，与回归分析含义相同。因激活函数是加法器的非线性函数，所以，激活函数值即输出变量的预测值，是输出变量对输入变量的非线性回归结果。由于回归平面由连接权重确定，建模开始时，连接权重 **W** 取一组随机数，无法保证由回归平面的非线性函数确定的输出变量预测值与实际值吻合或误差较小。因此，神经网络需要不断向训练样本学习，不断调整连接权重，使超平面不断朝正确的方向移动，最终定位到使整体预测误差最小的位置上。

总之，人工神经网络模型的训练过程是一个寻找最佳超平面或回归平面的过程，也是一个不断调整连接权重的过程。

另外，如果 p 维特征空间中的观测点是线性不可分的，也就是说，没有任何一个超平面能够将不同类别的观测点划分开，应如何处理呢？这些问题将在 6.2.1 节讨论。

6.1.3　人工神经网络建立的一般步骤

人工神经网络建立的一般步骤是：第一，准备数据；第二，确定网络结构；第三，确定连接权重。

一、准备数据

数据的标准化处理是数据准备阶段的主要任务。人工神经网络中，输入变量的取值范围通常要求在 0～1 之间，否则输入变量的不同数量级别将直接影响权重的确定、加法器的计算结果及最终的预测。标准化处理采用的一般处理策略是极差法，即 $x_i' = \dfrac{x_i - x_{\min}}{x_{\max} - x_{\min}}$。

式中，$x_{\max}$ 和 $x_{\min}$ 分别为输入变量 x_i 的最大值和最小值。同时，对回归问题中的输出变量也需进行标准化处理，以使最终神经网络给出的预测值也是标准化值。

二、确定网络结构

通常，神经网络中隐层的层数和每层的隐节点个数决定了网络的复杂程度。隐层的层数和隐节点的个数越多，网络的复杂程度越高。

对于隐层的层数，较少则网络结构简单，但预测准确度较低。层数较多的网络结构，尽管分类预测的准确度较高，但模型可能过于复杂，训练时间较长。因此，网络结构的复杂度和模型训练效率上的权衡是值得关注的。理论上，虽然多层网络能够获得更精准的分析结果，但实验表明，除非实际问题需要，使用两个以上隐层的网络会使问题的解决变得更为复杂，而且有多个隐层的网络有时更不易得到最优解。所以，选择具有一个隐层的网络往往是最合算的。

对于隐节点的个数，目前尚没有权威的确定准则。通常，问题越复杂，需要的隐节点就越多。但隐节点过多，可能导致过拟和问题。因此，在很多数据挖掘软件中，网络结构不一定在模型建立之前就完全确定下来，可以先给出一个粗略的网络结构，然后再在模型训练过程中逐步调整。

三、确定连接权重

人工神经网络建立的过程是通过恰当的网络结构，探索输入和输出变量间复杂关系的过程，这是实现对新数据对象预测的前提。神经网络能够通过对训练样本集的反复分析和学习，掌握输入和输出变量间的数量关系规律，并将其体现到连接权重中。因此，网络结构确定后，神经网络训练的核心便是确定连接权重。

对连接权重的确定，基本步骤通常为：

第一步，初始化连接权重向量 W。

一般连接权重向量 W 的初始值默认为一组随机数，它们来自均值为 0、取值在 -0.5～0.5 的均匀分布。

网络初始值接近 0 的原因是：对于 Sigmoid 型激活函数，开始时神经网络会退化为近似线性的模型。因此，模型训练的思路是从简单的接近线性的模型开始，然后随连接权重的调整逐步演变成复杂的非线性模型。

给定初始权重一个较小区间是为了防止各权重的差异过大。如果某些权重很小，则在有限次迭代过程中，相应节点中的激活函数可能只采用线性模型；如果某些权重很大，则相应节点可能只通过很少次的迭代权重就基本稳定，使得各权重不能大致同时达到最终的稳定状态，无法实现各节点学习进度的均衡与协调。

第二步，计算各处理单元的加法器和激活函数值，得到样本的预测值。

第三步，比较样本的预测值与实际值并计算预测误差，根据预测误差值重新调整各连接权重。

返回第二步，相应的计算和连接权重的调整将反复进行。

上述过程是一个不断向样本学习的过程，最终目标是希望获得一个较小的预测误差。由于每个观测都会提供关于输入变量和输出变量数量关系的信息，因此需依次向每个观测学习。当向所有观测学习结束后，如果模型所给出的预测误差仍然较大，需重新开始新一轮的学习。如果经过第二轮的学习仍然不能给出理想的预测精度，则需进行第三轮、第四轮等的学习，直到满足迭代终止条件为止。至此，一组相对合理的连接权重便被确定下来，超平面或回归平面也被确定下来。

6.1.4　感知机模型

这里以感知机模型为例，进一步细化讨论上述连接权重的确定过程。感知机是一种最基本的前馈式双层神经网络模型，仅由输入层和输出层构成。输出节点只有一个，只能实现二分类的预测和单个被解释变量的回归预测，如图 6-6 所示。虽然感知机处理问题的能力有限，但其核心思想却在神经网络的众多改进模型中得到广泛应用。

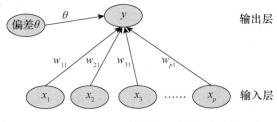

图 6-6　感知机示例图

一、符号说明

为阐述感知机的学习过程，做以下符号说明：

● 有 p 个输入节点，p 取决于输入变量的个数。输入节点值记为 $\boldsymbol{x}=(x_1, x_2, \cdots, x_p)$。

● 输出节点实现二分类输出变量的分类或数值型输出变量值的预测。输出节点 j 的期望值（即输出变量的实际值）记为 y_j，输出节点的预测值记为 $\hat{y}_j$。输出节点的偏差权重记为 θ_j。

● 输入节点 i 和输出节点 j 之间的权重用 w_{ij} 表示。图 6-6 中，$i=1, 2, \cdots, p$；$j=1$。

● t 时刻，输入节点值记为 $\boldsymbol{x}(t)=(x_1(t), x_2(t), \cdots, x_p(t))$，输出节点的期望值记为 $y_j(t)$，预测值记为 $\hat{y}_j(t)$，偏差权重记为 $\theta_j(t)$，输入节点 i 和输出节点 j 之间的权重用 $w_{ij}(t)$ 表示。

二、学习过程

感知机的学习过程如下：

第一，开始时（即 0 时刻），初始化各个连接权重和输出节点的偏差权重，默认值为 $-0.5 \sim 0.5$ 间服从均匀分布的随机数，记为 $\boldsymbol{W}(0) = \{w_{ij}(0), 1 \leqslant i \leqslant p, 1 \leqslant j \leqslant k\}, \theta_j(0)$ $(1 \leqslant j \leqslant k)$。图 6-6 中，$k=1$。

第二，输入训练样本。t 时刻，根据样本输入变量值 $\boldsymbol{x}(t) = (x_1(t), x_2(t), \cdots, x_p(t))$ 和连接权重 $\boldsymbol{W}(t) = \{w_{ij}(t)\}$，计算输出节点 j 的输出值为：$\hat{y}_j(t) = f(\sum_{i=1}^{p} w_{ij}(t) x_i(t) + \theta_j(t))$。$f$ 为激活函数。

第三，t 时刻，计算输出节点 j 期望值 $y_j(t)$ 与输出值（或预测值）的误差：$e_j(t) = y_j(t) - \hat{y}_j(t)$。对于二分类问题，输出节点 j 的期望值与预测值均为类别值。若类别值错误预测为 0，$e_j(t)$ 为 1；若错误预测为 1，$e_j(t)$ 为 -1。对于回归问题，若输出值即预测值小于实际值，$e_j(t) > 0$；若预测值大于实际值，$e_j(t) < 0$。

第四，调整第 i 个输入节点和第 j 个输出节点之间的连接权重以及第 j 个输出节点的偏差：

$$w_{ij}(t+1) = \alpha \times w_{ij}(t) + \eta \times e_j(t) \times x_i(t)$$
$$\theta_j(t+1) = \alpha \times \theta_j(t) + \eta \times e_j(t)$$

式中，α 称为冲量项，通常为 1，所以有时也略去该系数；η 为学习率。令 $\Delta w_{ij}(t) = \eta \times e_j(t) \times x_i(t)$ 表示权重的调整量，有 $w_{ij}(t+1) = \alpha \times w_{ij}(t) + \Delta w_{ij}(t)$。这种权重调整策略遵从 delta 规则，即权重的调整与误差及所连接的输入成正比。本质上，$t+1$ 时刻的权重是 t 时刻的权重加上一个误差和输入的函数。

如果将偏差看作一个输入等于常数 1 的特殊输入节点，那么偏差权重的调整方法与连接权重的调整方法相同。

第五，判断是否满足迭代终止条件。如果满足，则算法终止，否则重新回到第二步，直到满足终止条件为止。

迭代终止条件一般为：迭代次数等于指定的迭代次数，或者权重的最大调整量小于一个指定值，权重基本稳定，或者损失函数 L 小于一个较小正数 ε。损失函数 L 是预测误差的函数。例如，对于回归问题，损失函数 L 通常为预测误差的平方和：$L = \dfrac{1}{2} \sum_{i=1}^{n} (y_i - \hat{y}_i)^2$。式中，$n$ 为样本量。对于分类问题，常采用基于节点输出值（概率值）的交互熵（cross entropy），定义为 $L = -\sum_{i=1}^{n} \sum_{j=1}^{k} \{p(y_i \mid x_i) \ln(\hat{y}_{ij}) + [1 - p(y_i \mid x_i)] \ln(1 - \hat{y}_{ij})\}$。式中，$p$ 为概率值，k 为输出节点个数，也即输出变量的类别数。

下面用一个简单的例子说明以上计算过程。表 6-1 中，x_1，x_2，x_3 为输入变量，y 为数值型输出变量，样本包含 3 个观测。

表 6-1　　　　　　　　　　连接权重计算示例数据

观测编号	x_1	x_2	x_3	y
1	1	1	0.5	0.7
2	-1	0.7	-0.5	0.2
3	0.3	0.3	-0.3	0.5

对如图 6-7 所示的感知机，设 α 为 1，η 为 0.1，θ 为 0，激活函数 $f=U$。0 时刻连接

权重 w_1，w_2，w_3 的初始值依次为 0.5，-0.3，0.8。

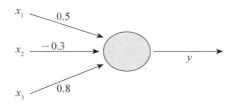

图 6 - 7　连接权重调整示例

$t=1$ 时刻，连接权重的调整过程为：$U(1)=0.5\times1+(-0.3)\times1+0.8\times0.5=0.6$；预测值 $\hat{y}(1)=f(0.6)=0.6$；预测误差 $e(1)=y(1)-\hat{y}(1)=0.7-0.6=0.1$。

$$\Delta w_1(1)=0.1\times0.1\times1=0.01$$
$$w_1(2)=1\times w_1(1)+\Delta w_1(1)=0.5+0.01=0.51$$
$$\Delta w_2(1)=0.1\times0.1\times1=0.01$$
$$w_2(2)=1\times w_2(1)+\Delta w_2(1)=-0.3+0.01=-0.29$$
$$\Delta w_3(1)=0.1\times0.1\times0.5=0.005$$
$$w_3(2)=1\times w_3(1)+\Delta w_3(1)=0.8+0.005=0.805$$

同理，可依据第 2，3 个观测进行第 2，3 次迭代，后续可能还需新一轮的学习等。

连接权重的调整是基于预测误差的，调整过程是超平面不断移动的过程。对分类型问题，如果超平面将本应在超平面一侧的观测点错误地划到超平面的另一侧，例如，预测类别错判为 0，误差 $e_j(t)$ 为 1，是加法器结果过小所致，权重应加上一个调整项 $\eta\times(+1)\times x_i(t)$；反之，如果预测类别错判为 1，误差 $e_j(t)$ 为 -1，是加法器结果过大所致，则权重应加上一个负的调整项 $\eta\times(-1)\times x_i(t)$。同理，对于回归问题，如果预测误差 $e_j(t)$ 为正，为减少误差，权重应加上一个调整项使超平面向一侧移动；反之，如果预测误差 $e_j(t)$ 为负，为减少误差，权重应加上一个负的调整项使超平面向另一侧移动。

可见，超平面或回归平面初始位置由网络的初始权重决定，它通常无法实现正确预测。在学习过程中，超平面会不断地朝正确的方向靠近。虽然其间正反方向的移动会相互抵消，但只要样本是线性可分的，在若干次迭代后，超平面的移动会减小，连接权重会趋于稳定。此时的超平面就是人们所期望的。

超平面的移动受学习率的影响，后续再做讨论。

6.2　B-P 反向传播网络

B-P 反向传播网络是一种典型的人工神经网络，是一种前馈式多层感知机模型。

6.2.1　B-P 反向传播网络的特点

B-P 反向传播模型为多层感知机结构，其中不仅包含输入和输出节点，还有一层或多层隐层，又称多层感知机模型（multilayer perception，MLP）。图 6 - 2 （b）就是一个 B-P

反向传播网络的拓扑图。

B-P 反向传播网络的主要特点是：

（1）包含隐层。

（2）反向传播。

（3）激活函数采用 Sigmoid 函数。

一、隐层的作用

神经网络中的隐层位于输入层和输出层中间，可以是一层，也可以是多层。隐层在 B-P反向传播模型中起着非常重要的作用，用于实现非线性样本的线性化变换。

所谓线性样本，简单讲是指对 p 维特征空间中的两类样本，若能找到一个超平面将两类分开，则样本为线性样本，否则为非线性样本。

实际问题中非线性样本是普遍存在的。例如，表 6-2 所示的就是典型的二维非线性样本。

表 6-2 二维非线性样本

输入变量 x_1	输入变量 x_2	输出变量
0	0	0
0	1	1
1	0	1
1	1	0

x_1，x_2 特征空间中的观测点如图 6-8 所示，其中实心点为一类（0 类），空心点为另一类（1 类）。

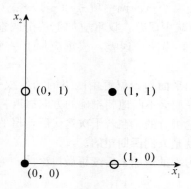

图 6-8 非线性样本示例

解决非线性样本的分类问题，可将观测点放置到更高维的空间中使其转化为线性样本，然后再分类。神经网络的解决方法也是首先试图将原空间中的非线性样本放置到一个新空间中，使其成为线性样本。实现途径是：将多个感知机模型按层次结构连接起来，形成隐层，让隐节点完成非线性样本到线性样本的转化任务。

为阐明这个问题，仍以表 6-2 中的数据为例。设网络结构是：2 个输入节点，分别接收 x_1，x_2；1 个隐层，包含 2 个隐节点，分别以 y_1，y_2 表示；1 个输出节点，以 Z 表示；3 个偏差节点，均看作输入为 1 的特殊节点，如图 6-9 所示。

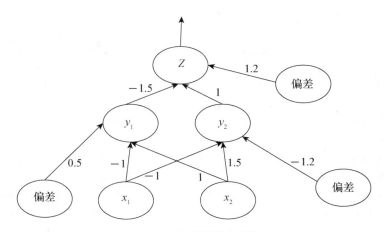

图 6-9　非线性样本转换

设连接权重是经过若干次迭代以后的结果。激活函数采用 [0，1] 阶跃函数，以观测点 (1，1) 为例，有：

- y_1 节点的输出为 $U_{y1}=1×(-1)+1×1.5+1×0.5$，因为 $U_{y1}>0$，输出结果为 1；
- y_2 节点的输出为 $U_{y2}=1×(-1)+1×1.5+1×(-1.2)$，因为 $U_{y2}<0$，输出结果为 0；
- Z 节点的输出为 $Z=1×(-1.5)+0×1+1×1.2$，因为 $Z<0$，输出结果为 0。

所以，观测点 (1，1) 经过隐节点的作用，最终节点 Z 的输出为 0。

根据上述逻辑，隐节点 y_1 和 y_2 分别代表的是两个超平面。经过若干次迭代后，如图 6-10 所示。

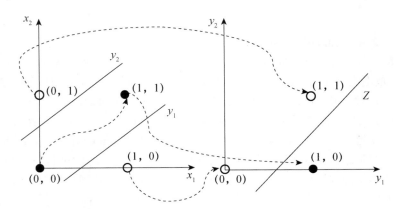

图 6-10　特征空间的变换以及超平面

在 x_1，x_2 特征空间中，直线 y_1，y_2 将 4 个观测点划分在 3 个区域内：

- 点 (0，0) 和点 (1，1) 落在直线 y_1，y_2 的中间区域，两个隐节点的输出均为 1，0。
- 点 (1，0) 和点 (0，1) 落入直线 y_1，y_2 的外侧区域，两个隐节点的输出分别为 0，0 和 1，1。

x_1，x_2 特征空间中的观测点 (0，0) 和 (1，1) 合并为 y_1，y_2 特征空间中的一个点 (1，0)。直线 Z 将两类样本分开：

- 观测点 (1，0) 落在直线 Z 的下方，输出结果为 0，也就是说，x_1，x_2 特征空间中的观测点（0，0）和（1，1）的最终分类结果为 0。

● 观测点（0，0）和（1，1）落在直线 Z 的上方，输出结果为 1，也就是说，x_1，x_2 特征空间中的观测点（1，0）和（0，1）的最终分类结果为 1。

同理，多个隐节点和隐层可实现更复杂的非线性样本的线性转化。

二、反向传播

反向传播是 B-P 反向传播网络的重要特点。

由前面的讨论可知，输入节点和输出节点之间连接权重的调整依据之一是预测误差。在无隐层的简单网络结构中，输出变量的实际值已知，因此预测误差可直接计算并用于连接权重的调整，但该策略无法直接应用于 B-P 反向传播网络。原因是如果姑且利用感知机方法调整隐层与输出层之间的连接权重，但却无法应用于输入层和隐层之间的权重调整，因为隐层的实际输出是未知的，误差无法计算。所以，B-P 反向传播网络需要引入一种新机制实现权重调整，这就是反向传播。B-P 反向传播网络算法分正向传播和反向传播两个阶段。

所谓正向传播阶段，是指样本信息从输入层开始，由上至下逐层经隐节点计算处理，上层节点的输出为下层节点的输入，最终样本信息被传播到输出层节点，得到预测结果。正向传播期间所有连接权重保持不变。

计算出预测误差后便进入反向传播阶段。虽然 B-P 反向传播网络无法直接计算隐节点的预测误差，但可利用输出节点的预测误差来逐层估计隐节点的误差，即将输出节点的预测误差反方向逐层传播到上层隐节点，逐层调整连接权重，直至输入节点和隐节点的权重全部得到调整为止，最终使网络输出值越来越逼近实际值。B-P 反向传播网络正得名于此。

三、采用 Sigmoid 激活函数

B-P 反向传播模型采用（0，1）型 Sigmoid 函数作为激活函数，节点的输出被限制在 0～1 范围内。对于回归问题，输出节点给出的是经标准化处理后的预测值，只需还原处理即可；对于分类问题，输出节点给出的是预测类别的概率值。

B-P 反向传播网络采用 Sigmoid 函数的更重要意义在于：模型训练开始阶段，由于连接权重在 0 附近，节点加法器结果也在 0 附近。此时 Sigmoid 函数的斜率近似为一个常数，输入输出间呈近似线性关系，模型比较简单。随着模型训练的进行，网络权重不断调整，节点加法器结果逐渐偏离 0，输入输出逐渐呈非线性关系，模型相对复杂，且输入的变化对输出的影响程度逐渐下降。模型训练的后期，节点加法器结果远离 0，此时输入的变化将不再引起输出的明显变动，输出基本趋于稳定。神经网络的预测误差不再随连接权重的调整而明显改善，预测结果稳定，模型训练结束。可见，Sigmoid 函数较好地体现了连接权重修正过程中，模型从近似线性到非线性的渐进转变进程。

另外，Sigmoid 函数不仅具有非线性、单调的特点，还具有无限次可微的特点，这使 B-P 反向传播网络能够采用梯度下降法调整连接权重。

6.2.2　B-P 反向传播算法

B-P 反向传播算法的特点是采用梯度下降法，每个时刻都本着使损失函数减小最快的

原则调整连接权重。不同类型问题的损失函数形式不尽相同。

一、参数优化

参数优化是在一个特定模型结构 M 中，利用数据 D 优化模型参数，目标是求使损失函数 $L(\boldsymbol{W}) = L(\boldsymbol{W} \mid D, M)$ 达到最小的模型参数 $\boldsymbol{W}$。

不同类型问题的损失函数形式会有所不同。一般预测问题中，如果各观测是相互独立的，损失函数通常是误差函数的加总形式，即 $L(\boldsymbol{W}) = L(\boldsymbol{W} \mid D, M) = \sum_{i=1}^{n} E(y_i, f(\boldsymbol{X}_i, \boldsymbol{W}))$。式中，$n$ 为样本量；E 为误差函数；f 为预测模型；$\boldsymbol{X}_i$ 和 y_i 分别为输入变量和输出变量。损失函数的复杂度取决于误差函数和预测模型的复杂度。

B-P 反向传播网络中，输出节点 j 在 t 时刻的误差函数 E 为：$E(y_j(t), \hat{y}_j[\boldsymbol{W}(t)]) = \frac{1}{2}[e_j(t)]^2 = \frac{1}{2}[y_j(t) - \hat{y}_j(t)]^2$。将加法器和激活函数代入后，$t$ 时刻输出节点 j 的误差函数 E 为：

$$\frac{1}{2}[e_j(t)]^2 = \frac{1}{2}[y_j(t) - \hat{y}_j(t)]^2 = \frac{1}{2}\{y_j(t) - f[U_j(t)]\}^2$$
$$= \frac{1}{2}\{y_j(t) - f[\sum_{i=1}^{m} w_{ij}(t)O_i(t) + \theta_j(t)]\}^2$$

式中，$U_j(t)$ 为加法器计算结果；$O_i(t)$ 表示上层第 i 个隐节点的输出，上层共有 m 个隐节点。对于多层网络，O_i 可进一步表示成更上层输出的加法器和激活函数的形式。可见，B-P 反向传播网络中的损失函数是关于参数 $\boldsymbol{W}$ 的高维非线性函数。

如果模型是关于参数 $\boldsymbol{W}$ 的线性函数，误差函数为误差平方，则损失函数 L 是 $\boldsymbol{W}$ 的二次函数。此时的参数优化问题较为简单，只存在唯一最值。但如果模型结构和误差函数的形式较为复杂，则损失函数 L 不一定是关于 $\boldsymbol{W}$ 的简单平滑函数，可能是多峰的。此时，求解使 $L(\boldsymbol{W})$ 最小的参数 $\boldsymbol{W}$ 的问题等价于在高维空间中最小化一个多元复杂函数的问题。

B-P 反向传播网络中，由于损失函数 $L(\boldsymbol{W})$ 是参数 $\boldsymbol{W}$ 的平滑非线性复杂函数，没有闭合形式（closed form）的解。因此，其优化是一个以迭代方式，在误差函数 $L(\boldsymbol{W})$ 曲率的局部信息引导下，在 $L(\boldsymbol{W})$ 曲面上局部搜索最小值的问题。迭代算法的步骤如下：

- 初始化：为参数向量 $\boldsymbol{W}$ 选取初始值 $\boldsymbol{W}(0)$。
- 第 i 次迭代，令 $\boldsymbol{W}(i+1) = \boldsymbol{W}(i) + \lambda(i)\boldsymbol{v}(i)$。其中，$\boldsymbol{v}(i)$ 是参数空间中 $\boldsymbol{W}(i)$ 下一步的移动方向，$\lambda(i)$ 是移动步长。令 $\Delta\boldsymbol{W}(i) = \lambda(i)\boldsymbol{v}(i)$。
- 重复上步直至 $L(\boldsymbol{W})$ 达到局部最小值。
- 多次重复启动，以避免局部而非全局最小。

上述过程可用图 6-11 形象地表示。

图 6-11 中，起点位置由参数初始值确定。之后，每步都沿着曲面向使损失函数下降最快的方向移动。另外，两次起点位置即参数初始值不同，最终所得的参数解也不同。图 6-11（b）中的为全局最优解，图 6-11（d）中的只是局部最优解。因此，迭代的重复启动是必要的。

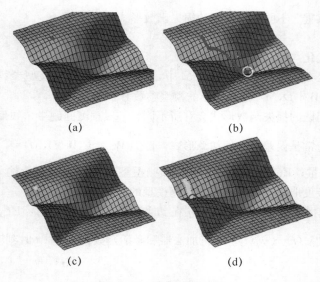

$$(a) \qquad (b)$$

$$(c) \qquad (d)$$

图 6 - 11　参数求解过程

二、B-P 连接权重 W 的调整

连接权重调整的目标是使损失函数 L 达到最小。t 时刻连接权重调整应沿着损失函数曲面下降最快的方向，即负梯度方向进行。计算损失函数的方向导数，找到函数下降最快的方向和最大值，确定负梯度方向以及梯度模。可以证明，如果 t 时刻连接权重 W 的偏导数存在，则 W 的方向导数就是损失函数对 W 的偏导。由于 Sigmoid 激活函数处处可微，满足该条件，t 时刻，B-P 反向传播网络输出节点 j 的损失函数等于 $\boldsymbol{L}(W) = \dfrac{1}{2}\left[e_j(t)\right]^2$。

根据微分链式法则，上层第 i 个节点与第 j 个输出节点的连接权重调整量 $\Delta w_{ij}(t)$ 为：

$$\Delta w_{ij}(t) = -\eta \frac{\partial E_j(t)}{\partial w_{ij}(t)} = -\eta \frac{\partial E_j(t)}{\partial e_j(t)} \times \frac{\partial e_j(t)}{\partial Y_j^{'}(t)} \times \frac{\partial Y_j^{'}(t)}{\partial U_j(t)} \times \frac{\partial U_j(t)}{\partial w_{ij}(t)}$$
$$= -\eta \times e_j(t) \times (-1) \times f^{'}[U_j(t)] \times O_i(t)$$

式中，η 为学习率，负号表示负梯度方向。由于采用 Sigmoid 激活函数，$f^{'}[U_j(t)] = f[U_j(t)] \times \{1 - f[U_j(t)]\}$。所以：

$$\Delta w_{ij}(t) = \eta e_j(t) \times f[U_j(t)]\{1 - f[U_j(t)]\} \times O_i(t)$$

令 $\delta_j(t) = e_j(t) \times f[U_j(t)]\{1 - f[U_j(t)]\}$，称为第 j 个输出节点 t 时刻的局部梯度，与误差有关，则 $\Delta w_{ij}(t) = \eta \delta_j(t) \times O_i(t)$。类似地，$t$ 时刻第 l 隐层的第 j 个节点的一个局部梯度定义为：$\delta_j^l(t) = f[U_j(t)] \times \{1 - f[U_j(t)]\} \times \sum_{i=1}^{q} \delta_i^{l+1}(t) w_{ji}(t)$。其中，$w_{ji}(t)$ 为 t 时刻 l 层的下层 $l+1$ 层第 i 个节点与 l 层第 j 个节点的连接权重；第 j 个节点与第 $l+1$ 层的 q 个节点相连；δ_i^{l+1} 为 $l+1$ 层第 i 个节点的局部梯度。于是，第 l 个隐层第 j 个节点的局部梯度会受到 $l+1$ 层 q 个节点局部梯度的共同影响，定义为 q 个节点局部梯度的加权平均（权重为 w_{ji}），再乘以自身激活函数的导数。

于是，$t+1$ 时刻节点 j 的连接权重调整为：$w_{ij}(t+1) = \alpha \times w_{ij}(t) + \eta \times \delta_j(t) \times O_i(t)$。可见，B-P 反向传播网络的连接权重调整策略与感知机类似，遵循 delta 规则，权重的调

整与局部梯度（与误差有关）及所连接的输入成正比。$t+1$ 时刻的连接权重是 t 时刻的连接权重加上一个基于误差的调整项，即 $w_{ij}(t+1)=\alpha\times w_{ij}(t)+\Delta w_{ij}(t)$。

　　总之，B-P 反向传播网络的最大特点就是反向传播：误差经过神经网络依次反向回传，体现在每个节点的局部梯度上。连接权重按照 delta 规则调整，直到所有隐层都被覆盖，所有连接权重都被调整。之后，B-P 反向传播网络继续使用下一个观测数据。当再没有新的观测数据时，第一轮学习结束。对同样的样本数据，可能会进行第二次、第三次或更多轮的迭代学习，直至达到收敛标准为止。

6.2.3　B-P 反向传播网络中的学习率

　　学习率 η 对神经网络的权重调整有较为明显的影响。如前所述，连接权重的不断调整过程可比喻为超平面不断向正确位置移动的过程，而每次移动的距离与学习率 η 有关。通常，人们并不希望超平面一次移动过大或过小，也就是说，学习率 η 不能太大也不能太小。学习率 η 如果过大，连接权重改变量就较大，可能导致网络工作不稳定，且当逼近误差最小点时可能会因大幅震荡而永远达不到最小值的位置；学习率 η 如果过小，超平面逼近正确目标的进程可能会很漫长。

　　下面以图 6-12 所示的简单误差函数 $E=w^2+1$ 为例进行说明，希望找到使函数 E 达到最小值的参数 w 的取值。

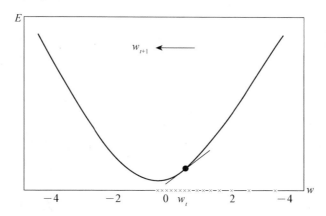

图 6-12　学习率 η 对连接权重调整的影响

　　如果参数 w 的初始值为 4，即 $w(0)=4$，学习率 η 为 0.1，则 $w(t+1)=w(t)+2w$（对 w 求偏导）。由图可知，导数为正时，w 应减小；导数为负时，w 应增加。其总与导数的符号相反。3 次迭代结果为：

$$w(1)=4-0.1\times(2\times4)=3.2$$
$$w(2)=3.2-0.1\times(2\times3.2)=2.56$$
$$w(3)=2.56-0.1\times(2\times2.56)=2.048$$

　　可见，随着参数 w 的不断调整，函数 E 逐渐逼近曲线的最低点。

　　如果将学习率 η 调整为一个较大值，图中参数 w 的取值点会在 0 左右跳跃，函数 E 可能永远达不到最低点；如果将学习率 η 调整为一个较小值，函数 E 逼近最低点的速度会很慢。

传统 B-P 网络中的学习率 η 是一个不变常数。为解决学习率过大或过小导致的问题，出现了许多改进算法，弹性 B-P 网络（resilient back propagation）就是其中之一。在弹性 B-P 网络中，学习过程中的学习率是一个动态变化的量。$t+1$ 时刻的学习率 $\eta(t+1)$ 是对 t 时刻学习率 $\eta(t)$ 的修正。若 $t+1$ 时刻误差函数的导数符号与 t 时刻相同，应加速收敛过程，$\eta(t+1)$ 等于 $\eta(t)$ 加上一个衰减量（decay）；若 $t+1$ 时刻误差函数的导数符号与 t 时刻相反，说明误差函数值已跃过最小值，此时 $\eta(t+1)$ 等于 $\eta(t)$ 减去一个衰减量。

6.3 B-P 反向传播网络的 R 函数和应用示例

B-P 反向传播网络的 R 函数主要集中在 neuralnet 和 nnet 两个包中。首次使用时应下载安装它们，并加载到 R 的工作空间中。

6.3.1 neuralnet 包中的 neuralnet 函数

neuralnet 包中的 neuralnet 函数可实现传统 B-P 反向传播网络以及弹性 B-P 网络的二分类建模和回归建模。网络的拓扑结构为多层网络结构。输入节点个数等于输入变量个数，隐层和各层隐节点个数由用户指定，有一个输出节点。neuralnet 函数的基本书写格式为：

> neuralnet（输出变量～输入变量, data＝数据框名, hidden＝1, threshold＝0.01, stepmax＝100000, rep＝迭代周期, err. fct＝误差函数名, linear. output＝TRUE, learningrate＝学习率, algorithm＝算法名）

其中：
- 数据事先组织在 data 指定的数据框中。
- 参数 hidden 用于指定隐层数和隐节点个数，默认值为 1，表示有 1 个隐层包含 1 个隐节点。若 hidden＝c(3,2,1)，表示有 3 个隐层，第 1～3 个隐层分别包含 3，2，1 个隐节点。
- 参数 threshold 用于指定迭代停止条件。当权重的最大调整量小于指定值（默认值为 0.01）时迭代终止。
- 参数 stepmax 用于指定迭代停止条件。当迭代次数达到指定次数（默认值为 100 000 次）时迭代终止。
- 参数 rep 用于指定迭代周期，默认值为 1。
- 参数 err. fct 用于指定损失函数 L 的形式，取 "sse" 表示损失函数 L 为误差平方，取 "ce" 表示为交互熵。
- linear. output 取值为 TRUE 或 FALSE，表示输出节点的激活函数为线性函数（$f(U_j)＝U_j$，如进行基于线性回归的预测）和非线性函数（默认为 Sigmoid 函数）。对于传统 B-P 网络，该参数应取 FALSE。
- 参数 learningrate 用于指定学习率。当参数 algorithm 取 "backprop"时需指定该参数为一个常数，否则学习率是一个动态变化的量。
- 参数 algorithm 用于指定算法，取 "backprop"表示传统的 B-P 向后传播网络；取

"rprop＋"或 "rprop－"表示弹性 B-P 算法，分别采用权重回溯或不回溯，不回溯将加速收敛。默认值为 rprop＋。

neuralnet 函数的返回值是一个包含众多计算结果的列表，主要包括如下成分：

- response：各观测输出变量的实际值。
- net. result：各观测输出变量的预测值（回归预测值或预测类别的概率）。
- weights：各个节点的权重值列表。
- result. matrix：迭代终止时各个节点的权重、迭代次数、损失函数值和权重的最大调整量。
- startweights：各个节点的初始权重。neuralnet 函数令初始权重为（－1，＋1）上的正态分布随机数。为使每次建模的计算结果相同，可将随机数种子指定为一个常数。

6.3.2　neuralnet 函数的应用示例

一、建立神经网络模型

针对第 5 章顾客消费行为数据，利用神经网络对顾客是否决定消费进行预测。样本量为 431，变量包括：是否购买（Purchase，0 为没有购买，1 为购买）、年龄（Age）、性别（Gender，1 为男，2 为女）和收入水平（Income，1 为高收入，2 为中收入，3 为低收入）。这里，是否购买为输出变量，其余变量作为输入变量。代码及结果如下：

```
install. packages("neuralnet")
library("neuralnet")
BuyOrNot <- read. table(file="消费决策数据. txt",header=TRUE)
set. seed(12345)    #设置随机数种子使连接权重初始值重复出现,确保每次执行结果相同
(BPnet1 <- neuralnet(Purchase~Age＋Gender＋Income,data=BuyOrNot,hidden=2,
err. fct="ce",linear. output=FALSE))

1 repetition was calculated.

        Error Reached Threshold Steps
1 270.7707511     0.009283383232 15076
BPnet1 $ result. matrix   #连接权重及其他信息
                                    1
error                   270.770751063277
reached.threshold         0.009283383232
steps                 15076.000000000000
Intercept.to.1layhid1     85.162217772351
Age.to.1layhid1            0.891538559407
Gender.to.1layhid1       -45.292143614527
Income.to.1layhid1       -29.880688348211
Intercept.to.1layhid2      2.275543876101
Age.to.1layhid2           -3.665989522448
Gender.to.1layhid2        22.279522498473
Income.to.1layhid2        10.734723495182
Intercept.to.Purchase     -0.129857218842
1layhid.1.to.Purchase     -1.195226032335
1layhid.2.to.Purchase    874.190084492440
```

```
BPnet1 $ weights　#连接权重列表
[[1]]
[[1]][[1]]
                    [,1]            [,2]
[1,]    85.1622177724    2.275543876
[2,]     0.8915385594   -3.665989522
[3,]   -45.2921436145   22.279522498
[4,]   -29.8806883482   10.734723495

[[1]][[2]]
                    [,1]
[1,]    -0.1298572188
[2,]    -1.1952260323
[3,]   874.1900844924
plot(BPnet1)
```

本例说明如下：

● 本例有 1 个隐层和 2 个隐节点。因为是二分类问题，损失函数采用交互熵，且输出节点的激活函数为 Sigmoid 函数。

● 结果表明，共进行了 15 076 次迭代。迭代结束时，损失函数为 270.77，权重的最大调整量为 0.009。

● 本例中，result.matrix 逐一给出了网络节点的所有连接权重。例如，第 1 个隐节点的偏差权重为 85.16，年龄、性别、收入与该节点的权重依次为 0.89，－45.29，－29.88。

● 本例中，weights 为存储连接权重的数组。[[1]][[1]] 中，第 1，2 列为全部输入节点（包括偏差节点）分别与第 1，2 个隐节点的连接权重；[[1]][[2]] 中为偏差节点和两个隐节点与输出节点的连接权重。

● 可通过 plot 函数使神经网络可视化，如图 6 - 13 所示。

二、评价输入变量的重要性

实际应用中需要进一步明确哪些输入变量对输出变量的预测更为重要。神经网络中的权重仅作为节点的连接强度测度，无法直观揭示输入变量的重要程度。为此，neuralnet 函数中提供了广义权重（generalize weight），用于测度解释变量的重要性。第 i 个输入变量 x_i 的广义权重定义为：

$$gw_i = \frac{\partial(\ln\frac{\hat{y}}{1-\hat{y}})}{\partial x_i}$$

它是对数优势函数的偏导数。将变量值 x_{ji} 代入，可计算输入变量 x_i 在第 j 个观测处的广义权重取值。可见，若输入变量 x_i 在所有观测处的偏导数几乎均为 0，表明 x_i 的取值变化不对对数优势产生影响，对输出变量影响较小。

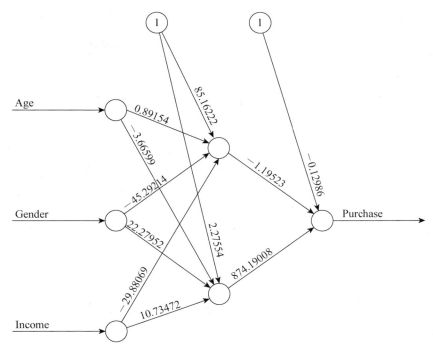

Error：270.770751　　Steps：15076

图 6 - 13　neuralnet 函数示例的神经网络拓扑图

广义权重存储在名为 generalized. weights 的列表成分中。例如，对于上例，利用广义权重分析输入变量的重要性，代码及结果如下：

```
head(BPnet1 $ generalized. weights[[1]])　#显示前6个(默认)观测的广义权重
                [,1]            [,2]            [,3]
1 -0.184425689524   9.36923560737   6.18118699851
2 -0.001446301227   0.07347532217   0.04847404048
3 -0.184425689524   9.36923560737   6.18118699851
4 -0.248354345535  12.61695365454   8.32381137143
5 -0.001215887293   0.06176978138   0.04075151758
6 -0.001215887293   0.06176978138   0.04075151758
```

说明：

● 这里，列号对应于 neuralnet 函数中输入变量的书写顺序。本例中，3 列依次为年龄、性别和收入在前 6 个观测处的广义权重。

● 年龄在前 6 个观测上的广义权重几乎均为 0，表示年龄不对顾客的消费决策产生影响。进一步，为更直观地展示和对比输入变量的重要性，可利用 gwplot 函数绘制指定输入变量及其在各观测处的广义权重的散点图。

gwplot 函数是 neuralnet 包提供的绘图函数，基本书写格式为：

gwplot(neuralnet 函数结果对象名,selected. covariate＝输入变量名)

例如，对于上例，分别绘制三幅散点图，如图 6-14 所示，代码如下：

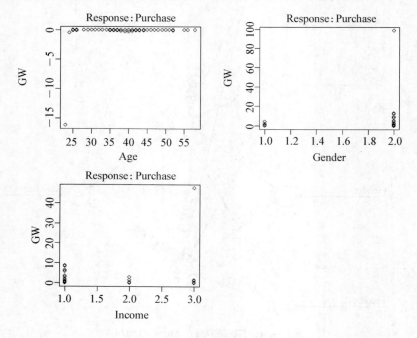

图 6-14　示例的广义权重散点图

```
par(mfrow=c(2,2))
gwplot(BPnet1,selected. covariate="Age")
gwplot(BPnet1,selected. covariate="Gender")
gwplot(BPnet1,selected. covariate="Income")
```

由图 6-14 可知，年龄的广义权重几乎均在 0 附近，所以该变量的重要性很弱。性别和收入相对重要，且呈现一定的非线性影响关系。

三、比较输入变量不同水平组合对输出变量的影响

对于上例的进一步分析是：年龄对于消费决策没有重要影响，在排除年龄影响的条件下，不同性别和收入水平人群的购买概率是否明显不同呢？为此，可利用 neuralnet 包中的 compute 函数，计算输入变量任意取值组合下输出节点的预测值。compute 函数的基本书写格式为：

compute(neuralnet 函数结果对象名,covariate=矩阵名)

式中，参数 covariate 应为输入变量任意取值组合的矩阵。

例如，对于上例，因年龄对于消费决策没有重要影响，所以年龄取样本均值 39。对性别（2 个水平）和收入（3 个水平）的所有可能取值进行组合，研究对消费决策的影响：

```
newData <- matrix(c(39,1,1,39,1,2,39,1,3,39,2,1,39,2,2,39,2,3),nrow=6,ncol=3,byrow=TRUE)
```

```
new. output <- compute(BPnet1, covariate=newData)
new. output $ net. result
                 [,1]
[1,]  0.2099738161
[2,]  0.2099738846
[3,]  0.4675811478
[4,]  0.3607890237
[5,]  0.4675812387
[6,]  0.4675812387
```

本例说明如下：

● 本例中，年龄取样本均值 39 岁时，依次分析性别为 1（男），收入依次为 1（高），2（中），3（低），以及性别为 2（女），收入依次为 1，2，3 的组合对是否购买的影响。应首先定义一个数据矩阵 newData。

● 在以上各种输入变量值组合下，输出节点给出的预测值依次为 0.21，0.21，0.47 等。女性的购买概率普遍高于男性。高收入人群的购买概率低于低收入人群。男性高、中收入人群的购买概率近似相等，女性中、低收入人群的购买概率近似相等。

● 利用 compute 函数可计算新观测的预测值。

6.3.3 利用 ROC 曲线确定概率分割值

在二分类问题中，B-P 神经网络输出节点给出的是预测类别为 1 的概率。通常概率大于分割值 τ 时预测类别为 1，小于 τ 时预测类别为 0。尽管一般情况下分割值 τ 取 0.5，但这并非适用于所有情况。

例如，上例中存储预测概率值的 net. result 中几乎没有大于 0.5 的观测。此时，需在确认预测模型合理的基础上，根据概率值和实际类别找到一个恰当的概率分割值 τ，为后续新观测的类别预测提供概率依据。寻找概率分割值 τ 的简洁方式是绘制 ROC 曲线。

一、什么是 ROC 曲线

ROC 是"接受者操作特性"（receiver operating characteristic）的英文首字母。ROC 曲线用于评价模型的分类性能，也是辅助确定概率分割值的有效工具。在如表 6-3 所示的二分类预测的混淆矩阵中，行向为观测的实际类别值，列向为预测类别值。表格中各单元的英文字母：TP（true positive）——真正，表示实际值为 1，预测值也为 1；FN（false negative）——假负，表示实际值为 1，预测值为 0；FP（false positive）——假正，表示实际值为 0，预测值为 1；TN（true negative）——真负，表示实际值为 0，预测值为 0。

表 6-3　　　　　　　　　　　　　二分类预测的混淆矩阵

实际类别	预测类别	
	1	0
1	TP	FN
0	FP	TN

其中，TP/（TP＋FN）称为敏感性（sensitivity），缩写为 TPR（true positive rate）。TN/（FP＋TN）称为特异性（specificity），缩写为 TNR（true negative rate）。显然，若 TPR 和 TNR 同时较大，即 TPR 较大同时假正率 FPR（false positive rage，1－TNR，也称 1－特异性）较小，表明分类模型的分类精度较高。

因作图统计量不同，ROC 曲线有许多种类。典型的 ROC 曲线的横坐标为 FPR，纵坐标为 TPR。绘制 ROC 曲线过程中，首先将观测依预测概率值降序排序，然后选择其中的几个典型值（或所有值）依次作为概率分割值 τ，并计算在各概率分割值 τ 下当前的 TPR 和 FPR，绘制成如图 6－15 所示的 ROC 曲线。

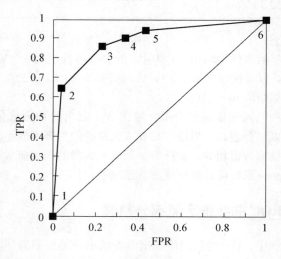

图 6－15 典型的 ROC 曲线

图 6－15 中，若以 1 处的概率值作为概率分割值 τ，则模型的 TPR 和 FPR 均为 0。此时的 TPR 取到最小值，模型对正（1 类）的预测正确率为 0，该分割值不恰当。同理，若以 6 处的概率值为概率分割值 τ，则模型的 TPR 和 FPR 均为 1。此时的 FPR 取到最大值，模型对负类（0 类）的错判率为 1，该分割值不恰当。恰当的概率分割值 τ 应处于 TPR 较大且 FPR 较小，如 2 或 3 处，或 TPR 与 FPR 之比最大，如 2 处。

二、绘制 ROC 曲线的 R 函数

R 的 ROCR 包提供了计算和绘制 ROC 曲线的一系列函数。首次使用时应下载安装 ROCR 包，并将其加载到 R 的工作空间中。

为得到如图 6－15 所示的 ROC 曲线，基于上述原理，应首先计算 TPR 和 FPR，然后再画图。

1. 计算 TPR 和 FPR

ROCR 包中完成相关计算的函数是 prediction 和 performance。prediction 函数的基本书写格式为：

$$prediction(predictions＝概率向量, labels＝类别向量)$$

式中，参数 predictions 指定的概率向量中存储二分类模型给出的预测概率；参数 labels 指定的类别向量中存储对应的类别值。prediction 函数的主要目的是将概率值和类别值组织成 performance 函数要求的对象格式。performance 函数的基本书写格式为：

$$\text{performance}(对象名,\text{measure}=缩写\ 1,\text{x. measure}=缩写\ 2)$$

式中，对象名为 prediction 函数的返回值对象；参数 measure 用于指定 ROC 曲线中的纵坐标；参数 x. measure 用于指定 ROC 曲线中的横坐标。这两个参数可取"tpr"，"fpr"等许多测度指标。如取"acc"表示预测精度，等于（TP＋TN）/N，N 为总的样本量，详见 performance 函数的帮助文件。为给出更为稳健的计算结果，performance 函数将自动进行交叉验证和重抽样自举。

2. 画图

画图函数为 plot 函数。绘制 ROC 曲线时的基本书写格式为：

$$\text{plot}(对象名,\text{colorize}=\text{FALSE/TRUE},\text{print. cutoffs. at}=\text{c}())$$

其中：

● 对象名为 performance 函数的返回值对象。

● colorize 为 TRUE 时将默认在图的右侧以不同颜色表示分割值 τ 的大小，取 FALSE 时不显示。默认为 FALSE。

● 参数 print. cutoffs. at 用于指定一个包含若干个分割值 τ 的向量。将在 ROC 曲线上标出各分割值所在的位置。

三、应用示例

前面对顾客是否购买的分类预测问题，建立了神经网络模型，并得到了各个观测的预测值（概率值）。进一步，需要确定一个恰当的概率分割值 τ。代码及结果如下：

```
install. packages("ROCR")
library("ROCR")
detach("package:neuralnet")    #卸载神经网络包
summary(BPnet1 $ net. result[[1]])    #浏览预测概率值

        V1
Min.    :0.2099738
1st Qu.:0.2099882
Median :0.4675621
Mean   :0.3758596
3rd Qu.:0.4675812
Max.   :0.9866625
pred <- prediction(predictions=as. vector(BPnet1 $ net. result),labels=BPnet1 $ response)
par(mfrow=c(2,1))
perf <- performance(pred,measure="tpr",x. measure="fpr")    #计算标准 ROC 曲线
plot(perf,colorize=TRUE,print. cutoffs. at=c(0.2,0.45,0.46,0.47))
perf <- performance(pred,measure="acc")    #计算随概率分割值变化预测精度的变化
plot(perf)
Out <- cbind(BPnet1 $ response,BPnet1 $ net. result[[1]])    #合并实际值和概率值
Out <- cbind(Out,ifelse(Out[,2]>0.468,1,0))    #以 0.468 为概率分割值进行类别
预测
```

```
(ConfM. BP <- table(Out[,1],Out[,3]))    ＃计算混淆矩阵
      0   1
0 268   1
1 161   1
(Err. BP <-(sum(ConfM. BP)-sum(diag(ConfM. BP)))/sum(ConfM. BP))    ＃计算错
判率
[1] 0. 3758700696
```

本例说明如下：

● 本例中，neuralnet 和 ROCR 包中均有函数 prediction，为避免冲突，卸载了 neural-net 包。

● 本例中，神经网络给出的概率预测值的最小值为 0.210，最大值为 0.987，上四分位数（3rd Qu.）为 0.468。

首先，为绘制典型 ROC 曲线，调用 performance 函数计算 TPR 和 FPR。画图并在图中标出概率值 0.2，0.45，0.46，0.47 所在的位置，如图 6-16 (a) 所示。

然后，为分析随概率分割值变化模型的总体预测精度有怎样的变化，再次调用 per-formance 函数，并给出参数 acc。此时，横坐标默认为分割值，如图 6-16 (b) 所示。

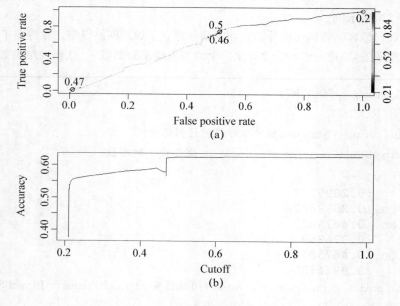

图 6-16　示例的 ROC 曲线图

图 6-16 (a) 显示，以 0.47 或 0.2 作分割值均不恰当，较为合理的分割值近似为 0.46。同时，图 6-16 (b) 也显示，分割值在 0.46 附近时的总体预测精度较高。因此，这里以概率值的上四分位数 0.468 作为概率分割值 τ。大于该值预测类别为 1，否则为 0。进一步，得到相应的混淆矩阵，并计算错判率为 0.38。可见，该模型的总体预测精度不太理想，但对 0 类的预测较为准确。这与仅有 3 个输入变量，且年龄变量不重要有关，也与 0，1 两类样本量存在一定的不平衡性有关。

6.3.4　nnet 包中的 nnet 函数

一、nnet 函数

nnet 包中的 nnet 函数可实现传统 B-P 反向传播网络分类和回归预测。网络的拓扑结构为二层或三层网络结构。输入节点个数等于输入变量个数，隐层只有 1 层，隐节点的个数由用户指定。二分类和回归问题的输出节点个数为 1，多分类问题的输出节点个数等于输出变量的类别数。nnet 函数的基本书写格式为：

nnet(输出变量～输入变量,data＝数据框名,size＝隐节点个数,linout＝FALSE/
TRUE,entropy＝FALSE/TRUE,maxit＝100,abstol＝0.0001)

其中：
- 数据事先组织在 data 指定的数据框中。
- 参数 size 用于指定隐节点的个数。若为 0，表示没有隐层。
- 参数 linout 用于指定输出节点的激活函数是否为非线性函数。默认值 FALSE 表示为非线性函数（含义同 neuralnet 函数的 linear.output 参数）。
- 参数 entropy 用于指定损失函数是否采用交互熵，默认值 FALSE 表示损失函数采用误差平方和的形式。
- 参数 maxit 用于指定迭代停止条件。当迭代次数达到指定次数（默认值为 100 次）时迭代终止。
- 参数 abstol 用于指定迭代停止条件。当权重的最大调整量小于指定值（默认值为 0.0001）时迭代终止。

nnet 函数的返回值是一个包含众多计算结果的列表，其中主要包括如下成分：
- wts：各个节点的连接权重。
- value：迭代结束时的损失函数值。
- fitted.values：各观测的预测值。

二、应用示例

仍用前述顾客购买行为的数据，利用传统 B-P 网络对顾客是否决定消费进行预测。样本量为 431，变量包括：是否购买（Purchase，0 为没有购买，1 为购买）、年龄（Age）、性别（Gender，1 为男，2 为女）和收入水平（Income，1 为高收入，2 为中收入，3 为低收入）。这里，是否购买为输出变量，其余变量作为输入变量。

```
library("nnet")   #利用 nnet 函数建立神经网络
set.seed(1000)
(BPnet2 <- nnet(Purchase～Age＋Gender＋Income,data＝BuyOrNot,size＝2,entropy＝
TRUE,abstol＝0.01))

# weights:  11
initial  value 287.993985
final  value 285.324638
converged
a 3-2-1 network with 11 weights
```

```
inputs: Age Gender Income
output(s): Purchase
options were - entropy fitting
predict(BPnet2,BuyOrNot,type="class")    #计算预测类别
library("neuralnet")    #利用 neuralnet 函数再次建立神经网络,计算结果同 nnet
set. seed(1000)
(BPnet3 <- neuralnet(Purchase~Age+Gender+Income,data=BuyOrNot,algorithm=
"backprop",learningrate=0.01,hidden=2,err. fct="ce",linear. output=FALSE))

1 repetition was calculated.

        Error Reached Threshold Steps
1 285.3245622     0.001677452455      4
```

本例说明如下：

● 本例中，隐层包含 2 个隐节点，误差函数采用交互熵，迭代终止标准为权重最大调整量小于 0.01。于是，有 11 个连接，迭代终止时的损失函数值为 285.32。

● 利用 neuralnet 函数，通过恰当的参数设置，实现与 nnet 函数相同的功能。

nnet 函数的优势在于：

第一，可直接利用 predict 函数对 nnet 对象进行预测，如 predict(BPnet2,BuyOrNot, type= "class")。默认以 0.5 作为概率分割值 τ。

第二，当输出变量为多分类值时，只需定义其为因子，nnet 函数便可进行多分类的预测，且预测值是取各类别的概率值。最终的预测类别应为最高概率值所对应的类别。若不定义为因子，则按回归预测处理。

6.4 本章函数列表

本章涉及的 R 函数如表 6-4 所示。

表 6-4　　　　　　　　　　本章涉及的 R 函数列表

函数名	功能
neuralnet()	建立 B-P 网络和弹性 B-P 网络
gwplot()	神经网络变量重要性的可视化图形
compute()	利用神经网络进行预测
prediction()	ROC 曲线的数据准备
performance()	计算 ROC 曲线中的统计量
nnet()	建立 B-P 网络

第 7 章

R 的支持向量机：数据预测

支持向量机（support vector machine，SVM）是在统计学习理论（statistical learning theory，SLT）基础上发展起来的一种数据挖掘方法，1992 年由 Boser，Guyon 和 Vapnik 提出，在解决小样本、非线性和高维的回归和分类问题上有许多优势。

支持向量机分为支持向量分类机和支持向量回归机。顾名思义，支持向量分类机用于研究输入变量与二分类型输出变量的关系及新数据预测，简称支持向量分类（support vector classification，SVC）；支持向量回归机用于研究输入变量与数值型输出变量的关系及新数据预测，简称支持向量回归（support vector regression，SVR）。

7.1 支持向量分类概述

支持向量分类以训练样本集为数据对象，通过分析输入变量和二分类输出变量之间的数量关系，对新样本的输出变量类别值进行预测。

7.1.1 支持向量分类的基本思路

设支持向量分类的分析对象是包含 n 个观测的训练样本，每个观测有 p 个输入（特征）变量和一个输出变量。

如果输入变量全体记为 $\boldsymbol{X}=(\boldsymbol{X}_1,\boldsymbol{X}_2,\cdots,\boldsymbol{X}_p)$，第 i 个观测的输入变量值以列向量 $\boldsymbol{X}_i=(x_{i1}, x_{i2}, \cdots, x_{ip})^{\mathrm{T}}(i=1, 2, \cdots, n)$ 表示，每个元素均为标准化值。观测的输出变量是取值为 +1 或 -1 的二值变量，记为 y_i。训练样本集 $\boldsymbol{D}$ 是一个 $n\times(p+1)$ 的矩阵：

$$\boldsymbol{D}=\begin{pmatrix} x_{11} & x_{12} & \cdots & x_{1p} & y_1 \\ x_{21} & x_{22} & \cdots & x_{2p} & y_2 \\ \vdots & \vdots & & \vdots & \vdots \\ x_{n1} & x_{n2} & \cdots & x_{np} & y_n \end{pmatrix}$$

可将训练样本中的 n 个观测看成 p 维特征空间上的 n 个点，以点的不同形状（或颜色）代表输出变量的不同类别取值。支持向量分类的建模目的就是以训练样本为研究对象，在 p 维特征空间中找到一个超平面，能将两类样本有效分开。

以二维特征空间为例，超平面为一条直线，如图 7-1 中的虚线所示。

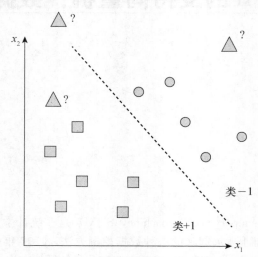

图 7-1　支持向量分类的目标示意图

图 7-1 中，红色方块代表的观测，输出变量 $y=1$。黄色圆点代表的观测，输出变量 $y=-1$。绿色三角形对应的观测是输出变量取值未知的新观测，输出变量的预测值取决于这些点位于虚线的哪一侧。图 7-1 中，位于虚线右上方的三角形所代表的观测，输出变量的类别预测值为 -1；位于虚线左下方的三角形代表的观测，输出变量的类别预测值为 $+1$；位于虚线延长线上的三角形代表的观测，输出变量的类别预测值暂无法判断。

可见，支持向量分类的基本目标与实现分类的神经网络具有一致性。所以，这里的超平面定义也与神经网络的分类节点的加法器相同，即 $b+\boldsymbol{W}^{\mathrm{T}}\boldsymbol{X}=0$。其中，参数 b 为截距，参数 $\boldsymbol{W}=(w_1,w_2,\cdots,w_p)^{\mathrm{T}}$ 决定了超平面的位置。超平面将 p 维特征空间划分为两部分。

将观测的输入变量值代入 $b+\boldsymbol{W}^{\mathrm{T}}\boldsymbol{X}$。显然，$b+\boldsymbol{W}^{\mathrm{T}}\boldsymbol{X}\neq0$ 的观测应位于超平面的两侧。这里规定：$b+\boldsymbol{W}^{\mathrm{T}}\boldsymbol{X}>0$ 的观测（位于超平面的一侧），输出变量 y 的预测值等于 1；$b+\boldsymbol{W}^{\mathrm{T}}\boldsymbol{X}<0$ 的观测（位于超平面的另一侧），输出变量 y 的预测值等于 -1；$b+\boldsymbol{W}^{\mathrm{T}}\boldsymbol{X}=0$ 的观测（落在超平面上），无法确定输出变量 y 的预测值。

参数的确定可按照神经网络的一般方法，通过不断迭代找到最优解。然而，这样的超平面确定方式可能出现的问题是：如果训练样本中的两类观测点能够被超平面分开，而且建模的唯一目标就是将两类分开，那么可能找到多个这样的超平面。

以二维特征空间为例，可以有多条能够将红色方块和黄色圆点分开的直线，如图 7-2所示。

那么，其中的哪个超平面应是支持向量分类的超平面？答案是：最大边界超平面是支持向量分类的超平面。最大边界超平面简单讲就是距离两个类别（类 -1 和类 1）的边界观测点最远的超平面。

具体讲，对于图 7-2 中的任一条直线，计算训练样本中所有观测点到直线的垂直距

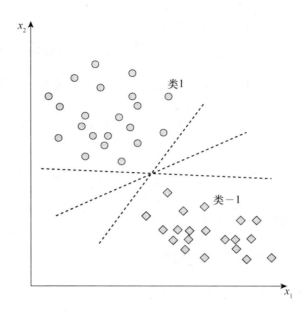

图 7 - 2　多个超平面示意图

离。两类中各自距离最短的观测点（见图 7-3 中的 1，2 和 3 以及 a，b 和 c），视为处在平行于该直线的两条边界线上（见图 7-3 中的两条实线）。可能有多对平行的边界线，如图 7-3（a）和图 7-3（b）中的两对实线，可形象地将它们比喻成两块"厚板"。找到相距最远的一对平行边界线，即最大边界线（最厚的"厚板"）。最大边界超平面就是这对最大边界线垂直连线的垂直平分线，如图 7-3（a）所示的虚线。两类别的边界观测点 1，2 和 3 距离它是最远的。

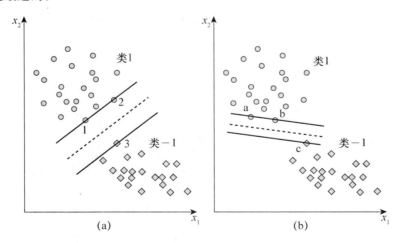

图 7 - 3　支持向量分类的最大边界超平面示意图

找到最大边界超平面 $b+\boldsymbol{W}^{\mathrm{T}}\boldsymbol{X}=0$ 之后，预测新观测 $\boldsymbol{X}^{*}$ 的输出变量 y^{*} 时，只需将输入变量值 $\boldsymbol{X}^{*}=(x_{1}^{*}，x_{2}^{*}，\cdots，x_{p}^{*})^{\mathrm{T}}$ 代入 $b+\boldsymbol{W}^{\mathrm{T}}\boldsymbol{X}$ 并判断计算结果的正负符号。若 $b+\boldsymbol{W}^{\mathrm{T}}\boldsymbol{X}^{*}>0$，$\hat{y}^{*}=1$；若 $b+\boldsymbol{W}^{\mathrm{T}}\boldsymbol{X}^{*}<0$，$\hat{y}^{*}=-1$。

最大边界超平面的特点在于：

第一，它不仅是距离训练样本集中的边界观测点最远的（应对输入变量做预处理以消除输入变量不同数量级对距离计算的影响），也是距离测试样本集中的边界观测点最远的。

如果将"厚板"一半的"厚度"记为 d。对测试样本集中的观测 X_i，若其输出变量 $y_i = 1$，不仅有 $b + W^T X_i > 0$ 成立，也有 $b + W^T X_i \geq 0 + f(d)$ 成立；若其输出变量 $y_i = -1$，不仅有 $b + W^T X_i < 0$ 成立，也有 $b + W^T X_i \leq 0 - f(d)$ 成立。同理，对新观测 X^*，若 $b + W^T X^* > 0$，意味着 $b + W^T X^* \geq 0 + f(d)$；或者，若 $b + W^T X^* < 0$，意味着 $b + W^T X^* \leq 0 - f(d)$。$f(d)$ 是 d 的函数。可见，这种方式做出正确预测的把握较大。

第二，最大边界超平面仅取决于两类别的边界观测点。例如，图 7 - 3（a）中仅取决于观测点 1，2，3。最大边界超平面对这些观测的位置移动极为"敏感"，且仅"依赖"于这些数量极少的观测。这些观测称为支持向量。

7.1.2 支持向量分类的三种情况

确定最大边界超平面时，会有如下情况。

第一，线性可分样本。

线性可分样本即样本观测点可被超平面线性分开的情况。进一步，还需考虑样本完全线性可分，以及样本无法完全线性可分两种情况。

前者意味着特征空间中的两类样本观测点彼此不"交融"，可以找到一个超平面将两类样本 100% 地正确分开，如图 7 - 3 所示。这种情况称为线性可分问题。

后者表示特征空间中的两类样本点彼此"交融"，无法找到一个超平面将两类样本观测点 100% 地正确分开，如图 7 - 4 所示。这种情况称为广义线性可分问题。

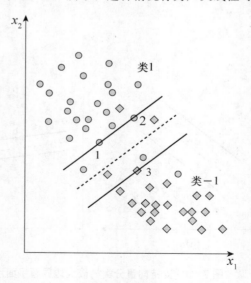

图 7 - 4 无法完全线性可分情况示意图

第二，线性不可分样本。

线性不可分样本即样本观测点无法被超平面线性分开，如图 7 - 5 所示。

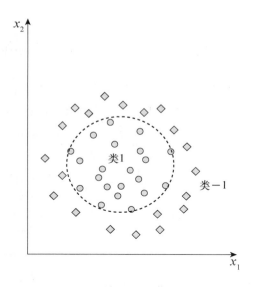

图 7 - 5　线性不可分情况示意图

图 7 - 5 中，在 x_1 和 x_2 特征空间中，无论是否允许错分，均无法找到能将两类样本分开的直线，找到的只能是曲线。

以下将就上述三种情况分别讨论。

7.2　线性可分问题下的支持向量分类

7.2.1　如何求解超平面

在完全线性可分的情况下，以二维特征空间为例，可通过以下途径确定并求解超平面。

● 分别将两类的最"外围"样本观测点连线，形成两个多边形，它是关于各类样本点集的凸包（convex hull），即最小凸多边形，各类的样本观测点均在多边形内或边上。

● 以一类的凸包边界为基准线，找到另一类凸包边界上的点，过该点作基准线的平行线，得到一对平行线。

可以有多条这样的基准线和对应的平行线，找到能正确分割两类且相距最远的一对平行线并作平行线的垂线。最大边界超平面（线）就是该垂线的垂直平分线，如图 7 - 6 所示。

由此可见，找到凸多边形上的点，得到相距最远的一对平行线是关键。

若以 $y_i = 1$ 类凸包边界为基准线（其上的观测点记为 $\boldsymbol{X}^+$），令该直线方程为 $b + \boldsymbol{W}^T \boldsymbol{X}^+ = 1$。令其平行线方程为 $b + \boldsymbol{W}^T \boldsymbol{X}^- = -1$，$y_i = -1$ 类凸包边界上的观测点 $\boldsymbol{X}^-$ 在该直线上。于是，两平行直线间的距离为 $\lambda = \dfrac{2}{\|\boldsymbol{W}\|}$，距离的一半为 $d = \dfrac{1}{\|\boldsymbol{W}\|}$。依据上述思想，最大边界超平面方程即为 $b + \boldsymbol{W}^T \boldsymbol{X} = 0$。

不仅要找到使 d 最大的一对平行线，还要求 $b + \boldsymbol{W}^T \boldsymbol{X} = 0$ 能够正确分类，这意味着：

● 对 $y_i = 1$ 的观测 $\boldsymbol{X}_i$，$b + \boldsymbol{W}^T \boldsymbol{X}_i \geqslant 1$ 成立，$\hat{y}_i = 1$，预测正确。

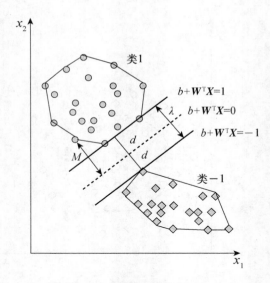

图 7-6　凸包和超平面示意图

- 对 $y_i = -1$ 的观测 X_i，$b + W^T X_i \leqslant -1$ 成立，$\hat{y}_i = -1$，预测正确。

即对于任意观测 X_i，有式（7.1）成立：

$$y_i(b + W^T X_i) \geqslant 1 \tag{7.1}$$

综上，从支持向量分类的基本思路可知，超平面参数求解的目标是使 d 最大，且需满足式（7.1）的约束条件，表述为：

$$\max_{b,w} d \\ y_i(b + W^T X_i) \geqslant 1, i = 1, 2, \cdots, n \tag{7.2}$$

从几何角度理解，要求 $b + W^T X = 0$ 能够正确分类意味着凸多边形内或边上的观测点 X_i 到超平面的距离 M_i 应大于等于 d，即 $M_i = \dfrac{|b + W^T X_i|}{\|W\|} \geqslant d$，也即 $y_i \dfrac{b + W^T X_i}{\|W\|} \geqslant d$ 成立。由于 $\lambda = \dfrac{2}{\|W\|}$，$d = \dfrac{1}{\|W\|}$，有式（7.3）成立：

$$y_i(b + W^T X_i) \geqslant 1 \tag{7.3}$$

式（7.3）的含义是，对于训练样本集中的任意观测 X_i：

- 若观测 X_i 的输出变量 $y_i = 1$，则正确的超平面应使 $b + W^T X_i \geqslant 1$ 成立，观测点落在如图 7-6 所示的边界 $b + W^T X_i = 1$ 的外侧。

- 若观测 X_i 的输出变量 $y_i = -1$，则正确的超平面应使 $b + W^T X_i \leqslant -1$ 成立，观测点落在如图 7-6 所示的边界 $b + W^T X_i = -1$ 的外侧。

根据支持向量分类的研究思路，使 d 最大即 λ 最大，要使 $\|W\|$ 最小。为求解方便，即为 $\tau(W) = \dfrac{1}{2} \|W\|^2 = \dfrac{1}{2} W^T W$ 最小。所以，支持向量分类的参数求解目标是最大边界，其目标函数为：

$$\min \tau(W) = \min \dfrac{1}{2} \|W\|^2 = \min \dfrac{1}{2} W^T W \tag{7.4}$$

约束条件为：

$$y_i(b + \mathbf{W}^{\mathrm{T}} \mathbf{X}_i) - 1 \geqslant 0, \ i = 1, 2, \cdots, n \tag{7.5}$$

上述问题是一个典型的凸二次型规划求解问题。

采用拉格朗日乘子法，引入拉格朗日乘子 a_i（$a_i \geqslant 0$，$i = 1, 2, \cdots, n$），通过拉格朗日函数将目标函数与约束条件连接起来，有

$$L(\mathbf{W}, b, a) = \frac{1}{2} \| \mathbf{W} \|^2 - \sum_{i=1}^{n} a_i [y_i(b + \mathbf{W}^{\mathrm{T}} \mathbf{X}_i) - 1] \tag{7.6}$$

这里 L 的极值点为鞍点，求取 L 对 $\mathbf{W}$ 和 b 的极小值和对 a 的极大值。

从经济学角度来看，a 代表当约束条件变动时，目标函数极值的变化。

对参数求偏导，且令偏导数为 0，即 $\dfrac{\partial L(\mathbf{W}, b, a)}{\partial \mathbf{W}} = 0$，$\dfrac{\partial L(\mathbf{W}, b, a)}{\partial b} = 0$，有式（7.7）和式（7.8）成立。

$$\sum_{i=1}^{n} a_i y_i \mathbf{X}_i = \mathbf{W} \tag{7.7}$$

$$\sum_{i=1}^{n} a_i y_i = 0 \tag{7.8}$$

式（7.7）表明，因为 $a_i \geqslant 0$，超平面系数向量是训练样本中所有 $a_i > 0$ 的观测的输入和输出变量的线性组合。$a_i = 0$ 的观测对超平面没有作用，也就是说，只有 $a_i > 0$ 的观测点才对超平面的系数向量产生影响，这样的观测点即为前述的支持向量。最大边界超平面完全由支持向量决定。

将式（7.7）和式（7.8）代入式（7.6），整理得到其对偶问题：

$$\max L(a) = \max \left[\sum_{i=1}^{n} a_i - \frac{1}{2} \sum_{i=1}^{n} \sum_{j=1}^{n} a_i a_j y_i y_j (\mathbf{X}_i^{\mathrm{T}} \mathbf{X}_j) \right] \tag{7.9}$$

在满足 $a_i \geqslant 0$（$i = 1, 2, \cdots, n$）和式（7.5）、式（7.7）、式（7.8）的条件下，对涉及含有不等式约束的优化，还需满足 KKT（Karush-Kuhn-Tucker）条件，即

$$a_i [y_i(b + \mathbf{W}^{\mathrm{T}} \mathbf{X}_i) - 1] = 0, \ i = 1, 2, \cdots, n \tag{7.10}$$

$a_i > 0$ 的观测点，即支持向量，因需满足式（7.10），意味着 $y_i(b + \mathbf{W}^{\mathrm{T}} \mathbf{X}_i) - 1 = 0$。这说明支持向量均落在类边界线上。

如果有 l 个支持向量，则 $\mathbf{W} = \sum_{i=1}^{l} a_i y_i \mathbf{X}_i$。可从 l 个支持向量中任选一个，代入边界方程，计算得到 $b = y_i - \mathbf{W}^{\mathrm{T}} \mathbf{X}_i$。

到此，参数求解过程结束，超平面被确定下来。

综上所述，支持向量是位于平行边界上的样本观测点，决定了最大边界超平面。支持向量分类能够有效避免过拟合问题，原因是：过拟合表现在模型"过分依赖"训练样本。训练样本的微小变动便会导致模型参数的较大变动，在支持向量分类中即表现为超平面出现较大移动。由于最大边界超平面仅依赖于少数的支持向量，只有当增加或除去支持向量时，最大边界超平面才会移动，否则不发生变化。相对于其他分类预测模型，最大边界超平面的预测稳健性较高。

7.2.2　如何利用超平面进行预测

支持向量分类对新观测输出变量类别值的预测依据是如下决策函数：

$$
\begin{aligned}
h(\boldsymbol{X}) &= \mathrm{Sign}(b+\boldsymbol{W}^{\mathrm{T}}\boldsymbol{X}) \\
&= \mathrm{Sign}\left[b+\sum_{i=1}^{l}(a_i y_i \boldsymbol{X}_i^{\mathrm{T}})\boldsymbol{X}\right] \\
&= \mathrm{Sign}\left[b+\sum_{i=1}^{l}(a_i y_i \boldsymbol{X}_i^{\mathrm{T}}\boldsymbol{X})\right] \\
&= \mathrm{Sign}\left[b+\sum_{i=1}^{l}a_i y_i(\boldsymbol{X}^{\mathrm{T}}\boldsymbol{X}_i)\right]
\end{aligned}
\tag{7.11}
$$

式中，$\boldsymbol{X}_i$ 为支持向量。

对于一个新观测 $\boldsymbol{X}^*$，其输出变量的类别预测值由决策函数值的符号决定。如果 $\mathrm{Sign}(b+\boldsymbol{W}^{\mathrm{T}}\boldsymbol{X}^*)=\mathrm{Sign}\left[b+\sum_{i=1}^{l}a_i y_i(\boldsymbol{X}^{*\mathrm{T}}\boldsymbol{X}_i)\right]$ 的符号为正，则 $\hat{y}^*=1$；如果符号为负，则 $\hat{y}^*=-1$。

7.3　广义线性可分问题下的支持向量分类

广义线性可分问题下的支持向量分类解决特征空间中两类样本点彼此"交融"，无法找到一个超平面将两类样本观测点 100% 正确地分开的问题，如图 7-4 所示。

7.3.1　如何求解超平面

在无法完全线性可分的情况下，由于训练样本集中的两类样本相互"交融"，两个凸包重叠，超平面无法将它们全部正确分开，此时超平面的确定应采用"宽松"策略，如图 7-7 所示。

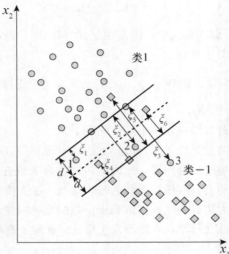

图 7-7　广义线性支持向量分类示意图

图 7-7 中，两个边界内部允许有样本观测点存在，同时也允许样本观测点位于超平面的错误一侧。例如，1 号观测点错误地"跨越"了本类的边界，错"跨出"的距离等于 ξ_1，但因 $\xi_1 < d$，预测类别不会有误；2 号观测点不仅错误地"跨越"了本类的边界，而且错误地"跨越"了超平面，因 $\xi_2 > d$，预测类别出错；3 号观测点因 $\xi_3 > d$，预测类别也会出错。可见，$\xi_i - d < 0$ 并不导致预测错误，$\xi_i - d > 0$ 将导致预测错误。

上述情况下的支持向量分类称为广义线性支持向量分类，或线性软间隔支持向量分类。由于广义线性可分问题无法要求所有观测点均满足线性可分问题中的约束条件 $M_i = \dfrac{\mid b + \boldsymbol{W}^{\mathrm{T}} \boldsymbol{W}_i \mid}{\parallel \boldsymbol{X} \parallel} \geqslant d$，妥协的做法是允许"错跨"并引入非负的 ξ_i，ξ_i 称为松弛变量（slack variable）。此时，应要求凸多边形内或边界上的观测点 $\boldsymbol{X}_i$ 到超平面的距离 M_i 大于等于 $d - \xi_i$（非负数），即 $M_i = \dfrac{\mid b + \boldsymbol{W}^{\mathrm{T}} \boldsymbol{X}_i \mid}{\parallel \boldsymbol{W} \parallel} \geqslant d - \xi_i$，有 $y_i \dfrac{b + \boldsymbol{W}^{\mathrm{T}} \boldsymbol{X}_i}{\parallel \boldsymbol{W} \parallel} \geqslant d - \xi_i$ 成立。因 $d = \dfrac{1}{\parallel \boldsymbol{W} \parallel}$，若记 $\varepsilon_i = \xi_i \parallel \boldsymbol{W} \parallel = \dfrac{\xi_i}{d}$，则约束条件式（7.5）调整为：

$$y_i(b + \boldsymbol{W}^{\mathrm{T}} \boldsymbol{X}_i) \geqslant 1 - \varepsilon_i, \ \varepsilon_i \geqslant 0; \ i = 1, 2, \cdots, n \tag{7.12}$$

可见，ε_i 是相对 d 的"错跨"比例，能够告知观测点 $\boldsymbol{X}_i$ 与边界和超平面的位置关系：

- $\varepsilon_i = 0$：观测点 $\boldsymbol{X}_i$ 位于所属类别边界的外侧。
- $0 < \varepsilon_i < 1$：观测点 $\boldsymbol{X}_i$ "跨越"了本类边界但没有"错跨"到超平面的错误一侧。
- $\varepsilon_i > 1$：观测点 $\boldsymbol{X}_i$ 不仅"跨越"了本类边界且"错跨"到超平面的错误一侧（约束条件决定了不应出现此情况）。

$\sum\limits_{i=1}^{n} \varepsilon_i$ 是总"错跨"程度的度量。

7.3.2　可调参数的意义

由式（7.12）可得 $y_i(b + \boldsymbol{W}^{\mathrm{T}} \boldsymbol{X}_i) + \varepsilon_i \geqslant 1$，只要 ε_i 足够大，总能满足约束条件。事实上，应避免 ε_i 过大，需在式（7.12）的基础上再增加一个约束条件，引入一个非负的可调参数 E，控制所能容忍的最大"错跨"程度：$\sum\limits_{i=1}^{n} \varepsilon_i \leqslant E$。

显然，$E = 0$，即要求 $\varepsilon_1 = \varepsilon_2 = \cdots = \varepsilon_n = 0$，表示不允许任何一个观测"错跨"，等同于完全线性可分下的支持向量分类。$E > 0$ 表示允许观测"错跨"现象产生。较小的 E 意味着不能容忍较多的观测"跨入"错误的区域或"错跨"距离较大。为此，模型倾向于尽量减少两条平行边界所夹"厚板"的厚度。反之，较大的 E 意味着能够允许更多的观测"跨入"错误的区域或"错跨"距离较大，两条平行边界所夹"厚板"可以更"厚"些。

广义线性可分问题下的支持向量分类，根据 KKT 条件可知，超平面不仅取决于两类边界上的观测点，也受处在"厚板"上的观测点（观测点个数与可调参数 E 有关）影响，它们都是支持向量。当 E 较小时，允许的预测偏差较小，处在"厚板"上的观测点也较少；当 E 较大时，允许的预测偏差较大，处在"厚板"上的观测点较多，由此决定了前者的预测方差相对于后者要更大些。

事实上，参数 E 起到了平衡模型预测误差和复杂度的作用。通常，模型的预测误差越小，其复杂度越高，预测值越易受训练样本微小变动的影响，预测方差越大。此时的参数

E 较小。模型的复杂度越低，虽然模型的预测误差较大，但预测方差较小。此时的参数 E 较大。所以，太小或太大的参数 E 都是不恰当的。

广义线性可分问题下的支持向量分类的优化求解中，并没有直接引用参数 E，取而代之的是另一个大于零的可调参数 C。目标函数调整为：

$$\min \tau(\boldsymbol{W}, \varepsilon) = \min\left[\frac{1}{2}\parallel \boldsymbol{W} \parallel^2 + \frac{C}{n}\sum_{i=1}^{n}\varepsilon_i\right] \tag{7.13}$$

约束条件为：

$$y_i(b+\boldsymbol{W}^{\mathrm{T}}\boldsymbol{X}_i)\geqslant 1-\varepsilon_i, i=1,2,\cdots,n$$
$$\varepsilon_i\geqslant 0 \tag{7.14}$$

这里的可调参数 C 是一种损失惩罚参数，用于平衡模型复杂度和预测误差。当可调参数 C 较大时，意味着对错判给予较高的惩罚，允许的 $\sum_{i=1}^{n}\varepsilon_i$ 较小（参数 E 较小）。从另一个角度看，当可调参数 C 极大时，式（7.13）的第二项远大于第一项，从而导致第一项近乎忽略，于是极小化函数 τ 即意味着极小化 $\sum_{i=1}^{n}\varepsilon_i$。此时模型较为复杂，"厚板"较薄。反之，当可调参数 C 较小时，意味着对错判的惩罚较低，允许 $\sum_{i=1}^{n}\varepsilon_i$ 稍大（参数 E 较大）。此时模型较为简单，"厚板"较厚。所以，太小或太大的参数 C 都是不恰当的，一般可通过 N 折交叉验证方式确定参数 C。

上述问题的对偶问题为：

$$\max L(a)=\max \sum_{i=1}^{n}a_i - \frac{1}{2}\sum_{i=1}^{n}\sum_{j=1}^{n}a_ia_jy_iy_j(\boldsymbol{X}^{\mathrm{T}}_i\boldsymbol{X}_j) \tag{7.15}$$

约束条件：

$$0\leqslant a_i\leqslant\frac{C}{n}$$
$$\sum_{i=1}^{n}a_iy_i=0 \tag{7.16}$$

广义线性可分问题下的支持向量分类预测与线性可分问题下的支持向量分类预测方法完全相同，只需计算式（7.11）中的决策函数并判断函数值的符号即可。

7.4 线性不可分问题下的支持向量分类

7.4.1 线性不可分问题的一般解决方式

线性不可分问题的一般解决方式是在特征空间进行非线性变换。其核心思想认为：低维空间中的线性不可分问题通过非线性变换，可转化为高维空间中的线性可分问题，即线性不可分问题可通过适当的非线性空间变换转换为线性可分问题，如图 7-8 所示。

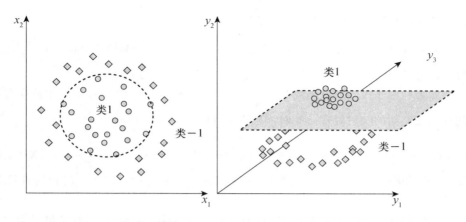

图 7-8　空间变换前后的样本观测点分布示意图

如图 7-8 所示，在原来 x_1，x_2 的二维特征空间中，无法找到一条直线将两类样本分开。但如果放到 y_1，y_2，y_3 的一个三维空间中，便可找到一个平面将两类样本划分开。

所以，可首先通过特定的非线性映射函数 $\varphi(\ )$，将原来低维空间中的样本观测 $\boldsymbol{X}$ 映射到高维空间 H 中，然后沿用前文所述的方法，在高维空间 H 中寻找最大边界超平面。由于采用了非线性映射函数，新空间中的一条直线在原空间中看起来却不是直的，新空间中的一个超平面在原空间中看起来是一个曲面。

最常见的非线性映射可以是原有输入变量组成的所有 n 阶交乘形式。例如，原有两个输入变量 x_1，x_2，组成的所有 3 阶交乘项为 x_1^3，$x_1^2 x_2$，$x_1 x_2^2$，x_2^3，超平面为 $b + w_1 x_1^3 + w_2 x_1^2 x_2 + w_3 x_1 x_2^2 + w_4 x_2^3 = 0$。

为此，最直接的做法是：对于训练样本中的所有观测，首先计算相应的交乘项，将它们映射到新空间中。然后，再进行超平面的参数估计。对新观测进行预测时，也需首先计算其相应的交乘项，然后再计算决策函数并判断正负符号。

如果说这种做法在较低的维度空间中姑且可行的话，那么，在高维空间中则会遭遇严重的维灾难（curse of dimensionality）问题。随着特征空间维度的不断升高，超平面被估参数个数的增长是极其惊人的。对于 p 维特征空间产生 d 阶交乘时，需估计的模型参数个数为 $\dfrac{(p+d-1)!}{d!\ (p-1)!}$。例如，在原有两个输入变量 x_1，x_2 的二维特征空间中，超平面的参数个数为 2（不考虑常数项）。当多项式阶数为 3 时，超平面的被估参数个数增加到 4。如果有 10 个输入变量，进行 5 阶交乘，则需估计 2 002 个参数。可见，高维度将导致计算的复杂度急剧增加，且模型的参数估计在小样本下几乎是无法实现的，这就是所谓的维灾难问题。

支持向量分类的特色在于通过核函数克服维灾难问题。

7.4.2　支持向量分类克服维灾难的途径

线性不可分问题下的支持向量分类整体思路与 7.2 节和 7.3 节相同。其核心技巧是从内积入手解决线性不可分问题。

一方面，由支持向量分类求解的拉格朗日函数 $L(a) = \sum\limits_{i=1}^{n} a_i - \dfrac{1}{2} \sum\limits_{i=1}^{n} \sum\limits_{j=1}^{n} a_i a_j y_i y_j (\boldsymbol{X}_i^{\mathrm{T}} \boldsymbol{X}_j)$ 可

知，训练样本输入变量的内积决定了超平面的参数。

另一方面，由支持向量分类的决策函数 $h(\boldsymbol{X}) = \text{Sign}(b + \boldsymbol{W}^{\text{T}} \boldsymbol{X}) = \text{Sign}\left[b + \sum_{i=1}^{l} a_i y_i (\boldsymbol{X}^{\text{T}} \boldsymbol{X}_i) \right]$ 可知，决策结果取决于新观测 $\boldsymbol{X}$ 与 l 个支持向量的输入变量的内积。

如果利用非线性映射函数 $\varphi()$，事先对训练样本集中的所有观测和新观测做低维空间到高维空间的映射处理，此时，拉格朗日函数表述为 $L(a) = \sum_{i=1}^{n} a_i - \dfrac{1}{2} \sum_{i=1}^{n} \sum_{j=1}^{n} a_i a_j y_i y_j [\varphi(\boldsymbol{X}_i)^{\text{T}} \varphi(\boldsymbol{X}_j)]$，决策函数为 $h(\boldsymbol{X}) = \text{Sign}(b + \boldsymbol{W}^{\text{T}} \boldsymbol{X}) = \text{Sign}\{b + \sum_{i=1}^{l} a_i y_i [\varphi(\boldsymbol{X})^{\text{T}} \varphi(\boldsymbol{X}_i)]\}$。可知，参数和决策结果取决于变换后观测的输入变量内积。因此，内积的计算是问题的关键。

支持向量分类的思路是：希望找到一个函数 $K(\boldsymbol{X}_i, \boldsymbol{X}_j)$，其函数值恰好等于变换后的观测内积，即 $K(\boldsymbol{X}_i, \boldsymbol{X}_j) \equiv \varphi(\boldsymbol{X}_i)^{\text{T}} \varphi(\boldsymbol{X}_j)$。对于拉格朗日函数，有式（7.17）成立：

$$L(a) = \sum_{i=1}^{n} a_i - \frac{1}{2} \sum_{i=1}^{n} \sum_{j=1}^{n} a_i a_j y_i y_j [\varphi(\boldsymbol{X}_i)^{\text{T}} \varphi(\boldsymbol{X}_j)]$$
$$= \sum_{i=1}^{n} a_i - \frac{1}{2} \sum_{i=1}^{n} \sum_{j=1}^{n} a_i a_j y_i y_j K(\boldsymbol{X}_i, \boldsymbol{X}_j) \tag{7.17}$$

对决策函数，有式（7.18）成立：

$$h(\boldsymbol{X}) = \text{Sign}(b + \boldsymbol{W}^{\text{T}} \boldsymbol{X}) = \text{Sign}\left\{b + \sum_{i=1}^{l} a_i y_i [\varphi(\boldsymbol{X})^{\text{T}} \varphi(\boldsymbol{X}_i)]\right\}$$
$$= \text{Sign}\left[b + \sum_{i=1}^{l} a_i y_i K(\boldsymbol{X}, \boldsymbol{X}_i)\right] \tag{7.18}$$

于是，所有超平面的参数估计和决策函数的计算，便可依式（7.17）和式（7.18）在原来的低维空间中进行。即极大化式（7.17）求解参数，依据式（7.18）的决策函数对新观测类别进行预测。

是否存在这样的函数 $K(\boldsymbol{X}_i, \boldsymbol{X}_j)$，可看一个简单示例。设输入变量集合 $\boldsymbol{X} = (x_1, x_2)^{\text{T}}$，有 $\boldsymbol{X}_1$，$\boldsymbol{X}_2$ 两个观测点。存在一个非线性映射函数 $\varphi(x_1, x_2) = (x_1^2, \sqrt{2} x_1 x_2, x_2^2)^{\text{T}}$，以及函数 $K(\boldsymbol{X}_2, \boldsymbol{X}_1) = (\boldsymbol{X}_2^{\text{T}} \boldsymbol{X}_1)^2$，是一个 2 阶多项式。现分别对 $\boldsymbol{X}_1$，$\boldsymbol{X}_2$ 做非线性变换：$\varphi(\boldsymbol{X}_1) = (x_{11}^2, \sqrt{2} x_{11} x_{12}, x_{12}^2)^{\text{T}}$，$\varphi(\boldsymbol{X}_2) = (x_{21}^2, \sqrt{2} x_{21} x_{22}, x_{22}^2)^{\text{T}}$，并计算变换后的内积为：

$$\varphi(\boldsymbol{X}_2)^{\text{T}} \varphi(\boldsymbol{X}_1) = (x_{21}^2 x_{11}^2 + 2 x_{21} x_{22} x_{11} x_{12} + x_{22}^2 x_{12}^2)$$
$$= (x_{21} x_{11} + x_{22} x_{12})^2$$
$$= [(x_{21}, x_{22})(x_{11}, x_{12})^{\text{T}}]^2 = (\boldsymbol{X}_2^{\text{T}} \boldsymbol{X}_1)^2 = K(\boldsymbol{X}_2, \boldsymbol{X}_1)$$

可见，$\boldsymbol{X}_2$，$\boldsymbol{X}_1$ 经非线性映射函数 $\varphi()$ 变换到高维空间后的内积，恰好等于 2 阶多项式 $K(\boldsymbol{X}_2, \boldsymbol{X}_1) = (\boldsymbol{X}_2^{\text{T}} \boldsymbol{X}_1)^2$ 的函数值。这样的函数 $K(\boldsymbol{X}_i, \boldsymbol{X}_j)$ 一般为核函数。

核函数是对两个具有 p 维特征的观测 $\boldsymbol{X}_i$，$\boldsymbol{X}_j$ 相似性的测度。例如，最常见的核函数是线性核函数：$K(\boldsymbol{X}_i, \boldsymbol{X}_j) = (\boldsymbol{X}_i^{\text{T}} \boldsymbol{X}_j) = \sum_{k=1}^{p} x_{ik} x_{jk}$。它即为观测 $\boldsymbol{X}_i$，$\boldsymbol{X}_j$ 的简单相关系数（特征已经标准化处理，均值为 0，标准差为 1）。常见的其他核函数还有：

（1）多项式核（polynomial kernel）。

$$K(\boldsymbol{X}_i, \boldsymbol{X}_j) = (c + \gamma \boldsymbol{X}_i^{\text{T}} \boldsymbol{X}_j)^d \tag{7.19}$$

式中，关键参数是阶数 d，决定了新空间的维度，一般不超过 10。d 越大，新空间中的超平面在原空间中的曲面看起来就越灵活复杂。

（2）径向基核（radial basis function，RBF kernel）。

$$K(\boldsymbol{X}_i,\boldsymbol{X}_j)=\mathrm{e}^{\frac{-\|\boldsymbol{X}-\boldsymbol{x}_i\|^2}{2\sigma^2}}=\mathrm{e}^{-\gamma\|\boldsymbol{X}-\boldsymbol{x}_i\|^2},\gamma=\frac{1}{2\sigma^2} \tag{7.20}$$

式中，$\|\boldsymbol{X}_i-\boldsymbol{X}_j\|^2$ 为观测 $\boldsymbol{X}_i$，$\boldsymbol{X}_j$ 的平方欧氏距离；σ^2 为广义方差；γ 也称为 RBF γ，增加 γ 可提高预测精度，但可能导致过拟合。

支持向量分类中的核函数极为关键。一旦核函数确定，在参数估计和预测时，就不必事先进行特征空间的映射变换处理，更无须关心非线性映射函数 $\varphi()$ 的具体形式，只需计算相应的核函数，便可完成所有计算，从而间接实现低维空间向高维空间的映射，有效克服维灾难问题。但选择怎样的核函数以及参数并没有唯一确定的准则，需要依靠经验和反复尝试。不恰当的核函数可能将低维空间中原本关系并不复杂的样本，间接映射到维度过高的新空间中，从而导致过拟合等问题。

可见，若引入线性核函数，线性不可分下的支持向量分类便等同于线性可分下的支持向量分类，线性可分下的支持向量分类可视为线性不可分下的支持向量分类的特例。此外，因引入损失惩罚参数 C，上述方法统称为 C-SVM。除 C-SVM 之外，还有名为 v-SVM 的支持向量分类，可调参数是 v。v 一方面用于控制训练样本集中总 "错跨" $\sum_{i=1}^{n}\varepsilon_i$ 的上限，另一方面用于控制支持向量占比的下限，起到了平衡模型预测误差和预测方差的作用。对于 v-SVM，这里不做讨论。

7.5　多分类的支持向量分类

一般的支持向量分类解决二分类的预测问题。可采用 1 对 1（one-versus-one）策略或 1 对多（one-versus-all）策略，将二分类支持向量分类拓展到多分类预测问题中。

对于 K 分类预测问题，1 对 1 策略是：令第 k 类为 $+1$ 类，其余类依次作为 -1 类，分别构建 $\binom{K}{2}$ 个二分类支持向量分类。对新观测 $\boldsymbol{X}$，其类别预测值应是 $\binom{K}{2}$ 个支持向量分类给出的众数类别。

对于 K 分类预测问题，1 对多策略是：令第 k 类为 $+1$ 类，其余所有类别为 -1 类，分别构建 K 个二分类支持向量分类。对新观测 $\boldsymbol{X}$，将其输入变量分别代入 K 个超平面 $b_k+\boldsymbol{W}_k^{\mathrm{T}}\boldsymbol{X}$（$k=1,2,\cdots,K$），新观测 $\boldsymbol{X}$ 的类别预测值为 $\max(b_k+\boldsymbol{W}_k^{\mathrm{T}}\boldsymbol{X})$ 对应的类别 k。

7.6　支持向量回归

支持向量回归以训练样本集为数据对象，通过分析输入变量和数值型输出变量之间的数量关系，对新观测的输出变量值进行预测。

7.6.1　支持向量回归与一般线性回归

支持向量回归与统计学的回归分析一脉相承，有共同的分析目标。

回归分析以样本数据为研究对象，分析输入变量（自变量）和输出变量（因变量）之间的数量变化关系，并用回归直线或回归平面直观展示这种数量关系，用回归方程准确量化这种数量关系。回归分析的目标就是要通过样本数据估计回归方程的参数，进而确定回归直线或回归平面的位置。支持向量回归也是如此，如图7-9所示。

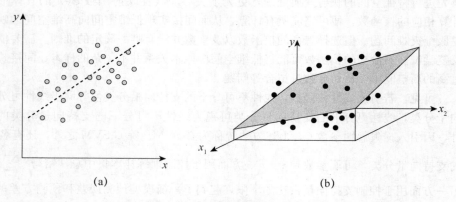

(a)　　　　　　　　　　(b)

图7-9　一元线性回归与多元线性回归

图7-9（a）展示的是只考虑一个输入变量的情况。图中的虚线为一元回归分析中的回归直线。在支持向量回归中的一般表示形式为 $y=b+wx$。其中 y 为输出变量，x 为输入变量，b 为截距，w 为斜率。图7-9（b）展示的是有两个输入变量的情况。此时，一元回归中的回归直线变成了回归平面，也就是支持向量回归中的超平面，一般形式为：$y=b+w_1x_1+w_2x_2$。类似地，当有 p 个输入变量时，线性回归平面或支持向量回归超平面为：

$$y = b + \sum_{i=1}^{p} w_i x_i = b + \boldsymbol{W}^{\mathrm{T}} \boldsymbol{X} \tag{7.21}$$

如果在 p 维特征空间中无法找到一个对样本数据拟合良好的超平面，则需沿用线性不可分问题下的支持向量分类思想，通过核函数间接将样本非线性映射到高维空间中，并在其中寻找超平面，这个平面在原来的低维空间中看起来是一个曲面。

与回归分析的预测类似，支持向量回归中，对于新样本 $\boldsymbol{X}^*$，其输出变量的预测值为 $\hat{y}^* = b + \boldsymbol{W}^{\mathrm{T}} \boldsymbol{X}^*$。

7.6.2　支持向量回归的基本思路

支持向量回归与统计学中的回归分析有相同的分析目标，但在超平面的参数确定策略上有所不同。

在满足残差零均值和等方差的前提下，回归方程的参数估计通常采用最小二乘法，以使输出变量的实际值与预测值间的离差平方和最小为原则，求解回归方程的参数，即求解损失函数达到最小值时的参数：

$$\min_{b, \boldsymbol{W}} \sum_{i=1}^{n} e_i^2 = \sum_{i=1}^{n} (y_i - \hat{y}_i)^2 = \sum_{i=1}^{n} \left(y_i - b - \sum_{j=1}^{p} w_j x_{ij} \right)^2 \tag{7.22}$$

式中，$\hat{y}_i$ 为第 i 个观测的输出变量预测值；$e_i^2 = (y_i - \hat{y}_i)^2$（$i = 1, 2, \cdots, n$）是误差函数，是样本输出变量实际值与其预测值（回归线上的点）的偏差 $e_i = y_i - \hat{y}_i$ 的平方，偏差 e_i 如图 7-10 所示。

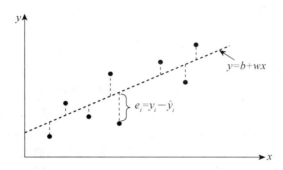

图 7-10   输出变量实际值与预测值的偏差

支持向量回归同样在遵循损失函数最小的原则下进行超平面参数估计，但为降低过拟合风险，采用 ε-不敏感损失函数。回归分析中，每个观测的误差函数都计入损失函数，而支持向量回归中，误差函数值小于指定值 ε（ε＞0）的观测给损失函数带来的"损失"将被忽略，不对损失函数做出贡献。这样的损失函数称为 ε-不敏感损失函数。

所谓 ε-不敏感损失函数，是指当观测 $\boldsymbol{X}$ 输出变量的实际值与其预测值的绝对偏差不大于事先给定的 ε 时，则认为该观测不对损失函数贡献"损失"，损失函数对此呈不敏感"反应"，如图 7-11 所示。

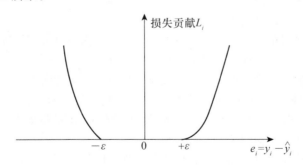

图 7-11   ε-不敏感损失函数的损失

图 7-11 中，当绝对偏差 $|e_i|$ 大于 ε 时，损失贡献随 $|e_i|$ 呈二次型增加；否则，误差函数为 0。第 i 个观测对损失函数的贡献为 $L_i = (\max(0, |e_i| - \varepsilon))^2$。损失函数为 $L = \sum_{i=1}^{n} L_i$。

直观讲，图 7-12 中的虚线表示支持向量回归超平面。超平面两侧，竖直距离为 2ε 的两平行实线的中间区域称为 ε-带。落入 ε-带中的观测，其误差将被忽略。ε-带是不为损失函数贡献任何损失的区域。

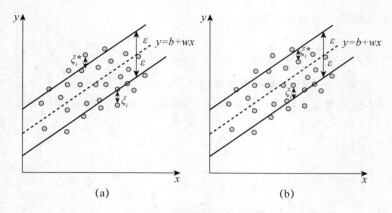

图 7 - 12　ε - 带和松弛变量

由于超平面的参数求解以损失函数最小化为原则，落入 ε - 带中的样本不计入损失函数，对超平面没有影响，而那些未落入 ε - 带中的观测将决定超平面，是支持向量，其拉格朗日乘子 a_i 不等于 0。推而广之，在有多个输入变量的情况下，ε - 带会演变为一个柱形"管道"，"管道"内样本的误差将被忽略，支持向量是位于"管道"外的样本，其拉格朗日乘子 a_i 不等于 0。

这里，"管道"内的 ε 很重要。一方面，如果 ε 足够大，ε 过大的极端情况是"管道"过宽，所有样本观测均位于"管道"内，没有一个支持向量。此时，超平面应位于输出变量的均值位置上，垂直于 y 轴，是一个"最平"的超平面。该情况下，无论输入变量如何取值，所有样本的预测值均取训练样本输出变量的均值，超平面的预测偏差大，不具实用价值。

另一方面，如果 ε 足够小，ε 过小的极端情况是"管道"过窄，所有样本均位于"管道"之外，都是支持向量，影响回归超平面，即为普通回归。这显然违背了支持向量回归降低过拟合风险的设计初衷。

所以，需要权衡过拟合风险和预测偏差。一方面通过适当增加"管道"内的 ε 尽量降低过拟合风险，另一方面损失函数值也不能过高。

为此，类似于广义线性可分下的支持向量分类，支持向量回归引入松弛变量 ξ_i 测度偏差。ξ_i 是样本观测点距管道的竖直方向上的距离，定义为：$\xi_i = \max(0, |e_i| - \varepsilon)$。此时，"管道"内部观测的松弛变量 ξ_i 为 0，预测偏差较小，不贡献损失，不对回归超平面产生影响，不是支持向量，如图 7 - 12（a）所示。

参照广义线性可分问题中的目标函数，支持向量回归的目标函数一般定义为：

$$\min \frac{1}{2} \| \boldsymbol{W} \|^2 + \frac{C}{n} \sum_{i=1}^{n} (\xi_i^2 + \xi_i^{*2}) \tag{7.23}$$

式中，ξ_i 和 ξ_i^* 分别表示当超平面位于第 i 个观测点上方和下方时的松弛变量值。

在上述松弛变量定义下约束条件为：

$$(b + \boldsymbol{W}^{\mathrm{T}} \boldsymbol{X}_i) - y_i \leqslant \varepsilon + \xi_i, \quad i = 1, 2, \cdots, n \tag{7.24}$$

$$y_i - (b + \boldsymbol{W}^{\mathrm{T}} \boldsymbol{X}_i) \leqslant \varepsilon + \xi_i^*, \quad i = 1, 2, \cdots, n \tag{7.25}$$

$$\xi_i \geqslant 0, \xi_i^* \geqslant 0, \quad i = 1, 2, \cdots, n \tag{7.26}$$

根据 KKT 条件可知，松弛变量 ξ_i 体现了 ε-不敏感损失函数的基本应用思想。

　　松弛变量 ξ_i 一般采用 $\xi_i = \max(0, \varepsilon - |e_i|)$ 的定义，如图 7-12（b）所示。此时，"管道"外部观测的松弛变量 ξ_i 为 0，且目标求解的约束条件为：

$$(b + \boldsymbol{W}^{\mathrm{T}} \boldsymbol{X}_i) - y_i \leqslant \varepsilon - \xi_i, \quad i = 1, 2, \cdots, n \tag{7.27}$$

$$y_i - (b + \boldsymbol{W}^{\mathrm{T}} \boldsymbol{X}_i) \leqslant \varepsilon - \xi_i^*, \quad i = 1, 2, \cdots, n \tag{7.28}$$

$$\xi_i \geqslant 0, \xi_i^* \geqslant 0, \quad i = 1, 2, \cdots, n \tag{7.29}$$

　　目标函数中的可调参数 C（大于零）是一种损失惩罚参数，用于平衡模型复杂度和损失。参数 C 较大或极大时，式（7.23）的第二项远大于第一项从而导致第一项近乎忽略。于是，极小化目标函数即为极小化 $\sum\limits_{i=1}^{n} (\xi_i^2 + \xi_i^{*2})$，此时"管道"窄；参数 C 较小或接近 0 时，极小化目标函数即为极小化 $\|\boldsymbol{W}\|$，此时"管道"宽。太小或太大的参数 C 都是不恰当的，一般可通过 N 折交叉验证方式确定参数 C。

7.7　R 的支持向量机及应用示例

7.7.1　R 的支持向量机函数

　　R 中有若干个实现支持向量机的包和函数，例如 kernlab 包中的 ksvm 函数、e1071 包中的 svm 函数、klaR 包中的 svmlight 函数、svmpath 包中的 svmpath 函数等。各个包都有各自的特色，这里仅介绍较为常用的 e1071 包。

　　一、svm 函数

　　首先应下载安装 e1071 包并加载到 R 的工作空间中。e1071 包中的 svm 函数可以实现二分类和多分类的支持向量分类、支持向量回归以及异常点探测等，其基本书写格式为：

　　svm(formula＝R 公式, data＝数据框名, scale＝TRUE/FALSE, type＝支持向量机类型, kernel＝核函数名, gamma＝g, degree＝d, cost＝C, epsilon＝0.1, na.action＝na.omit/na.fail)

　　其中：

　　● 参数 formula 以 R 公式的形式指定输出变量和输入变量，一般格式为：输出变量名～输入变量名。数据事先组织在 data 指定的数据框中。

　　● 参数 scale 取 TRUE 或 FALSE，分别表示建模之前是否对数据进行标准化处理，以消除变量数量级对距离计算的影响。

　　● 参数 type 用于指定支持向量机的类型，可取的值有 "C-classification"，"eps-regression" 等，分别表示支持向量分类 C-SVM 和以 ε-不敏感损失函数为基础的支持向量回归。

　　● 参数 kernel 用于指定核函数名称，可取的值有 "linear"，"polynomial"，"radial basis" 等，分别表示线性核、多项式核和径向基核。

　　● 参数 gamma 用于指定多项式核以及径向基核中的参数 γ。R 默认 gamma 是线性核中的常数项，等于 $1/p$（p 为特征空间的维度）。

　　● 参数 degree 用于指定多项式核中的阶数 d。

- 参数 cost 用于指定损失惩罚参数 C。
- 参数 epsilon 用于指定支持向量回归中的 ε-带，默认值为 0.1。
- 参数 na. action 取 na. omit 表示忽略数据中带有缺失的观测，取 na. fail 表示如遇缺失观测将报错。

svm 函数的返回结果是包含多个成分的列表，有以下主要成分：

- SV：给出各支持向量在所有变量上的取值。
- index：给出各支持向量的观测编号。
- decision. values：将各观测代入决策函数给出决策函数值。依据决策函数值的正负，预测观测所属的类别。

二、tune. svm 函数

损失惩罚参数 C 以及核函数的参数都是支持向量机中的重要参数。可通过交叉验证方式帮助确定参数。tune. svm 函数可自动实现 10 折交叉验证，并给出误差最小时的参数值。tune. svm 函数的基本书写格式为：

> tune. svm(formula＝R 公式,data＝数据框名,scale＝TRUE/FALSE,type＝支持向量机类型,kernel＝核函数名,gamma＝参数向量,degree＝参数向量,cost＝参数向量,na. action＝ na. omit/na. fail)

tune. svm 函数的参数与 svm 基本相同，不同的是此处的参数 gamma，degree，cost 应设置为一个包含所有可能参数值的向量。

tune. svm 的返回值是个列表对象，包括 best. parameters，best. performance，best. model 等成分，存储误差最小时的参数、误差以及相应参数下模型的基本信息等。

7.7.2 利用 R 模拟线性可分下的支持向量分类

本节利用 R 对线性可分下的支持向量分类问题做模拟研究。基本步骤如下：

第一，在线性可分的原则下，随机生成训练样本集和测试样本集。其中的输入变量有 2 个，输出变量类别为 -1 和 $+1$，应为因子。

第二，采用线性核函数，比较当损失惩罚参数较大和较小时的支持向量个数和最大边界超平面。

第三，利用 10 折交叉验证找到预测误差估计最小时的损失惩罚参数。

第四，利用最优模型对测试样本集做预测。

具体代码和部分结果如下：

```
set. seed(12345)
x <- matrix(rnorm(n＝40 * 2,mean＝0,sd＝1),ncol＝2,byrow＝TRUE)
y <- c(rep(-1,20),rep(1,20))
x[y＝＝1,]<- x[y＝＝1,]＋1.5
data_train <- data. frame(Fx1＝x[,1],Fx2＝x[,2],Fy＝as. factor(y))    ＃生成训练样本集
x <- matrix(rnorm(n＝20,mean＝0,sd＝1),ncol＝2,byrow＝TRUE)
```

y <- sample(x=c(-1,1),size=10,replace=TRUE)

x[y==1,]<- x[y==1,]+1.5

data_test <- data.frame(Fx1=x[,1],Fx2=x[,2],Fy=as.factor(y))　　♯生成测试样本集

plot(data_train[,2:1],col=as.integer(as.vector(data_train[,3]))+2,pch=8,cex=0.7,

main="训练样本集-1 和+1 类散点图")

library("e1071")

SvmFit <- svm(Fy~.,data=data_train,type="C-classification",kernel="linear",cost=10,scale=FALSE)

summary(SvmFit)

```
Call:
svm(formula = Fy ~ ., data = data_train, type = "C-classification", kernel = "linear",
    cost = 10, scale = FALSE)


Parameters:
   SVM-Type:  C-classification
 SVM-Kernel:  linear
       cost:  10
      gamma:  0.5

Number of Support Vectors:  16

 ( 8 8 )


Number of Classes:  2

Levels:
 -1 1
```

SvmFit $ index

[1]　 1　 6　 7　10　11　16　17　20　22　24　28　31　33　35　36　37

plot(x=SvmFit,data=data_train,formula=Fx1~Fx2,svSymbol="♯",dataSymbol="*",grid=100)

SvmFit <- svm(Fy~.,data=data_train,type="C-classification",kernel="linear",cost=0.1,scale=FALSE)

summary(SvmFit)

```
Call:
svm(formula = Fy ~ ., data = data_train, type = "C-classification", kernel = "linear",
    cost = 0.1, scale = FALSE)


Parameters:
   SVM-Type:  C-classification
 SVM-Kernel:  linear
       cost:  0.1
      gamma:  0.5

Number of Support Vectors:  25

 ( 12 13 )


Number of Classes:  2

Levels:
 -1 1
```

♯10 折交叉验证选取损失惩罚参数 C

```
set. seed(12345)
tObj <- tune. svm(Fy~. , data = data_train, type = " C-classification", kernel = " linear",
cost=c(0.001,0.01,0.1,1,5,10,100,1000),scale=FALSE)
summary(tObj)
Parameter tuning of 'svm':

- sampling method: 10-fold cross validation

- best parameters:
 cost
    1

- best performance: 0.15

- Detailed performance results:
    cost error dispersion
1 1e-03 0.575  0.3545341
2 1e-02 0.325  0.2058182
3 1e-01 0.200  0.1581139
4 1e+00 0.150  0.1290994
5 5e+00 0.175  0.1687371
6 1e+01 0.175  0.1687371
7 1e+02 0.175  0.1687371
8 1e+03 0.175  0.1687371
BestSvm <- tObj $ best. model
summary(BestSvm)
Call:
best.svm(x = Fy ~ ., data = data_train, cost = c(0.001, 0.01, 0.1, 1, 5, 10,
    100, 1000), type = "C-classification", kernel = "linear", scale = FALSE)


Parameters:
   SVM-Type:  C-classification
 SVM-Kernel:  linear
       cost:  1
      gamma:  0.5

Number of Support Vectors:  17

 ( 8 9 )


Number of Classes:  2

Levels:
 -1 1
yPred <- predict(BestSvm,data_test)
(ConfM <- table(yPred,data_test $ Fy))
yPred -1 1
   -1  4 0
    1  2 4
(Err <- (sum(ConfM) - sum(diag(ConfM)))/sum(ConfM))
[1] 0.2
```

本例说明如下：

● 训练样本集包含 40 个观测，纵坐标 Fx1、横坐标 Fx2 的观测分布情况如图 7 - 13（a）所示，不同颜色代表不同的类别。可见，该问题是一个广义线性可分下的支持向量分类问题，只需采用线性核函数。

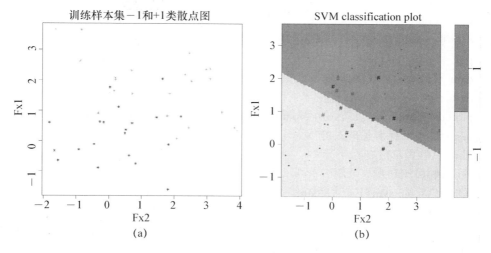

图 7 - 13　线性可分下的训练样本集以及支持向量和超平面

● 当损失惩罚参数 $C = 10$ 时，找到了 16 个支持向量（两类各有 8 个支持向量）。

● 利用 plot 函数可视化最大边界超平面和支持向量，如图 7 - 13（b）所示。这里，plot 函数针对 SVM 结果对象，绘制带有观测点的等高线图。其中参数 svSymbol 指定图中支持向量的符号；参数 dataSymbol 指定一般数据观测点的符号；参数 grid 用于指定等高线的条数。图中不同颜色代表不同的类别和区域，♯号表示的观测点为支持向量。可见，两类"融合"处的点多为支持向量。

● 当损失惩罚参数 $C = 0.1$ 时，因惩罚降低，"厚板"厚度增大，包含的支持向量增加到 25 个。

● 利用 tune. svm 函数尝试不同损失惩罚参数。10 折交叉验证的预测误差估计最低时的 C 等于 1，平均错判率为 0.15，标准差为 0.129。该参数下的模型为最优模型，找到了 17 个支持向量。利用该模型对测试样本集中的 10 个观测进行类别预测，预测错误率为 0.2。

7.7.3　利用 R 模拟线性不可分下的支持向量分类

本节利用 R 对线性不可分下的支持向量分类问题做模拟研究。基本步骤如下：

第一，在线性不可分的原则下，随机生成训练样本集和测试样本集。其中的输入变量有 2 个，输出变量类别为 1 和 2，应为因子。

第二，采用径向基核函数，利用 10 折交叉验证找到预测误差估计最小下的最优参数和最优模型。

第三，利用最优模型对测试样本集做预测。

具体代码和部分结果如下：

```
set. seed(12345)
x <- matrix(rnorm(n=400,mean=0,sd=1),ncol=2,byrow=TRUE)
x[1:100,]<- x[1:100,]+2
x[101:150,]<- x[101:150,]-2
y <- c(rep(1,150),rep(2,50))
data <- data. frame(Fx1=x[,1],Fx2=x[,2],Fy=as. factor(y))
flag <- sample(1:200,size=100)
data_train <- data[flag,]
data_test <- data[-flag,]
plot(data_train[,2:1],col=as. integer(as. vector(data_train[,3])),pch=8,cex=0. 7,
main="训练样本集散点图")
library("e1071")
set. seed(12345)
tObj <- tune. svm(Fy~. ,data=data_train,type="C-classification",kernel="radial",
cost=c(0. 001,0. 01,0. 1,1,5,10,100,1000),gamma=c(0. 5,1,2,3,4),scale=FALSE)
plot(tObj,xlab=expression(gamma),ylab="损失惩罚参数 C",main="不同参数组合下
的预测错误率",nlevels=10,color. palette=terrain. colors)
BestSvm <- tObj $ best. model
summary(BestSvm)
Call:
best.svm(x = Fy ~ ., data = data_train, gamma = c(0.5, 1, 2, 3, 4), cost = c(0.001,
    0.01, 0.1, 1, 5, 10, 100, 1000), type = "C-classification", kernel = "radial",
    scale = FALSE)


Parameters:
   SVM-Type:  C-classification
 SVM-Kernel:  radial
       cost:  1000
      gamma:  0.5

Number of Support Vectors:  17

 ( 9 8 )


Number of Classes:  2

Levels:
 1 2
```

```
plot(x=BestSvm,data=data_train,formula=Fx1~Fx2,svSymbol="#",dataSymbol="*",
grid=100)
yPred <- predict(BestSvm,data_test)
(ConfM <- table(yPred,data_test $ Fy))
yPred  1  2
    1 71  4
    2  4 21
(Err <-(sum(ConfM)-sum(diag(ConfM)))/sum(ConfM))
[1] 0.08
```

本例说明如下：

● 训练样本集包含 100 个观测，纵坐标 Fx1、横坐标 Fx2 的观测分布情况如图 7 – 14（a）所示。不同颜色代表不同的类别。可见，该问题是一个线性不可分下的支持向量分类问题，尝试采用径向基核函数。

● 为确定径向基核函数中的参数以及损失惩罚参数 C，采用 10 折交叉验证法。由于参数组合情况较多，这里采用 plot 函数绘制等高线图可视化不同参数组合下的预测误差，如图 7 – 15 所示。这里的绘图数据为 tObj，绘制 10 条等高线（用色彩表示）。颜色越深表示预测误差越小。结果表明，预测误差最小时的参数 gamma 等于 0.5，C 等于 1 000。交叉验证的预测误差为 0.07（详细结果略去）。

● 可视化支持向量和超平面，如图 7 – 14（b）所示。♯ 号表示的观测点为支持向量，它们位于两类"融合"处。

● 最优模型对测试样本集中的 100 个观测进行类别预测，预测错误率为 0.08。

● 尽管支持向量分类要求输出变量的类别值为 −1 和 +1，但实际类别可随意取值，算法会自动进行类别值的对应变换。

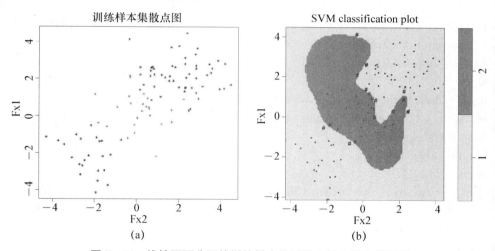

图 7 – 14　线性不可分下的训练样本集以及支持向量和超平面

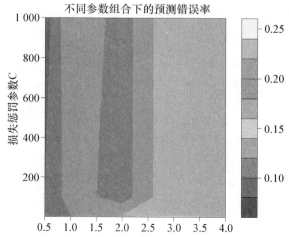

图 7 – 15　tune. svm 的参数可视化结果

7.7.4　利用 R 模拟多分类的支持向量分类

本节采用1对1策略，利用 R 对多分类的支持向量分类问题做模拟研究。基本步骤如下：

第一，在线性不可分的原则下，随机生成训练样本集。其中的输入变量有 2 个，输出变量类别为 0，1 和 2，应为因子。

第二，采用径向基核函数，利用 10 折交叉验证找到预测误差估计最小下的最优参数和最优模型。

第三，利用最优模型对训练样本做预测。观测多类别预测的依据。

具体代码和部分结果如下。

```
set. seed(12345)
x <- matrix(rnorm(n=400,mean=0,sd=1),ncol=2,byrow=TRUE)
x[1:100,]<- x[1:100,]+2
x[101:150,]<- x[101:150,]-2
x <- rbind(x,matrix(rnorm(n=100,mean=0,sd=1),ncol=2,byrow=TRUE))
y <- c(rep(1,150),rep(2,50))
y <- c(y,rep(0,50))
x[y==0,2]<- x[y==0,2]+3
data <- data. frame(Fx1=x[,1],Fx2=x[,2],Fy=as. factor(y))
plot(data[,2:1],col=as. integer(as. vector(data[,3]))+1,pch=8,cex=0. 7,main="训练样本集散点图")
library("e1071")
set. seed(12345)
tObj <- tune. svm(Fy~. ,data=data,type="C-classification",kernel="radial",cost=
c(0.001,0.01,0.1,1,5,10,100,1000),gamma=c(0.5,1,2,3,4),scale=FALSE)
BestSvm <- tObj $ best. model
summary(BestSvm)
Call:
best.svm(x = Fy ~ ., data = data, gamma = c(0.5, 1, 2, 3, 4), cost = c(0.001,
    0.01, 0.1, 1, 5, 10, 100, 1000), type = "C-classification", kernel = "radial",
    scale = FALSE)


Parameters:
   SVM-Type:  C-classification
 SVM-Kernel:  radial
       cost:  5
      gamma:  1

Number of Support Vectors:  133

 ( 70 31 32 )


Number of Classes:  3

Levels:
 0 1 2
```

```
plot(x=BestSvm,data=data,formula=Fx1~Fx2,svSymbol="#",dataSymbol="*",
grid=100)
SvmFit <- svm(Fy~.,data=data,type="C-classification",kernel="radial",cost=5,
gamma=1,scale=FALSE)
head(SvmFit $ decision. values)
          1/2          1/0            2/0
1 1.033036   1.2345269  -0.61218120
2 1.600637   1.2219439   0.76075704
3 1.068253   1.0112116   0.59297067
4 1.047869   0.9999145   0.05664801
5 2.146043   1.4892178   1.23291499
6 1.031256   1.2279855  -1.10335407
yPred <- predict(SvmFit,data)
(ConfM <- table(yPred,data $ Fy))
yPred   0    1    2
    0  42    3    0
    1   6  143    6
    2   2    4   44
(Err <-(sum(ConfM)-sum(diag(ConfM)))/sum(ConfM))
[1] 0.084
```

本例说明如下：

● 样本集包含 250 个观测，纵坐标 Fx1、横坐标 Fx2 的观测分布情况如图 7-16（a）所示。不同颜色代表不同的类别。可见，该问题是一个线性不可分下的多分类支持向量分类问题，尝试采用径向基核函数。

● 10 折交叉验证结果表明，最优模型是 gamma=1，C=5 的模型。最优模型的可视化结果如图 7-16（b）所示。绿色、白色、粉色分别代表 3 个类别区域。

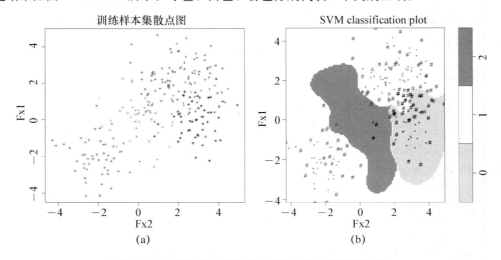

图 7-16 多分类的训练样本以及支持向量和超平面

● 依据最优参数重新建立模型，查看各观测的决策函数值。对 3 个类别的分类问题建立了 3 个支持向量分类。第 1 个观测在 1 对 2 类的分类中，决策函数值大于 0，预测为 1

类；在 1 对 0 的分类中，决策函数值大于 0，预测为 1 类；在 2 对 0 的分类中，决策函数值小于 0，预测为 0 类。预测为 1 类的次数最多，最终预测类别为 1 类。

● 最优模型对样本的预测误差为 0.084。

7.7.5 天猫数据的支持向量分类预测

本节对第 4 章中的天猫数据，利用支持向量分类分析顾客前 3 个月的消费行为规律，并预测未来一个月是否会有订单成交。具体代码和部分结果如下。

```
Tmall_train <- read. table(file="天猫_Train_1. txt",header=TRUE,sep=",")
Tmall_train $ BuyOrNot <- as. factor(Tmall_train $ BuyOrNot)
library("e1071")
set. seed(12345)
tObj <- tune. svm(BuyOrNot~. ,data=Tmall_train,type="C-classification",kernel="radial",
gamma=10^(-6:-3),cost=10^(-3:2))
plot(tObj,xlab=expression(gamma),ylab="损失惩罚参数 C",main="不同参数组合下
的预测错误率",nlevels=10,color. palette=terrain. colors)
BestSvm <- tObj $ best. model
summary(BestSvm)
Call:
best.svm(x = BuyOrNot ~ ., data = Tmall_train, gamma = 10^{-6:-3}, cost = 10^{-3:2},
    type = "C-classification", kernel = "radial")


Parameters:
    SVM-Type:  C-classification
 SVM-Kernel:  radial
       cost:  100
      gamma:  0.001

Number of Support Vectors:  79

 ( 40 39 )


Number of Classes:  2

Levels:
 0 1
Tmall_test <- read. table(file="天猫_Test_1. txt",header=TRUE,sep=",")
Tmall_test $ BuyOrNot <- as. factor(Tmall_test $ BuyOrNot)
yPred <- predict(BestSvm,Tmall_test)
(ConfM <- table(yPred,Tmall_test $ BuyOrNot))
yPred   0   1
    0 270   0
    1  27 523
(Err <-(sum(ConfM)-sum(diag(ConfM)))/sum(ConfM))
[1] 0.03292683
```

本例中，仍采用径向基核函数，通过 10 折交叉验证找到预测误差估计最小下的模型

参数。参数与预测误差的图形如图 7－17 所示。可见，当 gamma＝0.001，C＝100 时，模型最优，共有 79 个支持向量。利用最优模型对顾客未来一个月的消费行为进行预测，预测误差为 0.033，模型较为理想。

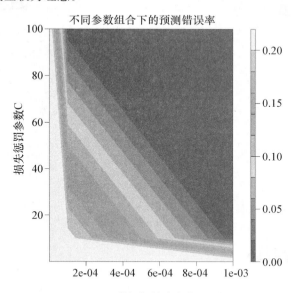

图 7－17　天猫数据的参数与预测误差

7.8　本章函数列表

本章涉及的 R 函数如表 7－1 所示。

表 7－1　　　　　　　　　　　　　　　本章涉及的 R 函数列表

函数名	功能
svm()	支持向量机
tune. svm()	支持向量机的参数自动调整

第 8 章
R 的一般聚类：揭示数据内在结构

8.1 聚类分析概述

8.1.1 聚类分析的目的

聚类分析是实现对数据全方位自动分组的一类数据挖掘方法。若将数据全体视为一个大类，这个大类很可能是由若干个包含一定数量观测的"自然小类"组成的。聚类分析的目的就是找到这些隐藏于数据中的客观存在的"自然小类"，并通过刻画"自然小类"体现数据的内在结构。

这里的"自然小类"是相对于"主观小类"而言的。事实上，人们完全可以通过指定分组变量和分组组限，将数据全体划分成若干个组（也就是小类）。例如，市场细分中的RFM 分析就是如此。RFM 是最近一次消费（recency）、消费频率（frequency）、消费金额（monetary）的英文缩写，是市场细分的最重要的三个方面。最近一次消费是客户前一次消费距某时点的时间间隔。理论上，最近一次消费越近的客户越可能是比较好的客户，是最有可能对提供的即时商品或服务做出反应的。从企业角度看，最近一次消费很近的客户数量及其随时间推移的变化趋势，能够有效揭示企业成长的稳健程度。消费频率是客户在限定期间内消费的次数。消费频率较高的客户，通常对企业的满意度和忠诚度较高。从企业角度看，有效的营销手段应能够大幅提高消费频率，进而争夺更多的市场份额。消费金额是客户在限定期间内的消费总金额，是客户盈利能力的表现。可依据 R，F，M，分别指定 R，F，M 的组限，对客户进行 3 个维度的交叉分组，如图 8-1 所示，将客户划分成8 个小类。

"主观小类"的合理性依赖于人们对数据和实际问题的正确理解。例如，对上述问题，只有在恰当的市场细分基础上，才可能制定出更有针对性的市场营销策略。否则，"主观小类"很可能因人为认识的不足或片面，与数据中的"客观自然存在"不吻合，无法准确体现数据的内在结构。所以，全面客观地找到数据中的"自然小类"是必要的，这也是聚类分析的意义所在。

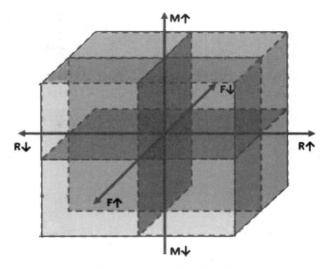

图 8 - 1　RFM 分组示意图

通常，"自然小类"具有类内结构相似、类间结构差异显著的特点。这是评价聚类结果是否合理的重要依据。具体内容后面将详细讨论。

8.1.2　聚类算法概述

聚类分析作为探索式数据分析的重要手段，已广泛应用于机器学习、模式识别、图像分析、信息检索、生物信息学（bioinformatics）等众多领域。目前，聚类算法有上百种之多。不同算法对类的定义有所不同，聚类策略也各有千秋。通常将样本数据视为由 p 个聚类变量构成的 p 维空间中的点。这里仅对它们做简单说明。

首先，类是一组数据对象（或称观测）的集合，主要有以下几种：

- 空间中距离较近的各观测点，可形成一个小类。
- 空间中观测点分布较为密集的区域，可视为一个小类。
- 来自某特定统计分布的一组观测，可视为一个小类。

其次，从聚类结果角度看，主要有以下几种：

- 确定聚类和模糊聚类。如果任意两个小类的交集为空，一个观测点最多只属于一个确定的类，则称为确定聚类（或硬聚类）；否则，如果一个观测点以不同概率水平属于所有的类，则称为模糊聚类（或软聚类）。
- 基于层次的聚类和非层次的聚类。如果小类之间存在一个小类是另一个小类的子集的情况，称为层次聚类；否则为非层次聚类。

再次，从聚类算法（也称聚类模型）角度看，主要有如下几种：

- 基于质心的聚类模型（centroid models）。从反复寻找类质心的角度设计算法。这类算法以质心为核心，视空间中距质心较近的多个观测点为一个小类。得到的聚类结果一般为确定性的且不具有层次关系。
- 基于联通性的聚类模型（connectivity models）。从距离和联通性角度设计算法。这类算法视空间中距离较近的多个观测点为一个小类，并基于联通性完成最终的聚类。得到的聚类结果一般为确定性的且具有层次关系。

● 基于统计分布的聚类模型（distribution models）。从统计分布角度设计算法。这类算法将来自某特定统计分布的多个观测视为一个小类，认为一个小类是来自一个分布的随机样本。得到的聚类结果一般具有不确定性，且不具有层次关系。

● 基于密度的聚类模型（density models）。从密度的可达性角度设计算法。这类算法将空间中观测点分布较为密集的区域视为一个小类。以距离阈值作为是否密度可达的标准。得到的聚类结果一般为确定性的，不具有层次关系。适合"自然小类"的形状复杂不规则的情况。

● 其他聚类模型。其他聚类模型，诸如两步聚类（two step clustering）、自组织（self-organizing）聚类、子空间聚类模型（subspace models）、组模型（group models）聚类、基于图的聚类模型（graph-based models）等。

最后，从聚类数目角度看，有些聚类算法要求事先确定聚类数目 K，有些则不要求。

本章重点讨论常用的基于质心的聚类模型、基于联通性的聚类模型以及基于统计分布的聚类模型。

8.2　基于质心的聚类模型：K-Means 聚类

K-Means 聚类也称快速聚类，从反复寻找类质心的角度设计算法。这类算法以质心为核心，将聚类特征空间中距质心较近的多个观测点视为一个小类，得到的聚类结果一般为确定性的且不具有层次关系。此外，需事先确定聚类数目 K。

8.2.1　K-Means 聚类中的距离测度

K-Means 聚类将所收集到的具有 p 个数值型变量（即聚类变量）的样本数据看成 p 维空间上的点，并以此定义某种距离。对两观测点 x 和 y，若 x_i 是观测点 x 的第 i 个变量值，y_i 是观测点 y 的第 i 个变量值。两观测点 x 和 y 之间的距离有以下几种定义。

1. 闵可夫斯基距离

两观测点 x 和 y 间的闵可夫斯基（Minkowski）距离是两观测点 p 个变量值差的绝对值 k 次方总和的 k 次方根（k 可以任意指定），数学定义为：$\text{MINKOWSKI}(x, y) = \sqrt[k]{\sum_{i=1}^{p} |x_i - y_i|^k}$。

2. 欧氏距离

两观测点 x 和 y 间的欧氏距离（Euclidean distance）是两个点的 p 个变量值之差的平方和开平方，数学定义为：$\text{EUCLID}(x, y) = \sqrt{\sum_{i=1}^{p} (x_i - y_i)^2}$。欧氏距离是闵可夫斯基距离 $k=2$ 时的特例。

3. 绝对距离

两观测点 x 和 y 间的绝对距离（也称曼哈顿（Manhattan）距离）是两观测点 p 个变量值差的绝对值的总和，数学定义为：$\text{BLOCK}(x, y) = \sum_{i=1}^{p} |x_i - y_i|$。绝对距离是闵可夫斯基距离 $k=1$ 时的特例。

4．切比雪夫距离

两观测点 x 和 y 间的切比雪夫（Chebychev）距离是两观测点 p 个变量值差的绝对值的最大值，数学定义为：$CHEBYCHEV(x, y) = Max(|x_i - y_i|)(i = 1, 2, \cdots, p)$。

5．夹角余弦距离

两观测点 x 和 y 间的夹角余弦（cosine）距离的数学定义为：$COSINE(x, y) =$

$$\frac{\sum\limits_{i=1}^{p}(x_i y_i)^2}{\sqrt{(\sum\limits_{i=1}^{p} x_i^2)(\sum\limits_{i=1}^{p} y_i^2)}}$$。夹角余弦距离是从两观测的变量整体结构相似性角度测度其距离

的。夹角余弦越大，结构相似度越高。

8.2.2　K-Means 聚类过程

在上述距离定义下，K-Means 聚类算法要求事先确定聚类数目 K，并采用分割方式实现聚类。所谓分割，是指：首先，将上述 p 维空间随意分割成 K 个区域，对应 K 个小类，并确定各个类的中心点位置，即质心；然后，计算各个观测点与 K 个质心的距离，将所有观测点指派到与之最近的类中，形成初始的聚类结果。由于初始聚类结果是在空间随意分割的基础上产生的，无法确保所得的 K 个类就是客观存在的"自然小类"，所以需多次反复。

在这样的设计思路下，K-Means 聚类算法的具体过程如下：

第一步，指定聚类数目 K。在 K-Means 聚类中，应首先给出需聚成多少小类。聚类数目的确定本身并不简单，既要考虑最终的聚类效果，又要根据研究问题的实际需要。聚类数目太大或太小都将失去聚类的意义。

第二步，分别确定 K 个初始类质心。类质心这里指类的中心点，是各类特征的典型代表。指定聚类数目 K 后，还应指定 K 个类的初始类质心。初始类质心指定的合理性将直接影响聚类算法收敛的速度。常用的初始类质心的指定方法有：

● 经验选择法，即根据以往经验大致了解样本应聚成几类以及如何聚类，只需要选择每个类中具有代表性的观测点作为初始类质心即可。

● 随机选择法，即随机指定 K 个样本观测点作为初始类质心。

● 最小最大法，即先选择所有观测点中相距最远的两个点作为初始类质心，然后选择第三个观测点，它与已确定的类质心的距离是其余点中最大的。再按照同样的原则选择其他类质心。

第三步，根据最近原则进行聚类。依次计算每个观测点到 K 个类质心的距离，并按照与 K 个类质心距离最近的原则，将所有观测分派到最近的类中，形成 K 个小类。

第四步，重新确定 K 个类质心。质心的确定原则是：依次计算各类中所有观测点在各个变量上的均值，并以均值点作为新的类质心。

第五步，判断是否已经满足终止聚类算法的条件，如果没有满足则返回第三步。不断反复上述过程，直到满足迭代终止条件。

聚类算法的终止条件通常有两个：第一，迭代次数。当目前的迭代次数等于指定的迭代次数时终止聚类算法。第二，类质心偏移程度。新确定的类质心与上次迭代确定的类质心的最大偏移量小于指定值时终止聚类算法。通过适当增加迭代次数或合理调整质心偏移

量的判定标准，能够有效克服初始类质心可能存在的偏差。上述两个条件中任意一个满足则结束算法。

可见，K-Means 聚类是一个反复迭代的过程。聚类过程中，样本观测点所属的小类会不断调整，直至最终达到稳定为止。图 8-2 直观地反映了 K-Means 聚类的过程。

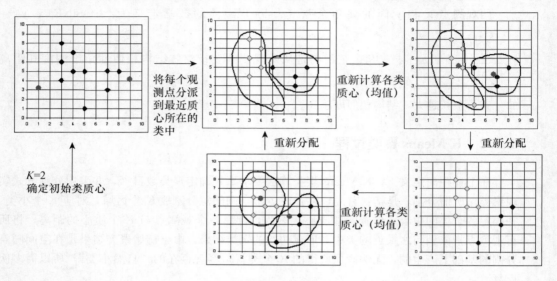

图 8-2　K-Means 聚类过程

图 8-2 中，首先指定聚成 2 类，图中红色点为初始类质心。可以看到，迭代过程中图中最下面的一个点所属的小类发生了变化，是类质心不断调整的结果。

由于距离是 K-Means 聚类的基础，将直接影响最终的聚类结果，因此，通常应在分析之前剔除影响距离正确计算的因素，包括消除数量级对距离计算的影响、聚类变量不应有较强的线性相关关系等。

K-Means 聚类过程本质上是一个优化求解过程。若将样本中的 n 个观测数据记为 $(x_1, x_2, \cdots, x_n)$，K 个小类记为 $(S_1, S_2, \cdots, S_K)$，则 K-Means 聚类就是要找到类内离差平方和最小下的类，即 $\underset{S}{\arg\min} \sum_{i=1}^{K} \sum_{x \in S_i} ||x - u_i||^2$，$u_i$ 是第 S_i 类的质心位置向量。进一步，可计算如下统计量：

- 对观测全体计算 p 个聚类变量的离差平方和之和：$\text{totss} = \sum_{k=1}^{p} SS_{x_i}$。$SS_{x_i}$ 表示聚类变量 x_i 的离差平方和。totss 是对全体观测离散总程度的测度。

- 对最终得到的每个小类，计算 p 个聚类变量离差平方和之和并加总：$\text{tot. withinss} = \sum_{k=1}^{K} \sum_{i=1}^{p} SS'_{xi} = \sum_{k=1}^{K} \text{withinss}$。$SS'_{xi}$ 表示聚类变量 x_i 的类内离差平方和。tot. withinss 可作为类内离散总程度的测度。

- 计算 betweenss＝totss－tot. withinss，它可作为类间离散总程度的测度。

所以，在聚类数目 K 确定的条件下，tot. withinss 越小越好（类内相似性高）。通常确定合理的 K 是比较困难的。此时，还需考虑 betweenss 越大越好（类间差异性大），即 betweenss/tot. withinss 越大越好。进一步，为消除聚类数目 K 和样本量 n 对计算结果的影响，可将 betweenss/tot. withinss 修正为 $\dfrac{betweenss}{K-1}\bigg/\dfrac{tot.\ withinss}{n-K}$，该比率越大越好，并以此作为确定合理 K 的参考依据。

8.2.3　R 的 K-Means 聚类函数

K-Means 聚类的 R 函数是 kmeans，基本书写格式为：

kmeans(x＝数据矩阵,centers＝聚类数目或初始类质心,iter. max＝10,nstart＝1)

其中：
- 聚类变量组织在 x 指定的矩阵或数据框中。
- 参数 centers：若为一个整数，表示聚类数目 K；若为一个矩阵（行数等于聚类数目 K，列数等于聚类变量个数 p），则表示初始类质心，每一行表示一个初始类质心。
- 参数 iter. max 用于指定最大迭代次数，默认为 10 次。R 中仅以最大迭代次数作为终止迭代条件。
- 当参数 centers 为一个整数时，R 将采用随机选择法从数据中抽取 K 个观测作为初始类质心。为克服大数据集下终止迭代次数有限（不充分大）时，初始类质心抽取的随机性对聚类结果的影响，可指定参数 nstart 为一个大于 1 的值（默认值为 1），表示重复多次抽取质心。最终的聚类解将基于这样的初始类质心：由该初始类质心经指定 10 次（默认，可重新设置）迭代形成的类，是 tot. withinss 最小的类。

kmeans 函数的返回结果是一个列表，包括如下成分：
- cluster：存储各观测所属的小类的编号，也称聚类解。
- centers：存储各个小类的最终类质心。
- totss：所有聚类变量的离差平方和之和，如前所述。
- withinss：包含 K 个元素的向量，分别存储各聚类变量的类内离差平方和之和，是对各类内部观测数据点离散程度的测度，如前所述。
- tot. withinss：K 个类的各聚类变量的类内离差平方和之和的总和，如前所述。
- betweenss：等于 totss－tot. withinss，如前所述。
- size：各类的样本量。

8.2.4　K-Means 聚类的 R 模拟和应用示例

一、用 R 对模拟数据进行 K-Means 聚类

模拟步骤如下：
- 生成包含 50 个观测且包含 2 个"自然小类"的随机样本。
- 利用 K-Means 将样本数据聚成 2 个小类。
- 利用 K-Means 将样本数据聚成 4 个小类。通过对比 2 个小类和 4 个小类下的 $\dfrac{betweenss}{K-1}\bigg/\dfrac{tot.\ withinss}{n-K}$，发现聚成 4 个小类不恰当。
- 讨论初始类质心对聚类结果的影响。

具体代码和部分结果如下：

```
set. seed(12345)
x <- matrix(rnorm(n=100,mean=0,sd=1),ncol=2,byrow=TRUE)    #生成随机数
x[1:25,1]<- x[1:25,1]+3   #令样本数据包含2个自然小类
x[1:25,2]<- x[1:25,2]-4
par(mfrow=c(2,2))
plot(x,main="样本观测点的分布",xlab=" ",ylab=" ")    #可视化观测点分布特征
points(KMClu1 $ centers,pch=3)    #画出类质心
set. seed(12345)
(KMClu1 <- kmeans(x=x,centers=2,nstart=1))    #聚成2类
K-means clustering with 2 clusters of sizes 24, 26

Cluster means:
      [,1]        [,2]
1 0.1718023  0.4841679
2 3.1396595 -3.7636429

Clustering vector:
 [1] 2 2 2 2 2 2 2 2 2 2 2 2 2 2 2 2 2 2 2 2 2 2 2 1 1 1 2 1 1 1 1 1 1 1 1 1 1 1 1 1 1 1 1 1 1 1
[47] 1 1 1 1

Within cluster sum of squares by cluster:
[1] 52.05340 62.03865
 (between SS / total SS =  74.6 %)
plot(x,col=(KMClu1 $ cluster+1),main="K-Means 聚类 K=2",xlab=" ",ylab=" ",
pch=20,cex=1.5)
set. seed(12345)
KMClu2 <- kmeans(x=x,centers=4,nstart=1)    #聚成4类
plot(x,col=(KMClu2 $ cluster+1),main="K-Means 聚类 K=4",xlab=" ",ylab=" ",
pch=20,cex=1.5)
points(KMClu2 $ centers,pch=3)
KMClu1 $ betweenss/(2-1)/(KMClu1 $ tot. withinss/(50-2))
[1] 140.9864
KMClu2 $ betweenss/(4-1)/(KMClu2 $ tot. withinss/(50-4))
[1] 76.74834
set. seed(12345)
KMClu2 <- kmeans(x=x,centers=4,nstart=30)
plot(x,col=(KMClu2 $ cluster+1),main="K-Means 聚类 K=4",xlab=" ",ylab=" ",
pch=20,cex=1.5)
points(KMClu2 $ centers,pch=3)
```

本例说明如下：

● 样本观测点的分布如图 8-3（a）所示，呈 2 个"自然小类"。

● 将样本数据聚成 2 个小类时，2 个小类的最终质心向量为(0.17, 0.48)，(3.14,-3.76)，betweenss/totss=74.6%，结果尚可接受。聚类结果如图 8-3（b）所示，不同颜色代表不同的类，十字符号代表类质心。

● 将样本数据聚成 2 个小类和 4 个小类时的 $\dfrac{betweenss}{K-1}\Big/\dfrac{tot. withinss}{n-K}$ 分别为 140.99 和

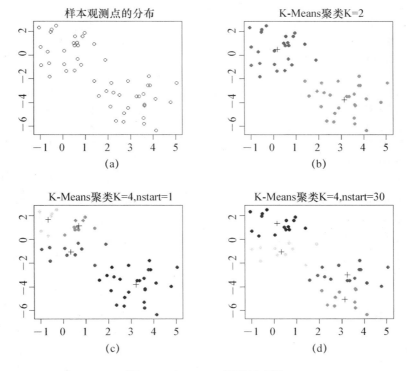

图 8 - 3　K-Means 聚类示意图

76.75。可见本例中聚类数目 $K=2$ 更加合理，符合数据分布的实际情况。聚成 4 个小类的情况如图 8 - 3 （c） 所示，它将红色类进一步划分成了 3 类。

● 为展示初始类质心的随机性对聚类结果的影响，仍聚成 4 个小类，且令 nstart＝30，与 nstart＝1 的情况进行对比，如图 8 - 3 （d） 所示。可见，与 nstart＝1 时（见图 8 - 3 （c））的结果有较大差异。通常 nstart 较大时的聚类解更倾向于全局最优。

二、应用案例

收集到某年我国 31 个省级行政区（不包括港澳台）环境污染状况的经标准化处理的统计数据，包括生活污水排放量（x1）、生活二氧化硫排放量（x2）、生活烟尘排放量（x3）、工业固体废物排放量（x4）、工业废气排放总量（x5）、工业废水排放量（x6）。此外，还包括 GDP 水平（gdp）以及地理位置（geo）。现采用 K-Means 聚类方法，将省级行政区分成 4 类。

```
PoData <- read. table(file="环境污染数据. txt",header=TRUE)
CluData <- PoData[,2:7]　 #提取聚类变量 x1～x6
set. seed(12345)
CluR <- kmeans(x=CluData,centers=4,nstart=30)
```

进一步，对聚类分析结果进行可视化评价。

首先，描述各类的类成员组成情况，以及聚类变量在各类的平均水平。

```
CluR $ size    #浏览各类包含的样本量
[1]   4 19  2  6
CluR $ centers    #浏览4类的类质心
            x1         x2         x3         x4         x5         x6
1 53.39250   8.33500   7.97000   1.42250  36.78750  83.69250
2 15.06895  15.09263  20.43263   5.31000  13.37316  16.45105
3 11.48000  79.47000  69.43000  59.88000  33.07000   9.62000
4 26.91000  39.77167  63.68333  10.42833  56.67667  40.70000
par(mfrow=c(2,1))
PoData $ CluR <- CluR $ cluster    #将聚类解保存到PoData数据框的CluR域中
plot(PoData $ CluR,pch=PoData $ CluR,ylab="类别编号",xlab="省区",main="聚类
的类成员",axes=FALSE)    #绘制各省区聚类解的序列图,不带坐标轴
par(las=2)    #指定坐标轴文字转90度
axis(1,at=1:31,labels=PoData $ province,cex. axis=0.6)    #指定横坐标刻度文字为
省市名
axis(2,at=1:4,labels=1:4,cex. axis=0.6)    #指定列坐标刻度文字为聚类解编号
box()    #图形外加外框
legend("topright",c("第一类","第二类","第三类","第四类"),pch=1:4,cex=0.6)
plot(CluR $ centers[1,],type="l",ylim=c(0,82),xlab="聚类变量",ylab="组均值(类
质心)",main="各类聚类变量均值的变化折线图",axes=FALSE)    #绘制第1个类的
类质心变量取值折线图
axis(1,at=1:6,labels=c("生活污水排放量","生活二氧化硫排放量","生活烟尘排放
量","工业固体废物排放量","工业废气排放总量","工业废水排放量"),cex. axis=0.6)
box()
lines(1:6,CluR $ centers[2,],lty=2,col=2)    #绘制第2个类的类质心变量取值折
线图
lines(1:6,CluR $ centers[3,],lty=3,col=3)
lines(1:6,CluR $ centers[4,],lty=4,col=4)
legend("topleft",c("第一类","第二类","第三类","第四类"),lty=1:4,col=1:4,cex=0.6)
```

本例说明如下：

● 本例中，将数据聚为4类，各类样本量依次为4，19，2，6。第1类的质心向量为
(53.392 50，8.335 00，7.970 00，1.422 50，36.787 50，83.692 50)。其他同理。

● 本例中，利用plot函数和lines函数绘制了4类的成员情况，以及6个聚类变量的
均值在4类上的变化折线图，如图8-4所示。

图8-4直观展现了4类的结构特征。例如，第二类地区的各类污染物排放均不高；
第三类地区的主要污染物是二氧化硫和烟尘，污水排放量较低；等等。

其次，评价类间差异性和类内相似性。

```
CluR $ betweenss/CluR $ totss * 100
[1]  64.92061
```

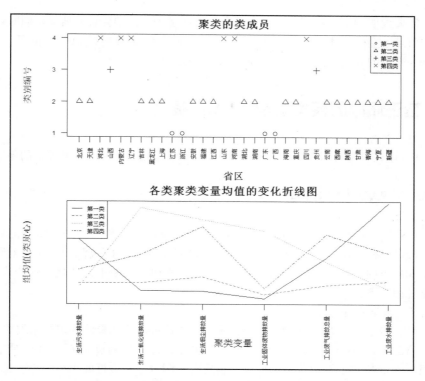

图 8 - 4 各类成员及聚类变量均值变化折线图

因类间解释的离差平方和占总平方和的 64.92%，总体聚类效果一般。但从图 8 - 5 类质心与观测点的位置关系可见，各类质心相距较远，各类观测点的重合并不严重，总体聚类结果是可以接受的。

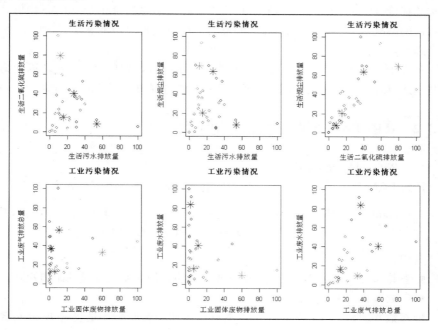

图 8 - 5 类质心与观测点的位置关系

需要说明的是，K-Means 聚类适合聚类变量为数值型变量的情况。同时，由于类质心为均值点，会受样本中噪声数据的影响，从而导致聚类解的稳健性降低。有很多对 K-Means 聚类的改进算法，PAM 算法就是其中之一。

8.3　基于质心的聚类模型：PAM 聚类

PAM 聚类是对 K-Means 聚类的改进，目的是提高 K-Means 聚类解的稳健性。

8.3.1　PAM 聚类过程

PAM 是 partitioning around medoids 的英文缩写，也是一种基于质心的划分型聚类算法。PAM 聚类与 K-Means 聚类的主要不同在于：第一，距离测度采用绝对距离。聚类目标是找到类内绝对距离之和最小的类。第二，增加了判断本次迭代类质心合理性的步骤。具体过程如下：

第一步，指定聚类数目 K。

第二步，确定 K 个初始类质心。采用经验法或随机选择法确定初始类质心。

第三步，根据最近原则进行聚类。依次计算每个观测点到 K 个小类质心的距离，并按照与 K 个类质心距离最近的原则，将所有观测分派到最近的小类中，形成 K 个小类。

第四步，重新确定 K 个类质心。

● 分别计算 K 个小类的质心，即依次计算各类中所有观测点在各个变量上的均值，并以均值点作为新的类质心，记为 u_k（$k=1, 2, \cdots, K$）。

● 对于第 k 个小类，对每个非质心观测点 $x_{\dot k}$，计算类内其他观测与 $x_{\dot k}$ 的距离之和，也称总代价（total cost）。找到最小总代价。若最小总代价小于 u_k 的总代价（u_k 受可能的极端值的影响），则第 k 类的新质心调整为最小总代价对应的 $x_{\dot k}$。否则，u_k 作为类质心具有合理性，保持不变。这一步称为 swap 步。

第五步，判断是否已经满足终止聚类算法的条件，如果没有满足，返回第三步。不断反复上述过程，直至满足迭代终止条件。迭代终止条件同 K-Means 聚类。

8.3.2　R 的 PAM 聚类函数和应用示例

一、R 的 PAM 聚类函数

R 的 PAM 聚类函数是 cluster 包中的 pam 函数，基本书写格式为：

pam(x＝矩阵或数据框,k＝聚类数目 K,medoids＝初始类质心向量,
　　do. swap＝TRUE/FALSE,stand ＝TRUE/ FALSE)

其中：

● 参数 x 可以是存储聚类变量的数据框，也可以是聚类变量的距离矩阵。

● 参数 k 指定聚类数目 K。

● 参数 medoids 用于指定 K 个观测点作为初始类质心，是包含 K 个元素的向量。如 c(1，10)表示以第 1 和第 10 个观测点作为 $K＝2$ 时的初始类质心。该参数可以省略，算法

将随机化初始类质心，该过程也称为 build 过程。

● 参数 do. swap 取 TRUE 或 FALSE，表示是否进行 swap 步。因 swap 步会占用更多的计算资源，可视情况设置为 FALSE。

● 参数 stand 取 TRUE 或 FALSE，表示是否对聚类变量进行标准化处理以消除数量级影响。默认为 FALSE。当 x 是距离矩阵时该参数无效。

pam 函数的返回结果为包括若干成分的列表，主要成分包括：

● clustering：存储各观测所属的类别。

● clusinfo：存储各类的样本量、类内的最大绝对距离、平均绝对距离和标准差。

● silinfo：存储各观测所属的类、其邻居类以及轮宽（silhouette）值。

观测 x_i 的轮宽定义为：$s(x_i)=\dfrac{b(x_i)-a(x_i)}{\max(a(x_i),b(x_i))}$。例如，若设聚类数目 $K=3$，聚类后观测 x_i 属于第 1 类。$a(x_i)$ 是观测 x_i 对第 1 类的总代价（如前所述），$b(x_i)$ 是观测 x_i 对第 2，3 类总代价的最小值。可见，该值越接近 1，表明 x_i 所属的类越合理；反之，越接近 -1，表明 x_i 越可能属于错误的类。

二、PAM 聚类示例

对 8.2 节的模拟数据采用 PAM 算法进行聚类。具体代码和部分结果如下。

```
set. seed(12345)
x <- matrix(rnorm(n=100,mean=0,sd=1),ncol=2,byrow=TRUE)    #生成随机数
x[1:25,1]<- x[1:25,1]+3    #令样本数据包含 2 个自然小类
x[1:25,2]<- x[1:25,2]−4
library("cluster")
set. seed(12345)
(PClu <- pam(x=x,k=2,do. swap=TRUE,stand=FALSE))    #PAM 聚成 2 类
Medoids:
     ID
[1,] 18 3.2542712 -3.5088117
[2,] 45 0.5365237  0.8248701
Clustering vector:
 [1] 1 1 1 1 1 1 1 1 1 1 1 1 1 1 1 1 1 1 1 1 1 1 1 1 1 2 2 2 2 2 2 2 2 2 2 2 2 2 2 2 2 2 2 2 2 2 2 2 2
[50] 2
Objective function:
  build      swap
1.721404 1.382137
plot(x=PClu,data=x)    #可视化聚类结果
```

本例说明如下：

● 将样本数据聚成 2 个小类，最终两个小类质心为第 18 和第 45 号观测，两变量分别取值为（3.25，−3.51），（0.54，0.82）。

● 2 个小类分别包含 26 个和 24 个观测，可视化聚类结果如图 8-6 所示。

图 8-6（a）是对原始数据利用主成分分析法提取 2 个主成分的观测点分布图。两个类别的轮廓大致为椭圆形，两类边界接壤但没有相互交叉，聚类效果较为理想。图 8-6（b）为各个观测的轮宽以及各类的平均轮宽。轮宽值较小的观测是位于两类边界附近的观测。本例的 PAM 聚类结果与 K-Means 聚类相同。

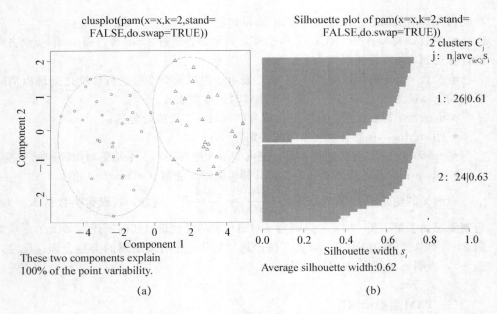

图 8-6   PAM 聚类的可视化结果

8.4   基于联通性的聚类模型：层次聚类

层次聚类也称系统聚类，从距离和联通性角度设计算法。这类算法将空间中距离较近的多个观测点视为一个类，并基于联通性完成最终的聚类。得到的聚类结果一般为确定性的且具有层次关系。

8.4.1   层次聚类的基本过程

层次聚类是将各个观测逐步合并成小类，再将小类逐步合并成中类乃至大类的过程。具体过程如下：
- 首先，每个观测点自成一类。
- 然后，计算所有观测点彼此间的距离，并将其中距离最近的观测点聚成一个小类，形成 $n-1$ 个类。
- 接下来，再次度量剩余观测点和小类间的距离，并将当前距离最近的观测点或小类聚成一类。

重复上述过程，不断将所有观测点和小类聚集成越来越大的类，直至所有观测点聚到一起，形成一个最大的类为止。

可见，聚类过程中随着聚类的进行，类内的相似程度在逐渐降低。对 n 个观测通过 $n-1$ 步可聚成一大类，如图 8-7 所示。

图 8-7 中，开始阶段 a，b，c，d，e 自成一类。第 1 步中 a，b 间的距离最近，首先合并成一个小类；第 2 步中 d，e 合并为一个小类；之后，c 并入 {d，e} 小类中；最后第 4 步中，{a，b} 小类与 {c，d，e} 小类合并，所有观测成为一个大类。可见，小类（如

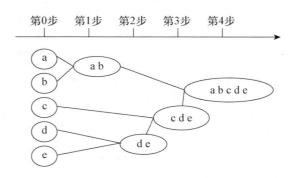

图 8 - 7　层次聚类过程示例

a，b）是中类（如 {a，b}）的子类，中类（如 {d，e}）是大类（如 {c，d，e}）的子类。类之间具有从属或层次包含关系。

8.4.2　层次聚类中距离的联通性测度

从层次聚类过程看，涉及两个方面的距离测度：

第一，观测点间距离的测度。观测点间距离的测度方法同 K-Means 聚类，这里不再赘述。

第二，观测点与小类之间、小类与小类间距离的测度。显然，K-Means 聚类中的距离测度不再适用于观测点与小类、小类与小类间距离的测度。此时，需从联通性角度度量。所谓联通性，也是距离的一种定义，测度的是 p（p 个聚类变量）维空间中观测点联通一个小类或一个小类联通另一个小类所需的距离长度。主要包括以下联通性测度：

● 最近邻（single linkage）法：观测点联通一个小类所需的距离长度是该观测与小类中所有观测距离的最小值。

● 组间平均链锁（average linkage）法：观测点联通一个小类所需的距离长度是该观测与小类中所有观测距离的平均值。

● 组内平均链锁（complete linkage）法：观测点联通一个小类所需的距离长度是该观测与小类中所有观测以及自身所在小类内各观测距离的平均值。该观测尚未属于任何小类时，同组间平均链锁法。

● 质心（centroid）法：观测点联通一个小类所需的距离长度，是该观测与小类质心点的距离。

8.4.3　层次聚类的 R 函数和应用示例

层次聚类的 R 函数是 hclust，基本书写格式为：

hclust(d＝距离矩阵,method＝聚类方法)

其中，事先计算各观测的距离矩阵并赋给参数 d；参数 method 用于指定联通性测度方法，取"single"表示最近邻法，取"complete"表示组内平均链锁法，取"average"表示组间平均链锁法，取"centroid"表示质心法，取"ward"表示离差平方和法（也是一种常用的聚类策略）。核心原则是：聚类过程中使小类内离差平方和增加最小的两小类首先合并为一类。例如，有 A，B，C 三个小类。如果 {A，B} 小类内的离差平方和小于 {A，C} 或 {B，C} 小类内的离差平方和，那么 A，B 应合并为一小类。

hclust 的返回结果是一个列表，其中名为 height 的成分记录了聚类过程中聚成 $n-1$，$n-2$，…，1 类时的最小类间距离。层次聚类过程决定了这个距离是在不断增大的。

例如，对上述环境污染数据，采用层次聚类方法聚类：

```
PoData <- read.table(file="环境污染数据.txt",header=TRUE)
CluData <- PoData[,2:7]   #提取聚类变量 x1～x6
DisMatrix <- dist(CluData,method ="euclidean")   #计算关于欧氏距离的距离矩阵
CluR <- hclust(d=DisMatrix,method="ward")   #采用 ward 策略聚类
plot(CluR,labels=PoData[,1])   #绘制聚类树形图
box()   #在树形图外添加外框
```

本例说明如下：
● 本例采用 ward 策略聚类。不同的聚类方法所得的聚类结果存在一定差异。
● 聚类结果的最好展示方式是图形，利用 plot 函数可以绘制聚类的树形图，如图 8-8 所示。

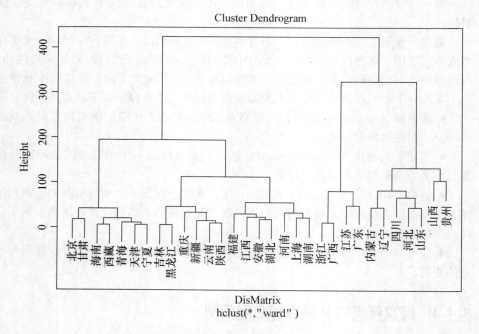

图 8-8 层次聚类的树形图

图 8-8 展示的是层次聚类的树形图。树是倒置的，树根在上，树叶在下。树的高度以及各分枝的高度取决于 height 参数（距离）的大小。可以看到，海南和西藏距离最近，首先聚在一起，山西和贵州两个产煤大省也聚在一起，等等。

可见，层次聚类无须事先指定聚类数目 K，并可给出 K 为任意值（取值范围在 $1～n$ 之间）时的聚类解。为最终确定聚类数目 K，可绘制 height 和聚类数目的散点图，也称碎

石图，如图 8 - 9 所示。

```
plot(CluR $ height,30:1,type="b",cex=0.7,xlab="距离测度",ylab="聚类数目")
```

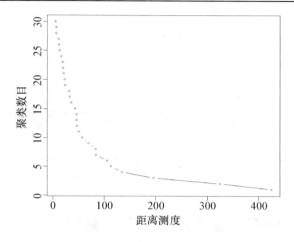

图 8 - 9　层次聚类的碎石图

图 8 - 9 中，随着聚类数目 K 的不断减少，最小的类间距离不断增大。当聚类数目达到 4 类之后，最小的类间距离的变化幅度很大，说明类间的差异性较大，不应再继续合并。所以，根据碎石图粗略判断聚成 4 类较为合适。

为此，利用 cutree 函数将树形图拆分为 4 组。cutree 函数的基本书写格式为：

cutree(层次聚类结果对象,k=聚类数目)

cutree 函数将返回聚成 k 类时各观测所属的小类，即聚类解：

```
PoData $ memb <- cutree(CluR,k=4)　#将层次聚类的树形图拆成4组
table(PoData $ memb)　#浏览各类的成员个数
1    2    3    4
7    7   13    4
plot(PoData $ memb,pch=PoData $ memb,ylab="类别编号",xlab="省区",main="聚
类的类成员",axes=FALSE)
par(las=2)
axis(1,at=1:31,labels=PoData $ province,cex. axis=0.6)
axis(2,at=1:4,labels=1:4,cex. axis=0.6)
box()
```

运行代码 PoData $ memb <- cutree(CluR,k=4) 获得聚成 4 类的结果，并将聚类解加入 PoData 数据框中。最终的聚类结果如图 8 - 10 所示。

图 8 - 10 的聚类结果与 K-Means 聚类有所不同，这是两种聚类方法原理上的差异所致。因此，在数据分析过程中采用不同方法反复研究是非常必要的。

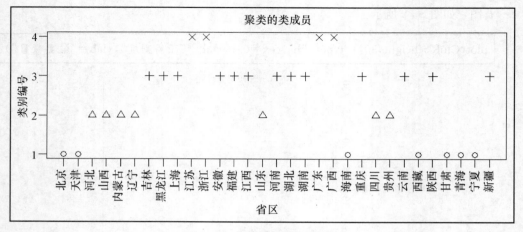

图 8 - 10　层次聚类的聚类解

8.5　基于统计分布的聚类模型：EM 聚类

8.5.1　基于统计分布的聚类模型的出发点：有限混合分布

　　基于统计分布的聚类模型从统计分布的角度设计算法。这类算法的核心出发点是：如果样本数据存在"自然小类"，那么某小类所包含的观测来自某个特定的统计分布。换句话说，一个"自然小类"是来自某个特定的统计分布的随机样本。于是，观测全体就是来自多个统计分布的有限混合分布的随机样本。

　　例如，利用 R 生成两组服从二元正态分布的随机数，视为两个随机样本，样本量分别为 100 和 50。将两个随机样本混合起来得到一个混合样本。因混合样本来自两个高斯分布，故称混合样本服从混合高斯分布。具体代码如下：

```
library(MASS)
set. seed(12345)
mux1 <- 0    #x 的期望(1 类)
muy1 <- 0    #y 的期望(1 类)
mux2 <- 15   #x 的期望(2 类)
muy2 <- 15   #y 的期望(2 类)
ss1 <- 10   #x 的方差
ss2 <- 10   #y 的方差
s12 <- 3   #x,y 的协方差
sigma <- matrix(c(ss1,s12,s12,ss2),nrow=2,ncol=2)    #生成协方差阵
Data1 <- mvrnorm(n=100,mu=c(mux1,muy1),Sigma=sigma,empirical=TRUE)
#生成 1 类的随机样本,服从二元正态分布,函数详见第 3 章
Data2 <- mvrnorm(n=50,mu=c(mux2,muy2),Sigma=sigma,empirical=TRUE)
#生成 2 类的随机样本
```

```
Data <- rbind(Data1,Data2)    #得到混合高斯分布
plot(Data,xlab="x",ylab="y")
library(mclust)
DataDens <- densityMclust(data=Data)    #高斯分布的核密度估计,函数详见第 3 章
plot(x=DataDens,type = "persp",col=grey(level=0.8),xlab="x",ylab="y")
#绘制混合高斯分布的核密度估计曲面图
```

本例中，两个二元正态分布的期望向量分别为（0，0）^{T} 和（15，15）^{T}。其他参数相同。观测全体的散点图如图 8−11（a）所示，核密度估计图如图 8−11（b）所示。

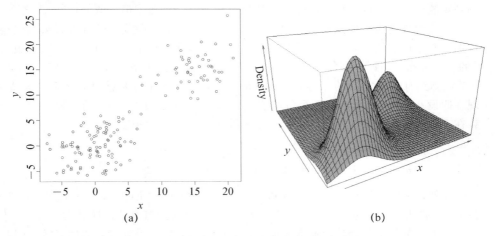

图 8−11　混合高斯分布的散点图和核密度估计曲面图

从基于统计分布的聚类角度看，上述样本应包含 2 个"自然小类"，它们分别来自两个高斯分布。进一步，若样本来自由 K 个统计分布组成的有限混合分布，则将样本聚成 K 个小类且聚成 K 类是合理的。反过来，若能将样本聚成 K 个小类且聚成 K 类是合理的，则样本服从的分布应是由 K 个统计分布组成的有限混合分布。其中，K 个统计分布也称为混合分布的 K 个成分，通常假设为有待估参数的高斯分布。

设有包含 p 个聚类变量的样本数据 $\boldsymbol{X}=(\boldsymbol{X}_1,\boldsymbol{X}_2,\cdots,\boldsymbol{X}_p)$。若能聚成 K 类，则有如下有限混合概率密度函数：$p(\boldsymbol{X}\mid\boldsymbol{\theta})=\sum_{i=1}^{K}\lambda_ip(\boldsymbol{X}\mid\boldsymbol{\theta}_i)$。其中，$\lambda_i$ 为第 i 个成分的先验概率，满足 $\lambda_i\geqslant0,\sum_{i=1}^{K}\lambda_i=1$，一般可以是第 i 个成分的样本量占总样本量的比率等；$p(\boldsymbol{X}\mid\boldsymbol{\theta}_i)$ 是第 i 个成分的密度函数，具体形式一般为高斯分布函数，$\boldsymbol{\theta}_i$ 是分布参数向量。

8.5.2　EM 聚类

一、EM 聚类基本原理

以有限混合分布为出发点，基于统计分布的聚类模型的目标是找到各观测最可能属于的"自然小类"。若观测 x_i（$i=1$，2，$\cdots$，n）所属的小类记为 z_i（$z_i=1$，2，$\cdots$，K），找到最有可能属于的小类，即在各成分参数 $\boldsymbol{\theta}$ 下，各观测属于小类 z_i 时的联合概率最大，

即 $\prod\limits_{i=1}^{n} p(\boldsymbol{x}_i,\,z_i\mid\boldsymbol{\theta})$ 最大。这等价于在已知样本数据 $\boldsymbol{X}$ 和假设观测所属小类 z 下，找到似然函数 L 或对数似然函数 LL 达到最大时的成分参数估计值 $\hat{\boldsymbol{\theta}}$：

$$LL(\boldsymbol{\theta}\mid\boldsymbol{X},\boldsymbol{z})=\ln\prod_{i=1}^{n}p(\boldsymbol{x}_i,z_i\mid\boldsymbol{\theta})=\sum_k\lambda_k\sum_i\ln p(\boldsymbol{x}_i,z_i\mid\boldsymbol{\theta}_k) \tag{8.1}$$

该问题貌似一个极大似然估计问题。极大似然估计是一种在总体概率密度函数和完整的样本信息基础上，求解概率密度函数中未知参数估计值的方法。一般思路是在概率密度函数的基础上，构造一个包含未知参数的似然函数，并求解似然函数值最大时未知参数的估计值。从另一角度看，在该原则下得到的参数，在其所决定的总体中将有最大的概率观测到观测样本。因此，似然函数的函数值实际上是一种概率值，取值在 0～1 之间。

为直观理解极大似然估计，看一个简单例子。例如，收集到顾客购买某软饮料意向的数据，并希望利用样本数据对顾客有购买意向的概率进行估计。由于这个概率服从参数为 θ 的二项分布，所以，似然函数为二项分布的似然函数：$L(\theta\mid y,n)=C_n^y\theta^y(1-\theta)^{n-y}$。其中，$y$ 是观测到有购买意向的顾客人数；n 是总人数；θ 是有购买意向的概率，为待估参数。现在假设 θ 只有 0.2 和 0.6 两个备选值，样本量 $n=5$，有购买意向的人数 $y=4$。于是，计算在 θ 分别为 0.2 和 0.6 的条件下，观测到 $y=4$ 和 $n=5$ 的概率：

$$p(n=5,y=4\mid\theta=0.2)=C_5^4 0.2^4(1-0.2)^{5-4}=0.006\,4$$
$$p(n=5,y=4\mid\theta=0.6)=C_5^4 0.6^4(1-0.6)^{5-4}=0.259$$

显然，0.259 大于 0.006 4，所以 θ 为 0.6 时似然函数 $L(\theta\mid y,\,n)=C_n^y\theta^y(1-\theta)^{n-y}$ 达到最大，θ 的估计值应为 0.6 而非 0.2。顾客有购买意向的概率的估计值为 0.6。

为方便数学上的处理，通常将似然函数取自然对数，得到对数似然函数。因此，求似然函数最大的过程也就是求对数似然函数最大的过程。

EM 聚类的难点在于：不仅各成分参数 $\boldsymbol{\theta}_k$ 未知需要估计，而且各观测的所属类别 z_i 也未知，也就是说样本信息是不完整的，无法直接采用极大似然估计方法。对此，需采用 EM 算法求解。

EM 算法是 expectation-maximization 的英文缩写，称为期望-最大值法。EM 算法在潜变量（如类别 z）和分布函数参数（如这里的成分参数 $\boldsymbol{\theta}$）未知的情况下，通过迭代方式最大化似然函数。对于聚类问题，EM 迭代的思路是：有关于 z 和 θ 的两个参数集合 $\boldsymbol{Z}$，$\boldsymbol{\Theta}$，$z\in\boldsymbol{Z}$，$\theta\in\boldsymbol{\Theta}$。初始步，从集合 $\boldsymbol{\Theta}$ 中随机指定一个值作为 t（$t=0$）时刻参数 θ 的估计值，记作 $\theta^{(t)}$；第一步，在 $\theta^{(t)}$ 基础上找到 t 时刻使联合概率最大的类别估计值 $z^{(t)}$（$\in\boldsymbol{Z}$）；第二步，在 $z^{(t)}$ 基础上计算成分参数 θ，记作 $\theta^{(t+1)}$，是极大似然估计。重复上述第一步和第二步，直至类别和成分参数均收敛到某个值为止。上述两个步骤分别称为 EM 算法的 E 步和 M 步。

在聚类数目 K 确定的条件下，EM 算法解决聚类问题更通俗的理解是：

第一步，给各观测 $\boldsymbol{x}_i$ 随机指派一个小类 z_i。因一个小类即为混合分布中的一个成分，应分别计算各成分的分布参数。以一元正态分布为例，即计算均值 μ_k（$k=1,\,2,\,\cdots,\,K$）和方差 σ_k^2（$k=1,\,2,\,\cdots,\,K$）。

第二步，在当前各成分参数下，计算各观测 $\boldsymbol{x}_i$ 属于第 $1\sim K$ 小类的概率。以一元正态分布为例：$p(k\mid x_i)=\dfrac{p(x_i\mid\mu_k,\sigma_k^2)\lambda_k}{p(x_i)}\propto p(x_i\mid\mu_k,\sigma_k^2)\lambda_k(k=1,2,\cdots,K)$ 并做归一化处理。然

后，将观测 x_i 重新指派到概率最大的小类 k 中。

第三步，在新的类别指派下，重新计算各成分的分布参数。以一元正态分布为例，对于第 k 类计算加权的均值和方差：$\mu_k = \dfrac{\sum\limits_i p(k \mid x_i) x_i}{\sum\limits_i p(k \mid x_i)}$，$\sigma_k^2 = \dfrac{\sum\limits_i p(k \mid x_i)(x_i - \mu_k)^2}{\sum\limits_i p(k \mid x_i)}$。

上述第二步即为 E 步，第三步为 M 步。不断在 E 步和 M 步中交替，直到类别和成分参数均收敛为止。

最后，观测 x_i 所属小类是概率最大的 k 类：$\underset{k}{\mathrm{argmax}}(p(k \mid x_i))$。也可依概率属于其他类。

事实上，EM 聚类过程与 K-Means 聚类过程既有相似点又有不同点。K-Means 聚类中：

● 初始类质心指派，即为上述第一步。

● 依据距离最近原则将各个观测点指派到最近类质心所在的小类，即为上述第二步（E 步）。

● 重新调整类质心，即为上述第三步（M 步）。不同的是，K-Means 是在"强行"类指派下计算算术平均并确定类质心，而在以上计算中考虑了观测所属类的概率，计算的是加权平均。为此，称 K-Means 聚类为硬 EM 算法，这里的 EM 算法为软 EM 算法。

EM 聚类与 K-Means 聚类的类别指派依据不同，前者是概率，后者是距离（欧氏距离），由此可能导致聚类结果不同。为简单起见，以一个聚类变量的情况为例说明。图 8-12（a）展示的是由两个正态分布成分混合而成的混合分布。左侧的正态分布均值为 0，标准差为 1；右侧的均值为 5，标准差为 2。

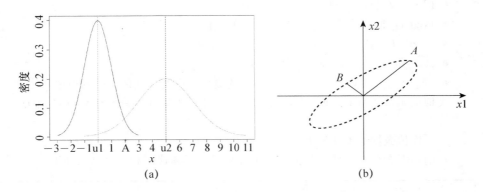

图 8-12　混合分布和二元正态分布等高线图

从欧氏距离看，观测点 A 距左侧分布的类质心 $u1$ 的距离小于距右侧分布的类质心 $u2$ 的距离，K-Means 聚类会将其指派到类质心 $u1$ 所在的左侧的类。但从概率角度看，观测点 A 在左侧分布 2 个标准差位置上，在右侧分布 1.5 个标准差的位置上，观测点 A 属于左侧分布的概率小于右侧，EM 聚类会将其指派到右侧的类。进一步，图 8-12（b）的椭圆虚线为一个二元正态分布在 $(x1, x2)$ 标准面上的一条等高线。等高线上观测点 A 和 B 到类质心的欧氏距离不同（A 大于 B），K-Means 聚类可能将它们指派到不同类中，而 EM 聚类会认为它们属于同一类，因为它们属于该类的概率是相同的。

二、EM 聚类中的聚类数目问题

在不约束聚类数目的前提下，若 EM 聚类单纯追求对数似然函数最大化，会导致无效的聚类解产生。例如，若所有观测自成一类，对数似然函数可达到最大。一般情况下，聚类数目越大，对数似然函数越大；聚类数目越小，对数似然函数越小。通常并不希望聚类数目过大，但此时对数似然函数值又较小。所以，兼顾聚类数目和对数似然函数，确定一个恰当的聚类数目是必要的。常用的判断依据是 BIC 信息准则。

对包含 K 个小类的聚类模型 M_K，BIC 信息准则的定义为：$S_{BIC}(M_K) = 2S_L(\hat{\theta}_K; M_K) + d_K \ln n$。其中，$n$ 为样本量；d_K 是各成分参数个数之和，是聚类数目 K 的单调增函数；S_L 为负的对数似然函数。可见，d_K 的增大会带来负 S_L（对数似然函数）的减少；反之，d_K 的减少会带来负 S_L 的增大。为求得聚类数目和负对数似然函数之间的平衡，合理的聚类数目 K 应是 $S_{BIC}(M_K)$ 最小时的 k。

此外，BIC 信息准则也可定义为：$S_{BIC}(M_K) = 2S_L(\hat{\theta}_K; M_K) - d_K \ln n$。其中，$S_L$ 为对数似然函数。可见，为追求 S_L 较大的同时 d_K 较小，合理的聚类数目是 $S_{BIC}(M_K)$ 最大时的 k。

8.5.3 R 的 EM 聚类函数和应用示例

一、R 函数

R 的 EM 聚类函数是 mclust 包中的 Mclust 函数。基本书写格式为：

　　　Mclust(data＝矩阵或数据框)

Mclust 函数无须事先指定聚类数目 K。返回值为包含多个成分的类别，主要成分包括：
- G：最优聚类数目 K。
- BIC：取最优聚类数目时的 BIC 值。
- Loglik：取最优聚类数目时的对数似然值。
- z：$n \times K$ 的矩阵，为各观测属于各类的概率。
- classification：各观测所属的小类。
- uncertity：各观测不属于所属小类的概率（即属于其他小类的概率）。

类似的函数还有 mclustBIC，其基本书写格式和返回结果均与 Mclust 相同。

二、模拟数据的 EM 聚类

对前述混合分布的模拟数据进行 EM 聚类，具体代码和部分结果如下：

```
library(mclust)
EMfit <- Mclust(data＝Data)   ＃EM 聚类
summary(EMfit)   ＃查看聚类结果的基本信息
-------------------------------------------------------
Gaussian finite mixture model fitted by EM algorithm
-------------------------------------------------------

Mclust EEE (elliposidal, equal volume, shape and orientation) model with 2 components:

 log.likelihood  n df     BIC       ICL
      -857.359 150  8 -1754.803 -1755.007
```

```
Clustering table:
  1   2
100  50
```

summary(EMfit,parameters＝TRUE)　♯显示所估计参数的估计值

```
--------------------------------------------------
Gaussian finite mixture model fitted by EM algorithm
--------------------------------------------------

Mclust EEE (elliposidal, equal volume, shape and orientation) model with 2 components:

 log.likelihood   n df       BIC        ICL
       -857.359 150  8 -1754.803 -1755.007

Clustering table:
  1   2
100  50

Mixing probabilities:
        1         2
0.6663485 0.3336515

Means:
              [,1]      [,2]
[1,] -0.002827650 14.99135
[2,] -0.001589145 14.98887

Variances:
[,,1]
         [,1]     [,2]
[1,] 9.881688 2.987396
[2,] 2.987396 9.906434
[,,2]
         [,1]     [,2]
[1,] 9.881688 2.987396
[2,] 2.987396 9.906434
```

plot(EMfit,"classification")　♯绘制聚类结果图

plot(EMfit,"uncertainty")　♯绘制观测所属类的不确定性图

本例说明如下：

● 对模拟的混合高斯分布数据采用 EM 聚类，最优聚类数目 K 为 2，两类的样本量分别是 100 和 50，占比依次为 0.67 和 0.33。$K＝2$ 时对数似然函数值为 -857.359。df 为 d_K，是待估参数个数，取决于所选择的模型（本例为 EEE 模型，具体含义见后）。BIC 采用上述第二种定义 $S_{BIC}(M_K)＝2S_L(\hat{\theta}_K;M_K)-d_K\ln n$，本例等于 -1 754.803。

● 利用 plot 函数可视化聚类结果，包括聚类结果图（classification）、观测所属小类的不确定性图（uncertainty）、核密度估计等高线图（density）以及 BIC 折线图。本例的前两幅图如图 8 - 13 所示。

图 8 - 13（a）的两种颜色代表两个"自然小类"。两个小类均服从参数不同的高斯分布。蓝色小类的均值向量为（-0.002 8，-0.001 6），粉色小类的均值向量为（14.99，14.99），可视为两个类的类质心。椭圆中虚线的长度和方向代表各类各聚类变量的方差大小以及相关性正负，椭圆以外的观测点属于相应类的概率较低。图 8 - 13（b）以灰色的深浅和点的大小表示观测点属于相应类的不确定性。颜色越深、点越大，所属类的不确定性越大。可见，远离椭圆的观测点不确定性较高。

还可通过 mclustBIC 函数实现 EM 聚类。

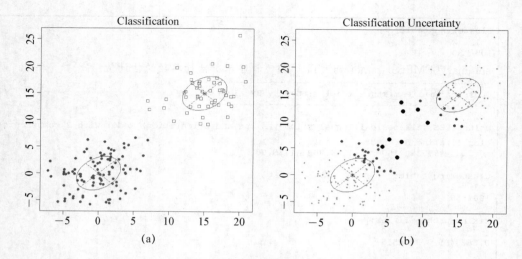

图 8 - 13　模拟数据的聚类结果图和观测所属类的不确定性图

```
BIC <- mclustBIC(data＝Data)    ♯EM 聚类
mclust2Dplot(Data,classification＝BICsum $ classification,parameters＝BICsum $ param-
eters)    ♯绘制聚类结果图
```

三、环境污染数据的 EM 聚类

对上述环境污染数据，采用 EM 聚类，重点关注聚类数目 K 的确定问题。具体代码和部分结果如下：

```
PoData <- read. table(file＝"环境污染数据. txt",header＝TRUE)
CluData <- PoData[,2:7]    ♯提取聚类变量
library("mclust")
EMfit <- Mclust(data＝CluData)    ♯EM 聚类
summary(EMfit)
----------------------------------------------------
Gaussian finite mixture model fitted by EM algorithm
----------------------------------------------------

Mclust VII (spherical, varying volume) model with 4 components:

 log.likelihood  n df      BIC      ICL
    -737.4927 31 31  -1581.439  -1582.03

Clustering table:
 1  2  3  4
 5  8  4 14
plot(EMfit,"BIC")    ♯绘制不同模型下的 BIC 折线图
plot(EMfit,"classification")    ♯可视化聚类结果
```

本例说明如下：

● 本例以 BIC 值为标准最终将数据聚成了 4 类。不同聚类数目下的 BIC 值折线图如图 8 - 14 所示。

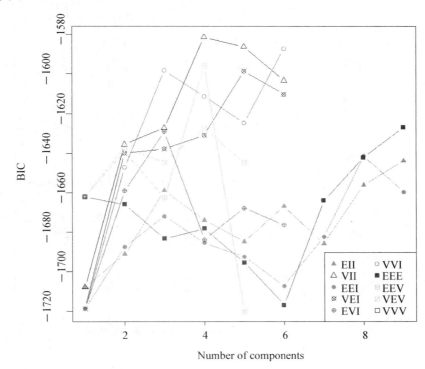

图 8 - 14　环境污染数据 EM 聚类中的聚类数目 K 和 BIC 值

图 8 - 14 展示了不同模型（以大写英文字母表示）下聚类数目 K 与 BIC 值的折线图。各英文字母对应模型的含义如下。

● EII：各小类的分布形状为球形，且约束各小类的球形包含近似相等的样本量。

● VII：类似于 EII，但不约束样本量。

● EEI：各小类的分布呈斜的带状，且形状相同，样本量相等。

● VEI：类似于 EEI，但不约束样本量相等。

● EVI：类似于 EEI，但不约束形状相同。

● VVI：类似于 EEI，但不约束形状和样本量。

● EEE：各小类的分布为同形状、同方向的椭球体，且各椭球体包含的样本量近似相等。

● EEV：类似于 EEE，但不约束椭球体的方向。

● VEV：类似于 EEE，但仅约束为同形状的椭球体。

● VVV：类似于 EEE，但仅约束为椭球体。

本例中，采用 VII 模型时，聚成 4 类的 BIC 值最大，为 $-1\,581.439$。所以，应聚成 4 类。此时，不同聚类变量空间下的聚类结果如图 8 - 15 所示。因采用 VII 模型，各小类的形状均为球形，且样本量不要求相等，各类的样本量分别为 5，8，4，14。

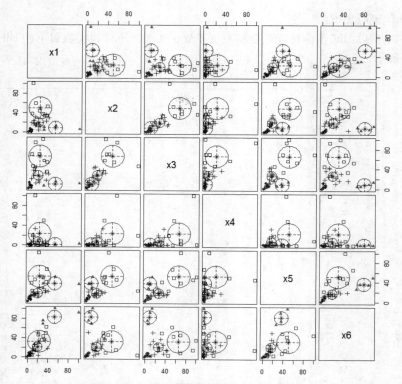

图 8-15   环境污染数据 EM 聚类结果图

8.6   本章函数列表

本章涉及的 R 函数如表 8-1 所示。

表 8-1   本章涉及的 R 函数列表

函数名	功能
kmeans()	K-Means 聚类
pam()	PAM 聚类
hclust()	层次聚类
cutree()	获得层次聚类解
Mclust()	EM 聚类
mclustBIC()	EM 聚类

C
第 9 章

Chapter 9 R 的特色聚类：揭示数据内在结构

本章重点讨论数据挖掘中应用较为广泛的特色聚类方法，主要包括 BIRCH 聚类、SOM 网络聚类和基于密度的聚类。

9.1 BIRCH 聚类

BIRCH 聚类是 1996 年 Zhang，Ramakrishnan 和 Livny 提出的一种适用于大数据集的聚类算法。BIRCH 是 balanced iterative reducing and clustering using hierarchies 的英文缩写。

9.1.1 BRICH 聚类的特点

BRICH 聚类借鉴层次聚类的思路，采用欧氏距离、绝对距离、组间平均链锁法以及类内离差平方变化度量观测与小类、小类与小类之间的距离，并依距离最近原则指派观测到相应的类中，适用于聚类变量均为数值型的情况①。

BIRCH 算法的特色在于：

第一，有效解决了计算资源尤其是内存空间有限条件下高维大数据集的聚类问题。当样本量非常大时，传统层次聚类过程计算的距离矩阵会极为庞大，很可能超出内存容量。所以，尽管聚类算法本身有充分的合理性，但却很可能因计算资源的限制而无法付诸实践。

第二，能够实现在线数据的动态聚类。传统层次聚类要求数据应事先存储于数据集中。对于大量的在线数据来讲，它们是随时间推移而不断动态生成的，不可能事先静置在数据集中。所以，传统层次聚类不可能实现对在线动态数据的聚类。BIRCH 算法采用动态方式，随机读入一个观测数据，并根据距离判断该观测应自成一类，还是应合并到已有的某个小类中。这个过程将反复进行，直到读入所有的观测，每个观测都有其所属的小

---

① 后续许多 BIRCH 的改进算法已解决了分类型变量的聚类问题。

类，即将样本划分成若干个小类为止。在观测的类指派过程中无须扫描所有观测数据，即不要求所有观测数据已事先存在。这不但提高了算法效率，也有效解决了动态聚类问题。这样的聚类算法也称为增量聚类（incremental clustering）算法。

第三，从聚类角度进行噪声数据的识别。BIRCH 算法并不像其他聚类算法那样，认为所有观测对聚类都有同等的重要性，且各个小类也是"平等"的类。BIRCH 算法认为，忽略有些小类的样本观测点分布较为稠密，有些小类的分布较为稀疏是不合理的。它认为分布于稠密区域中的观测全体可视为一个小类，将对聚类结果产生影响。分布在稀疏区域的观测应视为离群点，可忽略它们，以优化聚类效果，提高计算效率。所以，BIRCH 算法适用于样本观测在空间中分布不均匀、观测分布的稠密区域和稀疏区域共存的情况。

9.1.2 BIRCH 算法中的聚类特征和聚类特征树

BIRCH 算法解决大数据集聚类问题的主要策略是引入聚类特征（clustering feature，CF）和聚类特征树（CF 树）。

一、聚类特征

引入聚类特征的出发点是：无论采用哪种距离测度，都只需依据关于观测或小类的很少几个统计量，便可快速准确地计算出距离并完成类的指派。同时，只需知道关于类的很少几个统计量，便可掌握类的相关信息，如类质心、类内观测的离散程度等。BIRCH 称这些统计量为聚类特征。

第 j 个小类的聚类特征一般由 3 组数值组成：第一，样本量 N_j；第二，p 维数值向量，存储 p 个聚类变量的线性和；第三，p 维数值向量，存储 p 个聚类变量的平方和。表示为：$CF_j = (N_j, (\sum_{i=1}^{N_j} x_{1i}, \sum_{i=1}^{N_j} x_{2i}, \cdots, \sum_{i=1}^{N_j} x_{pi}), (\sum_{i=1}^{N_j} x_{1i}^2, \sum_{i=1}^{N_j} x_{2i}^2, \cdots, \sum_{i=1}^{N_j} x_{pi}^2)) = (N_j, LS_j, SS_j)$。

例如图 9-1 中，叶节点 A1 中包含 5 个观测，聚类变量 x_1 的线性和为 16，x_2 的线性和为 30。聚类变量 x_1 的平方和为 54，x_2 的平方和为 190。所以，$CF_j = (5, (16, 30)^T, (54, 190)^T)$。

进一步，对多个不相交的小类，聚类特征具有可加性，即对于第 k 和第 j 个小类，聚类特征为：

$$CF_k + CF_j = (N_k + N_j, (\sum_{i=1}^{N_k} x_{1i} + \sum_{i=N_{k+1}}^{N_j} x_{1i}, \sum_{i=1}^{N_k} x_{2i} + \sum_{i=N_{k+1}}^{N_j} x_{2i}, \cdots, \sum_{i=1}^{N_k} x_{pi} + \sum_{i=N_{k+1}}^{N_j} x_{pi}),$$
$$(\sum_{i=1}^{N_k} x_{1i}^2 + \sum_{i=N_{k+1}}^{N_j} x_{1i}^2, \sum_{i=1}^{N_k} x_{2i}^2 + \sum_{i=N_{k+1}}^{N_j} x_{2i}^2, \cdots, \sum_{i=1}^{N_k} x_{pi}^2 + \sum_{i=N_{k+1}}^{N_j} x_{pi}^2))$$
$$= (N_k + N_j, LS_k + LS_j, SS_k + SS_j)$$

二、聚类特征树

聚类特征树有如下特点：

1. 利用树形结构反映聚类结果的层次关系

聚类特征树形似第 8 章的聚类树形图，如图 9-1 所示。

图 9-1 中的每个叶节点（A1，A2，B1，B2，C1，C2）代表一个子类。这里样本数

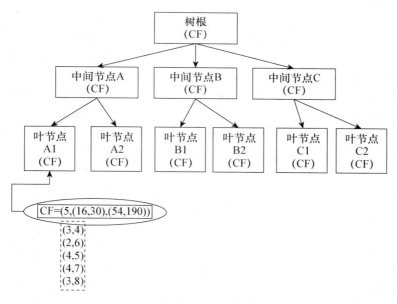

图 9 - 1　聚类特征树示意图（一）

据聚成了 6 类。具有同一父节点的若干子类（小类）可合并成一个中类，以树的中间节点（A，B，C）表示。A1，A2 为兄弟节点，有共同的"父亲"A，是 A 的子类；B1，B2 为兄弟节点，有共同的"父亲"B，是 B 的子类；等等。若干中类还可继续合并成更大的中类（这里略去了），直到根节点，所有数据形成一个大类。与第 8 章的聚类树形图的不同之处在于，聚类特征树的叶节点代表一个子类而非一个观测数据，是对样本数据的高度压缩表示。

2. 聚类特征树的规模取决于两个参数：分支因子 B 和阈值 T

从图 9 - 2 理解聚类特征树的规模。

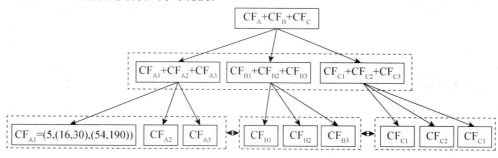

图 9 - 2　聚类特征树示意图（二）

图 9-2 中，实线框代表一个树节点，表示一个类。虚线框表示节点空间。虚线框在计算机中各自对应一个数组，实线框对应一个数组单元。

聚类特征树的规模体现在：一方面，根节点包含的子类个数不大于 B。如图 9-2 中，中间节点空间包含的实线框（中类）个数不大于 B（这里 $B=3$）。进一步，每个中间节点包含的子类个数不大于 B。每个叶节点空间包含的实线框（小类）个数不大于 B（这里 $B=3$）。所有叶节点个数不大于 L（这里 $L=9$），L 是 B 的函数。这里 B 称为分支因子。分支因子 B 越大，树的规模越大。反之，越小。

图 9-2 所示的仅为 3 层（包括根节点在内）的聚类特征树。多层时类似，会有多层中间节点和多个中间节点空间，但每个中间节点包含的子类个数均不大于 B。

令节点的内存容量限制为 P。当聚类变量个数 p 确定时，中间节点和叶节点空间大小便可依据 P 确定，即分支因子 B 取决于 P。

另一方面，阈值 T 是叶节点的最大直径。若将叶节点中两两观测距离的平均值定义为叶节点的直径，则该直径不应大于阈值 T，它是判断观测能否进入小类的依据。通常，T 越小，聚类特征树的规模越大；T 越大，聚类特征树的规模越小。也与 P 有关。

可见，BIRCH 聚类是在有限内存下进行的。P 是一个客观决定的可调参数。

3. 压缩数据存储空间，各个节点仅存储聚类特征

由于存储聚类特征所需的存储空间远远小于存储原始数据集，尤其是在大数据集下。所以，聚类特征树的各个节点并不存储数据本身而存储聚类特征，如图 9-2 中的 CF_{A1}。存储聚类特征的目的是压缩存储空间，确保有限内存下大数据集聚类的可实施性。

此外，每个中间节点最多设置 B 个指针单元，存储其子类的内存地址。叶节点空间中也设置了"前""后"两个指针单元，存储"前""后"叶节点空间的内存单元地址。所有叶节点通过指针单元连接起来，方便各子类的扫描管理。图 9-2 中的有向直线表示指针单元的指向。

9.1.3 BIRCH 的聚类过程

算法提出者在文献[1]中指出，BIRCH 聚类过程需包含 4 个阶段。因 R 包中的相关函数对原算法做了改进和简化，所以这里仅就其中的核心过程做简单介绍。

BIRCH 算法采用逐个随机抽取和处理观测数据的动态方式，建立聚类特征树。

令阈值 T 为一个较小值。根据节点的内存容量值 P、聚类变量个数 p 确定分支因子 B。初始化聚类特征树。随机从根节点（包含观测全体）中抽取若干（小于 B）个观测作为各子类的初始类质心。然后，对每个观测做如下判断处理，建立聚类特征树。

随机抽取第 i 个观测，找到与该观测距离最小的叶节点，即小类 c_{min}，做如下判断处理：

判定第 i 个观测并入 c_{min} 后的直径是否小于阈值 T，小于则第 i 个观测被"吸入" c_{min}；否则，判断第 i 个观测可否自成一类，"开辟"出一个新的叶节点。需做如下判断处理：

c_{min} 所在的叶节点空间已包含的叶节点个数是否仍小于 B，即判断 c_{min} 的"兄弟"个数是否小于 B，小于则第 i 个观测自成一类，叶节点空间包含的子类个数增加一个；否则，将第 i 个观测并入 c_{min} 并将 c_{min} 一分为二，"分裂"成两个子节点。分裂时以相距最远的两个观测点为类质心，根据距离最近原则，分配 c_{min} 中的各观测点到两个新的叶节点中。原来的叶节点上升一层，"变身"为包含两个子类的中间节点。

完成上述判断处理后，需对每个节点重新计算 CF。

随着 CF 树的生长，后续还会涉及中间节点空间的节点个数超过分支因子 B，合并最近中间节点并再上升一层的问题。此外，寻找 c_{min} 时应始终沿"最近路径"[2] 寻找。如此

① Zhang, Ramakrishnan, Livny. BIRCH: An Efficient Data Clustering Method for Very Large Databases. ACM SICMOD Record, 1996, 25 (2).

② 从根节点开始逐层找到最近的中间节点直到叶节点。

反复，聚类数目不断增加，CF 树越来越茂盛。当 CF 树生长到被允许的最"茂盛"程度，即叶节点的个数达到 L 时，若仍有观测尚未被抽取处理，则应考虑剔除离群点，适当增加阈值 T，重构一棵较小的 CF 树，以确保后续观测能够进入 CF 树。

BIRCH 认为，包含较多观测的叶节点为大叶节点，对应一个观测分布稠密的区域。包含较少观测的叶节点为小叶节点，对应一个观测分布稀疏的区域。当小叶节点包含的观测个数少到一定程度，如观测个数仅为大叶节点个数的很小比例时，小叶节点中的观测即为离群点。可剔除小叶节点后继续建树。

上述核心过程结束后，BIRCH 聚类还借助层次聚类判断哪些类可以合并，克服观测抽取随机性对聚类的影响，优化聚类结果。或者借助 K-Means 聚类，得到更符合实际问题的聚类数目和聚类解。

9.1.4　BRICH 聚类的 R 函数和应用示例

一、R 函数

BIRCH 聚类的 R 函数在 birch 包中。首次使用时应下载安装，并加载到 R 的工作空间中。R 的 BIRCH 聚类主要包括以下步骤：

第一步，BIRCH 聚类。R 函数为 birch，基本书写格式为：

　　　　birch(x＝矩阵,radius＝聚类半径,keeptree＝TRUE/FALSE)

其中，数据应组织在参数 x 指定的矩阵中；参数 radius 用于指定阈值 T；参数 keeptree 为 TRUE 时，表示将 CF 树的结果保存在内存中，若希望支持后续的在线新数据的动态聚类，则设置该参数为 TRUE。

birch 函数的返回值是一个列表，也称 CF 对象，包含如下成分：

- N：为各节点包含的样本量。
- sumXi，sumXisq：分别为聚类变量的线性和以及平方和。
- members：叶节点包含的观测编号。

需注意的是，当参数 keeptree 为 TRUE 时，birch 函数的返回值是多个列表，不易直接读取。此时，为获得 brich 函数更直接的信息，可采用 birch.getTree 函数，基本书写格式为：

　　　　birch.getTree(birchObject＝CF 对象名)

birch.getTree 函数的返回值是包含 N，sumXi，sumXisq，members 成分（含义同上）的列表。

第二步，动态新数据的聚类（视情况可略）。BIRCH 聚类能够支持实时将新数据加入已有的聚类特征树中，无须对原有数据重新聚类。R 函数为 birch.addToTree，基本书写格式为：

　　　　birch.addToTree(x＝新数据集,birchObject＝已有的 CF 对象名)

birch.addToTree 函数将返回一个新 CF 对象的"骨架"，并不包含 CF 对象应有的 N，sumXi，sumXisq，members 成分。还需利用 birch.getTree 得到新 CF 对象的所有内容。

第三步，优化聚类解。优化方式是在 CF 树的基础上进行 K-Means 聚类。R 函数为 kmeans.birch，基本书写格式为：

kmeans. birch(CF 对象名,center＝聚类数目,nstart＝1)

其中，参数 center 用于指定 K-Means 聚类的聚类数目 K；参数 nstart 指定初始类质心重复抽取的次数（默认值为 1），以消除随机化对聚类结果的影响。

kmeans. birch 函数的返回值是一个包含 clust 成分的列表。clust 仍为列表，包含 sub和 obs 成分。sub 记录了 BIRCH 聚类中的哪些类在 K-Means 聚类中是同属一类的，可了解原先的哪些类被合并了；obs 记录了各观测在 K-Means 聚类中所属的类。

研究表明，在 BIRCH 聚类较为恰当（参数设置合理）的条件下，采用 K-Means 方法优化 BIRCH 聚类的结果与直接采用 K-Means 方法对样本聚类的结果较为接近。BIRCH 聚类更适用于大数据集的聚类。BIRCH 聚类数目越大（如 100 以上），后续的 K-Means 优化越有意义。

为节约内存，可适时采用 birch. killTree 删除 CF 对象的具体结果，只保留"骨架"部分，基本书写格式为：

birch. killTree(birchObject＝CF 对象名)

二、模拟数据的 BIRCH 聚类示例

研究的基本思路是：

第一，生成混合高斯分布的随机数，样本量为 2 000。

第二，进行 BIRCH 聚类。

第三，将动态新数据添加到聚类特征树中，对比新数据添加前后聚类特征树的变化情况。

第四，利用 K-Means 聚类优化 BIRCH 聚类结果。

第五，利用分层聚类优化 BIRCH 聚类结果，并与 K-Means 优化方式进行对比。

具体代码和部分结果如下。

```
install. packages("birch")
library("birch")
library(MASS)
set. seed(12345)
Data <- mvrnorm(1000,mu＝rep(0,2),Sigma＝diag(1,2))
Data <- rbind(Data,mvrnorm(1000,mu＝rep(10,2),Sigma＝diag(0.1,2)＋0.9))
par(mfrow＝c(2,2))
plot(Data,main＝"样本观测点的分布",xlab＝"x1",ylab＝"x2")    #可视化观测点分布
特征
Mybirch <- birch(x＝Data,radius＝5,keeptree＝TRUE)    #BIRCH 聚类
(OutBirch <- birch. getTree(Mybirch))    #得到 BIRCH 聚类解
Birch Tree
Built with radius = 5 and compact = 5
Number of leaves: 12
Number of underlying observations: 2000
plot(OutBirch,main＝"BIRCH 聚类解",xlab＝"x1",ylab＝"x2")    #可视化 BIRCH 聚类解
set. seed(12345)
```

```
NewData <- mvrnorm(10,mu=rep(7,2),Sigma=diag(0.1,2)+0.9)    #模拟在线新数据
plot(Data,main="样本观测点的分布",xlab="x1",ylab="x2")
points(NewData,col=2)    #可视化新数据
birch. addToTree(x=NewData,birchObject=OutBirch)    #将新数据添加到 CF 树中
Birch Tree
Built with radius = 5 and compact = 5
Number of leaves: 13
Number of underlying observations: 2010
NB: x is a birch 'skeleton'. No data currently loaded into the object.
 See ?birch for more details.
OutBirch <- birch. getTree(birchObject=OutBirch)    #获得新的 BIRCH 聚类结果
plot(OutBirch,main="BIRCH 聚类解",xlab="x1",ylab="x2")
set. seed(12345)
kOut <- kmeans. birch(OutBirch,center=4,nstart=2)    #采用 K-Means 优化 BIRCH 聚类解
plot(OutBirch,col=kOut $ clust $ sub,main="BIRCH 聚类解优化",xlab="x1",ylab=
"x2")    #可视化优化结果
plot(Data,col=kOut $ clust $ obs,main="最终聚类解",xlab="x1",ylab="x2")    #可
视化最终聚类结果
bDist <- dist. birch(OutBirch)    #计算 BIRCH 各类的距离矩阵
hc <- hclust(bDist,method="complete")    #采用分层聚类优化 BIRCH 聚类解
plot(hc)
box()
hc <- cutree(hc,k=4)    #采用层次聚类优化 BIRCH 聚类解为 4 类
plot(kOut $ clust $ sub,pch=hc,main="K-Means 和分层聚类的优化结果对比",ylab=
"K-Means聚类")    #对比两种优化结果
birch. killTree(birchObject=OutBirch)    #删除 CF 树
```

本例说明如下：

● 本例的混合高斯分布由两个高斯分布组成。两个高斯分布的均值向量分别为 $\boldsymbol{\mu}_1 = (0, 0)^{\mathrm{T}}$ 和 $\boldsymbol{\mu}_2 = (10, 10)^{\mathrm{T}}$，方差协方差阵为 $\boldsymbol{\Sigma}_1 = \begin{pmatrix} 1 & 0 \\ 0 & 1 \end{pmatrix}$，$\boldsymbol{\Sigma}_2 = \begin{pmatrix} 1 & 0.9 \\ 0.9 & 1 \end{pmatrix}$。观测点在二维空间中的分布如图 9-3（a）所示。

● 利用 BIRCH 聚类时，radius 参数的设置较为关键，将直接影响各类所包含的观测个数。当 radius=5 时 2 000 个观测被分成 12 类。利用 plot 函数可视化 BIRCH 聚类，结果如图 9-3（b）所示。其中每个圈代表一个小类的轮廓，可见，各小类存在空间上的重叠。

● 新数据有 10 个观测，来自均值向量为 $(7, 7)^{\mathrm{T}}$、方差协方差阵为 $\begin{pmatrix} 1 & 0.9 \\ 0.9 & 1 \end{pmatrix}$ 的高斯分布，是图 9-3（c）中的红色点。将新数据添加到前面建立的聚类特征树中，形成了 13 个小类，可视化结果如图 9-3（d）所示。图中右上区域多了一个圈。

● 采用 K-Means 方法对 BIRCH 聚类结果进行优化合并，指定聚类数目等于 4。BIRCH 的 13 个类重新归类合并成 4 类，两个聚类结果的对应关系如图 9-4（a）所示。4 种颜色分别代表 4 类。图中右上的 5 个 BIRCH 类、左下的 8 个 BIRCH 类分别被合并成 2 个类。各观测最终所属类的情况如图 9-4（b）所示。

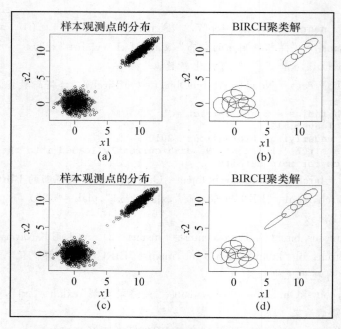

图9-3 BIRCH 聚类解和动态聚类结果

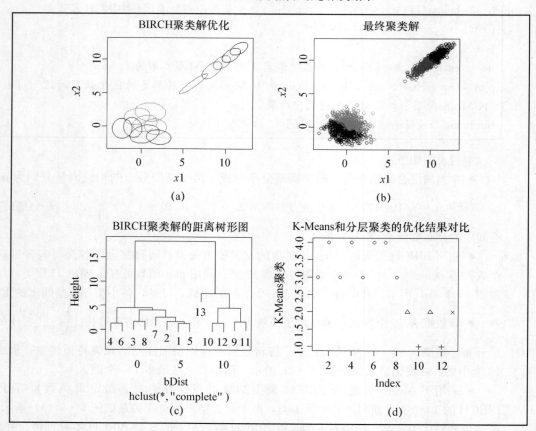

图9-4 BIRCH 聚类的优化结果示意图

● 采用分层聚类（组内平均链锁）优化 BIRCH 聚类结果。BIRCH 聚类解中各个类质心间的聚类树形图如图 9-4（c）所示。可见，第 4 类和第 6 类的类质心距离最近，依类质心应远离的原则，这两类是可以合并的。最终，仍指定将 BIRCH 聚类结果优化成 4 类，与 K-Means 优化结果的异同如图 9-4（d）所示。图中不同符号代表分层聚类的不同类。其中，K-Means 的第 3 和第 4 类在分层聚类中合并为一类。K-Means 的第 2 类在分层聚类中被拆成了两类。

三、BIRCH 聚类的应用示例

收集到有关企业员工岗位培训的数据 258 条，包括岗位培训时间（$X1$）、在岗实习时间（$X2$）、相关工作经历（$X3$）、相关工作成效（$X4$）、岗位培训效果（$X5$）、员工受教育程度（$X6$）。除员工受教育程度之外的变量均为标准化数据。现采用 BIRCH 聚类，对员工的 5 个方面（$X1 \sim X5$）进行综合聚类，并分析聚类结果是否与受教育程度有关。具体代码和部分结果如下，可视化结果如图 9-5 所示。

```
TrainData <- read.table(file="员工培训数据.txt",header=TRUE)
CluData <- as.matrix(TrainData[,1:5])
par(mfrow=c(2,2))
plot(CluData)
set.seed(12345)
Mybirch <- birch(x=CluData,radius=0.3,keeptree=FALSE)
Birch Tree
Built with radius = 0.3 and compact = 0.3
Number of leaves: 15
Number of underlying observations: 258
plot(Mybirch)
set.seed(12345)
kOut <- kmeans.birch(Mybirch,center=4)
plot(Mybirch,col=kOut$clust$sub)
TrainData$memb <- kOut$clust$obs
plot(jitter(TrainData$memb),TrainData$X6,col=TrainData$memb,xlab="类成员",
ylab="受教育程度")
```

本例说明如下：

● 图 9-5（a）为员工在变量 $X1$ 和 $X2$ 的散点图。

● 利用 birch 函数实现 BIRCH 聚类。由于不存在动态聚类的情况，参数 keeptree 设置为 FALSE，且无须调用 birch.getTree 函数。在 radius=0.3 时数据聚成 15 类，如图 9-5（b）所示。

● 图 9-5（c）为 BIRCH 聚类的 K-Means 优化结果。4 种颜色分别代表 4 个类别，从中可以看到 BIRCH 的 15 个类的最终归属情况。

● 图 9-5（d）为员工受教育程度和聚类结果的散点图，未发现两者存在相关性。

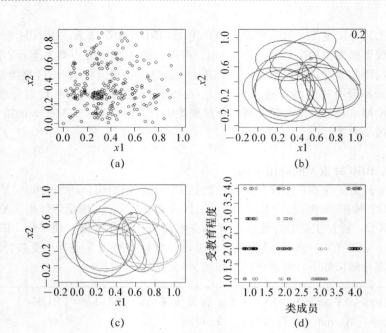

图 9 - 5   **BIRCH 聚类应用的可视化结果示意图**

9.2   SOM 网络聚类

SOM（self-organizing map）是自组织映射的英文缩写，最早是 2001 年芬兰科学家 Kohonen 提出的一种可视化高维数据的方法，属于人工神经网络的范畴。目前，SOM 网络以及拓展的 SOM 网络广泛应用于数据的聚类和预测分析。

9.2.1   SOM 网络聚类设计的出发点

与许多聚类算法类似，SOM 网络聚类也基于观测点在 p 个聚类变量构成的 p 维空间中的距离。空间中距离较近的观测属于同一类，距离较远的观测分属不同的类。SOM 网络聚类的特色在于通过模拟人脑神经细胞，引入"竞争"机制完成聚类过程。

大量生物学研究表明，人类大脑皮层中拥有大量的神经细胞，这些神经细胞有以下特点：

● 神经细胞的组织排列是有序的。

● 处于不同区域的神经细胞控制着人体不同部位的运动。如大脑分左、右两个半球，每一半球上分别有运动区、体觉区、视觉区、听觉区、联合区等神经中枢。处于不同区域的神经细胞对不同的刺激信号有不同的敏感性。对某个刺激信号，有些神经细胞因有较高的敏感性而产生强烈反应，有些则因敏感性较低而几乎没有任何反应。各神经细胞协调工作，有条不紊地指挥着人体各个部位的运动。

● 处于邻近区域的神经细胞之间存在侧向交互性。当一个神经细胞接收到刺激信号产生兴奋后，将自动影响（表现出激发或抑制）其邻近的其他神经细胞，使它们不会产生同等程度的兴奋。这种侧向交互作用的直接结果是神经细胞之间出现"竞争"。开始阶段，各神经细胞对某种刺激信号有不同程度的兴奋状态。由于侧向交互作用，每个细胞都分别影响其邻近细胞的兴奋程度。最终处在某特定区域的兴奋程度最强的神经细胞将"战胜"其邻近的其他细胞，表现出不同区域神经细胞对不同刺激信号有不同的敏感性。

● 处于不同区域的神经细胞对不同刺激信号表现出不同的敏感性，通常与婴儿出生后受到的训练和动作习惯有极大关系。最常见的就是"左撇子"现象。

SOM 网络对人脑神经细胞的这种特性进行了模拟，表现在网络拓扑结构和聚类原理的设计方面。

9.2.2　SOM 网络的拓扑结构和聚类原理

一、SOM 网络的拓扑结构

为实现观测数据的聚类，SOM 网络采用两层前馈式全连接的拓扑结构，如图 9 - 6 所示。

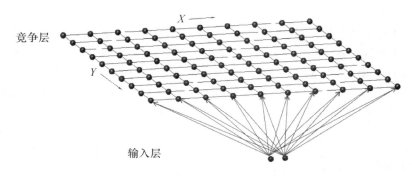

图 9 - 6　SOM 网络的拓扑结构

SOM 网络的拓扑结构有以下特点：

● 网络包含两层：一个输入层和一个输出层。输入层用于模拟大脑接收的不同刺激信号，表现为不同的观测数据输入。输入节点的个数等于聚类变量的个数。输出层也称竞争层。输出节点的个数等于预期的聚类数目 K。输出节点的排列模拟神经细胞的有序组织，可以呈矩形排列，也可以呈六边形排列。

● 输入层中的每个输入节点与输出节点相连，且连接强度通过连接权重测度。输出节点之间有侧向连接。

连接权重模拟了人脑神经细胞对不同刺激信号的不同敏感程度。输出节点之间有侧向连接。如图 9 - 6 中，输出节点有四个侧向连接，它与相邻节点（也称邻接节点）构成一个四边形。此外，还可以有六个侧向连接构成六边形等。侧向连接使神经细胞间的侧向交互成为可能。侧向连接没有权重，仅表示周边有哪些邻接节点。

神经细胞接收到信号刺激，在 SOM 网络中表现为输入节点接收到样本数据。之后，样本数据（信号刺激）会通过网络连接传递给输出节点。因连接权重不同导致输出节点对不同的输入表现出不同的"敏感性"，并通过侧向连接影响其邻接节点，与之形成竞争关系。侧向连接越多，"竞争者"越多。最终总有一个输出节点因对该类样本数据（信号刺激）反应最为敏感而成为"竞争获胜者"。输出层中哪个输出节点对哪类样本数据表现出一贯的高"敏感性"，是网络反复向样本数据学习的结果，模拟了人类的学习过程。

SOM 网络对样本的聚类过程是一个通过不断向样本学习，归纳总结数据的内在结构特征，并通过 SOM 网络体现这种结构特征的过程。学习的最终目标是使某个特定的输出节点对于具有某种相同结构特征的样本输入给出一致的输出。学习的过程正是一种通过不断调整网络权值，以不断逼近一致性输出的过程，一般需若干个周期才可完成。学习结束后，一个输出节点将对应一组结构特征相似的样本，即对应 p 维空间一个区域上的一个小类。不同输出节点将对应不同的小类。

进一步，输出层是二维的，输入（聚类变量）是多维的。以上这种对应映射关系能够很好地将多维空间中数据小类分布的特征映射到二维平面上。二维输出平面中各小类的分布特点是样本在多维空间中分布特征的具体体现，这是聚类分析希望得到的。

二、SOM 网络的聚类过程

SOM 网络的聚类机理并不复杂，与 K-Means 有类似之处。需首先给出一个恰当的聚类数目 K，即输出节点的个数，然后通过不断迭代完成聚类。SOM 网络聚类的实现步骤如下：

第一步，数据预处理。设有 p 个聚类变量。将 n 个观测数据看成 p 维空间中的 n 个点。聚类过程是基于欧氏距离的。为消除聚类变量不同量级对距离计算产生的影响，需首先对样本数据进行标准化处理。最终 p 个聚类变量的均值为 0，标准差为 1。

第二步，确定聚类的初始类中心。与 K-Means 算法类似，应首先指定聚类数目为 K，K 个类对应 K 个输出节点。然后，给出 K 个类的初始类质心。

通常，第 j 个类的质心位置由 p 维向量 $w_j = (w_{1j}, w_{2j}, \cdots, w_{pj})$ 确定，向量 w_j 即为 SOM 网络的网络权值，w_{ij} 是第 i 个输入节点与第 j 个输出节点的连接权值。

初始时，每个向量元素 $w_{ij}(i=1, 2, \cdots, p; j=1, 2, \cdots, K)$ 都是来自均值为 0，标准差为 1 的正态分布的随机数。

第三步，t 时刻，随机读入观测数据 $x(t)$，分别计算它与 K 个类质心的欧氏距离 $D(t)$，并找出距离最近的类质心。这个类质心对应的输出节点即为"获胜"节点，是对第 t 个观测样本最"敏感"的节点，记为 $\mathrm{Win}_c(t)$。

第四步，调整"获胜"节点 $\mathrm{Win}_c(t)$ 及其邻接节点与输入节点间的连接权值。具体见后。

第五步，不断反复上述第三步和第四步，直到满足迭代终止条件为止。迭代终止条件是权值基本稳定或者达到指定的迭代次数。

权值调整涉及两个问题：第一，权值调整算法；第二，怎样的节点应视为"获胜"节点的邻接节点。

权值调整算法类似于人工神经网络中网络权值的调整。事实上，t 时刻 p 个输入节点和 $\mathrm{Win}_c(t)$ 之间的 p 个网络权值，记为 $w_c(t) = (w_{1c}(t), w_{2c}(t), \cdots, w_{pc}(t))$，决定了 t 时刻 $\mathrm{Win}_c(t)$ 对应的类质心。调整权值即调整类质心的位置。SOM 网络的调整策略是：将类质心移动到观测数据点 $x(t)$ 和 $\mathrm{Win}_c(t)$ 之间的"中间"位置上，即"获胜"节点 $\mathrm{Win}_c(t)$ 的权值调整为 $w_c(t+1) = w_c(t) + \eta(t)[x(t) - w_c(t)]$。其中，$\eta(t)$ 为权值系数，在 SOM 网络中称为 t 时刻的学习率。$\eta(t=1)$ 通常为 0.05。学习率会随迭代的进行而逐步下降，导致类质心位置的调整"步伐"逐渐缩小，质心位置将越来越少地受到输入观测的影响而趋于稳定。

输出节点之间存在侧向连接，还应调整"获胜"节点 $\text{Win}_c(t)$ 的邻接节点与输入节点间的连接权值。通常需指定 $\text{Win}_c(t)$ 的邻域半径 $h_c(t)$。以 $\text{Win}_c(t)$ 为中心在 $h_c(t)$ 覆盖范围内的输出节点均视为 $\text{Win}_c(t)$ 的邻接节点。随着迭代的进行，邻域半径将逐步线性减少，有些输出节点将不再被覆盖，邻接节点个数会随之减少。当邻域内不覆盖任何节点时，SOM 聚类与 K-Means 聚类相同。邻接节点 j 的权值调整方法为：$w_j(t+1)=w_j(t)+\eta(t)\left[x(t)-w_j(t)\right]$。

综上所述，当某个观测数据输入网络时，与该观测距离最近的一个输出节点"获胜"，该节点就是对相应观测"信号刺激"反应最敏感的节点。调整获胜节点及其邻接节点与输入节点间的连接权值，使获胜节点更接近相应观测，当有类似结构的观测再次输入时，该获胜节点会再次获胜。通过调整权值，该节点再次接近这（类）观测。不同结构的观测输入网络后，将有其他输出节点"获胜"和进行权值调整。这样的样本输入和权值调整需多个迭代周期。

通过向大量样本数据学习，不断调整权值，最终特定输出节点仅对特定类样本具有高敏感性。于是，若干个输出节点分别对应若干个小类，且每个小类内部结构特征相似，不同小类间结构特征差异明显，进而得到聚类结果。最终，输出层形成了一个能反映各类样本结构（类）特征关联的映射，有效地将数据在高维空间中的类特征投影到低维空间中。这个过程也称为自组织过程。

9.2.3　SOM 网络聚类的 R 函数和应用示例

一、som 函数

SOM 网络聚类的 R 函数是 kohonen 包中的 som 函数。首次使用时应下载安装 kohonen 包，并将其加载到 R 的工作空间中。som 函数的基本书写格式为：

> som(data＝矩阵,grid＝网络结构,rlen＝100,alpha＝学习率,radius＝邻域半径,n. hood＝邻域范围形状)

其中：
- 数据组织在 data 指定的矩阵中。
- 参数 grid 用于指定 SOM 网络输出节点的组织结构，通过 somgrid 函数指定。基本格式为：

> somgrid(xdim＝输出层列数,ydim＝输出层行数,topo＝形状)

式中，参数 topo 用于指定输出层的整体形状，可取"circular"或 "rectangular"，分别表示输出层为圆形（对应为六边形）或矩形。
- 参数 rlen 用于指定迭代周期数，即学习周期数，默认为 100。
- 参数 alpha 是包含两个元素的数值向量，用于指定学习率 $\eta(t)$ 的变化范围。默认为 alpha＝c(0.05, 0.01)，表示学习率的初始值为 0.05，然后随学习周期的增加逐步线性下降至 0.01。
- 参数 radius 用于指定获胜节点的邻域半径 $h(t)$，可以是一个具体的数值 r。R 将以 r 为初始邻域半径并逐渐减少。其间，邻域覆盖范围内的其他输出节点个数逐渐减少至 0，侧向连接影响逐渐减少乃至消失。r 的默认值为获胜节点与输出层最远节点距离的 2/3。参数 radius 也可以是一个包含两个元素的数值向量，分别对应邻域半径的初始值和终止值。

- 参数 n. hood 用于指定邻域覆盖范围的形状，可取"circular"或 "square"，分别表示输出节点有 6 个或 4 个侧向连接，覆盖形状为圆形（对应为六边形）或矩形。

som 函数的返回结果为列表，包含如下几个主要成分：

- data：样本数据。
- code：各输出节点的连接权重，即各小类的类质心位置向量。各类质心位置相距越远，聚类效果越理想。
- changes：迭代过程中各小类质心位置偏移的平均值。若迭代充分，则偏移的平均值应较小。
- distances：各观测与各自小类质心的距离。距离越近，说明属于相应的小类越合理。
- unit. classif：各观测所属小类的编号。

二、SOM 网络聚类的可视化函数

可利用 plot 函数可视化 SOM 网络聚类结果。基本书写格式为：

plot(x＝som 函数结果对象名,type＝图形类型名)

参数 type 可取如下值以绘制不同类型的图形。

- changes：绘制类质心随迭代周期增加而变化的折线图。一个评价 SOM 聚类效果的角度是考察各小类质心的偏移是否随聚类迭代而逐渐减少并最终趋于稳定，即各小类质心偏移的平均值是否最终达到很小（如接近 0）。若临近迭代终止时小类质心的平均偏移距离仍较大，呈现明显的波动，表明迭代不充分，算法未收敛，还需进一步迭代。changes 图反映了各小类质心偏移的平均值随迭代周期增加的变化情况。
- codes：默认值，可视化输出层，且各输出节点均以花瓣图或折线图的形式表示小类质心位置向量的取值。
- counts：可视化输出层，且各输出节点均以颜色深浅表示对应小类所包含的样本量多少。
- mapping：可视化输出层，且各输出节点均以不同符号表示观测点与小类的对应关系。mapping 图能够反映所有观测点在各输出节点上的"投影"状况。在聚类变量较多即聚类空间维度较高时，将高维空间中的观测点投影到二维的输出层上，是观察各小类内观测分布特点（形状和密度）的理想方式。
- quality：可视化输出层，且各输出节点均以颜色深浅表示小类内观测与小类质心距离的平均值大小。平均值越小，表明小类内部"团结"越紧密，聚类效果越好。如果说 mapping 图是各小类内观测分布密集程度的粗略体现，quality 图用色差体现观测分布的紧密程度将更精确些。
- property：可视化输出层，且各输出节点均以颜色深浅表示某个输出节点与其他输出节点的相似程度。画 property 图时，plot 函数中还应增加一个 property 参数，指定相似程度的具体取值。

三、模拟数据的 SOM 网络聚类示例

这里生成 100 个服从标准正态分布的随机数，由此派生出具有 2 个聚类变量的 50 个

观测，并令其包含 2 个自然小类。现采用 SOM 网络将它们聚成 2 类。具体代码和部分结果如下。

```
install. packages("kohonen")
library("kohonen")
set. seed(12345)
Data <- matrix(rnorm(n=100,mean=0,sd=1),ncol=2,byrow=TRUE)    #生成随
机数
Data[1:25,1]<- Data[1:25,1]+3    #令样本数据包含 2 个自然小类
Data[1:25,2]<- Data[1:25,2]-4
set. seed(12345)
My. som <- som(data=Data,grid=somgrid(xdim=1,ydim=2,topo="rectangular"),
n. hood="circular")
summary(My. som)    #mean(My. som $ distances)
som map of size 1x2 with a rectangular topology.
Training data included; dimension is 50 by 2
Mean distance to the closest unit in the map: 2.30065
table(My. som $ unit. classif)
 1  2
24 26
par(mfrow=c(2,2))
plot(Data,main="模拟数据观测点的分布",xlab="x1",ylab="x2")    #可视化观测点
分布特征
plot(My. som,type="mapping",main="SOM 网络输出层示意图",pchs=My. som
$ unit. classif)
plot(My. som,type="changes",main="SOM 网络聚类评价图")
plot(My. som $ data,pch=My. som $ unit. classif,main="模拟数据 SOM 网络聚类结
果",xlab="x1",ylab="x2")
points(My. som $ code,col=2,pch=10)    #添加类质心
My. som $ code    #显示网络权值(类质心)
            [,1]        [,2]
[1,] 0.09406529  0.5899552
[2,] 3.24996488 -3.6736700
```

本例说明如下：

● 模拟数据观测点的分布如图 9-7 （a） 所示。

● 因希望聚成两类，指定 SOM 网络的输出层呈矩形按 2 行 1 列 （或 1 行 2 列）排列输出节点。此外，邻域范围的形状为圆形。

● SOM 聚类结果表明，各观测点到各自小类质心 （获胜节点）距离的平均值等于 2.3，该值越小，表明聚类效果越理想。两类的样本量分别为 24 和 26。

● SOM 网络的输出层可视化结果如图 9-7 （b） 所示。输出节点呈 2 行 1 列形式排列，且反映了各小类内观测的分布特点。这里，两小类内的观测分布密集程度差别不大。

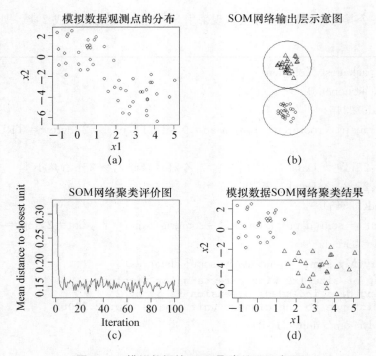

图 9 - 7　模拟数据的 SOM 聚类结果示意图

● 可借助图 9 - 7（c）判断 SOM 网络聚类过程中的权值调整是否充分，即迭代次数的设置（这里默认为 100）是否合理。图中的横坐标为迭代次数，纵坐标为各小类质心偏移的平均值。可见，迭代超过大约 10 次后，偏移的平均值变动较小，表明各小类质心基本保持稳定，无须继续调整权值。

● 图 9 - 7（d）是 SOM 网络聚类的聚类解，图中的两个红色十字圆表示两个小类质心。事实上，从神经网络角度看，两个小类质心的位置坐标即为第一和第二个输出节点的连接权值向量，分别为 $w_1 = (0.09, 0.59)$ 和 $w_2 = (3.25, -3.67)$。

9.2.4　SOM 网络聚类应用：手写邮政编码识别

这里，利用 Trevor Hasite 等学者所著的 *The Elements of Statistical Learning：Data Mining，Inference，and Prediction* 中提供的手写邮政编码的 OCR 数据，讨论 SOM 网络聚类问题。

一、数据和应用问题

数据为文本格式，样本量为 7 291。每个观测对应 0～9 中的一个手写阿拉伯数字，邮政编码由这些手写数字组成。对每个手写阿拉伯数字用 16×16 的点阵灰度值来描述。变量共 257 个，其中第一个变量是数字本身，其余 256 个变量为该数字不同手写体的标准化灰度值。

为直观理解数据含义，编写以下代码可视化灰度数据对应的手写阿拉伯数字。

```
ZipCode <- read. table(file="邮政编码数据 . txt",header=FALSE)
ZipCode <- subset(ZipCode,ZipCode[,1]=="1"|ZipCode[,1]=="2"|ZipCode[,1]=
="3")
ZipCode[,-1]<-(ZipCode[,-1]-min(ZipCode[,-1]))/(max(ZipCode[,-1])-min
(ZipCode[,-1]))    #将灰度数据转换到 0~1 之间
plot(1,1,col=gray(1),pch=20,xlim=c(0,20),ylim=c(0,20),xlab="",ylab="",main
="手写邮政编码")
for(q in 1:10){   #字母所在的行
  w <-(q-1) * 10   #字母数据在矩阵的行号
  k <- 0
  for(w in(w+1):(w+10)){
    k <- k+1   #字母所在列
    alpha <- ZipCode[w,-1]
    a <- matrix(alpha,nrow=16,ncol=16,byrow=FALSE)
    for(i in 1:16){
    r <- i+(q-1) * 20   #单个字母点阵的行坐标
    for(j in 1:16){
      c <- 16-j+1+(k-1) * 20   #单个字母点阵的列坐标
      points(r/10,c/10,col=gray(a[i,j]),pch=20,cex=1.5)
      }
    }
  }
}
```

本例仅还原了数据文件中前 100 个手写邮政编码，如图 9-8 所示。

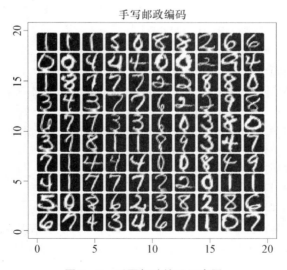

图 9-8　手写邮政编码示意图

与上述类似的数据通常通过 OCR 技术采集。OCR 是光学字符识别（optical character recognition）的英文缩写。它利用光学技术，将包含文字和数字的纸质原始资料，扫描成黑白点阵的电子图像文件，并通过识别软件将图像转换为计算机内码，供一般文字编辑等软件处理。

早在 1929 年，德国科学家 Tausheck 就首先提出了 OCR 的概念。20 世纪六七十年代，世界各国相继开始了 OCR 的研究。我国 OCR 技术的研究起步相对较晚，初期研究的重点是数字、英文字母及符号的识别。20 世纪 80 年代以后，随着计算机汉字编码和输入技术的不断发展和完善，汉字的识别技术有了长足进步，包括从单一字体的单体识别到多种字体混排的多体识别，从中文印刷材料的单语识别到中英混排印刷材料的双语识别，从简体汉字的识别到繁体汉字的识别，等等。OCR 的核心目标是实现从图像文件到文本文件的转化，为此需经过图像输入、预处理、识别、后处理等阶段。其中最核心的问题是识别等阶段的数据特征提取。

数据特征提取属于计算模式识别的研究范畴。模式识别有极为重要的应用价值。例如，这里将讨论的邮政编码自动识别的意义在于，能够帮助实现信件的自动分拣，提高分拣效率，有效避免分拣错误。类似的应用还有许多，例如，基于 OCR 技术的全国人口普查数据采集系统、高考阅卷系统等。模式识别还可应用于通过其他数据采集技术获得的图像数据。例如，照片和基于人脸照片的诸如公安系统的人脸识别，微软基于人脸猜测年龄等模式识别应用。又如，遥感图像和基于遥感图像的地物特征辨别等。这些研究已成为监测地表资源和环境变化、了解沙漠化和土壤侵蚀程度、监视森林火灾和地质灾害、估计矿产和农作物产量等的重要技术手段。

模式识别的研究离不开计算机技术，更离不开有效的数据挖掘方法。

对于本例，由于手写数字不规范，为实现计算机自动识别，需利用大量已被正确标识的点阵数据，借助数据挖掘算法，提取不同阿拉伯数字的点阵灰度值的结构规律。这里，采用聚类方法。原因是：两个相同的阿拉伯数字，尽管手写体存在差异，但在相同的点阵（16×16）位置上的灰度值应较为接近，聚类算法上表现出 256 个变量的变量值之差的总和应较小，应聚成一类。对新手写阿拉伯数字进行识别时，只需计算其灰度值与哪个类的类质心最近，并据此进行类的识别判断。

二、研究步骤

第一，仅抽取阿拉伯数字 6，7，8 的灰度数据组成样本集，并将样本按 8∶2 的比例随机生成训练样本集和测试样本集。

第二，采用 SOM 方法对训练样本集聚类。这里，应聚成 3 个小类。

第三，从三个角度对聚类效果进行评价：

- 迭代周期的设置是否合理；
- 类内相似性是否较强；
- 聚类解和阿拉伯数字（6，7，8）间的一致性程度如何。

第四，识别测试样本集中的阿拉伯数字，并计算识别错误率。

R 支持利用已有聚类模型，对新数据的类别归属做判别，函数是 map，基本书写格式为：

map(x＝SOM 对象名,newdata＝新数据集名)

map 函数的返回结果是一个列表，包括 unit. classif，dists 等主要成分，分别给出各观测的所属类别，以及与本类质心的距离。本例具体代码和部分结果如下。

```
ZipCode <- read. table(file="邮政编码数据. txt",header=FALSE)
ZipCode <- subset(ZipCode,ZipCode[,1]=="6"|ZipCode[,1]=="7"|ZipCode[,1]=="8")
set. seed(12345)
flag <- sample(x=1:length(ZipCode[,1]),size=round(length(ZipCode[,1]) * 0.8))
ZipCode_train <- as. matrix(ZipCode[flag,])    #训练样本集
ZipCode_test <- as. matrix(ZipCode[-flag,])    #测试样本集
table(ZipCode_train[,1])    #邮政编码频数分布
  6   7   8
525 516 440
table(ZipCode_test[,1])
  6   7   8
139 129 102
library("kohonen")
set. seed(12345)
My. som <- som(data=ZipCode_train[,-1],grid=somgrid(xdim=3,ydim=1,topo=
"rectangular"),n. hood="circular",rlen=200)
summary(My. som)
som map of size 3x1 with a rectangular topology.
Training data included; dimension is 1481 by 256
Mean distance to the closest unit in the map: 79.03015
head(ZipCode_train[,1])
5049 6439 5404 6485 3217 1087
   8    6    8    7    7    8
head(My. som $ unit. classif)
[1] 1 3 1 2 2 1
par(mfrow=c(2,2))
plot(My. som,type="counts",main="SOM 网络聚类样本量分布情况图")
plot(My. som,type="codes",main="SOM 网络聚类解的类质心向量图")
plot(My. som,type="changes",main="SOM 网络聚类迭代情况图")
plot(My. som,type="quality",main="SOM 网络聚类类内差异情况图")
Zip <- cbind(ZipCode_train[,1],My. som $ unit. classif)
Zip[,2]<- sapply(Zip[,2],FUN=function(x)switch(x,8,7,6))
(ConfM. SOM <- table(Zip[,1],Zip[,2]))    #识别正确与否的混淆矩阵
    6   7   8
6 503   3  19
7   2 505   9
8   4   7 429
(Err. SOM <-(sum(ConfM. SOM)-sum(diag(ConfM. SOM)))/sum(ConfM. SOM))
#计算错误识别率
[1] 0.02970966
```

```
mapping <- map(x＝My. som,ZipCode_test)    ＃识别测试样本集的阿拉伯数字
Zip <- cbind(ZipCode_test[,1],mapping $ unit. classif)
Zip[,2]<- sapply(Zip[,2],FUN＝function(x)switch(x,8,7,6))
(ConfM. SOM <- table(Zip[,1],Zip[,2]))    ＃识别正确与否的混淆矩阵
      6    7    8
6  127    1   11
7    0  127    2
8    0   18   84
(Err. SOM <-(sum(ConfM. SOM)－sum(diag(ConfM. SOM)))/sum(ConfM. SOM))
＃计算错误识别率
[1] 0.08648649
```

本例说明如下：

● 训练样本集中数字 6，7，8 的实际频数分布为 525，516，440，共 1 481 个数字。测试样本集中数字的实际频数分布为 139，129，102，共 370 个数字。

● 采用 SOM 网络聚类，输出层为矩形，1 行 3 列共 3 个小类。邻接节点的覆盖形状为六边形。迭代周期数指定为 200。训练样本集聚成 3 类，迭代结束时，各观测点距本小类质心距离的平均值为 79.03。

● 找到输出节点与数字 6，7，8 的对应关系。第 1，2，3 小类依次对应数字 8，7，6。

● 图 9-9（a）以不同颜色反映了各小类的样本量，第 1 小类样本最少，第 2，3 小类相差不大。图 9-9（b）显示了输出各小类质心位置的向量取值。由于本例维度较高（256 个），所以采用折线图表示（仍略去了某些维）。维度较低时将采用花瓣图。

● 图 9-9（c）展示了 200 次迭代过程中，各小类质心偏移的平均值的变化情况。可见，迭代 200 次时平均值波动较小，且平均偏移量很小，仅在 0.014 5 左右，表明迭代充分，聚类结果收敛。

● 图 9-9（d）以颜色代表各小类中观测分布的疏密程度。相对于第 1，3 小类，第 2 小类的分布更密集，可理解为数字 7 的手写差异较小，6 和 8 的手写差异较大，是符合实际情况的。进一步，从训练样本集的混淆矩阵看，数字 7 中只有 11 个（共 516 个）被错误识别了，6 和 8 中出现错误识别的个数略多，应该是 6 和 8 的手写差异较大所致。总的错误识别率为 0.029 7，较为理想。

● 利用 map 函数对测试样本集进行归类。数字 7 的识别正确率最高，数字 8 的最低。总的错误识别率为 0.086，略高于训练样本集。

需要说明的是，对于本例来说，若测试样本集的类归属判别正确率较高，则表明聚类模型较为理想，但这样的评价方式并非适用于所有聚类研究。例如，收集到客户的属性以及消费决策数据，首先基于属性数据对客户聚类，然后利用类内部客户消费决策的一致性程度评价聚类效果：若类内部的大多数客户有相同的消费决策，则聚类效果理想，否则不理想。这样的评价方式具有合理性的前提是默认顾客属性和消费决策之间一定存在内在联系，否则就是不恰当的。本例评价的合理性在于，点阵灰度数据与阿拉伯数字间的联系是客观且必然存在的。

事实上，本例不仅是一个聚类问题，也是一个预测问题。通常情况下，预测问题无法通过聚类分析解决，而需利用前面章节讨论的预测模型。但若对聚类模型做适当拓展，也能从其他角度做预测研究。

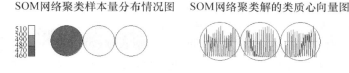

(a)　　　　　　　　　　　　　(b)

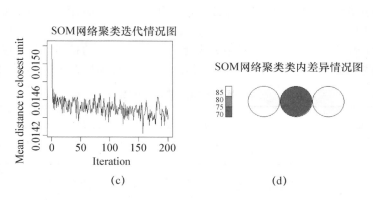

(c)　　　　　　　　　　　　　(d)

图 9 - 9　阿拉伯数字的 SOM 网络聚类可视化结果示意图

9.2.5　拓展 SOM 网络：数据预测

拓展 SOM 网络可用于对新数据的预测。对此，数据中的部分变量应作为输入变量 X，待预测的变量为输出变量 y。

一、预测途径

拓展 SOM 网络通过以下两种途径实现预测。

1. 直接预测

直接预测是指输出变量 y 并不参与 SOM 网络的建模，聚类过程与输出变量没有关系，仅到预测阶段才涉及输出变量。直接预测的重要假设是：无论输入变量是否与输出变量有关，同一小类中的观测样本，它们输出变量的取值都是一致或趋同的。于是，同一小类中，观测样本有相同的输出变量预测值。对于分类问题，预测类别为该小类中所有观测输出变量的众数类别。对于回归问题，预测值为该小类中所有观测输出变量的平均值。对新观测进行预测时，只需确定它与哪个小类的类质心最近，预测值即为那个小类的预测值。

例如，上述邮政编码识别问题就是如此。因不考虑输入变量与输出变量之间是否有关，直接预测方法的预测精度具有不确定性。

2. 基于拓展 SOM 网络的预测

基于拓展 SOM 网络的预测是指输出变量 y 全程参与 SOM 网络的建模，聚类结果体现了输出变量与输入变量的取值关系，输出变量对聚类过程有重要影响。在这样的聚类思想指导下，有理由认为同一小类中的观测样本其输出变量取值具有一致或趋同性。同一小类中，观测样本有相同的输出变量预测值。对新观测进行预测时，只需确定它与哪个小类的类质心最近，预测值即为那个小类的预测值。

为实现预测目标，拓展 SOM 网络聚类时，第 i 个观测点 O_i 与获胜节点 Win_c 的距离定义为：$D(O_i,\text{Win}_c)=\alpha D_x(O_i,\text{Win}_c)+(1-\alpha)D_y(O_i,\text{Win}_c)$。其中，$D_x(O_i,\text{Win}_c)$ 表示观测点 O_i 与获胜节点 Win_c 在输入变量空间上的距离；$D_y(O_i,\text{Win}_c)$ 表示观测点 O_i 与获胜节点 Win_c 在输出变量空间上的距离；α 为权重系数，若取 0.5，意味着输入和输出变量在距离计算中有相同的权重，否则可调整 α 值。

若输出变量为连续数值型，输出变量（标准化后的）空间上的距离为欧氏距离。若输出变量为分类型，该距离为基于虚拟变量矩阵的 Tanimoto 距离。虚拟变量矩阵元素为 0 或 1。输出变量有 k 个类别，虚拟变量矩阵就有 k 列，且各行之和均等于 1。

Tanimoto 距离是对二值变量距离测度中 Jaccard 系数的拓展。基于虚拟变量矩阵，对第 i 个观测的输出变量和第 j 个观测的输出变量，可得到如表 9-1 所示的表。

表 9-1　　　　　　　　　　基于虚拟变量矩阵的数据表

	0	1
0	a	b
1	c	d

表 9-1 中，a 表示虚拟变量矩阵中第 i 个观测和第 j 个观测同时为 0 的列数，d 表示同时为 1 的列数，b 和 c 表示取值不同的列数。Tanimoto 距离定义为：$-\log_2\dfrac{a+d}{b+c+d}$。

网络训练的其他过程以及权值调整与 SOM 网络聚类相同。

二、R 函数

实现拓展 SOM 网络的 R 函数是 kohonen 包中的 xyf 函数，基本书写格式为：

　　xyf(data＝矩阵或数据框,Y＝输出变量,grid＝网络结构,rlen＝迭代周期数,alpha＝学习率,radius＝邻域半径,xweight＝0.5,contin＝TRUE/FALSE)

其中：
- 数据组织在 data 指定的矩阵或数据框中。
- 参数 grid，rlen，alpha，radius 的含义和设置与 som 函数相同。
- 参数 xweight 用于指定拓展 SOM 网络距离定义中的权重 α 值，默认值为 0.5。
- 参数 contin 用于指定输出变量是否为连续数值型变量，TRUE 表示是，FALSE 表示否。
- 参数 Y 用于指定输出变量。输出变量需单独组织在一个向量中。若输出变量 y 是数值型变量，利用拓展 SOM 网络进行回归预测，需直接指定向量名，且指定参数 contin 为 TRUE；若输出变量 y 是分类型变量，利用拓展 SOM 网络进行分类预测，xyf 函数要求 Y 应为虚拟变量矩阵，同时，指定参数 contin 为 FALSE。

kohonen 包中的 classvec2classmat 函数和 classmat2classvec 函数能够方便地实现分类型变量与虚拟变量矩阵的互转。

xyf 函数的返回结果为列表，包含的主要成分及含义同 som 函数。

利用拓展 SOM 网络进行预测的 R 函数是 predict，基本书写格式为：

　　predict(object＝xyf 函数返回对象名,newdata＝新数据集)

predict 函数的返回结果为列表，包含 3 个主要成分：

- unit. prediction：为各小类中输出变量的预测值。
- prediction：为各观测输出变量的预测值。
- unit. classif：为各观测所属小类的编号。

三、拓展 SOM 网络预测应用

这里，以美国加利福尼亚大学机器学习数据库（machine learning repository）中葡萄牙学者 P. Cortez，A. Cerdeira，F. Almeida，T. Matos 和 J. Reis 提供的 1 599 条红酒数据为例。其中包含 11 个测度红酒化学成分或浓度的指标：固定性酸（fixed acidity）、挥发性酸（volatile acidity）、柠檬酸（citric acid）、剩余糖分（residual sugar）、氯化合物（chlorides）、自由基硫氧化合物（free sulfur dioxide）、总的硫氧化合物（total sulfur dioxide）、密度（density）、PH 值（pH）、硫化物（sulphates）、酒精（alcohol）。此外，还包括高级品酒师给出的红酒等级评分（评分在 1～10 之间，数据中的评分在 3～8 之间）。现需利用拓展 SOM 网络，依据红酒化学成分或浓度数据，对红酒等级评分进行分类预测。分析步骤如下：

- 将样本数据按 7∶3 的比例随机划分成训练样本集（样本量 1 119）和测试样本集（样本量 480）。训练样本集用于建立拓展 SOM 网络。
- 对建立的拓展 SOM 网络做简单分析。
- 利用拓展 SOM 网络对测试样本集进行红酒等级评分预测，并评价预测效果。

具体代码和部分结果如下。

```
WineData <- read. table(file="红酒品质数据 . txt",header=TRUE)
WineData <- WineData[,-1]  ＃去掉编号列
set. seed(12345)
flag <- sample(x=1:length(WineData[,1]),size=round(length(WineData[,1]) * 0.7))
WineData_train <- WineData[flag,]  ＃训练样本集
WineData_test <- WineData[-flag,]   ＃测试样本集
library("kohonen")
set. seed(12345)
Pre. som <- xyf(data=scale(WineData_train[,-12]),Y=classvec2classmat(WineData_
train $ quality),contin=FALSE,xweight=0. 5,grid=somgrid(3,3,"rectangular"),rlen=
200)
summary(Pre. som)
xyf map of size 3x3 with a rectangular topology.
Training data included; dimension is 1119 by 11
Dimension of Y: 1119 by 6
Mean distance to the closest unit in the map: 5.668446
par(mfrow=c(2,3))
plot(Pre. som,type="changes",main="红酒拓展 SOM 网络聚类评价图")
plot(Pre. som,type="quality",main="类内平均距离")
plot(Pre. som,type="code")
plot(Pre. som,type="counts",main="样本分布(训练集)")
```

```
quality.pre <- predict(object=Pre.som,newdata=scale(WineData_test[-12]))
#对测试样本集预测
plot(Pre.som,type="property",property=table(quality.pre$unit.classif),main="样本
分布(测试集)")
(ConfM.SOM <- table(WineData_test$quality,quality.pre$prediction))
     3   4   5   6   7   8
3    0   1   0   0   0   0
4    0   6   3   2   1   0
5    0  35 115  56   5   0
6    0  10  69  81  36   0
7    0   0   7  26  25   0
8    0   0   0   2   0   0
round(prop.table(ConfM.SOM,margin=1),2)
     3    4    5    6    7    8
3 0.00 1.00 0.00 0.00 0.00 0.00
4 0.00 0.50 0.25 0.17 0.08 0.00
5 0.00 0.17 0.55 0.27 0.02 0.00
6 0.00 0.05 0.35 0.41 0.18 0.00
7 0.00 0.00 0.12 0.45 0.43 0.00
8 0.00 0.00 0.00 1.00 0.00 0.00
(Err.SOM <-(sum(ConfM.SOM)-sum(diag(ConfM.SOM)))/sum(ConfM.SOM))
#计算测试样本集的预测错误率
[1] 0.5270833
```

本例说明如下：

● 本例建立的拓展 SOM 网络，输出层有 3 行 3 列，对应 9 个小类，且呈矩形状。输入变量和输出变量对距离的贡献权值均为 0.5。迭代周期数为 200。同时，将输出变量转换成虚拟变量矩阵。

● 有 11 个输入变量，输出变量转换为虚拟变量矩阵后有 6 个。停止迭代时各观测与类质心距离的平均值为 5.67。

● 考察拓展 SOM 网络训练是否充分。

依图 9-10（a）观察迭代过程中各小类质心位置的偏移情况，分析迭代是否充分。图中的横坐标为迭代次数，纵坐标为类质心位置偏移的平均值。其中，红色线和黑色线分别代表质心位置在输出变量空间和输入变量空间中的偏移情况。迭代 50 个周期后，类质心在两个空间中均不再有明显偏移，表明迭代充分。

图 9-10（b）用颜色深浅表示类内各观测距本小类质心距离的平均值大小。颜色越浅，距离平均值越大。图中输出节点从左往右、从下至上，顺序对应从小到大的小类编号。可见，除第 9 小类之外，其余各小类的类内平均距离较小，聚类较为理想。

● 考察拓展 SOM 网络的聚类情况。

图 9-10（c）是各小类中输入变量均值的花瓣图。不同颜色的花瓣代表不同的输入变量，花瓣大小反映了变量类内均值相对值的高低。图 9-10（d）是各类中输出变量的花瓣图。不同颜色的花瓣代表输出变量的不同类别，花瓣大小反映了样本量。可见，第 5 小类中，红酒的等级评分是 3 或 4 分（低水平组）且样本量相当；第 4，7，8 小类的等级评分均是 5 分（中等水平组）；第 6 小类的等级评分是 7 或 8 分（高水平组）。对照图 9-10（d）可知，大多数红酒品质处在中等水平，低水平组的数量少于高水平组。

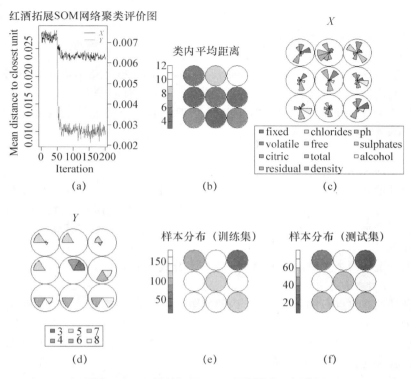

图 9 - 10　红酒的拓展 SOM 网络聚类可视化图

● 对测试样本集的红酒等级评分进行预测。

从预测结果看，测试样本在各小类上的分布（见图 9 - 10（e））与训练样本集差异不大，即红酒的等级分布差异不大。对比预测等级评分和实际评分，发现预测错误率较高，达到 0.53。从混淆矩阵和对应的比率矩阵看，模型对各等级评分的预测均不理想。可考虑进一步优化模型，如调整输入变量和输出变量空间距离的权重等。

借助聚类方法依空间距离实现预测的方式在一定程度上存在局限性。最大的潜在问题是默认各个输入变量对输出变量的取值有同等重要的作用。有时这样默认可能是不合理的。例如，在红酒的等级评分预测中，不同化学成分或浓度对红酒品质的影响作用不尽相同。这将导致基于距离"同等重要"假定的预测无法得到令人满意的效果。

9.3　基于密度的聚类模型：DBSCAN 聚类

基于密度的聚类模型从密度可达性角度设计算法。这类算法将空间中观测点分布较为密集的区域视为一个类。以距离阈值作为密度可达性的定义。得到的聚类结果一般为确定性的，不具有层次关系。需强调的是：基于密度的聚类模型特别适用于"自然小类"的形状复杂、不规则的情况，这是一般聚类算法很难实现的。

基于密度的聚类模型中经典的是 DBSCAN 聚类。

9.3.1　DBSCAN 聚类原理

DBSCAN 聚类是英文 density based spatial clustering of applications with noise 的缩写。该算法利用类的密度可达性（或称连通性），可发现任意形状的类和噪声（离群）观测。可从以下两个方面理解 DBSCAN 聚类原理：第一，密度等相关概念的含义；第二，DBSCAN 聚类的实现步骤。

一、DBSCAN 聚类的相关概念

与其他聚类算法类似，DBSCAN 聚类也将各观测视为 p 个聚类变量构成的 p 维空间中的点。特色在于：以任意观测点 O 的邻域内的邻居个数作为 O 所在区域的密度测度。其中，有两个重要参数：第一，邻域半径 ε；第二，邻域半径 ε 范围内包含的最少观测点个数 MinPts。

基于上述两个参数，DBSCAN 将观测点分成以下 4 类。

1. 核心点 P

若任意观测点 O 的邻域半径 ε 内的邻居个数不少于 MinPts，则称观测点 O 为核心点，记作 P。

进一步，若观测点 Q 的邻域半径 ε 内的邻居个数少于 MinPts 且位于核心点 P 邻域半径 ε 的边缘线上，则称点 Q 是核心点 P 的边缘点。

如图 9-11 中，虚线圆为单位圆，半径 $\varepsilon=1$，且 MinPts=6 时，P_1，P_2 均为核心点 P。O_1 是 P_1 的边缘点（不是核心点）。

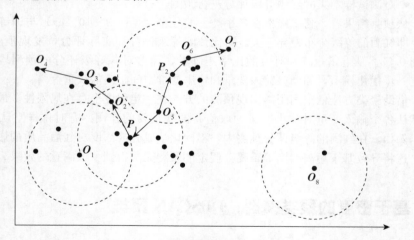

图 9-11　DBSCAN 聚类中的各种点

2. 核心点 P 的直接密度可达点 Q（或称从点 P 直接密度可达点 Q）

若任意观测点 Q 在核心点 P 的邻域半径 ε 范围内，则称观测点 Q 为核心点 P 的直接密度可达点。

如图 9-11 中，当 $\varepsilon=1$ 且 MinPts=6 时，O_5 是核心点 P_1，P_2 的直接密度可达点，O_3 既不是 P_1 也不是 P_2 的直接密度可达点。

3. 核心点 P 的密度可达点 Q（或称从点 P 密度可达点 Q）

若存在一系列观测点 O_1，O_2，…，O_n，且 O_{i+1}（$i=1$，2，…，$n-1$）是 O_i 的直接

密度可达点，且 $O_1 = P$，$O_n = Q$，则称点 Q 是点 P 的密度可达点。可见，直接密度可达的传递性会导致密度可达。但这种关系不具对称性，即点 P 不一定是点 Q 的密度可达点，因为点 Q 不一定是核心点。

如图 9 - 11 中，当 $\varepsilon = 1$ 且 MinPts $= 6$ 时，O_4 是 P_1 的密度可达点。原因是：P_1 与 O_4 间的多条连线距离均小于 ε，且路径上的 O_2，O_3 均为核心点。所以，P_1 直接密度可达 O_2，O_2 直接密度可达 O_3，O_3 直接密度可达 O_4，即 P_1 密度可达 O_4。应注意的是：P_1 不是 O_4 的密度可达点，因为 O_4 不是核心点。

进一步，若存在任意观测点 O，同时密度可达点 O_1 和点 O_2，则称点 O_1 和点 O_2 是密度相连的。观测点 O 是一个"桥梁"点。

如图 9 - 11 中，当 $\varepsilon = 1$ 且 MinPts $= 6$ 时，O_4 和 O_7 是密度相连的，O_5 是"桥梁"点。可见，尽管空间上 O_4 和 O_7 相距较远，但它们之间存在"畅通的连接通道"，在基于密度的聚类中可聚成一类。

4. 噪声点

除上述点之外的其他观测点，均定义为噪声点。如图 9 - 11 中，当 $\varepsilon = 1$ 且 MinPts $= 6$ 时，O_8 是噪声点。DBSCAN 的噪声点是那些在邻域半径 ε 范围内没有足够邻居，且无法通过其他观测点实现直接密度可达、密度可达和密度相连的观测点。

二、DBSCAN 聚类过程

设置邻域半径 ε 和邻域半径 ε 范围内包含的最少观测点个数 MinPts。在参数设定的条件下，DBSCAN 聚类过程大致包括形成小类和合并小类两个阶段。

第一，形成小类。从任意一个观测点 O_i 开始，在参数限定的条件下判断 O_i 是否为核心点。

若 O_i 是核心点：做核心点标签，找到 O_i 的所有（如 m 个）直接密度可达点（包括边缘点），形成一个以 O_i 为"核心"的小类，记作 C_i。m 个直接密度可达点（尚无类标签）和观测点 O_i 的类标签均标记为 C_i。

若 O_i 不是核心点：O_i 可能是其他核心点的直接密度可达点或密度可达点，抑或噪声点。若是直接密度可达点或密度可达点，则一定会在后续的处理中被归到某个小类 C_j，带有类标签。若是噪声点，则不会被归到任何小类中，始终不带类标签。

读取下一个没有类标签的观测点 O_{i+m+1}，判断是否为核心点，并做相同处理。

上述过程不断重复，直到所有观测都被处理过为止。

第二，合并小类。判断带有核心点标签的所有核心点之间是否存在密度可达和密度相连关系。若存在，则将相应的小类合并起来。始终没有类标签的观测点为噪声点。

综上所述，直接密度可达形成的小类是球形的。依据密度可达和密度相连，若干个球形小类后续会被"连接"在一起，从而形成任意形状的类。这是 DBSCAN 聚类的重要特征。此外，DBSCAN 聚类能够发现噪声数据。

9.3.2　DBSCAN 聚类的 R 函数和应用示例

一、R 函数

DBSCAN 聚类的 R 函数是 fpc 包中的 dbscan 函数。首次使用时应下载安装 fpc 包，并将其加载到 R 的工作空间中。dbscan 函数的基本书写格式为：

$$dbscan(data=矩阵或数据框, eps=n, MinPts=5, scale=FALSE/TRUE)$$

其中，数据应组织在参数 data 指定的矩阵或数据框中；参数 eps 和 MinPts 分别指定邻域半径 ε 和邻域半径 ε 范围内包含的最少观测点个数（默认值为 5）；因距离受到数量级的影响，当聚类变量存在数量级差异时，应指定参数 scale 为 TRUE。

dbscan 函数的返回结果是一个列表，主要包括以下成分：

- cluster：观测所属的小类的编号。
- isseed：是一个逻辑变量，取 TRUE 表示观测为核心点。

进一步，可利用 predict 函数通过聚类模型对新观测点的类别进行预测。predict 函数的基本书写格式为：

$$predict(object=DBSCAN 聚类结果对象, data=训练样本集, newdata=预测数据集)$$

二、应用示例

DBSCAN 聚类的最大特点是能够发现任意形状的类。这里对散点图具有特定形状的随机数数据聚类，目的是凸显 DBSCAN 聚类的特色。由于 DBSCAN 聚类对邻域半径 ε 和邻域半径 ε 范围内包含的最少观测点个数 MinPts 非常敏感，这里通过不同的参数设置对比聚类效果。具体代码和部分结果如下：

```
Data <- read. table(file="模式识别数据. txt", sep=",", head=TRUE)
library("fpc")
par(mfrow=c(2,3))
plot(Data, cex=0.5, main="观测点的分布图")
(DBS1 <- dbscan(data=Data, eps=0.2, MinPts=200, scale = FALSE))    ♯都是噪声
dbscan Pts=3950 MinPts=200 eps=0.2

   0
3950
plot(DBS1, Data, cex=0.5, main="DBSCAN 聚类(eps=0.2, MinPts=200)")
(DBS2 <- dbscan(data=Data, eps=0.5, MinPts=80, scale = FALSE))    ♯1 个噪声, 其
他为核心或边缘点
dbscan Pts=3950 MinPts=80 eps=0.5
       0    1
border 1   32
seed   0 3917
total  1 3949
plot(DBS2, Data, cex=0.5, main="DBSCAN 聚类(eps=0.5, MinPts=80)")
(DBS3 <- dbscan(data=Data, eps=0.2, MinPts=100, scale = FALSE))
dbscan Pts=3950 MinPts=100 eps=0.2
          0    1    2
border 3531 101  107
seed      0   1  210
total  3531 102  317
plot(DBS3, Data, cex=0.5, main="DBSCAN 聚类(eps=0.2, MinPts=100)")
(DBS4 <- dbscan(data=Data, eps=0.5, MinPts=300, scale = FALSE))
```

```
dbscan Pts=3950 MinPts=300 eps=0.5
            0    1    2    3    4
border 2255 376 265 424 300
seed      0   32 292    5    1
total  2255 408 557 429 301
```

plot(DBS4,Data,cex=0.5,main="DBSCAN 聚类(eps=0.5,MinPts=300)")

(DBS5 <- dbscan(data=Data,eps=0.2,MinPts=30,scale = FALSE))

```
dbscan Pts=3950 MinPts=30 eps=0.2
           0    1     2    3    4    5
border 62   84    82   54    9   31
seed    0 1265 1280 454 324 305
total  62 1349 1362 508 333 336
```

plot(DBS5,Data,cex=0.5,main="DBSCAN 聚类(eps=0.2,MinPts=30)")

本例说明如下：

● 本例数据的散点图如图 9 - 12（a）所示，不呈常见的圆形或椭圆形，而具有特定的不规则形状。这里希望 DBSCAN 能够将数据聚成如图所示的 5 类。

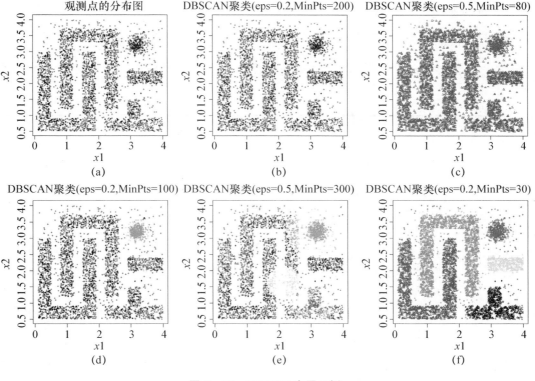

图 9 - 12　DBSCAN 应用示例

● 半径较小且点数较多，如 $\varepsilon=0.2$，MinPts$=200$ 时：因较小范围内无法找到较多的点，所以 3 950 个观测点均为噪声点，如图 9 - 12（b）所示。图中黑色圆点表示噪声。半径较大且点数较少，如 $\varepsilon=0.5$，MinPts$=80$ 时：因较大范围内很容易找到邻域点，所以只有 1 个噪声点。其他 3 949 个观测中有 3 917 个核心点（标为 seed），32 个边缘点。因它们密度可达和密度相连，最终聚成了一类（类标号为 1），如图 9 - 12（c）所示。图中颜色对应类标号 1，为红色。三角表示核心点，圆点表示边缘点。这是两个极端情况。

　　● 进一步不断调整参数，$\varepsilon=0.2$，MinPts＝30 时：有 62 个噪声点，其余观测聚成了 5 类（类标号分别为 1，2，3，4，5），样本量依次为 1 349，1 362，508，333，336。1 类中的核心点有 1 265 个，边缘点有 84 个。其他类的数据含义相同。可视化结果如图 9－12（f）所示。图中黑色圆点表示噪声点，不同颜色的三角和圆点表示不同类的核心点和边缘点。

　　本例是一个非常简单的模式识别问题。事实上，DBSCAN 聚类可以应用于很多方面，因篇幅所限不再讨论。

9.4　本章函数列表

　　本章涉及的 R 函数如表 9－2 所示。

表 9－2　　　　　　　　　　　　　　　　本章涉及的 R 函数列表

函数名	功能
birch()	建立 CF 树
birch. getTree()	获得 CF 树的详细信息
birch. addToTree()	动态新数据聚类
kmeans. birch()	在 CF 树的基础上做 K-Means 优化
birch. killTree()	删除 CF 对象
som()	SOM 聚类
xyf()	拓展 SOM 聚类预测
dbscan()	DBSCAN 聚类

C 第 10 章

Chapter 10 R 的关联分析：揭示数据关联性

关联分析是揭示数据内在结构特征的重要手段。本章讨论的内在结构特指事物（变量）之间的关联性。日常生活中事物之间的关联性随处可见。

例如，顾客中有很大比例的人会同时购买面包和牛奶，同时购买烤鸭、卷饼和甜面酱；收入水平较高的女性顾客中绝大多数会选择某知名品牌的护肤品；等等。这些都是事物间关联性的具体体现。数据挖掘将这类关联性称为简单关联性或简单关联关系。

又如，购买婴儿尿布和奶粉的很多顾客在一段时间内会购买婴儿护肤用品；购买汽车遮阳板的很多顾客近期内会购买零度玻璃水；等等。这些不仅反映了事物间的关联关系，而且关联性具有时间上的先后顺序。数据挖掘将这类关联性称为序列关联性或序列关联关系。

关联分析的目的就是基于已有数据，找到事物间的简单关联关系或序列关联关系。

最早关联分析的概念是 1993 年由 Agrawal、Imielinski 和 Swami 提出的。其主要研究目的是分析超市顾客购买行为的规律，发现连带购买商品，为制定合理的方便顾客选取的货架摆放方案提供依据。该分析称为购物篮分析。

随着关联分析方法的不断丰富和完善，关联分析已广泛应用于众多领域。例如，在电子商务领域，关联分析可帮助经营者发现顾客的消费偏好，定位顾客消费需求，制定合理的交叉销售方案，实现商品的精准推荐；在保险公司业务中，关联分析可帮助企业分析保险索赔的原因，及时甄别欺诈行为；在医学领域，关联分析可帮助医生发现生理化学指标的异常与疾患和治疗之间的关联性；在电信行业，关联分析可帮助企业发现不同增值业务间的关联性及对客户流失的影响等。

数据挖掘中，关联分析成果（即关联关系）的核心体现形式是关联规则（association rule），包括简单关联规则和序列关联规则。以下将分别讨论简单关联规则及其生成算法、序列关联规则及其生成算法。

10.1 简单关联规则及其测度

10.1.1 什么是简单关联规则

理解简单关联规则的前提是理解事务和项集。

一、事务和项集

简单关联分析的分析对象是事务（transaction）。事务可理解为一种商业行为，含义极为宽泛。例如，超市顾客的购买行为是一种事务；网民的页面浏览行为是一种事务；一份保险公司的人寿保单也是一种事务。

事务通常由事务标识（TID）和项目集合 X 组成。事务标识是确定一个事务的唯一标识；项目集合简称项集，是一组项目的集合。一个项目可以是一种商品、一个网页链接、一个险种等。若 I 是项目全体，包含 K 个项目，记为 $I=\{I_1, I_2, \cdots, I_K\}$，则项集 $X \subseteq I$。进一步，若项集 X 中包含 k 个项目，则称项集 X 为 k-项集。

例如，表 10-1 是 4 名顾客某一天的购买数据，其中 TID 是事务标识，A，B，C，D，E 分别为商品代码。

表 10-1　　　　　　　　　　　　　　顾客购买数据示例

TID	项集 X
1	{A, C, D}
2	{B, C, E}
3	{A, B, C, E}
4	{B, E}

这里包含 4 个事务，I 包含 5 个项目（$k=5$）。对于 1 号顾客（第 1 个事务），一次性购买了 3 种商品，其项集 X 是个 3-项集。可见，本例中包含 1 个 2-项集、2 个 3-项集、1 个 4-项集。

二、简单关联规则

简单关联规则的一般表示形式是：$X \to Y(S=s\%, C=c\%)$，其中：

● X 称为规则的前项，可以是一个项目或项集，也可以是一个包含项目以及逻辑操作符（与（$\cap$）、或（$\cup$）、非（$\neg$））的逻辑表达式。

● Y 称为规则的后项，一般为一个项目，表示某种结论或事实。

● 括号中，$S=s\%$ 表示规则支持度为 $s\%$，$C=c\%$ 表示规则置信度为 $c\%$。

简单关联规则的含义是：有 $c\%$ 的把握程度相信有前项则有后项，该关联规则的适用性为 $s\%$。规则支持度和置信度是对关联规则的评价测度，具体含义后续将详细讨论。

例如，〈面包〉→〈牛奶〉（$S=85\%$，$C=90\%$），即为一条简单关联规则。前项和后项均为一个项目。该关联规则的含义是：有 90% 的把握程度相信购买面包则购买牛奶，该规则适用性为 85%。

又例如，〈性别（女）$\cap$ 收入（$>5\,000$）〉→〈品牌（A）〉（$S=80\%$，$C=85\%$），也是一条简单关联规则。前项是涉及多个属性项集且包含逻辑与的逻辑表达式。这里，不同属性项集和属性取值（项目）用"属性名（属性值）"的形式表示。例如，"性别（女）"表示性别是女，"收入（$>5\,000$）"表示收入大于 5 000 元。该关联规则的含义是：有 85% 的把握程度相信收入高于 5 000 元的女性倾向于购买 A 品牌，该规则适用性为 80%。

10.1.2　简单关联规则的有效性和实用性

可以从数据找到很多关联规则，但并非所有关联规则都有效。也就是说，有的规则令人信服的水平可能不高，有的规则适用的范围很有限，这些规则都不具有有效性。判断一条关联规则是否有效，应依据各种测度指标，其中最常用的测度指标是关联规则的置信度和支持度。

一、简单关联规则有效性的测度

1. 规则置信度

规则置信度（confidence）是对简单关联规则可信度的测量，定义为包含项目 X 的事务中同时也包含项目 Y 的概率，反映 X 出现条件下 Y 出现的可能性，数学表示为：

$$C_{\langle X\rangle \rightarrow \langle Y\rangle} = \frac{|T(X \cap Y)|}{|T(X)|} \tag{10.1}$$

式中，$|T(X)|$ 表示包含项目 X 的事务数；$|T(X \cap Y)|$ 表示同时包含项目 X 和项目 Y 的事务数。包含项目 X 的事务中可能同时包含项目 Y，也可能不包含。若置信度高，则说明 X 出现时 Y 出现的可能性高。简单关联规则中，规则置信度以 C 表示，出现在圆括号中。

例如，规则{面包}→{牛奶}（$S=85\%$，$C=90\%$），表示购买面包则购买牛奶，且规则的可信程度为 90%。

2. 规则支持度

规则支持度（support）测度了简单关联规则应用的普适性，定义为项目 X 和项目 Y 同时出现的概率，数学表示为：

$$S_{\langle X\rangle \rightarrow \langle Y\rangle} = \frac{|T(X \cap Y)|}{|T|} \tag{10.2}$$

式中，$|T|$ 表示总事务数。若规则的支持度太低，则说明规则不具有一般性。简单关联规则中，规则支持度以 S 表示，出现在圆括号中。

例如，规则{面包}→{牛奶}（$S=85\%$，$C=90\%$），表示购买面包则购买牛奶，且规则的可信程度为 90%，应用普适度为 85%。

另外，还可以计算简单关联规则中的前项支持度和后项支持度，它们分别是：$S_{\langle X\rangle} = \frac{|T(X)|}{|T|}$ 和 $S_{\langle Y\rangle} = \frac{|T(Y)|}{|T|}$。

规则支持度和规则置信度具有内在联系，分析它们的数学定义可得

$$C_{\langle X\rangle \rightarrow \langle Y\rangle} = \frac{|T(X \cap Y)|}{|T(X)|} = \frac{S_{\langle X\rangle \rightarrow \langle Y\rangle}}{S_{\langle X\rangle}} \tag{10.3}$$

即规则的置信度是规则支持度与前项支持度的比。

一个有效的简单关联规则应具有较高的置信度和较高的支持度。如果规则支持度较高但置信度较低，则说明规则的可信程度差。如果规则置信度较高但支持度较低，则说明规则的应用机会很少。一个置信度较高但普遍性较低的规则并没有太多的实际应用价值。例如，如果在 1 000 个关于顾客购买行为的事务中，只有 1 个顾客购买了野炊用的烧烤炉，同时也只有他购买了碳。虽然规则"{烧烤炉}→{碳}"的置信度很高，为 100%，但其支持度只有 0.1%，很低，说明该规则缺乏普遍性，应用价值不高。

所以，简单关联分析不仅要找到简单关联规则，更重要的是在众多规则中筛选出具有较高置信度和支持度的。对此，用户应给定一个最小置信 $C_{\min}$ 和最小支持度 $S_{\min}$ 的阈值。只有同时大于最小置信度阈值（$C_{\min}$）和支持度阈值（$S_{\min}$），即（$S_{\langle X\rangle \rightarrow \langle Y\rangle} \geqslant S_{\min}$）$\cap$

（$C_{\{X\}\to\{Y\}}\geqslant C_{min}$）的规则才是有效规则。

阈值的设置要尽量合理。如果支持度阈值太小，得到的简单关联规则会失去一般性；如果支持度阈值太大，可能无法找到"如此高代表性"的规则。同样，如果置信度阈值太小，得到的简单关联规则的可信度不高；如果置信度阈值太大，也同样可能无法找到"如此高可信度"的规则。

从统计角度看，规则置信度、规则支持度、前项支持度和后项支持度与统计中的列联表密切相关。表10-2是统计学中的典型列联表。

表10-2　　　　　　　　　　　　　一个典型的列联表

		Y		合计
		1	0	
X	1	A	B	R1
	0	C	D	R2
合计		C1	C2	T

这里，可令行表示前项，列表示后项，1和0分别表示出现和未出现；A，B，C，D为交叉分组下的频数，$R1$，$R2$，$C1$，$C2$分别为各行合计以及各列合计，T为总计。对于简单关联规则$\{X\}\to\{Y\}$，规则置信度为$A/R1$，规则支持度为A/T，前项支持度为$R1/T$，后项支持度为$C1/T$。

二、简单关联规则实用性的测度：提升度

简单关联规则的实用性体现在：一方面，简单关联规则应具有实际意义。例如，〈怀孕〉→〈女性〉，这条简单关联规则就没有多少实用价值。另一方面，简单关联规则应具有指导意义。如果一条简单关联规则的置信度和支持度大于用户指定的最小置信度和支持度阈值，尽管该规则具有有效性，但仍可能没有指导意义，表现为以下情况。

1. 简单关联规则揭示的简单关联关系可能仅仅是一种随机关联关系

例如，超市依据表10-3所示的调查结果，得到如下反映购买牛奶与否和性别关系的简单关联规则：〈牛奶〉→〈性别（男）〉（$S=40\%$，$C=40\%$）。在最小置信度和支持度为20%时，该规则是一条有效规则。

表10-3　　　　　　　　　　　　　示意列联表（一）

	男	女	合计
购买	400	600	1 000
未购买	0	0	0
合计	400	600	1 000

但进一步计算发现，顾客中男性的比例（后项支持度）也为40%，即购买牛奶的顾客的男性比例等于所有顾客的男性比例。此时认为，上述规则反映的是一种前后项无关联下的随机性关联，该规则没有提供有意义的指导性信息，不具有实用性。

2. 简单关联规则揭示的简单关联关系可能是反向关联关系

例如，某教育研究机构依据表10-4所示的调查结果，得到如下反映中学生的成绩优异与否和吃早餐关系的简单关联规则：〈成绩（优异）〉→〈早餐（吃）〉（$S=33.33\%$，$C=60\%$）。在最小置信度和支持度为20%时，该规则是一条有效规则。

表 10-4		示意列联表（二）	
	吃	不吃	合计
优异	60	40	100
不优异	66	14	80
合计	126	54	180

但进一步计算发现，70%（后项支持度）的被调查者是吃早餐的，即成绩优异的学生中吃早餐的比例低于总体比例。此时认为，成绩优异与吃早餐的关联是反向的，该规则有误导性。事实上，只有成绩优异的学生中吃早餐的比例高于 70% 的规则，才是有正向指导意义的规则。

总之，规则置信度和支持度只能测度简单关联规则的有效性，并不能衡量其是否具有实用性，为此还需借助规则的提升度。

规则的提升度（lift）定义为规则置信度与后项支持度之比，数学表示为：

$$L_{\{X\}\to\{Y\}} = \frac{C_{\{X\}\to\{Y\}}}{S_{\{Y\}}} = \frac{S_{\{X\}\to\{Y\}}}{S_{\{X\}}S_{\{Y\}}} \tag{10.4}$$

事实上，后项支持度是没有模型时研究项（后项）的先验概率。规则提升度反映了项目 X 的出现对项目 Y（研究项）出现的影响程度。从统计角度看，如果项目 X 对项目 Y 没有影响，项目 X 独立于项目 Y，则 $S_{\{X\}\to\{Y\}} = S_{\{X\}}S_{\{Y\}}$，此时规则的提升度等于 1。所以，有实用价值的简单关联规则应是规则提升度大于 1 的规则，意味着 X 的出现对 Y 的出现有促进作用。规则提升度越大越好。

对于基于表 10-3 和表 10-4 的两个简单关联规则，规则的提升度分别为 40%/40%=1 和 60%/70%<1。可见，尽管它们都是有效的，但都没有实用性。

综上，简单关联分析的目标是发现具有有效性和实用性的简单关联规则。

在样本量较少的情况下该问题的实现算法非常简单。但随着样本量的增加，如何在海量样本下快速发现关联规则，就是一个较为复杂的算法问题。对此，计算机学科的学者们给出了众多实现方案，其中比较有代表性的是 Apriori 算法和 Eclat 算法。

10.2　Apriori 算法及应用示例

Apriori 算法最早是 Agrawal 和 Srikant 在 1996 年提出的，后经不断完善，已成为数据挖掘中简单关联分析的核心算法。

为克服简单搜索可能产生大量无效规则，计算效率低下，且在大样本下甚至可能无法实现的问题，Apriori 算法包括如下两大部分：

第一，搜索频繁项集。

第二，依据频繁项集产生关联规则。

10.2.1　搜索频繁项集

一、频繁项集

所谓频繁项集，是指对包含项目 A 的项集 C，如果其支持度大于等于用户指定的最小支持度阈值 S_{min}，即

$$\frac{|T(A)|}{|T|} \geqslant S_{\min} \tag{10.5}$$

则称 $C\{A\}$ 为频繁项集。包含 1 个项目的频繁项集称为频繁 1-项集，记为 L_1；包含 k 个项目的频繁项集称为频繁 k-项集，记为 L_k。

进一步，可在频繁 k-项集中找到最大频繁 k-项集。若一个频繁 k-项集的所有超集都不是频繁项集，则该频繁 k-项集就是最大频繁 k-项集。

最大频繁项集是 k 最大时的最大频繁 k-项集。确定最大频繁项集的目的是确保后续生成的关联规则具有较高的普适性，即得到的关联规则具有较高的支持度。

二、寻找频繁项集

寻找频繁项集是 Apriori 算法提高寻找关联规则效率的关键。

Apriori 寻找频繁项集的基本原则是：以图 10-1 为例，如果底层只包含 D 项的 1-项集不是频繁项集，则包含 D 项的其他所有项集即 D 的超集（图中蓝色圆圈）都不可能是频繁项集。后续无须再对这些项集进行判断，因为基于这些项集的关联规则不可能有较高的支持度。

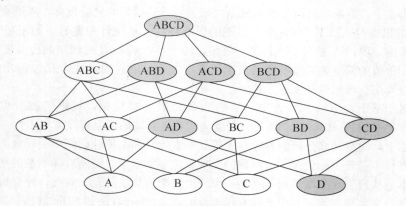

图 10-1　寻找频繁项集

若要得到有较高支持度的关联规则，则需基于频繁 k-项集。如图 10-1 中，若顶层的蓝色圆圈 $\{A, B, C, D\}$ 项集是个频繁 4-项集，则简单关联规则 $\{A, B, C\} \rightarrow \{D\}$，$\{A, B, D\} \rightarrow \{C\}$，$\{A, C, D\} \rightarrow \{B\}$，$\{B, C, D\} \rightarrow \{A\}$，一定具有较高的支持度；进一步，若 $\{A, B, C, D\}$ 是频繁 4-项集，则它的任意子集，如 $\{A, B, C\}$，$\{A, B, D\}$，$\{A, C, D\}$，$\{B, C, D\}$，以及 $\{A, B\}$，$\{A, C\}$，$\{A, D\}$，$\{B, C\}$，$\{B, D\}$，$\{C, D\}$ 一定都是频繁项集，在这些频繁项集上得到的关联规则，如 $\{A, B\} \rightarrow \{C\}$，$\{A\} \rightarrow \{B\}$ 等，一定具有较高的支持度。

Apriori 算法从图 10-1 所示的底层（1-项集）开始，向上采用迭代方式逐层找到下层的超集，并在超集中发现频繁项集。如此反复，直到顶层得到最大频繁项集为止。每次迭代均包含两步：

第一，产生候选集 C_k。所谓候选集，就是有可能成为频繁项集的项目集合。$k=1$ 时候选集 C_k 是所有 1-项集。

第二，修剪候选集 C_k。基于候选集 C_k 计算支持度且依据最小支持度阈值对候选集 C_k 进行删减，最终确定频繁项集 L_k。具体步骤如下：（1）在候选集 C_k 中寻找频繁项集，即

计算 C_k 中所有 k -项集的支持度。支持度大于等于用户指定的最小支持度阈值的 k -项集成为频繁 k -项集，记为 L_k。对于没有成为频繁项集的其他 k -项集，根据上述基本原则，它们的超集不可能成为频繁项集，应剔除，后续不必再考虑。（2）基于 L_k 生成候选集 C_{k+1}。候选集 C_{k+1} 是 L_k 的超集。Apriori 算法采用 $L_k * L_k$ 的方式找到超集作为候选集 C_{k+1}。重复上述过程，直到无法产生候选集为止。

下面用表 10 - 1 中的数据说明这个迭代过程。设用户指定的最小支持度阈值为 0.5。支持度小于 0.5 的项目或项集不能进入频繁项集。3 次迭代过程如图 10 - 2 所示。

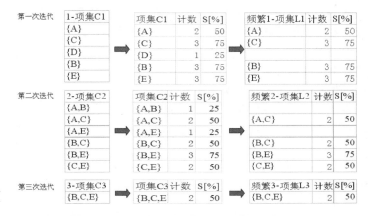

图 10 - 2　Apriori 产生频繁项集的过程示例

图 10 - 2 中，计数为相应项目在所有事务中出现的次数，$S[\%]$ 为项目支持度。

第一次迭代中，$\{D\}$ 的支持度小于 0.5，没有进入频繁项集，其他均进入频繁项集；第二次迭代中，候选集 C_2 是 L_1 中所有项目的组合。计算各项目的支持度，$C_2\{A, C\}$，$C_2\{B, C\}$，$C_2\{B, E\}$，$C_2\{C, E\}$ 组成频繁项集 L_2；第三次迭代中，$C\{A, B, C\}$，$C\{A, B, E\}$，$C\{A, E, C\}$ 没有进入候选集 C_3，原因是 $C_2\{A, B\}$ 和 $C_2\{A, E\}$ 不是频繁项集，根据基本原则，包含 $C_2\{A, B\}$ 和 $C_2\{A, E\}$ 的项集不可能成为频繁项集。由于 L_3 不能继续构成候选集 C_4，迭代结束，最终频繁项集为 L_3，即 $C_3\{B, C, E\}$。

10.2.2　依据频繁项集产生简单关联规则

从频繁项集中产生所有简单关联规则，选择置信度大于用户指定最小置信度阈值的关联规则，组成有效规则集合。

对每个频繁项集 L，计算 L 所有非空子集 L' 的置信度，即

$$C_{L' \to (L-L')} = \frac{|T(L)|}{|T(L')|} = \frac{S(L)}{S(L')} \tag{10.6}$$

如果 $C_{L' \to (L-L')}$ 大于用户指定的最小置信度阈值，则生成关联规则 $L' \to (L-L')$。

例如，对于上面的例子，频繁项集 L 包含项目 B，C，E。如果 L 的子集 L' 包含项目 B 和 C，则 $L-L'$ 包含项目 E。计算 $C_{\{B,C\} \to \{E\}} = S(B, C, E)/S(B, C) = 0.50/0.50 = 100\%$，置信度最大，大于用户指定的任何阈值，简单关联规则 $\{B,C\} \to \{E\}$（$S=50\%, C=100\%$）为有效规则。其他的简单关联规则有：$\{B,E\} \to \{C\}$（$S=50\%, C=66.7\%$），$\{C,E\} \to \{B\}$（$S=50\%, C=100\%$）。

总之，由于 Apriori 的关联规则是在频繁项集基础上产生的，因此有效保证了这些规则的支持度达到用户指定的水平，具有一定的普适性。再加上置信度的限制，使得所产生的关联规则具有有效性。当然，还应从其他方面进一步考察关联规则的实用性。

10.2.3　Apriori 算法的 R 函数和应用示例

Apriori 算法的 R 函数在 arules 包中。首次使用时应下载安装，并加载到 R 的工作空间中。利用 R 进行关联分析的主要任务有：第一，建立事务数据集对象。第二，搜索频繁项集，生成有效的简单关联规则。第三，筛选关联规则。

一、建立事务数据集对象

事务数据集的组织方式有事实表和事务表两种格式。

例如，表 10-1 的事务数据按事实表格式组织，如表 10-5 所示。

表 10-5　　　　　　　　　　　　事实表示例

TID	项目 A	项目 B	项目 C	项目 D	项目 E
1	1	0	1	1	0
2	0	1	1	0	1
3	1	1	1	0	1
4	0	1	0	0	1

事实表中，一行是一个事务的完整描述；一列为一个具体项目，取 1 或 0。1 代表项目出现（如购买），0 代表没有出现（如未购买）。

表 10-1 的事务数据按事务表格式组织，如表 10-6 所示

表 10-6　　　　　　　　　　　　事务表示例

TID	项集 X
1	A
1	C
1	D
2	B
2	C
2	E
3	A
3	B
3	C
3	E
4	B
4	E

事务表中，行是对一个事务的部分描述，一个事务通常需多行共同描述；列只有一个（一个变量），为一个项目。本例中，1 号事务是个 3-项集，需 3 行描述，每行是一个项目。

R 支持上述两种组织格式，并将它们统一组织成一个特殊的类——transactions 类对象，为后续分析奠定基础。

这里，以表 10-1 的事务数据为例，说明 R 如何将事实表和事务表转换成 transactions

类对象。

　　（1）直接处理事务数据，代码如下。

```
MyList <- list(
c("A","C","D"),
c("B","C","E"),
c("A","B","C","E"),
c("B","E")
)
names(MyList)<- paste("Tr",c(1:4),sep=" ")
MyTrans <- as(MyList,"transactions")   ♯将列表数据转成 transactions 类的一个实例
summary(MyTrans)   ♯查看
transactions as itemMatrix in sparse format with
 4 rows (elements/itemsets/transactions) and
 5 columns (items) and a density of 0.6

most frequent items:
      B         C         E         A         D (Other)
      3         3         3         2         1      0

element (itemset/transaction) length distribution:
sizes
2 3 4
1 2 1

   Min. 1st Qu.  Median    Mean 3rd Qu.    Max.
   2.00    2.75    3.00    3.00    3.25    4.00

includes extended item information - examples:
  labels
1      A
2      B
3      C

includes extended transaction information - examples:
  transactionID
1          Tr1
2          Tr2
3          Tr3
inspect(MyTrans)
  items transactionID
1 {A,
  C,
  D}            Tr1
2 {B,
  C,
  E}            Tr2
3 {A,
  B,
  C,
  E}            Tr3
4 {B,
  E}            Tr4
image(MyTrans)   ♯可视化 transactions 类
```

本例说明如下：

● 由于各事务包含的项目数不同，即各事务是非等长项集，所以采用列表方式组织原始数据较为恰当。

● 利用 as 函数实例化 transactions 类（transactions 类是依据 R 的 S4 类规则创建的），通俗讲就是将列表对象 MyList 转换成 transactions 类对象 MyTrans。

● 可利用 summary 函数和 inspect 函数查看 MyTrans 对象的属性值。结果中，sizes 给出的是 k-项集（这里 $k=2$, 3, 4）的个数和关于 k 的基本描述统计量（最大值、最小值、均值、四分位数等）。

● 还可以利用 image 函数可视化 MyTrans 对象，如图 10-3 所示。

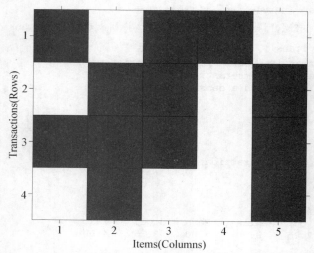

图 10-3　事务数据的事实表可视化结果示意图

图 10-3 是事务数据的事实表可视化结果，行为事务，列为具体项目。深灰色单元格代表相应的变量值取 1，白色代表取 0。

（2）若事务数据本身以事实表形式组织在矩阵中，可直接将其转换成 transactions 类对象，代码如下。

```
MyFact <- matrix(c(    #事实表矩阵
    1,0,1,1,0,
    0,1,1,0,1,
    1,1,1,0,1,
    0,1,0,0,1
),nrow=4,ncol=5,byrow=TRUE)
dimnames(MyFact)<- list(paste("Tr",c(1:4),sep = " "),c("A","B","C","D","E"))
#给矩阵添加行列名称
MyFact
    A B C D E
Tr1 1 0 1 1 0
Tr2 0 1 1 0 1
Tr3 1 1 1 0 1
Tr4 0 1 0 0 1
```

```
(MyTrans <- as(MyFact,"transactions"))
transactions in sparse format with
 4 transactions (rows) and
 5 items (columns)
(as(MyTrans,"data.frame"))    #将 transactions 类对象转换成数据框
  transactionID      items
1          Tr1    {A,C,D}
2          Tr2    {B,C,E}
3          Tr3  {A,B,C,E}
4          Tr4      {B,E}
```

（3）若事务数据本身以事务表形式组织在数据框中，可将其首先转换成列表，然后再转换成 transactions 类对象，代码如下。

```
MyT <- data.frame(
TID=c(1,1,1,2,2,2,3,3,3,3,4,4),
items=c("A","C","D","B","C","E","A","B","C","E","B","E")
)
(MyList <- split(MyT[,"items"],MyT[,"TID"]))
$`1`
[1] A C D
Levels: A B C D E

$`2`
[1] B C E
Levels: A B C D E

$`3`
[1] A B C E
Levels: A B C D E

$`4`
[1] B E
Levels: A B C D E
(MyTrans <- as(MyList,"transactions"))
transactions in sparse format with
 4 transactions (rows) and
 5 items (columns)
```

（4）若事务数据组织在数据文件中，可通过 read.transactions 函数读入 transactions 类对象中。基本书写格式为：

read.transactions(file＝文本文件名,format＝组织形式,cols＝数值或字符向量,sep＝分隔符)

其中，事务数据存储在指定的文本文件中。

● 若文本文件中的一行为一条事务，如文本文件组织形式为：

A,C,D
B,C,E
A,B,C,E
B,E

此时，参数 format 应取"basket"，同时参数 sep 应设置为 ","。

例如，对前述的事务数据，代码可为：

MyTrans <- read. transactions(file="事务原始数据. txt",format="basket",sep=",")

如果文本文件中的第 1 列数据为事务标识，可指定参数 cols=1。于是，第 1 列将不再作为项组成项集。

● 若文本文件为事务表格式，如文本文件组织成两列，一列是事务标识，另一列是项目，即

TID	ITEMS
1	A
1	C
1	D
2	B
2	C
2	E
3	A
3	B
3	C
3	E
4	B
4	E

此时，参数 format 应取"single"，同时参数 cols=c("TID","ITEMS")。

例如，对前述的事务数据，代码可为：

MyTrans <- read. transactions (file = "事务表数据. txt", format = "single", cols = c("TID","ITEMS"),sep=" ")

read. transactions 不支持对事实表格式数据文件的读取。

二、搜索频繁项集，生成有效的简单关联规则

搜索频繁项集建立关联规则，并搜索有效关联规则的 R 函数是 apriori 函数，基本书写格式为：

apriori(data=transactions 类对象名,parameter=NULL,appearance=NULL)

其中：

● 数据应事先组织在参数 data 指定的 transactions 类对象中，也可以组织在可自动转换为 transactions 类对象的其他对象（如列表、矩阵、数据框，且格式如前讨论的）中。

● 参数 parameter 是一个关于参数的列表，包括的主要成分有：support，指定最小支持度阈值（默认值 0.1）；confidence，指定最小置信度阈值（默认值 0.8）；minlen，指定关联规则所包含的最小项目数（默认值 1）；maxlen，指定关联规则所包含的最大项目数（默认值 10）；target，指定最终给出怎样的搜索结果，"rules"表示给出简单关联规则，"frequent itemsets"表示给出所有频繁项集，"maximally frequent itemsets" 表示给出最大频繁项集。

● 有效的关联规则可能很多，若只关注其中包含某些特征的关联规则，则需设定参数 appearance。参数 appearance 是一个关于关联约束的列表，包括的主要成分和含义是：

lhs，指定仅给出规则前项中符合指定特征的规则；rhs，指定仅给出规则后项中符合指定特征的规则；items，针对频繁项集，指定仅给出包含某些项的频繁项集；none，指定仅给出不包含某些特征的项集或规则；default，指定关联约束列表中没有明确指定特征的项，按默认情况处理。

apriori 函数的返回结果是一个关于频繁项集或关联规则的特殊的类（依据 R 的 S4 类规则创建）对象，可利用 str 函数查看类的属性定义等。

可利用 size 函数浏览各关联规则所包含的项目个数，基本书写格式为：

size(x＝关联规则类对象名)

可利用 sort 函数对生成的关联规则按指定顺序排序，基本书写格式为：

sort(x＝关联规则类对象名,decreasing＝TRUE/FALSE,by＝排序依据)

式中，参数 by 可取 "support"，"confidence"，"lift"，依次表示按规则支持度、规则置信度、规则提升度排序；参数 decreasing 取 TRUE 或 FALSE，表示按降序或升序排序。

例如，对于表 10 - 1 的事务数据，利用 apriori 算法搜索频繁项集，具体代码和部分结果如下。

```
MyTrans <- read. transactions(file="事务原始数据. txt",format="basket",sep=",")
MyRules <- apriori(data=MyTrans,parameter=list(support=0. 5,confidence=0. 6,tar-
get="frequent itemsets"))    ♯给出所有频繁项集
inspect(MyRules)    ♯浏览频繁项集
   items support
1 {A}      0.50
2 {B}      0.75
3 {E}      0.75
4 {C}      0.75
5 {A,
   C}      0.50
6 {B,
   E}      0.75
7 {B,
   C}      0.50
8 {C,
   E}      0.50
9 {B,
   C,
   E}      0.50
MyRules <- apriori(data=MyTrans,parameter=list(support=0. 5,confidence=0. 6,tar-
get="maximally frequent itemsets"))
inspect(MyRules)
   items support
1 {A,
   C}      0.5
2 {B,
   C,
   E}      0.5
```

本例说明如下：

● 指定最小支持度和最小置信度阈值分别为 0. 5 和 0. 6。

● 参数 target 设定为"frequent itemsets"，利用 inspect 函数查看 apriori 函数返回结果，得到所有支持度大于 0. 5 的频繁 1-项集（4 个）、频繁 2-项集（4 个）、频繁 3-项集（1 个）。

• 参数 target 设定为"maximally frequent itemsets"，利用 inspect 函数查看 apriori 函数返回结果，得到最大频繁 2 -项集 {A，C} 和最大频繁 3 -项集 {B，C，E}。{B，E}，{B，C}，{C，E} 不是最大频繁 2 -项集的原因是：它们均是最大频繁 3 -项集的子集，它们的超集不是非频繁项集。

进一步，对于表 10 - 1 中的事务数据，利用 apriori 算法生成简单关联规则，具体代码和部分结果如下。

```
MyTrans <- read. transactions(file="事务原始数据 . txt",format="basket",sep=",")
MyRules <- apriori(data=MyTrans,parameter=list(support=0. 5,confidence=0. 6,tar-
get="rules"))
inspect(MyRules)
    lhs     rhs support confidence      lift
1  {}  => {B}     0.75   0.7500000 1.0000000
2  {}  => {E}     0.75   0.7500000 1.0000000
3  {}  => {C}     0.75   0.7500000 1.0000000
4  {A} => {C}     0.50   1.0000000 1.3333333
5  {C} => {A}     0.50   0.6666667 1.3333333
6  {B} => {E}     0.75   1.0000000 1.3333333
7  {E} => {B}     0.75   1.0000000 1.3333333
8  {B} => {C}     0.50   0.6666667 0.8888889
9  {C} => {B}     0.50   0.6666667 0.8888889
10 {E} => {C}     0.50   0.6666667 0.8888889
11 {C} => {E}     0.50   0.6666667 0.8888889
12 {B,
       E} => {C}  0.50   0.6666667 0.8888889
13 {B,
       C} => {E}  0.50   1.0000000 1.3333333
14 {C,
       E} => {B}  0.50   1.0000000 1.3333333
size(x=MyRules)   # 查看各规则包含的项目数
[1] 1 1 1 2 2 2 2 2 2 2 2 3 3 3
MyRules. sorted <- sort(x=MyRules,by="lift",decreasing=TRUE)
inspect(MyRules. sorted)
    lhs     rhs support confidence      lift
1  {A} => {C}     0.50   1.0000000 1.3333333
2  {C} => {A}     0.50   0.6666667 1.3333333
3  {B} => {E}     0.75   1.0000000 1.3333333
4  {E} => {B}     0.75   1.0000000 1.3333333
5  {B,
       C} => {E}  0.50   1.0000000 1.3333333
6  {C,
       E} => {B}  0.50   1.0000000 1.3333333
7  {}  => {B}     0.75   0.7500000 1.0000000
8  {}  => {E}     0.75   0.7500000 1.0000000
9  {}  => {C}     0.75   0.7500000 1.0000000
10 {B} => {C}     0.50   0.6666667 0.8888889
11 {C} => {B}     0.50   0.6666667 0.8888889
12 {E} => {C}     0.50   0.6666667 0.8888889
13 {C} => {E}     0.50   0.6666667 0.8888889
14 {B,
       E} => {C}  0.50   0.6666667 0.8888889
```

本例说明如下：

• 指定最小支持度和最小置信度阈值分别为 0.5 和 0.6。

• 生成了 14 条简单关联规则。前两列 lhs，rhs 分别为关联规则的前项和后项，后三列依次为规则的支持度、置信度和提升度。前项中存在{}的原因是：参数 parameter 中的 minlen 默认值为 1，即允许规则中只包含一个项目。$\{\}\rightarrow\{B\}(S=0.75,C=0.75)$ 表示 B 会以 0.75 的概率出现在事务中，与前项无关。

- size 函数的返回结果表明：14 条简单关联规则中有 3 条规则只包含 1 个项目，有 8 条包含 2 个项目，有 3 条包含 3 个项目。
- 按规则提升度排序可方便看到，14 条规则中有 5 条规则的提升度小于 1，这些规则缺乏实用性，可以剔除。可见，apriori 算法仅依据最小支持度和最小置信度给出有效的关联规则，对没有实用性的规则还需手工剔除。

三、筛选关联规则

通常 apriori 给出的有效关联规则较多，可依据实际情况对其进行筛选。可利用 subset 函数提取关联规则的子集，基本书写格式为：

subset(x＝关联规则类对象名,subset＝条件)

式中，参数 subset 后是一个逻辑表达式或正则表达式。

例如，对上例的简单关联规则做如下筛选。

```
MyRules. D <- subset(x＝MyRules,subset＝size(MyRules)==2)    #挑出包含 2 个项
目的规则
inspect(MyRules. D)
  lhs      rhs support confidence    lift
1 {A} => {C}    0.50   1.0000000 1.3333333
2 {C} => {A}    0.50   0.6666667 1.3333333
3 {B} => {E}    0.75   1.0000000 1.3333333
4 {E} => {B}    0.75   1.0000000 1.3333333
5 {B} => {C}    0.50   0.6666667 0.8888889
6 {C} => {B}    0.50   0.6666667 0.8888889
7 {E} => {C}    0.50   0.6666667 0.8888889
8 {C} => {E}    0.50   0.6666667 0.8888889
MyRules. D <- subset(x＝MyRules,subset＝slot(object＝MyRules,name＝"quality")
$ lift>1)    #挑出提升度大于 1 的规则
inspect(MyRules. D)
  lhs      rhs support confidence    lift
1 {A} => {C}    0.50   1.0000000 1.333333
2 {C} => {A}    0.50   0.6666667 1.333333
3 {B} => {E}    0.75   1.0000000 1.333333
4 {E} => {B}    0.75   1.0000000 1.333333
5 {B,
   C} => {E}    0.50   1.0000000 1.333333
6 {C,
   E} => {B}    0.50   1.0000000 1.333333
MyRules <- apriori(data＝MyTrans,parameter＝list(support＝0.5,confidence＝0.6,tar-
get＝"rules"),appearance＝list(lhs＝c("B"),default＝"rhs"))
inspect(MyRules)
  lhs      rhs support confidence    lift
1 {}  => {E}    0.75   0.7500000 1.0000000
2 {}  => {C}    0.75   0.7500000 1.0000000
3 {B} => {E}    0.75   1.0000000 1.3333333
4 {B} => {C}    0.50   0.6666667 0.8888889
```

本例说明如下：

● 在 subset 函数的 subset 参数中，调用 size 指定挑出仅包含 2 个项目的关联规则。

● 由于 apriori 函数的返回结果是 R 的 S4 类，需通过 slot 函数访问其中的槽（详见 3.5.2）。

利用 MyRules. D <- subset(x=MyRules, subset=quality(MyRules) \$lift>1) 也可以实现相同目标。或者，利用 as 函数将 apriori 函数的返回结果转换成数据框，lhs，rhs，support，confidence，lift 可直接通过添加符号 \$ 的形式访问。如：

> a <- as(MyRules,"data. frame")
> a[a \$ lift>1,]

事实上，也可利用 apriori 函数实现规则的筛选，需定义 appearance 参数。例如，本例中挑出前项只包含 B 的关联规则（前项为空默认输出），对后项没有约束。

10.2.4 简单关联规则的可视化 R 函数和应用示例

频繁项集以及关联规则的可视化 R 函数在 arulesViz 包中。首次使用时应下载安装，并加载到 R 的工作空间中。

一、可视化频繁项集

可调用 plot 函数，借助有向网状图可视化频繁项集，基本书写格式为：

> plot(x=频繁项集类对象名,method="graph",control=list(main=图形主标题))

例如，上例的所有频繁项集的可视化结果如图 10-4 所示。具体代码如下：

```
library("arulesViz")
MyTrans <- read. transactions(file="事务原始数据.txt",format="basket",sep=",")
MyRules <- apriori(data=MyTrans,parameter=list(support=0.5,confidence=0.6,tar-
get="frequent itemsets"))
inspect(MyRules)
  items support
1 {A}     0.50
2 {B}     0.75
3 {E}     0.75
4 {C}     0.75
5 {A,
   C}     0.50
6 {B,
   E}     0.75
7 {B,
   C}     0.50
8 {C,
   E}     0.50
9 {B,
   C,
   E}     0.50
plot(x=MyRules,method="graph",control=list(main="示例的频繁项集可视化结果"))
```

示例的频繁项集可视化结果　　　　　size:support(0.5−0.75)

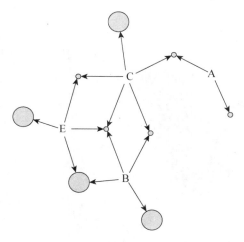

图 10 − 4　示例的频繁项集可视化结果

图 10 − 4 中，绿色圆圈的大小代表支持度。本例中小圈表示支持度等于 0.5，大圈表示支持度等于 0.75。中间字母代表项目，通过有向箭头指向一个支持度，表示相应项目组成一个项集。例如，B 指向下方的大圈，表示 B 的支持度等于 0.75。B，E 均通过有向箭头指向斜下方的大圈，表示 {B，E} 的支持度等于 0.75。B，E，C 均通过有向箭头指向中间的小圈，表示 {B，E，C} 的支持度等于 0.5。

二、可视化简单关联规则

可调用 plot 函数可视化简单关联规则，基本书写格式为：

　　　　plot(x＝关联规则类对象名,method＝图类型名,control＝控制参数)

其中：

● 参数 method 取"grouped" 表示以类似汽泡图的形式展示关联规则，取"graph" 表示以有向网状图的形式展示关联规则，取"paracoord" 表示以平行图的形式展示关联规则。

● 参数 control 是个列表，可指定图的主标题、图中箭头的大小等。

例如，上例所有关联规则的可视化结果如图 10 − 5 至图 10 − 7 所示。具体代码如下：

```
MyTrans <- read. transactions(file="事务原始数据 . txt",format="basket",sep=",")
MyRules <- apriori(data＝MyTrans,parameter＝list(support＝0.5,confidence＝0.6,tar-
get＝"rules"))
inspect(MyRules)
plot(MyRules,method＝"grouped")
plot(MyRules,method＝"paracoord")
plot(MyRules,method＝"graph",control＝list(arrowSize＝2,main＝"示例的关联规则可
视化结果"))　 ＃指定箭头和图标题
```

本例说明如下：

● 首先，绘制 grouped 图，结果如图 10 − 5 所示。

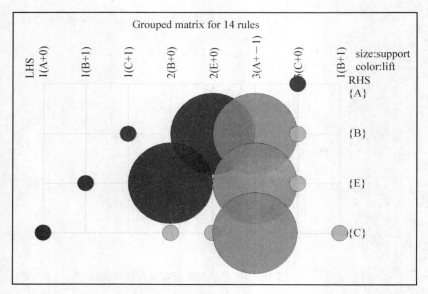

图 10－5　关联规则的 grouped 图示例

图 10-5 中的横坐标为规则前项的简化。其中，＋0 表示自身，＋1 表示增加一个项目的超集，－1 表示减少一个项目的子集，＋－表示空集。纵坐标为规则后项。14 个圆圈代表 14 条关联规则。圆圈的大小代表规则的支持度大小，灰度深浅代表规则提升度的高低。例如，{A}→{C}，B 的一个超集这里表示为 {B+1}→{E}（{B, C}→{E}），两条关联规则的支持度较低（圈较小），提升度较高（灰度较深）。

- 其次，绘制 paracoord 图，结果如图 10－6 所示。

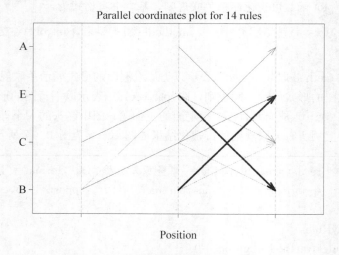

图 10－6　关联规则的 paracoord 图示例

paracoord 图通过由左至右的带箭头折线表示关联规则的前项和后项，用折线的粗细表示规则支持度的大小，灰度深浅表示提升度的高低。例如，图 10－6 中，{E}→{B}，{B}→{E} 两条规则的支持度和提升度是最高的。

- 最后，绘制 graph 图，结果如图 10－7 所示。

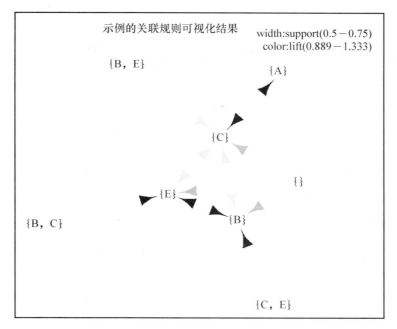

图 10 - 7　关联规则的 graph 图示例

graph 图中的节点为关联规则的前项或后项，带方向的箭头从前项指向后项。箭头宽度的大小表示规则支持度的大小，灰度深浅表示提升度的高低。例如，图 10 - 7 中，{C，E}→{B}，规则的支持度不明显高于其他规则，但提升度较高。

10.3　Eclat 算法及应用示例

10.3.1　Eclat 算法原理

Apriori 算法搜索频繁 1 -项集、频繁 2 -项集以及后续的频繁 k -项集的过程，是分步进行的，且每步均采用 $L_k * L_k$ 这种非常"朴素"的方式生成所有可能的候选项集并进行修剪。这样的策略必然需要对数据集（数据库）做多次访问（扫描），在大数据集下执行效率是有限的。

Eclat 是 Zaki 等人于 1997 年提出的一种快速搜索频繁项集的算法，是 equivalence class clustering & bottom-up traversal 的英文缩写。Eclat 算法与 Apriori 算法的思路类似，特色在于基于对等类（equivalence class）采用上述自底向上的搜索策略，只需访问很少次的数据集便可确定最大频繁项集。

不同于 Apriori 算法的是，Eclat 算法并没有分步骤依 $L_k * L_k$ 生成频繁 k -项集的超集（$k+1$）-项集作为候选集，而是基于对等类一次性找到最大频繁项集的所有候选项集。

对等类是 Eclat 算法设计的基础。以一个包含 1，2，3，4，5，6，7，8 项目的简单事务数据为例，若频繁 2 -项集有：{1，2}，{1，3}，{1，4}，{1，5}，{1，6}，{1，7}，{1，8}，{2，3}，{2，5}，{2，7}，{2，8}，{3，4}，{3，5}，{3，6}，{4，5}，{4，6}，

{5, 6}，{5, 8}，{6, 8}，{7, 8}，则基于频繁 1-项集的对等类以及候选最大频繁项集如表 10-7 所示。

表 10-7　　　　　　　　　　　　　　　Eclat 算法中的项集

对等类		各项的候选最大频繁项集
{1}	2, 3, 4, 5, 6, 7, 8	{1, 2, 3, 5}，{1, 2, 5, 8}，{1, 2, 7, 8}，{1, 3, 4, 5, 6}，{1, 5, 6, 8}
{2}	3, 5, 7, 8	{2, 3, 5}，{2, 5, 8}，{2, 7, 8}
{3}	4, 5, 6	{3, 4, 5, 6}
{4}	5, 6	{4, 5, 6}
{5}	6, 8	{5, 6, 8}
{6}	8	{6, 8}
{7}	8	{7, 8}

表 10-7 中，第 1 列括号内是 1-项集，第 2 列是不包含 1-项集在内的频繁 2-项集元素，称为对等类。如项目 1 的对等类集合为 {2, 3, 4, 5, 6, 7, 8}，项目 2 的对等类集合为 {3, 5, 7, 8} 等。第 3 列是包含所在行项目的候选最大频繁项集。表中第 1 行为最大频繁 k-项集、最大频繁项集的所有候选项集。

在确定候选最大频繁项集的过程中，如图 10-1 所示，采用自底向上的搜索策略。例如，基于表 10-7 中项目 1 的对等类，派生出所有的 2-项集（超集，这里均为频繁项集），并在此基础上继续派生出所有 3-项集（如 {1, 2, 3}，{1, 2, 4} 等）、4-项集（如 {1, 2, 3, 5}，{1, 2, 5, 8}）等。其间，以其他项目的对等类为依据，判断 3-项集、4-项集等中是否包含非频繁子集，并剔除包含非频繁子集的项集（如 {1, 2, 4}）。如此反复派生出 k-项集，直至找到候选的最大频繁 k-项集和最大频繁项集。搜索过程中并不需要多次扫描数据集，因而 I/O（输入/输出）效率高。

10.3.2　Eclat 算法的 R 函数和应用示例

Eclat 算法的 R 函数在 arules 包中。首次使用时应下载安装，并加载到 R 的工作空间中。Eclat 算法的 R 函数是 eclat，只涉及频繁项集搜索，函数的基本书写格式与 apriori 类似：

eclat(data＝transactions 类对象名,parameter＝NULL)

其中：
● 数据应事先组织在参数 data 指定的 transactions 类对象中。
● 参数 parameter 是一个关于参数的列表，包括的主要成分有：support，指定最小支持度阈值（默认值 0.1）；minlen，指定项集所包含的最小项目数（默认值 1）；maxlen，指定项集所包含的最大项目数（默认值 10）；target，指定最终给出怎样的搜索结果，"frequent itemsets" 表示给出所有频繁项集，"maximally frequent itemsets" 表示给出最大频繁项集。

eclat 函数的返回结果是关于频繁项集的特殊的类（依据 R 的 S4 类规则创建），可利用 str 函数查看类的属性定义等。

进一步，可利用 ruleInduction 函数在频繁项集的基础上派生简单关联规则，基本书写格式为：

> ruleInduction(x＝频繁项集对象名,transactions＝事务类对象名,confidence＝0.8)

式中，参数 x 为频繁项集对象；参数 transactions 应指定为存放事务数据的 transactions 类对象；confidence 为用户指定的最小规则置信度（默认值为 0.8）。

例如，对于表 10-1 中的事务数据，利用 Eclat 算法搜索频繁项集，并生成简单关联规则，具体代码和部分结果如下。

```
library("arules")
library("arulesViz")
MyTrans <- read. transactions(file="事务原始数据 . txt",format="basket",sep=",")
MyFSets <- eclat(data=MyTrans,parameter=list(support=0.5,
target="maximally frequent itemsets"))    ♯搜索最大频繁 k-项集
inspect(MyFSets)
  items support
1 {A,
  C}         0.5
2 {B,
  C,
  E}         0.5
MyFSets <- eclat(data=MyTrans,parameter=list(support=0.5,target="frequent item-
sets"))    ♯搜索频繁集
plot(MyFSets)    ♯可视化频繁项集
MyRules <- ruleInduction(x=MyFSets,transactions=MyTrans,confidence=0.6)
inspect(sort(x=MyRules,by="lift"))
   lhs    rhs support confidence      lift itemset
1  {C} => {A}    0.50  0.6666667 1.3333333       1
2  {A} => {C}    0.50  1.0000000 1.3333333       1
3  {C,
   E} => {B}    0.50  1.0000000 1.3333333       2
4  {B,
   C} => {E}    0.50  1.0000000 1.3333333       2
5  {E} => {B}    0.75  1.0000000 1.3333333       4
6  {B} => {E}    0.75  1.0000000 1.3333333       4
7  {B,
   E} => {C}    0.50  0.6666667 0.8888889       2
8  {E} => {C}    0.50  0.6666667 0.8888889       3
9  {C} => {E}    0.50  0.6666667 0.8888889       3
10 {C} => {B}    0.50  0.6666667 0.8888889       5
11 {B} => {C}    0.50  0.6666667 0.8888889       5
```

本例说明如下：

- 首先，利用 Eclat 算法搜索最大频繁 k-项集，结果与 Apriori 算法一致。
- 利用 plot 函数可视化 eclat 函数给出的频繁项集，图形结果略去。
- 利用 ruleInduction 函数给出规则置信度大于 0.6 的简单关联规则。
- 利用 sort 函数对生成的关联规则按提升度排序后输出。还可以利用 subset 函数提取提升度大于 1 的规则。

10.4　简单关联分析的应用示例

　　这里有一份购物篮数据，包括两大部分的内容。第一部分是 1 000 名顾客的个人信息（共 7 个变量）：会员卡号（cardid）、消费金额（value）、支付方式（pmethod）、性别（sex，M 表示男性，F 表示女性）、是否户主（homeown）、年龄（age）、收入（income）；第二部分是这 1 000 名顾客一次购买商品的信息，主要变量有果蔬（fruitveg）、鲜肉（freshmeat）、奶制品（dairy）、蔬菜罐头（cannedveg）、肉罐头（cannedmeat）、冷冻食品（frozenmeal）、啤酒（beer）、葡萄酒（wine）、软饮料（softdrink）、鱼（fish）、糖果（confectionery），均为二分类型变量，取 1 表示购买，取 0 表示未购买。

　　基于该数据，希望完成两项任务：第一，找到有较大可能连带销售的商品；第二，对比不同性别和年龄段顾客的啤酒选择性倾向。本例可体现 R 函数在简单关联分析中的进一步应用。

10.4.1　发现连带销售商品

　　找到有较大可能连带销售的商品，具体代码和部分结果如下。

```
library("arules")
library("arulesViz")
Data <- read.table(file="购物篮数据.txt",header=TRUE,sep=",")
Data <- as.matrix(Data[,-1:-7])
MyTrans <- as(Data,"transactions")
summary(MyTrans)
transactions as itemMatrix in sparse format with
 1000 rows (elements/itemsets/transactions) and
 11 columns (items) and a density of 0.2545455

most frequent items:
 cannedveg frozenmeal     fruitveg       beer       fish    (Other)
       303        302          299        293        292       1311

element (itemset/transaction) length distribution:
sizes
 0   1   2   3   4   5   6   7   8
60 174 227 220 175  81  38  21   4

   Min. 1st Qu. Median   Mean 3rd Qu.   Max.
    0.0    2.0    3.0    2.8    4.0    8.0

includes extended item information - examples:
     labels
1  fruitveg
2 freshmeat
3     dairy
```

```
MyRules <- apriori(data=MyTrans,parameter=list(support=0.1,confidence=0.5,tar-
get="rules"))
plot(MyRules,method="graph",control=list(arrowSize=2,main="连带销售商品可视
化结果"))
```

本例说明如下：

● 只选取购物篮数据的第 8 列及以后的购买信息数据。

● 结果表明，1 000 名顾客购买频率较高的商品是蔬菜罐头、冷冻食品、果蔬、啤酒、鱼；一次性购买 2 样商品的顾客有 227 名，一次性购买 8 样商品的顾客只有 4 人。

● 最小支持度等于 0.1 和最小置信度等于 0.5 时的简单关联规则的可视化结果如图 10-8 所示。

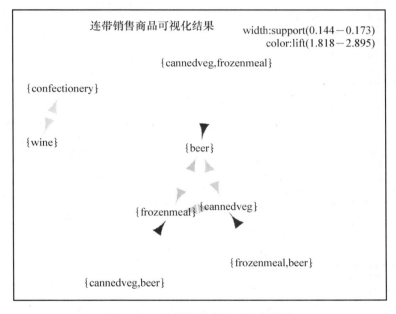

图 10-8　连带销售商品可视化结果

图 10-8 表明，蔬菜罐头、冷冻食品与啤酒是连带销售可能性最高的一组商品。

10.4.2　顾客选择性倾向对比

对比不同性别和年龄段顾客的啤酒选择性倾向，该问题可有不同的研究角度。这里从简单关联性研究出发，考察不同性别、不同年龄以及购买啤酒同时出现的可能性，即分析包含性别、年龄和购买啤酒的项集中，哪种组合项集是频繁项集。具体代码和部分结果如下。

```
Data <- read.table(file="购物篮数据.txt",header=TRUE,sep=",")
Data <- Data[,c(4,7,14)]
Data $ beer <- factor(Data $ beer)
```

```
Data[,2]<- sapply(Data[,2],FUN=function(x){
    if(x %in% 0:29) x <- 1 else
    if(x %in% 30:49) x <- 2 else
    if(x %in% 50:59) x <- 3})
Data $ age <- factor(Data $ age)
MyTrans <- as(Data,"transactions")
MyRules<- apriori(data=MyTrans,parameter=list(support=0.01,confidence=0.2,
minlen=2,target="rules"),appearance=list(rhs=c("beer=1"),lhs=c("age=1",
"age=2","age=3","sex=M","sex=F"),default="none"))
inspect(MyRules)
    lhs          rhs          support confidence     lift
1 {age=1} => {beer=1}      0.124   0.2890443  0.9864993
2 {sex=M} => {beer=1}      0.196   0.4016393  1.3707827
3 {age=2} => {beer=1}      0.164   0.3009174  1.0270219
4 {sex=M,
    age=1} => {beer=1}      0.086   0.3981481  1.3588674
5 {sex=F,
    age=2} => {beer=1}      0.058   0.2049470  0.6994778
6 {sex=M,
    age=2} => {beer=1}      0.106   0.4045802  1.3808196
(SuperSetF <- is. subset(MyRules,MyRules))    #判断是否存在冗余规则
                        [,1]  [,2]  [,3]  [,4]  [,5]  [,6]
{age=1,beer=1}          TRUE FALSE FALSE  TRUE FALSE FALSE
{sex=M,beer=1}         FALSE  TRUE FALSE FALSE FALSE  TRUE
{age=2,beer=1}         FALSE FALSE  TRUE FALSE  TRUE  TRUE
{sex=M,age=1,beer=1}   FALSE FALSE FALSE  TRUE FALSE FALSE
{sex=F,age=2,beer=1}   FALSE FALSE FALSE FALSE  TRUE FALSE
{sex=M,age=2,beer=1}   FALSE FALSE FALSE FALSE FALSE  TRUE
inspect(MyRules[-which(colSums(SuperSetF)>1)])    #浏览非冗余规则
    lhs          rhs          support confidence     lift
1 {age=1} => {beer=1}      0.124   0.2890443  0.9864993
2 {sex=M} => {beer=1}      0.196   0.4016393  1.3707827
3 {age=2} => {beer=1}      0.164   0.3009174  1.0270219
MyRules <- subset(x=MyRules,subset=quality(MyRules) $ lift>1)
plot(MyRules,method="graph",control=list(arrowSize=2,main="性别与年龄的啤酒
选择性倾向对比"))
```

本例说明如下：

● 本例只提取性别、年龄和啤酒购买情况 3 个变量。R 函数要求各变量为分类型变量且为因子，这里将年龄分成 3 组（30 岁以下为 1 组（年轻组），30～49 岁为 2 组（中年组），50 岁以上为 3 组（老年组））。

● 生成推理规则时，只关注不同性别和年龄特征顾客中购买啤酒的情况，对 lhs 指定"age=1"，"age=2"，"age=3"，"sex=M"，"sex=F"，对 rhs 指定"beer=1"。忽略不购买的情况，对 default 指定"none"。同时，指定关联规则所包含的最小项目数为 2，避免出现前项为空集的情况。

● 在不明确指定特征的情况下，会得到很多条关联规则。不同规则之间可能存在包含或被包含的关系，称为存在冗余规则。

例如，本例中的第 2 条和第 4 条规则。第 2 条规则告知男性青睐啤酒，第 4 条规则告知年轻男性青睐啤酒，第 4 条规则的前项项集是第 2 条规则的前项项集的超集，认为第 4 条规则是一条冗余规则。可利用 is. subset 函数判断简单关联规则之间是否存在子集关系。is. subset 函数的基本书写格式为：

　　　　is. subset(简单关联规则 1, 简单关联规则 2)

例如，本例得到了一个 6×6（6 条规则）的逻辑向量矩阵，第 i 行第 j 列上的逻辑值 TRUE 或 FALSE，表示第 i 行上的规则是或不是第 j 列上规则的子集。本例中，第 2 条规则是第 4 条、第 6 条规则的子集，第 3 条规则是第 5 条规则的子集。所以，第 4，5，6 条规则可视为冗余规则。

进一步，对逻辑矩阵的各列计算行合计，大于 1 的列所对应的规则为冗余规则。本例有 3 条非冗余规则。

应注意的是，并非所有冗余规则都没有价值。本例中，相对于第 2 条规则而言，第 4 条规则是冗余规则，更复杂些。通常，若复杂（冗余）规则的提升度不大于简单规则，可仅采纳简单规则而忽略复杂规则。若复杂（冗余）规则的提升度大于简单规则，冗余规则可被采纳。所以本例中的第 4 条规则可以忽略，第 6 条规则可被采纳。

- 提取提升度大于 1 的简单关联规则，可视化结果如图 10 - 9 所示。

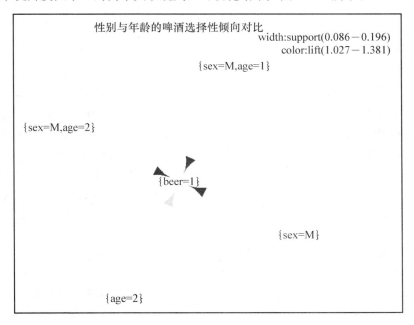

图 10 - 9　性别与年龄的啤酒选择性倾向对比可视化结果

图 10 - 9 表明，男性顾客购买啤酒的倾向性较高，中年男性顾客购买啤酒的倾向性更高些。

简单关联分析是对样本隐含规律的一种归纳和总结。对本例来说，是对 1 000 名顾客购买行为规律的总结，简单关联规则体现了大部分顾客的购买习惯和结构模式。此外，简单关联分析中还存在同层关联和层间关联等其他关联分析问题。以商品购买为例，分析对象可以是具体的商品，也可以只针对某类商品，或者针对商品类别（如食品、服装、日用卫生品等），由此得到基于不同层次的关联规则。所以，对于具体问题选择一个恰当的关联分析层次是非常重要的。

10.5 序列关联分析及 SPADE 算法

序列关联分析研究的目的是从所收集到的众多事务序列中，发现某个事务序列连续出现的规律，找到事务发展的前后关联性。这种前后关联性通常与时间有关。

10.5.1 序列关联中的基本概念

一、序列

序列关联研究的对象是事务序列。一个事务序列是多个事务按时间排序的集合，简称序列。下面用一个简单的例子说明序列。表 10-8 中的是超市顾客的购买记录数据。

表 10-8　　　　　　　　　　序列关联的简单数据

会员卡号	时间 1	时间 2	时间 3	时间 4
001	⟨香肠，花生米⟩	⟨饮料⟩	⟨啤酒⟩	
002	⟨饮料⟩	⟨啤酒⟩	⟨香肠⟩	
003	⟨面包⟩	⟨饮料⟩	⟨香肠，啤酒⟩	
004	⟨花生米⟩	⟨饮料⟩	⟨啤酒⟩	⟨香肠⟩
005	⟨啤酒⟩	⟨香肠，花生米⟩	⟨面包⟩	
006	⟨花生米⟩	⟨面包⟩		

表 10-8 给出了 6 名顾客在不同时间购买商品的情况。括号中为同次购买的商品，构成关于商品项目的项集，这里称之为事务，记为 α_i。每个事务均有唯一标识，称为事务号 Eid（event ID）。本例中的时间 1、时间 2 等可作为事务号；一个顾客的 q 次购买构成一个事务序列，记为 $\alpha_1 \rightarrow \alpha_2 \rightarrow \cdots \rightarrow \alpha_q$，每个事务序列都有唯一标识，称为序列号 Sid。本例中的会员卡号可作为序列号。可见，Sid=001 的事务序列为 ⟨香肠,花生米⟩ → ⟨饮料⟩ → ⟨啤酒⟩；Sid=004 的事务序列为 ⟨花生米⟩ → ⟨饮料⟩ → ⟨啤酒⟩ → ⟨香肠⟩；等等。这里共有 6 个事务序列。

序列大小是序列包含的项目个数，是描述事务序列的重要测度指标。若一个序列包含 k 个项目，则称该序列为 k-序列。例如，Sid=003 的序列是一个 4-序列。

进一步，序列可拆分为若干个子序列，子序列还可继续拆分成若干个事务，事务是最小子序列。例如，Sid=005 的序列为可拆分为 2 个 3-序列 ⟨啤酒⟩ → ⟨香肠,花生米⟩、⟨香肠,花生米⟩ → ⟨面包⟩，1 个 2-序列 ⟨啤酒⟩ → ⟨面包⟩，3 个最小子序列 ⟨啤酒⟩、⟨香肠,花生米⟩、⟨面包⟩。当然，事务（项集）还可拆分成若干个项目。从序列角度看，一个项目就是一个 1-序列。

二、序列关联规则

序列关联分析的最终目标是生成序列关联规则，以反映事物发展的前后关联性。序列关联规则的一般形式为：$(X) \rightarrow Y$（$S=s\%$，$C=c\%$）。其中：

- X 称为序列关联规则的前项，可以是一个序列或事务，也可以是一个包含序列、事务以及逻辑操作符（与（∩）、或（∪）、非（¬））的逻辑表达式。

- Y 称为序列关联规则的后项，一般为一个事务，表示某种结论或事实。
- 括号中，$S=s\%$ 表示规则支持度为 $s\%$，$C=c\%$ 表示规则置信度为 $c\%$。

序列关联规则的支持度定义为：同时包含序列前项和序列后项的事务序列数占总事务序列数的比例。

序列关联规则的置信度定义为：同时包含序列前项和序列后项的事务序列数，与仅包含序列前项的事务序列数之比，即序列关联规则支持度与序列关联规则前项支持度之比。

序列关联规则的含义是：有 $c\%$ 的把握程度相信有规则前项将有规则后项，该关联规则的适用性为 $s\%$。例如，依据表 10-8 有：

- （{香肠,花生米}→{饮料}→{啤酒}，表示如果同时购买香肠和花生米后又购买饮料，则未来将购买啤酒。该序列关联规则的支持度 S 等于 $1/6=0.17$，置信度 C 等于 $1/1=1$。
- （{饮料}）→{啤酒}，表示购买饮料则未来将购买啤酒。该序列关联规则的支持度 S 等于 $4/6=0.67$，置信度 C 等于 $4/4=1$。
- （{香肠}）→{饮料}，表示购买香肠则未来将购买饮料。该序列关联规则的支持度 S 等于 $1/6=0.17$，置信度 C 等于 $1/5=0.2$。
- （{饮料}）→{香肠}，表示购买饮料则未来将购买香肠。该序列关联规则的支持度 S 等于 $3/6=0.5$，置信度 C 等于 $3/4=0.75$。

与简单关联规则类似，只有大于用户指定的最小支持度阈值和置信度阈值的序列关联规则才是有效的序列关联规则。对于上例，若用户指定的最小支持度和置信度阈值为 0.5，则只有（{饮料}）→{啤酒}、（{饮料}）→{香肠}是有效序列关联规则。

三、如何生成序列关联规则

为生成序列关联规则，需要两大处理步骤：

第一，搜索频繁事务序列。

第二，依据频繁事务序列生成序列关联规则。

所谓频繁事务序列，是指事务序列的支持度大于等于用户指定的最小支持度阈值的序列。

搜索频繁序列的基本出发点是：首先，只有频繁 1-序列才可能构成频繁 2-序列，应首先寻找频繁 1-序列；进一步，只有频繁 2-序列才可能构成频繁 3-序列，应继续寻找频繁 3-序列；如此反复，直至找到频繁 k-序列。

在频繁 k-序列的基础上生成序列关联规则。

可见，生成序列关联规则与生成简单关联规则有类似之处，其关键是如何在大数据集中快速高效地搜索频繁 k-序列。有很多算法从不同角度解决频繁 k-序列的搜索问题，其中有代表性的算法是 SPADE 算法。

10.5.2　序列关联的 SPADE 算法

SPADE 算法是 Mohammed J, Zaki 于 2001 年提出的一种快速生成频繁事务序列的算法。SPADE 是 sequential pattern discovery use equivalence class 的英文缩写，特色在于：

采用纵向 id 列表（vertical id-list）形式组织事务序列，基于对等类的候选序列组合，只需很少次的数据集扫描即可得到频繁 k-序列。

一、纵向 id 列表

纵向 id 列表是相对于横向 id 列表而言的。表 10-9 所示的是以事务序列 Sid 为单位的横向 id 列表方式。为提高频繁 k-序列的搜索效率，SPADE 算法采用的是纵向 id 列表方式，如表 10-10 所示。

表 10-9   横向 id 列表方式示例

会员卡号（Sid）	时间点（Eid）	事务（项集）
001	10	{C, D}
001	15	{A, B, C}
001	20	{A, B, F}
001	25	{A, C, D, F}
002	15	{A, B, F}
002	20	{E}
003	10	{A, B, F}
004	10	{D, G, H}
004	20	{B, F}
004	25	{A, G, H}

表 10-10   纵向 id 列表方式示例（1-序列）

{A}		{B}		{D}		{F}	
Sid	Eid	Sid	Eid	Sid	Eid	Sid	Eid
1	15	1	15	1	10	1	20
1	20	1	20	1	25	1	25
1	25	2	15	4	10	2	15
2	15	3	10			3	10
3	10	4	20			4	20
4	25						

纵向 id 列表方式将事务序列数据按项目拆开"分而治之"。其优势在于能够方便地计算出各个 1-序列的支持度，进而搜索出频繁 1-序列。

与 Apriori 算法类似，SPADE 算法在确定频繁 1-序列后，继续寻找频繁 2-序列。可参照 Apriori 算法策略，通过排列组合方式寻找 k-序列并仍组织成纵向 id 列表方式，如表 10-11 所示。

表 10-11   纵向 id 列表方式示例（k-序列）

{D}		{D}→{B}			{D}→{B, F}				{D}→{B, F}→{A}				
Sid	Eid(D)	Sid	Eid(D)	Eid(B)	Sid	Eid(D)	Eid(B)	Eid(F)	Sid	Eid(D)	Eid(B)	Eid(F)	Eid(A)
1	10	1	10	15	1	10	20	20	1	10	20	20	25
1	25	1	10	20	4	10	20	20	4	10	20	20	25
4	10	4	10	20									

由于实现上述排列组合方式需多次访问数据库，算法效率不高。为此，SPADE 算法

采用了转换数据组织格式的方式解决计算效率问题，将表 10 - 10 的纵向 id 列表形式再次转换成如表 10 - 12 所示的成对横向 id 列表形式。

表 10 - 12　　　　　　　　　　　　　　成对横向 id 列表方式示例

Sid	成对 id 列表
1	(A 15)，(A 20)，(A 25)，(B 15)，(B 20)，(C 10)，(C 15)，(C 25)，(D 10)，(D 25)，(F 20)，(F 25)
2	(A 15)，(B 15)，(E 20)，(F 15)
3	(A 10)，(B 10)，(F 10)
4	(A 25)，(B 20)，(D 10)，(F 20)，(G 10)，(G 25)，(H 10)，(H 25)

表中括号内的第一个元素为项目，第二个元素为 Eid。基于表 10 - 12 能够方便地计算 2 - 序列的支持度并找到频繁 2 - 序列。

二、基于对等类的候选序列组合方式

后续的主要任务是基于频繁 2 - 序列生成频繁 3 - 序列以及频繁 k - 序列的候选序列集。若依 $L_k * L_k$ 生成候选序列集，算法效率会随项目数的增加呈指数降低。为此，SPADE 算法采用与 Eclat 算法类似的策略，基于对等类一次性找到所有可能的 k - 序列。其中涉及如何将两个序列连接成一个序列的问题。

例如，对于频繁 2 - 序列{B}→{A}，若其对等类集合（频繁序列）包括{B}→{A,B}，{B}→{A,D}，{B}→{A}→{A}，{B}→{A}→{D}，{B}→{A}→{F}，为便于讨论，将 {B}→{A}记为 P，于是 P 的对等类集合可包括 {P，B}，{P，D}，{P}→{A}，{P}→{D}，{P}→{F}。从形式上看，{P，B}，{P，D} 为事务，{P}→{A}，{P}→{D}，{P}→{F}为序列。现在的任务是连接集合中的事务和序列。SPADE 算法的规则是：

- 事务连接事务时：如果事务 {P，B} 和 {P，D} 连接，则结果为 {P，B，D}。
- 事务连接序列时：如果事务 {P，B} 和序列{P}→{A} 连接，则结果为{P,B}→{A}。

- 序列连接序列时：如果序列{P}→{A}和序列{P}→{F}连接，则结果为{P}→{A, F}，或{P}→{A}→{F}，或{P}→{F}→{A}；如果序列{P}→{A}和自己连接，则结果为{P}→{A}→{A}。

依据上述原则，基于纵向 id 列表，SPADE 能够一次性找到所有的连接结果。

例如，图 10 - 10 中，对 P 的两个对等类{P}→{A}和{P}→{F}（频繁 3 - 序列），所有可能的连接结果有：{P}→{A}→{F}，{P}→{F}→{A}，{P}→{A,F}。它们各自对应的纵向 id 列表如右侧三张表所示。对于图 10 - 10 所示的 k - 序列，计算各序列的支持度并得到频繁 k - 序列。在频繁序列的基础上即可方便地生成序列关联规则，并得到有效的序列关联规则。

三、序列关联分析中的时间约束

由于序列关联分析涉及时间问题，因此有必要限定在怎样的时间范围实施的行为或发生的事物，属于同一时间点或分属于不同的时间点。以顾客购买为例，应指明在什么样的时间范围的购买行为属于一次购买，怎样的属于两次购买。

例如，如果一个顾客购买了饮料，回到停车场准备回家时想起还应再买些面包和香

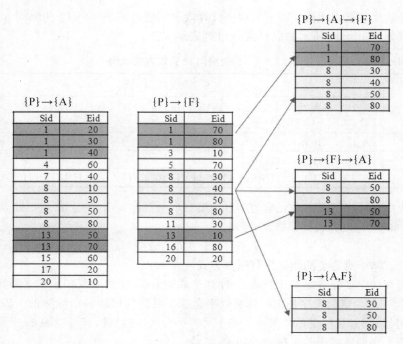

图 10-10　SPADE 序列连接示意图

肠，于是又返回购买。现在的问题是，该购买行为是属于一次购买还是属于两次购买。因为它将直接关系到购买序列的表示，即是〈饮料〉→〈面包，香肠〉还是〈饮料，面包，香肠〉，也将直接影响后续一系列的分析计算。因此，给出序列的时间约束是很必要的。

序列关联分析中的时间约束主要包括以下两类。

1．持续时间

持续时间也称时间窗口，或交易有效时间。

以顾客购买为例，如果指定时间窗口为 30 分钟，则该顾客在第一次购买发生以后的 30 分钟内的所有购买行为，无论是从停车场返回后的再次购买，还是从家返回的再次购买，即使是在第 30 分钟上的购买，与第一次购买的时间相差 29 分钟，也视为同一次购买。超过 30 分钟之后的购买则视为下一次购买，即使是在第 31 分钟上的购买，与上一次购买仅间隔了 1 分钟，也算作第二次购买。

持续时间可以很短，如数秒、数分钟或数小时等，也可以很长，如数月、数季度或数年等。

2．时间间隔

时间间隔是指事务序列中相邻子序列之间的时间间隔，通常为一个间隔区间 $[a, b]$，其中 $a < b$，表示相邻行为或事物发生的时间间隔不小于 a，且不大于 b。

以顾客购买为例，如果指定间隔时间为 [10 分钟，30 分钟]，那么，如果将返回后的购买视为第二次购买，则它与第一次购买的时间间隔不应小于 10 分钟，且与第一次购买的时间间隔不应大于 30 分钟。

同时给出时间间隔的最小值和最大值是必要的。因为如果某次购买与第一次购买之间的时间间隔远远大于 10 分钟，当然不能视为第一次购买，至少是属于第二次购买以后的。但它究竟属于第二次还是第三次或是第四次，若没有时间间隔的最大值限制就无法确定了。同样，如果没有最小值限制，仅仅指定时间间隔小于 30 分钟，也无法确定其究竟属于第二次购买还是属于第一次购买。

10.5.3　序列关联分析的 R 函数及应用示例

序列关联分析的 R 函数在 R 的 arulesSequences 包[①]中，首次使用时应下载安装，并加载到 R 的工作空间中。

一、管理事务序列数据的 R 函数

事务序列数据与事务数据的不同之处是有两个标志：第一，序列标志 Sid；第二，事务标志 Eid。在文本文件中，事务序列数据的组织形式如表 10 - 9 所示。其中，多行组成一个事务序列。通常，第 1 列为 Sid，第 2 列为 Eid，后续为一个事务。例如，表 10 - 9 中的事务序列的文本文件数据如下：

```
1, 10, C, D
1, 15, A, B, C
1, 20, A, B, F
1, 25, A, C, D, F
2, 15, A, B, F
2, 20, E
3, 10, A, B, F
4, 10, D, G, H
4, 20, B, F
4, 25, A, G, H
```

可利用 read_baskets 函数将上述格式数据读入一个 Sid 和 Eid 标识的 transactions 类对象中。该类是依据 R 的 S4 类规则创建的，存储 Sid 和 Eid 标志的槽名分别为：sequenceID，eventID。read_baskets 函数的基本书写格式为：

　　read_baskets(con＝事务序列数据文件名,sep＝分隔符,info＝c("sequenceID",
　　"eventID"))

式中，参数 info 中字符向量元素顺序对应数据文件中的 Sid 和 Eid。

进一步，可利用 inspect 函数浏览事务序列数据，也可用 image 函数可视化事务序列数据。

二、SPADE 算法的 R 函数

SPADE 算法的 R 函数为 cspade，只涉及频繁项集搜索，基本书写格式与 apriori 类似：

　　cspade(data＝有 Sid 和 Eid 标识的 transactions 类对象名,parameter＝NULL)

其中：

● 事务序列数据应组织在参数 data 指定的上述类对象中。

● 参数 parameter 是一个关于参数的列表，包括的主要成分有：support，指定最小支持度阈值（默认值 0.1）；maxsize，指定关联规则中最小子序列所包含的最大项目个数

（默认值 10）；maxlen，指定关联规则中包含的最大子序列个数（默认值 10）；maxwin，指定最大时间窗（大于 0 的整数）；mingap 和 maxgap，指定时间间隔的最小值和最大值（大于 0 的整数）。不指定 maxlen，mingap，maxgap 参数时，每个 Eid 对应一个事务。

进一步，可利用 ruleInduction 函数在频繁序列的基础上派生序列关联规则，基本书写格式为：

ruleInduction(x＝频繁序列对象名,confidence＝0.8)

式中，参数 x 为频繁序列对象；confidence 为用户指定的最小规则置信度，默认值为 0.8。

三、序列关联分析的示例

这里，对于表 10 - 9 中的事务序列数据进行序列关联分析。具体代码和部分结果如下。

```
library("arulesSequences")
MyTrans <- read_baskets(con="事务序列原始数据.txt",sep=",",info=c("sequenceID","eventID"))
MyFsets <- cspade(data=MyTrans,parameter=list(support=0.5))
inspect(MyFsets)
    items   support          items   support
 1  <{A}>    1.00       11 <{D},
 2  <{B}>    1.00          {B}>     0.50
 3  <{D}>    0.50       12 <{B},
 4  <{F}>    1.00          {A}>     0.50
 5  <{A,                 13 <{D},
     F}>     0.75          {A}>     0.50
 6  <{B,                 14 <{F},
     F}>     1.00          {A}>     0.50
 7  <{D},                15 <{D},
     {F}>    0.50          {F},
 8  <{D},                   {A}>    0.50
     {B,                 16 <{B,
     F}>     0.50           F},
 9  <{A,                    {A}>    0.50
     B,                  17 <{D},
     F}>     0.75           {B,
10  <{A,                    F},
     B}>     0.75           {A}>    0.50
                        18 <{D},
                           {B},
                           {A}>    0.50
MyRules <- ruleInduction(x=MyFsets,confidence=0.6)   #生成序列推理规则
MyRules.DF <- as(MyRules,"data.frame")   #转成数据框方便后续书写
MyRules.DF[MyRules.DF$lift>=1,]   #提取提升度大于等于1的序列关联规则
                  rule support confidence lift
 1      <{D}> => <{F}>        0.5          1    1
 2      <{D}> => <{B,F}>      0.5          1    1
 3      <{D}> => <{B}>        0.5          1    1
 5      <{D}> => <{A}>        0.5          1    1
 7   <{D},{F}> => <{A}>       0.5          1    1
 9  <{D},{B,F}> => <{A}>      0.5          1    1
10   <{D},{B}> => <{A}>       0.5          1    1
```

本例说明如下：

● 当最小支持度等于 0.5 时：频繁 1-序列〔A〕的支持度等于 1，表明 4 个事务序列中均出现了 A；频繁 2-序列〔A，F〕的支持度等于 0.75，表明 4 个事务序列中有 3 次出现〔A，F〕；频繁 2-序列{D}→{B}的支持度等于 0.5，表明 4 个事务序列中有 2 次先出现 D 再出现 B；频繁 3-序列{D}→{B}→{A}的支持度等于 0.5，表明 4 个事务序列中有 2 次先出现 D 再出现 B 最后出现 A；其他同理。

● 指定最小置信度等于 0.6，在频繁 k-序列的基础上派生出若干序列关联规则，其中规则提升度大于等于 1 的规则有 7 条。例如，基于频繁 3-序列{D}→{B}→{A}的序列关联规则是(({D}→{B}))→{A}(S=0.5，C=1)。没有生成(({D}→{A}))→{B}规则的原因是先出现 D 再出现 A 的事务序列中没有最后出现 B 的。

10.5.4　序列关联分析应用

这里，数据是一份 2 000 名网民浏览网页的历史记录数据。其中，第 1 列为网民 ID；第 2 列是浏览的前后次序，如 1，2，3 等；第 3 列为浏览的网页类型。现希望利用该数据，研究网民浏览网页的行为规律。

具体代码和部分结果如下。

```
MyTrans <- read_baskets(con="网页浏览数据.txt",sep=",",info=c("sequenceID",
"eventID"))
summary(MyTrans)
transactions as itemMatrix in sparse format with
 8737 rows (elements/itemsets/transactions) and
 63 columns (items) and a density of 0.01587302

most frequent items:
News North America          Weather          Flight          Football
          1127                 978             363               352
          Baseball           (Other)
            339                5578
element (itemset/transaction) length distribution:
sizes
   1
8737

   Min. 1st Qu.  Median    Mean 3rd Qu.    Max.
     1       1       1       1       1       1

includes extended item information - examples:
      labels
1   Baseball
2 Basketball
3      Broker

includes extended transaction information - examples:
  sequenceID eventID
1          0       1
2          0       2
3          0       3
MyFsets <- cspade(data=MyTrans,parameter=list(support=0.1))
```

```
inspect(MyFsets)
    items                           support
 1  <{Baseball}>                    0.1055528
 2  <{Basketball}>                  0.1065533
 3  <{Flight}>                      0.1275638
 4  <{Football}>                    0.1320660
 5  <{Hotel}>                       0.1225613
 6  <{Movie}>                       0.1030515
 7  <{Music}>                       0.1035518
 8  <{News North America}>          0.2086043
 9  <{Shopping Music}>              0.1000500
10  <{Weather}>                     0.1985993
11  <{News North America},
     {Weather}>                     0.1150575
12  <{News North America},
     {News North America}>          0.1175588
13  <{Flight},
     {Hotel}>                       0.1050525
```

MyRules <- ruleInduction(x=MyFsets,confidence=0.3)　＃生成序列推理规则

MyRules. DF <- as(MyRules,"data. frame")　＃转成数据框方便后续书写

MyRules. DF[MyRules. DF $ lift>=1,]　＃提取提升度大于等于 1 的序列关联规则

```
                                          rule  support confidence     lift
1          <{News North America}> => <{Weather}> 0.1150575  0.5515588 2.777244
2 <{News North America}> => <{News North America}> 0.1175588  0.5635492 2.701522
3                      <{Flight}> => <{Hotel}> 0.1050525  0.8235294 6.719328
```

本例说明如下：

● 由于是网民的网页浏览点击数据，所以最小子序列为 1-序列。

● 本例由 8 737 个事务构成 2 000 个事务序列。网民较频繁浏览的网页是 News North America，Weather，Flight，Football 等类型的网页。

● 最小支持度等于 0.1 时，频繁 2-序列有 {News North America}→{Weather}、{Flight}→{Hotel} 等。置信度大于最小置信度 0.3 且规则提升度大于 1 的序列关联规则有 3 条，其中 {Flight}→{Hotel} 提升度最高，也是最有应用价值的序列关联规则。

本例中的序列关联是基于对网民个体浏览行为的分析，得到的是大部分网民的网页浏览规律。换句话说，得到的是一种具有一定可信度的网民共性的浏览模式。

其实，这种行为模式的分析还可以针对网民的年龄、受教育程度、地理位置等，得到不同年龄、不同受教育程度、不同地理位置等网民的一般浏览模式。所以，尽管商业分析中的序列关联，事务示例标识通常是顾客的会员卡号等，但从宏观角度分析，事务序列标识也可以是商品种类、地区、城市甚至国家等。这可以帮助研究者分析不同商品销售模式的异同、地区或城市的营销特点，乃至全球的供应链管理等问题。

总之，关联分析是对数据集中隐含规律的一种归纳和总结。无论是简单关联规则还是序列关联规则，都仅仅是归纳结果的具体体现。尽管形式上类似于推理规则，但它们并不用于对新数据的预测，而是广泛应用于各种个性化推荐系统。

事实上，关联分析还可应用于其他许多研究。例如，文本挖掘是目前数据挖掘中较为热门的研究领域。文本挖掘以字符文本为研究对象，试图通过不同方法，提取文本中关键、有代表性的词语，以体现文本的核心主题、重要话题和情绪表达等，从而探讨文本内容的自动分类和聚类，跟踪文本核心主题的时序变化，发现热点话题，预测话题趋势以及情绪变化，等等。主题词的界定和提取是文本挖掘中的关键，有许多方法。其中最简单的

方式是找到文本中频繁出现的词语、共现词语以及时序上高频出现的词语和共现词语等。从关联分析角度看，文本中的高频词和高频共现词本质上对应着频繁 k-项集或频繁 k-序列。所以，简单关联分析和时序关联分析可应用于文本挖掘的相关研究。

10.6 本章函数列表

本章涉及的 R 函数如表 10 - 13 所示。

表 10 - 13 本章涉及的 R 函数列表

函数名	功能
read. transactions( )	读数据文件并转换成事务对象
apriori( )	Apriori 算法
size( )	关联规则的项目个数
sort( )	对关联规则按指定顺序排序
subset( )	得到关联规则子集
eclat( )	Eclat 算法
ruleInduction( )	基于频繁项集得到推理规则
cspade( )	SPADE 算法

第 11 章
Chapter 11　R 的模式甄别：诊断异常数据

模式（pattern）是由分散于大数据集中的极少量的零星数据组成的数据集合。模式通常具有其他众多数据所没有的某种局部的、非随机的、非常规的特殊结构或相关性，很可能是某些重要因素所导致的必然结果。发现数据中的模式是极为必要的。

模式甄别有众多应用场景，其中最常见的是欺诈侦测。例如，依据海量历史数据，发现信用卡刷卡金额、手机通话量的非常规增加，诊断医疗保险欺诈和虚报瞒报行为（如商品销售额的非常规变化）等。

11.1　模式甄别方法和评价概述

模式甄别涉及两大主要方面：第一，甄别方法；第二，评价甄别效果。

11.1.1　模式甄别方法

对不同的模式甄别问题应采用不同的甄别方法。模式甄别涉及两种情况：第一，甄别历史上尚未出现的模式；第二，甄别历史上出现过的模式。

一、甄别历史上尚未出现的模式

例如，在医疗保险的欺诈甄别问题中，尽管以往曾经出现过欺诈行为，但欺诈行为随时间推移有了新的"变种"，或者出现了某些新的未知的欺诈模式。这种情况下，一般无法依据以往的历史数据和欺诈规律特点对新模式进行侦测。

该类问题数据的特点是：只有相关的属性特征变量，没有是否为模式的标签变量。例如，医疗保险欺诈甄别问题中的数据，只有投保人的自然属性、社会属性、投保情况以及就医情况的属性特征变量，但没有投保人是否有欺诈行为的标签值（如 1 表示欺诈，0 表示正常）。退一步说，即使有这样的标签变量，也只是"旧"模式的标签，无助于新模式的甄别。

该类问题的模式通常表现出严重偏离数据全体，与"正常"数据有明显的"不同"。

其关键问题是以怎样的角度界定"不同"，即如何具体界定模式并依此甄别出模式。一般有如下常见角度。

1. 从概率角度界定模式

在单变量（单个特征变量）情况下，统计学的 3σ 准则认为：若某随机变量服从正态分布，则绝对值大于 3 个标准差的变量值因其出现的概率很小（小于等于 0.3%）被视为离群点；或者，与下四分位数 Q_L（或上四分位数 Q_U）之差的绝对值大于 1.5 倍的四分位差（$Q_U - Q_L$）的变量值，也视为离群点。在多变量（多个特征变量）情况下（例如二元高斯分布），概率密度函数值较小的观测点被视为离群点。

模式可以界定为统计学中的离群点，但本质上有别于离群点。尽管离群点与模式的数量都较少，且均表现出严重偏离数据全体的特征，但离群点通常由随机因素所致，模式则不然，它具有非随机性和潜在的形成机制。找到离群点的目的是剔除它们以消除对数据分析的影响，但模式本身就是人们关注的焦点，是不能剔除的。

尽管模式本质上有别于离群点，但从概率角度诊断模式仍是有意义的。只是数据挖掘并不强调概率本身。因为小概率既可能是模式的表现，也可能是随机性离群点的表现。所以究竟是否为"真正"的模式，还需要行业专家判断定夺。如果能够找到相应的常识、合理的行业逻辑或有说服力的解释，则可认定为模式。否则，可能是数据记录错误而导致的"虚假"模式或没有意义的随机性。

以概率角度界定模式需要已知或假定概率分布。当概率分布未知或无法假定时，就需要从其他角度分析。

2. 从特征空间的距离角度界定模式

模式严重偏离数据全体，与"正常"数据明显"不同"，可表现为：属性特征空间中的"模式"观测点远离"正常"观测点，如图 11-1 所示。

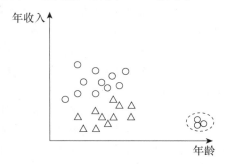

图 11-1　距离角度下的模式示意图

图 11-1 是投保人在三维属性特征空间中的分布示意图。三个属性特征变量为：年收入、年龄、是否为续保客户（圆圈表示是，三角表示否）。图中红色圈中的观测点（投保人）远离其他观测点且数量较少，可界定为模式。

3. 从特征空间的密度角度界定模式

模式严重偏离数据全体，与"正常"数据明显"不同"，还可表现为：属性特征空间中，"模式"观测点所处区域的观测点密集程度远远低于"正常"观测点所处的区域，如图 11-2 所示。

图 11-2 是投保人在两维属性特征（年收入、年龄）空间中的分布示意图。图中三角所在区域观测点的密集程度低于圆圈所在区域，可界定为模式。

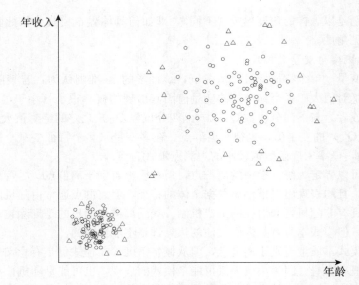

图 11-2 密度角度下的模式示意图

需采用不同方法甄别不同角度界定的模式，这是本章讨论的重点。

二、甄别历史上出现过的模式行为

例如，在医疗保险的欺诈甄别问题中，以往曾经出现过的欺诈行为特征仍持续保持。比如，就医情况数据中，某投保人的药品支出比例或诊疗费用明显高于同类病人的平均值等，这往往是存在医疗保险欺诈可能性的重要表现。

该类问题数据的特点是：既有相关的属性特征变量，同时部分样本又在是否为模式的标签变量上有明确的取值。例如，从医疗保险欺诈甄别问题中的数据，既可知道全部投保人的自然属性、社会属性、投保情况以及就医情况的属性特征，同时也可知道部分投保人是否有过欺诈行为。实际问题中，诸多因素导致只能知道少部分投保人是否有欺诈行为（如1表示欺诈，0表示正常），大多数投保人的情况是无法确定的（如3表示未知）。

解决该类问题的思路有两种：

第一，尽管同时已知特征变量和模式标签变量取值，但无法确定特征变量和标签变量间的关系。此时，可忽略标签变量，依据前述方法进行模式甄别。

第二，对于同时已知特征变量和标签变量取值（仅取值为1和0）的样本，假定特征变量和标签变量间存在某种相关关系，且这种关系一直保持不变。模式甄别的核心就是找到特征变量与标签变量取值间的规律性，并利用这种规律，对数据集中标签变量取值为3的样本，预测它们是否为模式观测（标签变量最终确定为1或0）。

有很多解决该类模式甄别问题的方法。例如，统计学中的贝叶斯分类方法和Logistic回归等。

值得注意的是：在该类问题的数据集中，模式观测的数量远远少于"正常"观测的数量，即模式标签取1的观测个数远远少于取0的。数据挖掘称这种一类观测数量远大于另一类观测数量的数据集为非平衡数据集。所以，模式甄别有别于一般分类问题的重要特征是数据对象为非平衡数据集。

适用于平衡数据集的一般分类建模策略，应用于非平衡数据集时将不再具有理想的预测效果。原因是估计模型参数的一般策略是找到总的预测误差最小下的参数。非平衡数据集中因 1 类样本数量很少，对总的预测误差的"贡献"必然远远低于 0 类。所以在上述原则下得到的模型，对 0 类的预测通常较为理想，而对 1 类的预测效果较差。但模式甄别要求分类模型应对 1 类有较高的预测精度。所以，如何在非平衡数据集上建立分类预测模型，是该类模式甄别问题的关键。通常的解决途径是：首先通过抽样改变样本集中 1 类和 0 类的分布，消除非平衡性，然后采用一般分类建模策略建模。后续将对此做详细讨论。

11.1.2　模式甄别结果及评价

一、模式甄别结果是风险评分

模式甄别的实际问题中，无论哪种情况下进行的甄别，侦测模型给出的侦测结果都只能作为参考。

例如，在医疗保险欺诈甄别问题中，无论是对出现过还是对未出现的欺诈行为，侦测结果都只能是存在保险欺诈行为的可能性或欺诈风险评分。究竟是否确为保险欺诈还需行业专家做最后裁定。

按欺诈可能性或欺诈风险评分从高到低的顺序，给出最可能出现欺诈行为的投保人列表，是极为必要的。原因在于实际问题中人工再甄别的成本通常较高。一方面，不可能对存在风险的所有投保人逐一进行人工再甄别；另一方面，若对风险评分不高的投保人做甄别，即使忽略人工甄别成本，也可能因质疑清白投保人给客户关系带来极大的负面影响，导致更大的企业损失。因此，核算人工甄别成本和欺诈成功甄别所能挽回的损失，找到平衡点，确定欺诈风险评分的最低分数线，仅对高于分数线的投保人做人工再甄别，是更为可行的现实做法。

于是，进一步的问题是：以怎样的标准确定平衡点或最低分数线？撇开现实的成本核算，其核心问题是如何评价模式甄别的效果。

二、模式甄别效果的评价

模式甄别的结果是风险评分，按风险评分的降序重新排列数据。在确定最低分数线的条件下，对高于最低分的前 k 个观测需要进行模式的人工再甄别。事实上，这意味着侦测模型将前 k 个观测的模式标签预测为 1。对低于最低分的其余 $N-k$ 个观测（N 为样本量），因不进行人工甄别，事实上默认其模式标签的预测值为 0。也就是说，人工甄别只针对标签变量预测值等于 1 的观测进行。

在有标签变量的情况下，模式甄别效果评价需兼顾决策精度和回溯精度两个方面。以表 11-1 所示的混淆矩阵为例，仅考虑风险评分最高的前 k 个观测。由于数据集中有部分样本的标签变量值为 3（即未知，不确定），所以前 k 个观测很可能包含这些观测。为便于计算，这里规定其实际标签值等于 0。

表 11-1　　　　　　　　　　　模式甄别中的混淆矩阵

标签变量实际值	标签变量预测值		合计
	0	1	
0 和 3	$a=0$	b	$a+b=b$
1	$c=0$	d	$c+d=d$
合计	$a+c=0$	$b+d=k$	$a+c+b+d=b+d=k$

1. 决策精度

决策精度（precision）定义为 $d/(b+d)$，即正确甄别的比例。若比例很高，表明侦测模型的模式甄别准确度高，甄别效果理想；反之，模式甄别效果不理想。

这里，仅计算前 k 个观测中正确甄别的比例，即 $d/(b+d)=d/k$。$k=N$ 时，为总的决策精度。应注意的问题是：强行将标签变量值等于 3 的观测归为 0 类后，因其中部分观测的标签变量实际值等于 1，使表 11-1 中的 d 值低于实际 d 值，所以这里的决策精度是一个偏低的悲观估计。

2. 回溯精度

回溯（recall）精度也称召回率或查全率，定义为 $d/(c+d)$，即正确甄别的观测个数占实际模式个数的比例。若比例很高，表明侦测模型的模式甄别能力强，能覆盖较多的模式，甄别效果理想；反之，模式甄别效果不理想。

这里，仅对前 k 个观测计算正确甄别的观测占实际模式个数的比例。由于前 k 个观测均预测为模式，所以能够 100％地覆盖前 k 个观测中的实际模式，即 $d/(c+d)=d/d=1$。当对观测全体（样本量等于 N）计算回溯精度时，因其余 $N-k$ 个观测均预测为正常，但其中可能包含模式观测，所以回溯精度不能达到 100％。在 $k/N \to 1$，即随着更多的观测被预测为模式的过程中，回溯精度将不断提高。

可见，将所有观测均预测为模式时回溯精度等于 100％。此时尽管侦测模型的模式甄别能力强，但因决策精度很低，模型仍不适用。所以，决策精度和回溯精度不可能同时达到较高水平。在有限的人工甄别成本投入下，倾向于追求较高的回溯精度，或者在确保一定的回溯精度下追求决策精度最大化。可依据这样的原则确定风险评分的最低分数线或 k 的取值。图 11-3 可帮助我们直观确定风险评分的最低分数线或 k 的取值。

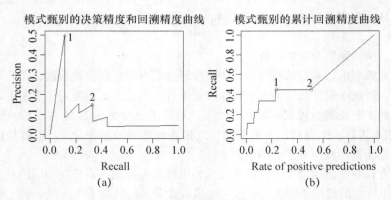

图 11-3　模式甄别效果评价曲线图

图 11-3（a）中，横坐标为回溯精度，纵坐标为决策精度。图中 1 处的决策精度较高，回溯精度较低，以此处的风险评分为最低分数线并不恰当，2 处相对更合适些。图 11-3（b）中，横坐标为预测的模式个数占总样本量的比例，即 $(b+d)/N=k/N$。该图反映了随着更多观测被预测为模式，回溯精度不断提高至 1 的过程。图中 2 处与 1 处相比，更多的观测被预测为模式，但回溯精度并没有提高，1 处更为合理，即只需人工甄别风险评分排在前 25％的观测即可覆盖大约 45％的实际模式。

11. 2　模式甄别的无监督侦测方法及应用示例

模式甄别的无监督侦测方法适用于数据集中没有模式标签变量，或者尽管模式标签取值已知，但无法确定特征变量与标签变量间关系的情况。因方法从判断各观测在特征变量上是否严重偏离数据全体的角度甄别模式，分析过程不涉及标签变量，不在标签变量监督下进行，所以称为无监督侦测。

如前所述，判断观测是否严重偏离数据全体可有不同的角度：第一，从概率角度；第二，从特征空间的距离角度；第三，从特征空间的密度角度。本节将以示例数据集为分析对象，讨论这些方法的特点、适用性等问题。

数据集包含 202 个观测，有 $x1$，$x2$，$y3$ 个变量，分别对应两个特征变量和模式标签变量。$y=1$ 的观测为已知模式，$y=0$ 的观测可能为正常观测，也可能是未知观测。因采用无监督侦测方法，变量 y 不参与分析，只用于验证和对比方法的甄别效果。

```
Data <- read. table(file="模式甄别模拟数据 1. txt",header=TRUE,sep=",")
head(Data)
          x1            x2 y
 1  0.23421153   0.2837864 0
 2 -0.04372133  -0.1813989 0
 3  0.24235498  -0.7271824 0
 4  0.25203942  -0.1104736 0
 5 -0.11366390  -0.3677288 0
 6 -0.04649912   0.7269248 0
plot(Data[,1:2],main="样本观测点的分布",xlab="x1",ylab="x2",pch=Data[,3]+
1,cex=0.8)
```

各个观测在 $x1$，$x2$ 特征空间中的分布如图 11 - 4 所示。

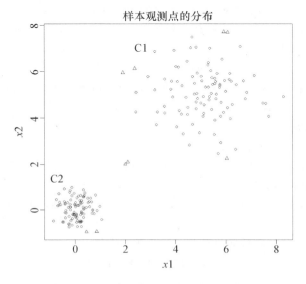

图 11 - 4　示例数据在特征空间中的分布（一）

图 11-4 中，三角代表模式观测，圆圈代表正常观测或标签变量未知的观测。观测点大致分布在 C1 和 C2 两个区域中。分析目标是：

- 依不同的模式定义，找到各种可能的模式观测。
- 进一步，若规定仅对风险评分最高的前 10％的观测做人工再甄别，判断 10％是否恰当。

11.2.1 依概率侦测模式及 R 应用示例

依概率侦测模式是从概率角度出发，将统计学中的离群点视为可能的模式。在单个特征变量下，可依据统计学的 3σ 准则甄别模式。依据单个特征判断模式的应用局限性是显而易见的，通常应参考多个特征变量。多特征变量下模式甄别的最常见方法是依据联合概率密度函数，计算各观测的联合概率密度或概率。密度或概率值很小的观测很可能是模式观测。可见，依概率侦测模式需已知或假定概率分布。

对于示例数据，由图 11-4 可知其服从二元混合分布。表现为数据呈双峰分布，存在两个"自然子类"，这里假设是个混合高斯分布。此时，不能直接计算概率或密度，而需首先找到各观测所属的子分布（或子类），然后再依子分布计算概率。

解决该问题的理想方式是借助 EM 聚类将数据划分成 2 个子类，再计算概率。因 EM 聚类方法原理在 8.5 节已做讨论，这里仅对示例的 R 操作做说明。具体代码和部分结果如下：

```
Data <- read. table(file="模式甄别模拟数据 1. txt",header=TRUE,sep=",")
library("mclust")
EMfit <- Mclust(data=Data[,-3])
par(mfrow=c(2,2))
Data $ ker. scores <- EMfit $ uncertainty    #利用 EM 聚类结果进行模式诊断
Data. Sort <- Data[order(x=Data $ ker. scores,decreasing=TRUE),]
P <- 0.1   #指定风险评分前 10％的观测为可能的模式
N <- length(Data[,1])   #计算样本量
NoiseP <- head(Data. Sort,trunc(N * P))
colP <- ifelse(1:N %in% rownames(NoiseP),2,1)
plot(Data[,1:2],main="EM 聚类的模式诊断结果（10％）",xlab="x1",ylab="x2",
pch=Data[,3]+1,cex=0.8,col=colP)
library("ROCR")
pd <- prediction(Data $ ker. scores,Data $ y)
pf1 <- performance(pd,measure="rec",x. measure="rpp")    #y 轴为回溯精度,x 轴为
预测模式占总样本的比例
pf2 <- performance(pd,measure="prec",x. measure="rec")    #y 轴为决策精度,x 轴
为回溯精度
plot(pf1,main="模式甄别的累计回溯精度曲线")
plot(pf2,main="模式甄别的决策精度和回溯精度曲线")
P <- 0.25
```

```
NoiseP <- head(Data. Sort,trunc(N * P))
colP <- ifelse(1:N %in% rownames(NoiseP),2,1)
plot(Data[,1:2],main="EM 聚类的模式诊断结果(25%)",xlab="x1",ylab="x2",
pch=Data[,3]+1,cex=0.8,col=colP)
```

本例说明如下：

● 利用 Mclust 函数返回列表中的 uncertainty 成分。若算法将观测 x_p 划分到 1 类，uncertainty 就是观测 x_p 不属于 1 类的概率。可见，概率值越大，对于 1 类来讲观测 x_p 越可能是离群点，即概率角度的模式观测点。这里将 uncertainty 作为模式风险评分。

● 为可视化可能的模式点，将观测按模式风险评分的降序排序，找到前 10% 的观测，预测为模式，设置它们的绘图颜色为红色，如图 11-5（a）所示。可见，本例模式绝大部分来自左下角的子分布。除中间的两个观测点外，其他的可能模式多处在分布的边缘上。一些已知的模式观测点并没有被甄别处理（黑色三角）。

● 为评价模式甄别的效果，利用 ROCR 包（详见 6.3.3 节）绘制如图 11-5（b）和图 11-5（c）所示的两张曲线图。图 11-5（b）表明：若仅考察风险评分前 10% 的观测，只能覆盖大于 20% 的实际模式，即回溯精度为 0.2，偏低。可考虑将 10% 的比例增大至 25% 左右，此时的回溯精度大约提高到 50%，但决策精度较低。

● 找到风险评分排在前 25% 的观测，预测为模式，设置它们的绘图颜色为红色，如图 11-5（d）所示。

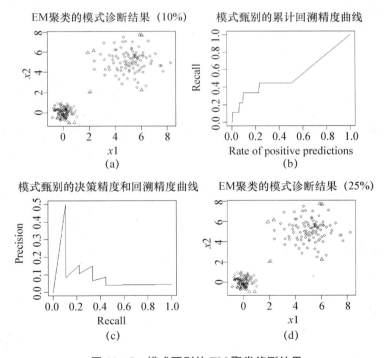

图 11-5　模式甄别的 EM 聚类侦测结果

本例中，因右上角分布的离散程度较大，从概率角度看其边缘上的观测点并不是离群点，没有被预测为模式。

11.2.2 依距离侦测模式：DB 方法及 R 应用示例

严重偏离数据全体的模式与正常数据明显不同还表现在：属性特征空间中，模式观测点通常远离正常观测点。为此，可计算特征空间中两两观测点间的距离。进一步，若与观测 x_p 的距离大于阈值 D（为可调参数）的观测个数大于 pN（$0 < p < 1$，为可调的比例参数，N 为样本量），那么观测 x_p 可被视为模式观测，因为有太多的观测点距观测 x_p 较远。该方法是 Knorr 和 Ng 于 1998 年提出的一种基于距离（distance-based）的离群点侦测方法，简称 DB 方法。

DB 方法的两个可调参数是阈值 D 和比例 p。阈值 D 和比例 p 设置偏低，将导致更多的观测甚至正常的观测被甄别为模式；反之，阈值 D 和比例 p 设置偏高，可能无法找到模式。

这里，将风险评分定义为与观测 x_p 的距离大于阈值 D 的观测个数占总样本的比例。比例越高，模式的风险评分越高。风险评分较高的前 k 个观测均视为模式。为此，只需设置参数阈值 D。为获得较高的回溯精度，阈值 D 可给一个不是很大的值。这里，设阈值 D 等于两两观测距离的上四分位数。

示例数据模式甄别的 DB 方法代码和部分结果如下：

```
Data <- read. table(file="模式甄别模拟数据 1. txt",header=TRUE,sep=",")
N <- length(Data[,1])
DistM <- as. matrix(dist(Data[,1:2]))
par(mfrow=c(2,2))
(D <- quantile(x=DistM[upper. tri(DistM,diag=FALSE)],prob=0.75))   #计算距离
的上四分位数作为阈值 D
   75%
7.2118
for(i in 1:N){
x <- as. vector(DistM[i,])
Data $ DB. scores[i]<- length(which(x>D))/N   #计算观测 x 与其他观测间的距离大
于阈值 D 的个数占比
}
Data. Sort <- Data[order(x=Data $ DB. scores,decreasing=TRUE),]
P <- 0.1   #指定风险评分前 10%的观测为可能的模式
NoiseP <- head(Data. Sort,trunc(N * P))
colP <- ifelse(1:N %in% rownames(NoiseP),2,1)
plot(Data[,1:2],main=paste("DB 的模式诊断结果:p=",P,sep=""),xlab="x1",
ylab="x2",pch=Data[,3]+1,cex=0.8,col=colP)
library("ROCR")
pd <- prediction(Data $ DB. scores,Data $ y)
pf1 <- performance(pd,measure="rec",x. measure="rpp")   #y 轴为回溯精度,x 轴为
预测的模式占总样本的比例
pf2 <- performance(pd,measure="prec",x. measure="rec")   #y 轴为决策精度,x 轴
为回溯精度
```

```
plot(pf1,main="模式甄别的累计回溯精度曲线")
plot(pf2,main="模式甄别的决策精度和回溯精度曲线")
P <- 0.25
NoiseP <- head(Data.Sort,trunc(N * P))
colP <- ifelse(1:N %in% rownames(NoiseP),2,1)
plot(Data[,1:2],main=paste("DB 的模式诊断结果:p=",P,sep=""),xlab="x1",
ylab="x2",pch=Data[,3]+1,cex=0.8,col=colP)
```

本例说明如下：

● 本例的阈值 D 等于 7.2。

● 将观测按模式风险评分的降序排序，找到前 10％的观测（$p=0.1$），预测为模式，认为有较多的观测与它们的距离较远，设置其绘图颜色为红色，如图 11-6（a）所示。可见，本例模式均来自右上角的子分布。有一些已知模式观测点（如中间的两个三角）并没有被甄别出来（黑色三角）。

● 为评价模式甄别的效果，利用 ROCR 包绘制如图 11-6（b）和图 11-6（c）所示的两张曲线图。图表明，若考察风险评分前 10％的观测可覆盖大约 25％的实际模式，即回溯精度为 0.25。若将 10％的比例增大至 25％左右，回溯精度可提高至大约 0.4，且决策精度处在一个相对高点。

● 找到风险评分排在前 25％的观测，预测为模式，设置它们的绘图颜色为红色，如图 11-6（d）所示。与 $p=0.1$ 相比，右上角和左下角均多出了若干红色点，也有较多的观测与它们的距离较远。

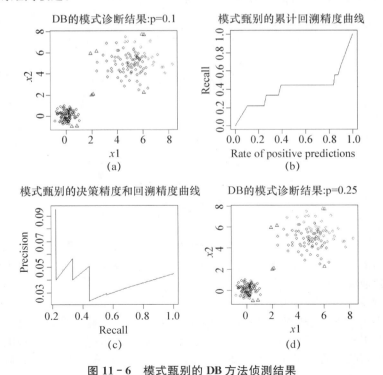

图 11-6　模式甄别的 DB 方法侦测结果

不同于从概率角度界定的模式，本例并没有甄别出位于图中间的两个已知模式点，因为并没有较多的观测点与它们有较大的距离。因 DB 方法计算时"顾及"了所有距离，所以甄别出的模式是全局意义上的。

11.2.3 依密度侦测模式：LOF 方法及 R 应用示例

严重偏离数据全体的模式与正常数据的明显不同还表现在：属性特征空间中，模式观测点所处区域的观测点密集程度，也称局部密度（local density），远远低于"正常"观测点所处的区域。

一、LOF 方法

基于密度的模式甄别方法的典型代表是 Breuning 等人于 2000 年提出的局部离群因子（local outlier factor，LOF）法。该方法基于局部密度，在指定邻居个数 MinPts 的条件下，考察观测 x_p 其局部邻域的分散程度，并将其作为观测 x_p 的模式风险评分。涉及如下基本概念。

1. 观测 x_p 的 k-距离

计算观测 x_p 与观测 x_o 的距离 $d(x_p, x_o)$。若：（1）在以点 x_p 为中心，$d(x_p, x_o)$ 为半径的圆内，包含 $k-1$ 个观测（它们与观测 x_p 的距离小于 $d(x_p, x_o)$）；（2）在以点 x_p 为中心，$d(x_p, x_o)$ 为半径的圆内及圆上，至少有 k 个观测（它们与观测 x_p 的距离小于等于 $d(x_p, x_o)$），则距离 $d(x_p, x_o)$ 称为观测 x_p 的 k-距离（k-distance），记为 $d_k(x_p)$。

如图 11-7 中，$d(o, p_3)$ 为观测点 o 的 3-距离 $d_3(o)$，因为圆内包含 2 个观测（除 o 之外），圆内和圆上至少包含 3 个观测。观测点 o 的 3-距离 $d_3(o)$ 也等于 $d(o, p_4)$。若点 p_1 和点 p_5 不存在，$d(o, p_3)$ 为观测点 o 的 1-距离 $d_1(o)$。

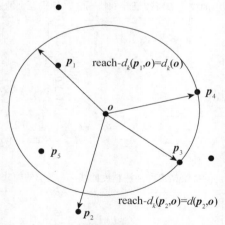

图 11-7 k-距离和 k-可达距离示意图

观测 x_p 的 k-距离 $d_k(x_p)$ 大于观测 x_q 的 k-距离 $d_k(x_q)$，表明相对于观测 x_q，观测 x_p 更远离其他观测点。

2. 观测 x_p 的 k-距离邻域

观测 x_p 的 k-距离邻域（k-distance neighbourhood）是一个观测集，由与观测 x_p 的距离小于等于 $d_k(x_p)$ 的观测全体组成，记为 $N_k(x_p)$。如图 11-7 中，观测点 o 的 3-距离邻域为圆内和圆上的所有观测点的集合，记为 $N_3(o)$。这里，3-距离邻域包含的观测个数 $|N_3(o)|=4>k=3$。所以，当存在观测 x_q 且 $d(x_p, x_q)=d(x_p, x_o)$ 时，观测 x_p 的 k-距离邻

域包含的观测个数大于 k。

对于观测 $\boldsymbol{x}_p$ 和观测 $\boldsymbol{x}_q$，若 $|N_k(\boldsymbol{x}_p)|=|N_k(\boldsymbol{x}_q)|$ 且 $d_k(\boldsymbol{x}_p)>d_k(\boldsymbol{x}_q)$，表明相对于观测 $\boldsymbol{x}_q$，观测 $\boldsymbol{x}_p$ 处在点分布更"稀疏"的区域中。

3. 观测 $\boldsymbol{x}_p$ 与观测 $\boldsymbol{x}_o$ 的 k-可达距离

计算观测 $\boldsymbol{x}_p$ 与观测 $\boldsymbol{x}_o$ 的 k-可达距离 （k-reachability distance），记为 reach-$d_k(\boldsymbol{x}_p,\boldsymbol{x}_o)$。 reach-$d_k(\boldsymbol{x}_p,\boldsymbol{x}_o)=\max(d_k(\boldsymbol{x}_o),\ d(\boldsymbol{x}_p,\boldsymbol{x}_o))$，是观测 $\boldsymbol{x}_o$ 的 k-距离和 $d(\boldsymbol{x}_p,\boldsymbol{x}_o)$ 的最大值。

如图 11-7 中，观测点 $\boldsymbol{p}_1$ 与观测点 $\boldsymbol{o}$ 的 reach-$d_3(\boldsymbol{p}_1,\boldsymbol{o})=d_3(\boldsymbol{o})$，因为点 $\boldsymbol{o}$ 的 3-距离大于 $d(\boldsymbol{p}_1,\boldsymbol{o})$；点 $\boldsymbol{p}_2$ 与观测点 $\boldsymbol{o}$ 的 reach-$d_3(\boldsymbol{p}_2,\boldsymbol{o})=d(\boldsymbol{p}_2,\boldsymbol{o})$，因为点 $\boldsymbol{o}$ 的 3-距离小于 $d(\boldsymbol{p}_2,\boldsymbol{o})$。

可见，如果观测 $\boldsymbol{x}_p$ 距观测 $\boldsymbol{x}_o$ 充分近，$\boldsymbol{x}_p$ 属于 $\boldsymbol{x}_o$ 的 k-距离邻域，则 reach-$d_k(\boldsymbol{x}_p,\boldsymbol{x}_o)=d_k(\boldsymbol{x}_o)$；如果观测 $\boldsymbol{x}_p$ 距观测 $\boldsymbol{x}_o$ 较远，$\boldsymbol{x}_p$ 不属于 $\boldsymbol{x}_o$ 的 k-距离邻域，则 reach-$d_k(\boldsymbol{x}_p,\boldsymbol{x}_o)=d(\boldsymbol{x}_p,\boldsymbol{x}_o)$。

由于从密度角度看，模式处在"局部"密度较低的区域，所以应首先界定"局部"。从上述基本概念可见，参数 k 就是一种"局部"的界定。这里令参数 k 等于一个用户指定的可调参数 MinPts。

4. 计算观测 $\boldsymbol{x}_p$ 的局部可达密度

LOF 方法将观测 $\boldsymbol{x}_p$ 的局部可达密度定义为：

$$lrd_{\text{MinPts}}(\boldsymbol{x}_p)=\frac{|N_{\text{MinPts}}(\boldsymbol{x}_p)|}{\sum\limits_{\boldsymbol{x}_o\in N_{\text{MinPts}}(\boldsymbol{x}_p)}\text{reach-}d_{\text{MinPts}}(\boldsymbol{x}_p,\boldsymbol{x}_o)} \tag{11.1}$$

其中，分母是观测 $\boldsymbol{x}_p$ 与其 MinPts-距离邻域 $N_{\text{MinPts}}(\boldsymbol{x}_p)$ 中各观测 $\boldsymbol{x}_o$ 的 MinPts-可达距离之和。有两种极端情况，第一：$\boldsymbol{x}_o\in N_{\text{MinPts}}(\boldsymbol{x}_p)$ 且 $\boldsymbol{x}_p\in N_{\text{MinPts}}(\boldsymbol{x}_o)$，如图 11-8（a）所示，观测点分布较集中，观测 $\boldsymbol{x}_p$ 与其邻居的所处密度相当；第二，$\boldsymbol{x}_o\in N_{\text{MinPts}}(\boldsymbol{x}_p)$ 但 $\boldsymbol{x}_p$ 不属于 $N_{\text{MinPts}}(\boldsymbol{x}_o)$，如图 11-8（b）中，$\boldsymbol{o}\in N_5(\boldsymbol{p})$，但 $\boldsymbol{p}\notin N_5(\boldsymbol{o})$。此时观测 $\boldsymbol{x}_p$ 与其邻居较远且所处密度差距较大。第一种情况下的分母小于第二种情况。可见，在"局部"MinPts 确定的前提下，分母越大，表明观测 $\boldsymbol{x}_p$ 以及它的 MinPts-距离邻域在特征空间中的分散程度越大，观测 $\boldsymbol{x}_p$ 的局部可达密度越低。反之，分母越小，表明观测 $\boldsymbol{x}_p$ 以及它的 MinPts-距离邻域在特征空间中的分散程度越小，观测 $\boldsymbol{x}_p$ 的局部可达密度越高。

$\boldsymbol{x}_p$ 的局部可达密度体现了统计学的非参数统计思想，即密度等于样本量除以样本所占面积或体积。

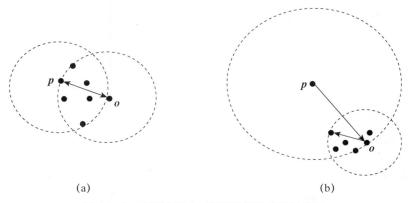

(a)　　　　　　　　　　　　(b)

图 11-8　观测点和 k-距离近邻的关系示意图

5. 计算观测 $\boldsymbol{x}_p$ 的局部离群因子 LOF 得分

LOF 方法将观测 $\boldsymbol{x}_p$ 的局部离群因子 LOF 得分定义为：

$$\mathrm{LOF}_{\mathrm{MinPts}}(\boldsymbol{x}_p) = \frac{\sum_{\boldsymbol{x}_o \in N_{\mathrm{MinPts}}(\boldsymbol{x}_p)} \dfrac{lrd_{\mathrm{MinPts}}(\boldsymbol{x}_o)}{lrd_{\mathrm{MinPts}}(\boldsymbol{x}_p)}}{|N_{\mathrm{MinPts}}(\boldsymbol{x}_p)|} \tag{11.2}$$

其中，分子是观测 $\boldsymbol{x}_o \in N_{\mathrm{MinPts}}(\boldsymbol{x}_p)$ 的局部可达密度与观测 $\boldsymbol{x}_p$ 的局部可达密度之比之和，观测 $\boldsymbol{x}_p$ 的 LOF 得分为平均比率。观测 $\boldsymbol{x}_p$ 的局部可达密度越低，且观测 $\boldsymbol{x}_o \in N_{\mathrm{MinPts}}(\boldsymbol{x}_p)$ 的局部可达密度越高，观测 $\boldsymbol{x}_p$ 的 LOF 得分越高，越可能为模式观测。

Breuning 等人的研究表明：若观测 $\boldsymbol{x}_p$ 处在如图 11-4 所示的一个"自然子类"（如 C1）的"深处"，表现为观测 $\boldsymbol{x}_q \in N_{\mathrm{MinPts}}(\boldsymbol{x}_p)$ 的 MinPts-距离邻域 $N_{\mathrm{MinPts}}(\boldsymbol{x}_q)$ 仍在"自然子类"中，则观测 $\boldsymbol{x}_p$ 的 LOF 得分接近 1，不是模式观测。即 LOF 得分接近 1 的观测不太可能是模式观测。此外，LOF 得分的计算与参数 MinPts 的大小有关。Breuning 等人提出，MinPts 至少应为 10 才可有效减少 LOF 得分的波动性，一般取 10~20 较为理想。

二、LOF 方法的 R 函数及应用示例

LOF 方法的 R 函数在 DMwR 包中。首次使用时应下载安装，并加载到 R 的工作空间中。DMwR 包中的 lofactor 函数可计算各个观测的 LOF 得分，基本书写格式为：

```
lofactor(data=数据矩阵,k=MinPts)
```

lofactor 函数的返回结果是一个数值型向量，存储各个观测的 LOF 得分。

对于示例数据，设 MinPts=20。以 LOF 得分作为模式风险评分。具体代码和部分结果如下：

```
Data <- read.table(file="模式甄别模拟数据1.txt",header=TRUE,sep=",")
library("DMwR")
lof.scores <- lofactor(data=Data[,-3],k=20)
par(mfrow=c(2,2))
Data $ lof.scores <- lof.scores
Data.Sort <- Data[order(x=Data $ lof.scores,decreasing=TRUE),]
P <- 0.1
N <- length(Data[,1])
NoiseP <- head(Data.Sort,trunc(N*P))
colP <- ifelse(1:N %in% rownames(NoiseP),2,1)
plot(Data[,1:2],main="LOF 的模式诊断结果",xlab="",ylab="",pch=Data[,3]+
1,cex=0.8,col=colP)
library("ROCR")
pd <- prediction(Data $ lof.scores,Data $ y)
pf1 <- performance(pd,measure="rec",x.measure="rpp")   ♯y 轴为回溯精度,x 轴为
预测的模式占总样本的比例
pf2 <- performance(pd,measure="prec",x.measure="rec")   ♯y 轴为决策精度,x 轴
为回溯精度
```

```
plot(pf1,main="模式甄别的累计回溯精度曲线")
plot(pf2,main="模式甄别的决策精度和回溯精度曲线")
```

本例说明如下：

● 将观测按模式风险评分的降序排序，找到前 10% 的观测（$p=0.1$），预测为模式，认为其局部密度较低，设置其绘图颜色为红色，如图 11 - 9（a）所示。可见，本例几乎甄别出了所有的已知模式观测点。

● 为评价模式甄别的效果，利用 ROCR 包绘制如图 11 - 9（b）和图 11 - 9（c）所示的两张曲线图。图表明，若考察风险评分前 10% 的观测可覆盖大约 80% 的实际模式，即回溯精度为 0.80，决策精度大于 0.5。从回溯精度看还是较为理想的。

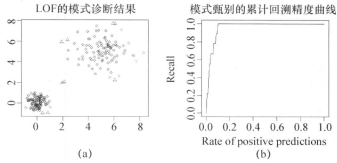

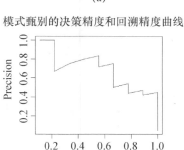

图 11 - 9　模式甄别的 LOF 方法侦测结果

综上，模式甄别的无监督侦测方法各有特色，实际应用中可尝试多种方法。

11. 3　模式甄别的有监督侦测方法及应用示例

模式甄别的有监督侦测方法适用于数据集中有模式标签变量，且假定特征变量和标签变量间存在某种相关关系的情况。模式甄别的核心就是找到特征变量与标签变量取值间的规律性，并利用这种规律预测新样本是否为模式观测。由于模式甄别涉及模式标签变量的取值，且在标签变量监督下进行，所以称为有监督侦测。

需要注意的是，这里模式标签变量的取值只有 1 和 0 两个类别值，1 表示观测为模式，0 表示观测可能是正常观测，也可能是未做甄别的观测，默认为正常观测。

可见，该问题属于分类预测问题的范畴，本书第4～7章论述的方法均可解决该类问题。但正像前文讨论的那样，模式甄别的特点在于给出一个模式风险评分，风险评分较高的观测可能是模式，但仍需人工再甄别。所以，仅给出标签变量取1或取0的预测结果是远远不够的。第4～7章中的分类预测方法是否适用于模式甄别，取决于能否给出一个可作为风险评分的恰当结果。比如，若利用决策树进行模式甄别，且将规则置信度作为模式风险评分，显然不适用于强调风险评分排序的模式甄别问题。

这里，重点讨论符合模式甄别分析要求的经典统计学方法——朴素贝叶斯分类法和Logistic回归法，并分析示例数据。

示例数据集包含115个观测，有 $x1$，$x2$，y 3个变量，分别对应两个特征变量和模式标签变量。$y=1$ 的观测为已知模式，样本量为10。$y=0$ 的观测为正常观测（也可能是未知观测但因未做甄别默认为正常观测），样本量为105。

```
Data <- read. table(file="模式甄别模拟数据2. txt",header=TRUE,sep=",")
head(Data)
        x1          x2 y
1 3.292764 3.354733 1
2 2.945348 2.773251 1
3 3.302944 2.091022 1
4 3.315049 2.861908 1
5 2.857920 2.540339 1
6 2.941876 3.908656 1
plot(Data[,1:2],main="样本观测点的分布",xlab="x1",ylab="x2",pch=Data[,3]+
1,cex=0.8)
```

各个观测在 $x1$，$x2$ 特征空间中的分布如图 11-10 所示。

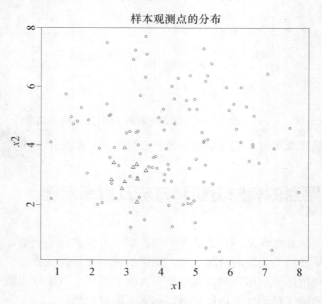

图 11-10 示例数据在特征空间中的分布（二）

图 11-10 中，三角代表模式观测，圆圈代表正常观测。分析目标是侦测模式观测点。

11.3.1　朴素贝叶斯分类法

一、朴素贝叶斯分类法概述

朴素贝叶斯分类法属于统计学贝叶斯方法的范畴。贝叶斯方法是一种研究不确定性问题的决策方法。统计学认为，不确定性问题应用概率来描述，不确定性的表述应与概率论的运算规则相结合。如果设 $P(A)$ 和 $P(B)$ 分别是随机事件 A 和 B 发生的概率。事件 A 和事件 B 同时发生的概率 $P(AB)$ 为：

- 事件 A 与事件 B 独立时，有 $P(AB)=P(A)P(B)$。
- 事件 A 与事件 B 不独立时，有 $P(AB)=P(B)P(A|B)=P(A)P(B|A)$。

于是，有贝叶斯公式：

$$P(A|B)=\frac{P(AB)}{P(B)}=\frac{P(A)P(B|A)}{P(B)}=\frac{P(A)P(B|A)}{\sum_{i=1}^{k}P(A_i)P(B|A_i)} \tag{11.3}$$

式中，A 为分类型随机变量，有 k 个可能取值。

贝叶斯方法首先通过先于数据的概率，称为先验概率（对应式（11.3）中的 $P(A)$），描述事物的最初不确定性；然后将先验概率 $P(A)$ 和数据分布特征（对应式（11.3）中的 $P(B|A)$）相结合，得到一个后于数据的修订概率，称为后验概率（对应式（11.3）中的 $P(A|B)$）。最大后验概率假设是贝叶斯方法决策的依据。

朴素贝叶斯分类法是一种较为简单且应用极为广泛的贝叶斯方法。目标是在训练样本集的基础上，学习和归纳输入和输出变量取值之间的规律性，以实现对新数据输出变量值的分类预测。输入变量条件独立是朴素贝叶斯分类法应用的基本前提。

设有 p 个输入变量 $x=\{x_1,x_2,x_3,\cdots,x_p\}$；输出变量 Y 是分类型变量，有 k 个可能取值，记为 $y=\{y_1,y_2,\cdots,y_k\}$。

为预测给定输入变量值的条件下输出变量的类别值，根据贝叶斯公式有：

$$P(y=y_o|x_1,x_2,\cdots,x_p)=\frac{P(y_o)P(x_1,x_2,\cdots,x_p|y_o)}{\sum_{j=1}^{k}P(y_j)P(x_1,x_2,\cdots,x_p|y_j)},o=1,2,\cdots,k \tag{11.4}$$

由于有输入变量条件独立的假设，所以 $P(x_1,x_2,\cdots,x_p|y_o)=\prod_{i=1}^{p}P(x_i|y_o)$。代入式（11.4），计算后验概率为：

$$P(y=y_o|x_1,x_2,\cdots,x_p)=\frac{P(y_o)\prod_{i=1}^{p}P(x_i|y_o)}{\sum_{j=1}^{k}\left[P(y_j)\prod_{i=1}^{p}P(x_i|y_j)\right]},o=1,2,\cdots,k \tag{11.5}$$

根据最大后验概率原则，输出变量应预测为 k 个后验概率中最大概率值对应的类别。

二、利用朴素贝叶斯分类法侦测模式

利用朴素贝叶斯分类法侦测模式的前提是：认为模式观测和正常观测分别来自两个不

同的概率分布。

为甄别一个观测是否为模式观测，只需依据式（11.5）计算后验概率。式（11.5）中，y 为模式标签变量，有 1 和 0 两个类别（1 表示模式，0 表示正常，$k=2$，$y_1=1$，$y_2=0$）。对于示例数据，有两个输入变量（特征变量）x_1，$x_2(p=2)$，且 x_1 与 x_2 条件独立。先验概率 $P(y_o)$ 一般为数据集中的模式观测比例 $P(y=y_1=1)$ 或正常观测比例 $P(y=y_2=0)$。$\prod\limits_{i=1}^{p} P(x_i \mid y=y_1=1)$ 为模式观测来自的分布的概率密度函数，$\prod\limits_{i=1}^{p} P(x_i \mid y=y_2=0)$ 为正常观测来自的分布的概率密度函数。在判断一个观测是否为模式观测时，因式（11.5）分母相等，只需计算 $P(y=y_1=1)\prod\limits_{i=1}^{p} P(x_i \mid y=y_1=1)$ 和 $P(y=y_2=0)\prod\limits_{i=1}^{p} P(x_i \mid y=y_2=0)$。若前者大于后者，表明来自模式的分布的概率更大些，应预测为模式，否则为正常观测。这里，将 $P(y=y_1=1 \mid x_1, x_2, \cdots, x_p)$ 作为模式风险评分。

总之，利用朴素贝叶斯分类法侦测模式需满足以下前提假设：
- 模式观测和正常观测分别来自两个不同的分布。
- 两个分布的概率分布函数已知，一般假定为正态分布。分布参数可利用极大似然法估计出来。
- 特征变量之间条件独立。

三、朴素贝叶斯分类法的 R 函数及示例

朴素贝叶斯分类法的 R 函数在 klaR 包中。首次使用时应下载安装，并加载到 R 的工作空间中。klaR 包中的 NaiveBayes 函数可直接实现贝叶斯分类，基本书写格式为：

NaiveBayes(x=输入变量矩阵或数据框,grouping=输出变量,fL=0)

其中，输出变量应为因子。式（11.5）中某个概率等于 0 将导致后验概率无法计算，此时可通过参数 fL 将 0 调整为一个很小的指定值（默认值为 0，即不作调整）。

NaiveBayes 函数的返回结果是一个列表，主要包括如下成分：
- apriori：估计的先验概率。
- tables：给出各输入变量在各个类别中的均值和标准差。

进一步，可利用 predict 函数进行朴素贝叶斯分类预测，基本书写格式为：

predict(object=NaiveBayes 函数结果对象名,newdata=新数据输入变量矩阵或数据框)

predict 函数的返回结果是一个列表，主要包括如下成分：
- class：给出各个观测的预测类别。
- posterior：给出各个观测属于各类别的概率。

对示例数据采用朴素贝叶斯分类法进行模式甄别，具体代码和部分结果如下。

```
Data <- read.table(file="模式甄别模拟数据2.txt",header=TRUE,sep=",")
library("klaR")
BayesModel <- NaiveBayes(x=Data[,1:2],grouping=factor(Data[,3]))   #输出变量
应为因子
```

```
BayesModel $ apriori   ♯显示先验概率
grouping
          0            1
0.91304348 0.08695652
BayesModel $ tables   ♯显示各分布的参数估计值
$x1
        [,1]        [,2]
0 4.210239 1.5778463
1 3.058313 0.3257236

$x2
        [,1]        [,2]
0 4.074298 1.6594471
1 3.018204 0.5099535
plot(BayesModel)   ♯可视化各个分布
BayesFit <- predict(object＝BayesModel,newdata＝Data[,1:2])   ♯预测
head(BayesFit $ class)
[1] 1 1 0 1 1 0
Levels: 0 1
head(BayesFit $ posterior)
                0            1
[1,] 0.4520021 0.5479979
[2,] 0.2974476 0.7025524
[3,] 0.6568032 0.3431968
[4,] 0.3830693 0.6169307
[5,] 0.3606539 0.6393461
[6,] 0.7014085 0.2985915
par(mfrow＝c(2,2))
plot(Data[,1:2],main＝"朴素贝叶斯分类的模式甄别结果",xlab＝"x1",ylab＝"x2",
pch＝Data[,3]＋1,col＝as. integer(as. vector(BayesFit $ class))＋1,cex＝0.8)
library("ROCR")
pd <- prediction(BayesFit $ posterior[,2],Data $ y)
pf1 <- performance(pd,measure＝"rec",x. measure＝"rpp")
pf2 <- performance(pd,measure＝"prec",x. measure＝"rec")
plot(pf1,main＝"模式甄别的累计回溯精度曲线")
plot(pf2,main＝"模式甄别的决策精度和回溯精度曲线")
```

本例说明如下：

● 先验概率表明：本例中已知模式占总样本量的 8.7％（样本量为 10），91.3％（样本量为 105）的为正常观测。

● 对模式观测来自的分布：变量 x_1 的均值为 3.06，标准差为 0.33。变量 x_2 的均值为 3.02，标准差为 0.51。对正常观测来自的分布：变量 x_1 的均值为 4.21，标准差为 1.58。变量 x_2 的均值为 4.07，标准差为 1.66。可利用 plot 函数可视化各变量在各类别的分布，如图 11－11 所示。

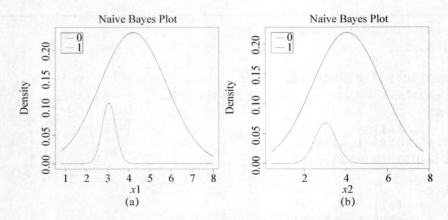

图 11 - 11　朴素贝叶斯分类各类别中各变量的分布示意图

图 11 - 11（a）和图 11 - 11（b）分别为变量 x_1，x_2 在 1 类和 0 类上的概率密度曲线。可见，模式（绿色曲线）在两个变量上的均值均小于正常观测，且离散程度较低。

● 前 6 个观测中，有 4 个（1，2，4，5 号观测）预测为模式，它们属于模式的概率分别为 0.55，0.70，0.62，0.64，其余 2 个预测为正常观测，属于模式类的概率小于属于正常类的概率，属于后者的概率分别为 0.66，0.70。

● 图 11 - 12 所示的是示例的模式侦测结果。

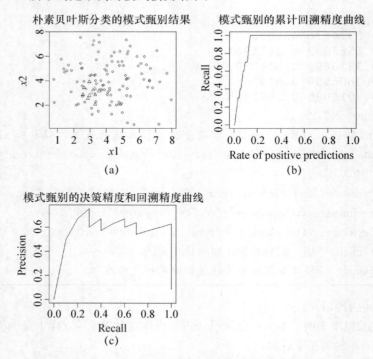

图 11 - 12　朴素贝叶斯分类法的模式侦测结果

图 11 - 12（a）中三角为已知的模式，红色为预测的模式。有些已知模式未被甄别出来，也有些正常观测被预测为模式。图 11 - 12（b）表明若将风险评分排在前 20％的观测预测为模式，回溯精度可达到 100％，即覆盖所有的已知模式观测。此时决策精度大约为

60%，即预测模式中有 60% 预测正确。若仅将风险评分排在前 10% 的观测预测为模式，
回溯精度等于 0.3，较低，但决策精度较高，大约可达 80%。

11.3.2　Logistic 回归及示例

Logistic 回归[①]属于统计学广义线性模型的范畴。利用 Logistic 回归侦测模式的前提
是认为观测属于模式的概率与特征变量之间存在如下非线性关系：

$$P(y=1|\boldsymbol{x}) = \frac{1}{1+\exp\left[-\left(\beta_0 + \sum_{i=1}^{p}\beta_i x_i\right)\right]} \tag{11.6}$$

式（11.6）是一个（0，1）型 Sigmoid 函数。其中 β_i 是未知参数，需基于数据采用极
大似然估计法估计。若将式（11.6）等号右侧中特征变量 $\boldsymbol{x}$ 的线性组合 $\beta_0 + \sum_{i=1}^{p}\beta_i x_i$（有 p
个特征变量）称为潜变量，记为 y^*，则观测属于模式的概率与 y^* 呈如图 11-13 所示的非
线性关系。

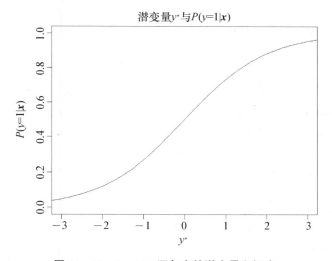

图 11-13　Logistic 回归中的潜变量和概率

图 11-13 表明：一个观测的潜变量 y^* 值越大，$P(y=1 \mid \boldsymbol{x})$ 值越大，越可能被预测
为模式。这里，将这个概率作为模式的风险评分。

R 中进行 Logistic 回归的 R 函数是 glm，是广义线性模型的英文首字母。基本书写格
式为：

　　glm(R 公式,data=数据框名,family=binomial (link="logit"))

数据应首先组织在参数 data 指定的数据框中，R 公式的基本形式是：输出变量名～输
入变量名 1＋输入变量名 2，或输出变量名～. 。后者表示除输出变量外，数据框中的其他
变量均为输入变量。输出变量应为因子。

进一步，可利用 predict 函数进行 Logistic 回归预测，基本书写格式为：

① Logistic 回归的详细内容请参见薛薇的《基于 R 的统计分析与数据挖掘》（北京：中国人民大学出版社，2014）。

　　　　predict(object＝glm 函数结果对象名,newdata＝新数据输入变量矩阵或数据框,
　　　　type＝"response")

　　predict 函数的返回结果是一个向量，存储各观测属于 1 类（这里为模式）的概率。
　　对示例数据采用 Logistic 回归进行模式甄别，具体代码和部分结果如下。

```
Data <- read. table(file＝"模式甄别模拟数据 2. txt",header＝TRUE,sep＝",")
(LogModel <- glm(factor(y)~. ,data＝Data,family＝binomial(link＝"logit")) )
Call:  glm(formula = factor(y) ~ ., family = binomial(link = "logit"),
    data = Data)

Coefficients:
(Intercept)          x1          x2
    2.0068      -0.6629      -0.5731

Degrees of Freedom: 114 Total (i.e. Null);   112 Residual
Null Deviance:        67.95
Residual Deviance: 57.3          AIC: 63.3
LogFit <- predict(object＝LogModel,newdata＝Data,type＝"response")
Data $ Log. scores <- LogFit
library("ROCR")
par(mfrow＝c(2,2))
pd <- prediction(Data $ Log. scores,Data $ y)
pf1 <- performance(pd,measure＝"rec",x. measure＝"rpp")
pf2 <- performance(pd,measure＝"prec",x. measure＝"rec")
plot(pf1,main＝"模式甄别的累计回溯精度曲线",print. cutoffs. at＝c(0.15,0.1))
plot(pf2,main＝"模式甄别的决策精度和回溯精度曲线")
Data. Sort <- Data[order(x＝Data $ Log. scores,decreasing＝TRUE),]
P <- 0.20
N <- length(Data[,1])
NoiseP <- head(Data. Sort,trunc(N * P))
colP <- ifelse(1:N %in% rownames(NoiseP),2,1)
plot(Data[,1:2],main＝"Logistic 回归的模式甄别结果（20%）",xlab＝"x1",ylab＝
"x2",pch＝Data[,3]＋1,cex＝0.8,col＝colP)
P <- 0.30
NoiseP <- head(Data. Sort,trunc(N * P))
colP <- ifelse(1:N %in% rownames(NoiseP),2,1)
plot(Data[,1:2],main＝"Logistic 回归的模式甄别结果（30%）",xlab＝"x1",ylab＝
"x2",pch＝Data[,3]＋1,cex＝0.8,col＝colP)
```

　　本例说明如下：
● 本例的 Logistic 回归方程，即观测为模式的概率与特征变量间的非线性关系为：

$$P(y=1|\boldsymbol{x})=\frac{1}{1+\exp[-(2.01-0.66\,x_1-0.57\,x_2)]}$$

● Logistic 回归中，通常 $P(y=1 \mid x) > 0.5$，预测为 1 类，否则预测为 0 类。在模式甄别中，因模式个数远远少于正常或未知样本，以 0.5 为阈值做模式预测不但不充分，而且不尽合理。这里借助图 11-14（a）和图 11-14（b）确定阈值，更重要的是确定应对风险评分排在前多少的观测进行人工再甄别。

模式甄别的累计回溯精度曲线　模式甄别的决策精度和回溯精度曲线

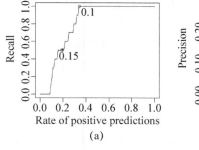 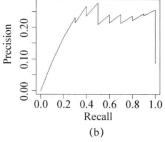

Logistic回归的模式甄别结果（20%）　Logistic回归的模式甄别结果（30%）

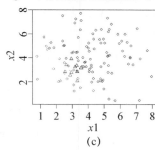 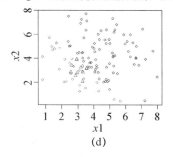

图 11-14　Logistic 回归的模式侦测结果

图 11-14（a）和图 11-14（b）表明，风险评分排在前 20% 的观测分数均高于 0.15，排在前 30% 的评分均高于 0.1，可见，以 0.5 为阈值是不恰当的。若仅对风险评分大于 0.15 的观测（即前 20%）做人工再甄别，仅可覆盖 50% 的已知模式，且决策精确度只有 20%。如图 11-14（c）所示，红色表示预测为模式观测点，有较多的正常观测被预测为模式。若对风险评分高于 0.1 的观测（即前 30%）做人工再甄别，可覆盖几乎所有的已知模式，但决策精度仍然较低，如图 11-14（d）所示。

本例中，导致决策精度较低的原因有许多。一方面，可能采用 Logistic 回归并不合理。事实上，Logistic 回归涉及很多问题，其中满足式（11.6）是一个重要方面。这里并没有做统计检验验证模型的合理性。另一方面，如前文所述，数据集中的模式个数远远少于正常观测个数，数据集是一个典型的非平衡数据集。上述分析过程并没有对非平衡数据集做任何处理，导致模型对模式"规律"的学习不充分，也会造成决策精度低下。所以，对非平衡数据集的平衡化处理，是提高决策精度的有效途径。

11.3.3　非平衡数据集的 SMOTE 处理

非平衡数据集（imbalanced data sets）是指数据集中某一类或者某些类的样本量远远大于其他类，多数类称为正类，少数类称为负类。不平衡率（imbalance rate）是测度非平衡数据集不平衡程度的重要指标，它是正负两类样本量的比率。不平衡率越大，表明数据集的非平衡程度越严重。

由于传统分类方法具有对正类识别率较高，对负类识别率偏低的倾向，因此建立在非平衡数据集上的二分类模型的分类性能通常会随不平衡率的提高而呈明显下降趋势。大量实证表明，当不平衡率达到 10：1 时，许多分类方法将失效，导致许多经典分类模型无法应用于非平衡数据集的二分类问题。

目前，解决非平衡数据集分类问题的方法大致有两类：第一，基于数据层面的方法；第二，基于算法层面的方法。这里重点讨论第一类方法。

基于数据层面的方法通过数据重抽样，改变非平衡数据集的分布，旨在提高后续分类模型的分类性能。数据重抽样一般有随机过抽样（random over-sampling）和随机欠抽样（random under-sampling）两种。

随机过抽样是最简单的过抽样方法。它通过随机复制负类样本，即对负类做多次有放回的随机抽样，以达到增加少数类样本的目的。这种方法的缺点是引入了额外的训练数据，会延长后续的建模时间，且没有给负类增加新的信息，可能会导致模型的过度拟合。

随机欠抽样是最简单的欠抽样方法。它通过随机去掉正类样本，即全抽负类样本，在此基础上抽取与之相当的正类样本，以降低数据的不平衡程度。例如，对儿童疾病问题，在患病儿童中抽 100% 的样本，并根据所获得的样本量计算出在健康儿童中的抽样比例，如 1%。这种方法的随机性较强，常常会去掉一些对分类有用的样本，也会在一定程度上影响后续的建模效果。

所以，数据重抽样的关键是既要消除大量噪声信息，显著减轻数据集的不平衡程度，又要尽量保证最少的信息损失，尽可能保留绝大多数对分类学习有用的样本观测点。由于随机过抽样和欠抽样方法自身存在局限性，相关的改进算法较多，Chawla 等人于 2002 年提出的 SMOTE 算法就是其中一种。

一、SMOTE 算法的原理

SMOTE 算法通过一定规则随机制造新的负类样本点，在一定程度上避免了随机过抽样导致的过学习问题。其基本假设是：相距较近的负类之间的样本仍是负类。主要思想是在相距较近的负类之间插入负类的"人造合成"观测。

对负类观测点 X_i（$i=1, 2, \cdots, t$；t 为负类观测个数）插入"人造合成"观测时，需首先指定两个参数：第一，合成率为 $m\%$（$m \geqslant 100$），即对观测点 X_i，需"人造合成" $m/100$ 个观测；第二，近邻个数 k，即找到距观测点 X_i 最近的 k 个负类近邻观测点。观测点 X_i 的第 j（$j=1, 2, \cdots, m$）个"人造合成"观测 P_j 的合成过程如下：

从观测点 X_i 的 k 个负类近邻中随机挑选一个近邻 Y_{ij}（$j=1, 2, \cdots, k$），按式（11.7）合成一个新的负类观测点 P_j（$j=1, 2, \cdots, m$）：

$$P_j = X_i + \text{rand}(0, 1) \times (Y_{ij} - X_i) \tag{11.7}$$

式中，$\text{rand}(0, 1)$ 表示区间（0，1）上的一个随机数。从几何角度看，SMOTE 算法"人造合成"观测的本质是在负类样本和被选中的近邻的连线上，随机增加一个负类观测点。

重复该步骤 m 次，得到观测点 X_i 的 m 个"人造合成"观测。对每个负类观测都做同样的处理。进一步，还可对正类观测做欠抽样处理。

将新合成的负类观测合并到原有数据集，所得新数据集的非平衡程度会得到大幅减弱。

二、SMOTE 算法的 R 函数及示例

SMOTE 算法的 R 函数在 DMwR 包中。首次使用时应下载安装，并加载到 R 的工作空间中。可利用 DMwR 包中的 SMOTE 函数实现 SMOTE 算法，基本书写格式为：

SMOTE(R 公式,data＝数据框名,perc. over＝200,k＝k,perc. under＝200)

其中，数据应首先组织在参数 data 指定的数据框中，R 公式的基本形式是：输出变量名～输入变量名 1＋输入变量名 2，或输出变量名～.。后者表示除输出变量外，数据框中的其他变量均为输入变量。输出变量应为因子。参数 k 用于指定近邻个数 k。参数 perc. over 指定合成率中的 m，一般应大于等于 100，默认值为 200，即一个负类观测"人造合成" 200/100 个观测。参数 perc. under 用于指定正类的欠抽样比例，默认值为 200。例如，若 $m＝100$ 且"人造合成"的负类观测个数等于 20，正类的欠抽样比例为 100，意味着从正类中随机抽取 $20×(100/100)$ 个正类观测，形成新数据集（共 60 个观测），原来的少数类变成了多数类，多数类变成了少数类。

对示例数据做 SMOTE 重抽样处理，具体代码和部分结果如下。

```
Data <- read. table(file＝"模式甄别模拟数据 2. txt",header＝TRUE,sep＝",")
library("DMwR")
Data $ y <- factor(Data $ y)
set. seed(12345)
newData <- SMOTE(y～. ,data＝Data,k＝5,perc. over＝1000,perc. under＝200)
＃SMOTE 处理
plot(newData[,1:2],main＝"SMOTE 处理后的观测点分布",xlab＝"x1",ylab＝"x2",
pch＝as. integer(as. vector(Data[,3]))＋1,cex＝0. 8)
```

本例说明如下：

● 一个负类合成 10 个"人造合成"观测，因数据集中包含 10 个负类观测，共合成 100 个负类观测。对正类的欠抽样比例等于 200，正类观测个数为 200 个。新数据集的观测个数为：10＋100＋200＝310。可视化结果如图 11-15 所示。

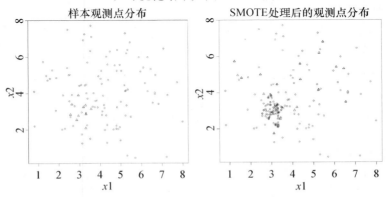

图 11-15　SMOTE 处理前后的数据集

基于新数据集建立 Logistic 回归模型，利用该模型对原数据集进行模式甄别，侦测效果改善不明显。可进一步考虑选择其他分类预测方法。

需要指出的是：前面的分析默认模式标签变量未知的观测为正常观测。一方面，这会导致决策精度和回溯精度的估计出现偏差；另一方面，这种处理策略加重了数据的非平衡性，不甚"良好"的数据基础也会影响模式甄别的效果。为此，一种改善策略是对模式标签变量未知的观测与已知的观测"分而治之"，采用半监督侦测方法。

11.4 模式甄别的半监督侦测方法及应用示例

与模式甄别的有监督侦测方法类似，半监督侦测方法适用于数据集中有模式标签变量，且假定特征变量和标签变量间存在某种相关关系的情况。不同点在于：在很多实际问题（如信用卡欺诈甄别）中，已知所有观测的特征变量值，但因标签变量值的确定（如欺诈或正常）需要较高成本，只知道极少数观测的标签变量值。如何仅依据较少的已知标签变量值，找到特征变量与标签变量取值间的规律性，并利用这种规律预测新样本是否为模式观测，是模式甄别半监督侦测的核心问题。

可借助半监督分类模型实现半监督的模式甄别。

11.4.1 半监督分类：自训练分类模型

半监督分类模型能够仅依据较少的输入变量和输出变量值，找到输入变量和输出变量间的取值规律，并对数据集中其他观测的未知输出变量值进行预测。

典型的半监督分类模型是 D. Yarowski 于 1995 年提出的自训练分类模型，其核心步骤是：

- 第一步，将数据集 D 中的完整观测（输入变量和输出变量均已知）视为一个数据子集，记为 D_i。
- 第二步，基于 D_i 建立一个分类模型，记为 M_i。
- 第三步，利用 M_i 对数据集中的其他观测的未知输出变量值进行预测。将预测置信度较高的前若干个观测（包括其输入变量和输出变量预测值）合并到 D_i 中，得到一个较大的完整观测集，完成一次迭代过程。

重复第一至第三步，进行多次迭代。其间数据集 D_i 包含的观测数量不断增多，模型 M_i 的参数依 D_i 不断调整，直至无法得到更大的 D_i 为止。此时的 M_i 为最终的分类预测模型。

11.4.2 自训练分类模型的 R 函数及应用示例

一、R 函数

自训练分类模型的 R 函数在 DMwR 包中。首次使用时应下载安装，并加载到 R 的工作空间中。SelfTrain 函数可实现自训练分类建模，基本书写格式为：

SelfTrain(R 公式,data＝数据框名,learner("分类模型函数名"),predFunc＝"预测函数名",thrConf＝0.9,maxIts＝10,percFull＝比率阈值)

数据应组织在参数 data 指定的数据框中。其中：

- R 公式：同前，指定输入变量和输出变量。分类模型中输出变量应为因子。
- 参数 learner 用于指定分类模型的函数名，分类模型的参数通过 list 给定，具体见示例。
- 参数 predFunc 用于指定预测函数的函数名，具体见示例。
- 参数 thrConf 用于指定预测置信度阈值，默认值为 0.9。预测置信度大于等于指定值的观测将被合并到数据集 D_i 中。若不再有观测能够被合并在 D_i 中，迭代结束。
- 参数 maxIts 用于指定最大迭代次数，默认值为 10。若迭代次数大于指定次数，迭代结束。
- 参数 percFull 用于指定比率阈值。当 $|D_i|/|D|$（样本量）大于等于指定阈值时，迭代结束。

二、示例

对上述示例数据，采用自训练分类模型进行模式甄别。具体代码和部分结果如下：

```
Data <- read. table(file="模式甄别模拟数据 3. txt",header=TRUE,sep=",")
par(mfrow=c(2,2))
plot(Data[,1:2],main="样本观测点的分布",xlab="x1",ylab="x2",pch=Data[,3]+
1,cex=0.8)
library("DMwR")
Data[which(Data[,3]==3),3]<- NA    ＃未知标签应设置为 NA
Data $ y <- factor(Data $ y)
mySelfT <- function(ModelName,TestD)
{
Yheat <- predict(object=ModelName,newdata=TestD,type="response")
return(data. frame(cl=ifelse(Yheat>=0.1,1,0),pheat=Yheat))
}
SemiT <- SelfTrain (y ~ . , data = Data, learner ( " glm", list (family = binomial (link =
"logit"))),predFunc="mySelfT",thrConf=0.02,maxIts=100,percFull=1)   ＃分类模
型为 Logistic 回归模型
SemiP <- predict(object=SemiT,newdata=Data,type="response")   ＃利用半监督模型
进行预测
Data $ SemiP <- SemiP
Data. Sort <- Data[order(x=Data $ SemiP,decreasing=TRUE),]
P <- 0.30
N <- length(Data[,1])
NoiseP <- head(Data. Sort,trunc(N * P))
colP <- ifelse(1:N %in% rownames(NoiseP),2,1)
a <- as. integer(as. vector(Data[,3]))
plot(Data[,1:2],main="自训练模式甄别结果(30％)",xlab="x1",ylab="x2",pch=if-
else(is. na(a),3,a)+1,cex=0.8,col=colP)
```

本例说明如下：

● 模式甄别模拟数据 3. txt 中，y 等于 3 的观测为标签变量未知的观测。数据的可视化结果如图 $11-16$（a）所示。图中三角表示模式观测，圆圈表示正常观测，叉表示模式标签变量值未知的观测。

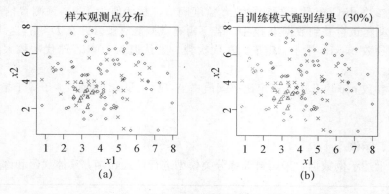

图 $11-16$　示例的自训练模式侦测结果

● SelfTrain 函数要求：标签变量值未知，应以 NA 表示。

● SelfTrain 函数要求：事先定义一个实现预测功能的用户自定义函数（本例为 my-SelfT），且该函数的返回值应为包含两个域的数据框：第一个域为标签变量的预测类别值；第二个域为预测置信度。这里指定预测置信度大于 0.1 时，类别预测值等于 1，否则等于 0。

● 本例中，SelfTrain 函数要求的分类模型为 Logistic 回归模型，参数通过 list 指定。

● 利用半监督分类模型 SemiT 进行预测，结果为类别值等于 1 的概率，其将作为模式风险评分。按风险评分降序排序，找到前 30% 的观测，预测它们为模式观测，并设置绘图颜色为红色，可视化结果如图 $11-16$（b）所示。

图 $11-16$（b）中，红色点为侦测为模式的观测点，几乎覆盖了所有的已知模式。与图 $11-14$（d）对比，本例的回溯精度仍保持了理想水平，但决策精度提高不明显。一方面说明，自训练分类模型的"半监督"性能至少不低于"全监督"性能；另一方面说明，示例数据采用 Logistic 回归甄别模式并不恰当。由前文可见，本例采用朴素贝叶斯分类法更理想。

11.5　本章函数列表

本章涉及的 R 函数如表 $11-2$ 所示。

表 $11-2$　　　　　　　　　　本章涉及的 R 函数列表

函数名	功能
lofactor()	LOF 方法
NaiveBayes()	朴素贝叶斯分类法
glm()	广义线性模型
SMOTE()	SMOTE 算法
SelfTrain()	自训练分类模型

C 第 12 章

R 的网络分析初步

从广义上讲，任何事物都处在一个有形或无形的网络当中，与网络中的其他事物形成一种相互依存或竞争关系。

例如，多个家庭成员之间构成具有遗传、亲属及继承关系的家族网络；多个国家之间构成具有进出口贸易往来关系的贸易网络；企业内部多个部门之间构成具有协同合作关系的协同网络；互联网社区中多个个体之间构成具有信息共享交换、舆论传播互动关系的社交网络；多个城市立交桥之间构成具有人流、车流不断迁移关系的交通网络；多名学者之间构成具有成果引用和被引用关系的合作研究网络；多只股票之间构成具有价格波动影响关系的收益联动网络；多种商品之间构成具有连带销售关系的交叉购买网络；多部电影、多位影星、众多影迷之间构成具有参演和不参演、喜爱和不喜爱等多种关系的娱乐网络；多种商品和多种销售渠道之间构成具有销售关系的网络；等等。

所以，研究网络构成及网络成员间的相互影响，是揭示事物相关性的另一个独特视角。

网络分析的基本框架如下。

1. 构建网络

网络由系统内部各成员（网络中称为节点）之间的联系（网络中称为连接）构成，构建网络是网络分析的基础和首要任务。这涉及两个方面：第一，网络的规范化定义和表示；第二，如何将一个现实问题映射到网络分析的范畴中，它与应用领域和问题的研究目标有关。本书仅讨论网络分析的共性问题，重点阐述第一个方面。

2. 网络的基本分析

网络的基本分析是网络后续研究的基础。网络的基本分析通常按照个体层次、中间层次和全局层次，逐层递进展开。不同层次的分析服务于不同的研究目标。其中，个体层次分析的核心是测度成员（节点）个体的重要性，研究成员之间有怎样强度的关系；中间层次是对成员（节点）的二元关系、三元关系和部门（子图）以及部门关系进行研究，目的是揭示系统（网络）的内在子群构成特征和有怎样的关系体现；全局层次的分析目的是刻画系统（网络）整体的凝聚性和架构，研究系统的所属类型，为后续的深入研究奠定基础。

3. 网络的深入分析

网络的深入分析将依据网络类型，从统计角度采用不同模型，对网络的静态特征和动态发展做进一步的分析和预测。

本章将按上述框架顺次讨论前两个方面，并给出相关问题的 R 实现代码。至于网络的深入分析，因内容极为丰富，需独立成书做专题讨论。

12.1　网络的定义、表示及构建

网络分析的基础是网络的定义及表示，网络通常有两种相互联系的表示方式：图论表示方式和矩阵表示方式。

R 以直观的图形式展示图论表示方式下的网络，以矩阵等 R 对象形式存储矩阵表示方式下的网络。相关的 R 函数在 igraph 包中，首次使用时应下载安装，并加载到 R 的工作空间中。

12.1.1　网络的图论定义及 R 函数

从图论角度看，网络由多个节点和节点间的连接（也称边）组成，是一种广义的图。实际应用中，节点可以代表一个家庭成员、国家、学者、股票等。节点间的连接代表家庭成员间的遗传继承关系、国家间的进出口贸易关系、学者间研究成果的引用和被引用关系、股票间价格波动的联动关系等。

网络可记为 $G = (N, E)$。N 表示节点集合，$N = \{n_1, n_2, \cdots, n_{|N|}\}$，$|N|$ 为节点总数；E 表示节点间的连接，$E = \{e_1, e_2, \cdots, e_{|E|}\}$，$|E|$ 为连接个数。网络 G 中沿着连接在不同节点间的移动，称为游走（walk）。

依连接的方向性，网络分为无向网络和有向网络；依连接的强度，网络分为无权网络和加权网络；依节点类型，网络分为 1-模网络和 2-模网络。

一、无向网络相关概念和 R 函数

1. 无向网络

无向网络（undirected graphs）简单讲就是网络中节点间的连接没有方向性。例如，若建立网络的目的是反映不同国家间是否存在贸易往来，则可建立无向网络。

图 12-1 所示的均为无向网络。其中，G1 网络中，节点 A 和 B 通过连接 e1 相连（无方向性），记为 e1：A～B。节点 B 和 C 通过连接 e2 相连，记为 e2：B～C。节点 B 通过 e3 与自身相连，记为 e3：B～B。

在网络 G 中，若存在节点沿连接"一步"游走回自身，则称网络 G 存在环（loop）。如图 12-1 中的 G1 网络存在环。在网络 G 中，若一对节点被两个以上的连接相连，则称网络 G 存在多边（multi-edges）。例如，若在 G1 网络的节点 A 和 B 之间再添加一个连接，则 G1 网络就存在多边。若网络 G 存在环或者多边，则称网络 G 为多重图（multi-graph），否则为简单图（simple graph）。在网络的分析中，通常需将多重图简化为简单图后再研究。

若从网络 G 中的节点 n_i 出发沿着连接游走可"抵达"节点 n_j，称为节点 n_i 可达

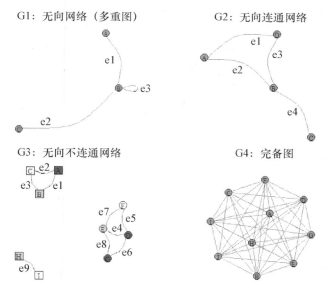

图 12 - 1　无向网络示意图

（reachable）节点 n_j。若从网络 G 中的任意节点 n_i 出发沿着连接游走可达网络中其他任意节点 n_k，则称网络 G 是连通（connected）的。如图 12 - 1 中，删除 e3 连接后的 G1 网络（简单图网络）、G2 网络、G4 网络，均为连通的。反之，若无法游走到所有节点，则称网络 G 是不连通的，如图 12 - 1 中的 G3 网络。

若从网络 G 的某个节点开始沿着连接游走，能够返回同一节点，则称该网络 G 存在回路（circuit）。例如，图 12 - 1 中的 G2 网络存在回路。对比删除 e3 连接后的 G1 网络（简单图网络），该网络不存在回路。具有连通性的网络可能存在回路，也可能不存在。

对于网络 G 中的一个连通子网络 $G' = (N', E')$（$N' \subseteq N, E' \subseteq E$），若将 G' 之外的属于 G 的任意节点加到网络 G' 中，网络 G' 就不再具有连通性，则称 G' 为网络 G 的一个组件（component）。从这个意义讲，组件是一个最大的连通性子网络。如图 12 - 1 中的 G3 网络为不连通网络，包含 3 个组件。

若网络 G 中任意节点 n_i 和 n_k 间均存在一个连接 e_j（直接相连），则称网络 G 是完备（complete）的，否则为非完备的。如图 12 - 1 中的 G4 网络为完备网络。可见，完备的网络具有连通性，也具有回路。完备网络通常并不多见，相关问题将在后面讨论。

2. 相关 R 函数

这里，结合图 12 - 1 讨论无向网络的生成及相关 R 函数，具体代码如下。

```
library(igraph)
par(mfrow=c(2,2))
set. seed(12345)
G1 <- graph. formula(A——B,B——C)
G1 <- add. edges(G1,c(2,2))    ♯添加第 2 至第 2 个节点的连接,delete. edges 删除连接
V(G1) $ label. cex <- 0.7    ♯指定标签字符大小,相关函数还有 set. vertex. attribute,
get. vertex. attribute 等
```

```
E(G1) $ label <- c("e1","e2","e3")   #指定连接显示标签
E(G1) $ curved <- TRUE   #指定连接为弧线,相关函数还有 set. edge. attribute,
get. edge. attribute 等
vcount(graph=G1)    #计算节点个数
[1] 3
ecount(graph=G1)    #计算连接个数
[1] 3
plot(G1,main="G1:无向网络（多重图）",layout=layout. fruchterman. reingold(G1))
G1 <- simplify(graph=G1)    #删除网络中的环,简化成简单图网络
G2 <- graph. empty(n=4,directed=FALSE)
V(G2) $ name <- V(G2) $ label <- LETTERS[1:4]    #指定节点名称和显示标签为大
写字母 A,B,C,D
G2 <- add. edges(G2, c(1,4,1,2,2,4,2,3))
E(G2) $ label <- c("e1","e2","e3","e4")
E(G2) $ curved <- TRUE
V(G2) $ label. cex <- 0. 7
plot(G2,main="G2:无向连通网络",layout=layout. fruchterman. reingold(G2))
G3 <- graph. empty(n=9,directed=FALSE)
V(G3) $ name <- V(G3) $ label <- LETTERS[1:9]
G3 <- add. edges(G3, c(1,2,1,3,2,3,4,5,4,6,4,7,5,6,5,7,8,9))
E(G3) $ label <- c("e1","e2","e3","e4","e5","e6","e7","e8","e9")
G3 <- set. vertex. attribute(G3,name="discrete",
value=c(FALSE,FALSE,FALSE,TRUE,TRUE,TRUE,TRUE,FALSE,FALSE))
V(G3)[discrete] $ shape <-"circle"
V(G3)[! discrete] $ shape <-"square"
G3 <- set. vertex. attribute(G3,name="color",value=c("red","green","yellow"))
E(G3) $ curved <- TRUE
V(G3) $ label. cex <- 0. 7
is. connected(graph=G3)    #判断 G3 是否为连通网络
[1] FALSE
sapply(V(G3),FUN=subcomponent,graph=G3)    #找到各个节点的可达节点
[[1]]
[1] 1 2 3

[[2]]
[1] 2 1 3

[[3]]
[1] 3 1 2

[[4]]
[1] 4 5 6 7
```

```
[[5]]
[1] 5 4 6 7

[[6]]
[1] 6 4 5 7

[[7]]
[1] 7 4 5 6

[[8]]
[1] 8 9

[[9]]
[1] 9 8
plot(G3,main="G3:无向不连通网络",layout=layout. fruchterman. reingold(G3))
G4 <- k. regular. game(no. of. nodes=10,k=9,directed=FALSE,multiple=FALSE)
#生成完备图
V(G4) $ name <- V(G4) $ label <- LETTERS[1:10]
V(G4) $ label. cex <- 0.7
plot(G4,main="G4:完备图",layout=layout. fruchterman. reingold(G4))
```

本例说明如下：

· R 中有若干生成各种网络的函数。常用的生成小规模网络的 R 函数是 graph. formula 和 graph. empty，函数返回结果为 igraph 的网络类对象。

graph. formula 函数的基本书写格式为：

graph. formula(公式)

其中，公式用于描述网络中节点和节点的连接。

例如本例中，A－－B，B－－C 表示有名为 A，B，C 的 3 个节点，A－－B 表示节点 A 与节点 B 间存在无向连接。各个连接用逗号分隔。若公式为 A－－B，B－－C，C－－C，表示图中应存在一个 C 到 C 的环。但由于 graph. formula 默认生成简单图，所以 C 到 C 的环将自动剔除。

graph. empty 函数的基本书写格式为：

graph. empty(n=N,directed=TRUE/FALSE)

graph. empty 函数用于生成由参数 n 指定的具有 N 个节点的无连接网络。参数 directed 取 FALSE 表示无向网络，取 TRUE 表示有向网络。关于有向网络在后面讨论。

· 网络中的节点有一个从 1 开始的索引编码。可依据索引编码访问对应的节点。

· 计算网络节点个数和连接个数的 R 函数是 vcount 和 ecount 函数，基本书写格式为：

vcount(graph=网络类对象名)
ecount(graph=网络类对象名)

例如本例中，G1 网络有 3 个节点和 3 个连接。

· R 访问网络中节点的函数为 V 函数。V 函数的基本书写格式为：

V（网络类对象名）

例如本例中，V（G1）表示显示 G1 网络的节点名称（name）。

V（G1）的结果为一个 igraph 节点类对象，拥有多个属性，如 name，label，label. cex，number，color，shape，size 等，依次表示节点名称、显示标签、标签字符大小、指定编号、显示颜色、显示形状和大小等。

属性和节点类对象间用 $ 连接，例如本例中，V（G1）$ label. cex <- 0. 7 表示指定 G1 网络的节点标签的字符大小为 0. 7。也可以指定访问第 i 个索引对应节点的某个属性，如 V（G1）[1] $ label. cex <- 0. 7，表示指定 G1 网络的第 1 个节点标签的字符大小为 0. 7。

还可通过 get. vertex. attribute 和 set. vertex. attribute 函数显示所有节点的指定属性，或给节点的指定属性赋值。例如本例中，给 G3 网络各节点设置不同的显示形状和颜色。函数格式详见 R 的帮助手册。

● R 访问网络中连接的函数为 E 函数，基本书写格式为：

E（网络类对象名）

例如本例中，E（G1）表示显示 G1 网络的 3 对连接。

E（G1）的结果为一个 igraph 连接类对象，拥有多个属性，如 label，width，weight，curved，arrow. mode 等，依次表示连接显示标签、显示宽度、连接权重、连接线是否为弧线、连接是否带箭头等。

属性和连接类对象间用 $ 连接，例如本例中，E（G1）$ curved <- TRUE，表示指定 G1 网络的连接线均为弧线。也可以指定访问第 i 个连接的某个属性，如 E（G1）[1] $ curved <- FALSE，表示指定 G1 网络的第 1 条连接线不是弧线是直线。

还可通过 get. edge. attribute 和 set. edge. attribute 函数显示所有连接的指定属性，或给连接的指定属性赋值。详见 R 的帮助手册。

● 在网络中添加连接的 R 函数是 add. edges 函数，基本书写格式为：

add. edges（网络类对象名，连接）

其中，连接是一个节点的索引编码序列向量。

例如本例中，G1 <- add. edges（G1，c（2，2）），表示在 G1 网络的第 2 至第 2 个节点间增加连接。再例如，add. edges（G3，c（1，2，1，3，2，3，4，5，4，6，4，7，5，6，5，7，8，9）），表示在 G3 网络的节点 1 和 2 间、1 和 3 间、2 和 3 间、4 和 5 间、4 和 6 间等增加连接。注意：连接应是成对的偶数。

还可通过 delete. edges 函数指定删除某个连接。详见 R 的帮助手册。

● 生成完备图的 R 函数是 k. regular. game 函数，基本书写格式为：

k. regular. game（no. of. nodes＝N，k＝N－1，directed＝FALSE/TRUE，multiple＝FALSE/TRUE）

k. regular. game 函数将生成包含 N 个节点，每个节点均与 N－1 个节点相连的无向（或有向）简单图（或多重图）网络。参数 directed 取 TRUE 或 FALSE，表示有向或无向；参数 multiple 取 TRUE 或 FALSE，表示多重图或简单图；参数 k 小于 N－1 时的网络为 k-规则网络，将在 12. 5. 1 节讨论。

● 将多重图网络简化成简单图网络的 R 函数是 simplify 函数，基本书写格式为：

simplify(graph＝网络类对象名)

　● 可视化网络的 R 函数是 plot，基本书写格式为：

　　　　plot(网络类对象名，layout＝可视化方法名)

式中，参数 layout 指定可视化方法，将涉及网络数据可视化问题的诸多方面，将在 12.1.4
节集中讨论。

　● 可利用 is. connected 函数判断网络是否为连通的，基本书写格式为：

　　　　is. connected(graph＝网络类对象名)

　● 可利用 subcomponent 函数找到指定节点的可达节点，基本书写格式为：

　　　　subcomponent(graph＝网络类对象名，v＝指定节点)

　　例如本例中，G3 网络中的第 1 个节点（A）的可达节点为第 2 个节点（B）、第 3 个节
点（C）；第 8 个节点（H）的可达节点为第 9 个节点（I）等。

二、有向网络相关概念和 R 函数

1. 有向网络

　　有向网络（directed graphs，digraphs）简单讲就是网络中节点间的连接有方向性。例
如，若建立网络的目的是反映各个国家的对外出口或进口状况，则可建立有向网络。如果
用"→"表示连接的方向，"→"左边的节点称为尾（tail）节点，右边的节点称为头
（head）节点。

　　如图 12-2 所示的均为有向网络。其中，G5 网络中，节点 B 通过有向连接 e1 与 A 相
连，记为 e1：B→A，B 为尾节点，A 为头节点；节点 B 通过有向连接 e2 与 C 相连，记为
e2：B→C，B 是尾节点，C 是头节点。有向图中的沿方向游走称为有向游走。

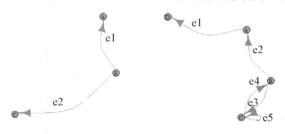

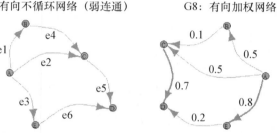

图 12-2　有向网络示意图

　　图 12-2 的 G6 网络中，节点 C 通过连接 e5 直接与自身相连，e5：C→C，存在环，为

有向多重图网络。通常需剔除环将其简化为简单图网络后再研究。节点 B 通过有向连接 e3 与 C 相连，C 又通过 e4 连回 B，e3：B→C，e4：C→B，这里并不视为多边，而认为 B 和 C 之间具有互惠关系（mutual）。

若从有向网络 G 中的任意节点 n_i 出发沿有向连接 e_j 游走，可"抵达"其他任意节点 n_k，则称有向网络 G 是强连通（strongly connected）的。若从有向网络 G 中的任意节点 n_i 出发，忽略连接的方向性做无向游走，并可"抵达"其他任意节点 n_k，则称有向网络 G 是弱连通（weakly connected）的。如图 12-2 中的 G6 网络、G7 网络不是强连通的，但却是弱连通的。

与无向网络类似，对于有向网络 G 中的一个强或弱连通子网络 $G' = (N', E')$（$N' \subseteq N$，$E' \subseteq E$），若将 G' 之外的属于 G 的任意节点加到网络 G' 中，网络 G' 就不再具有强或弱连通性，则称 G' 为有向网络 G 的一个强组件（strongly component）或弱组件（weakly component）。

图 12-2 中的 G7 网络存在回路，删除 e5 连接后的 G6 网络（简单图网络）和 G5 网络均不存在回路。进一步，若有向网络 G 中存在有方向的回路，则称网络 G 中存在循环（cycle）。若有向网络 G 中不存在有方向的回路，无论是否存在回路，有向网络 G 均称为有向不循环图（directed acyclic graph，DAG）网络。如图 12-2 中的 G5 网络、G7 网络均为 DAG 网络。常见的有向网络为有向不循环网络，对于有向不循环网络有很多有效的分析算法。

2. 相关 R 函数

这里，结合图 12-2 中的 G5，G6，G7 有向网络，讨论相关的 R 函数，具体代码如下：

```
library(igraph)
par(mfrow=c(2,2))
set. seed(12345)
G5 <- graph. formula(A+-B,B-+C)
V(G5) $ label. cex <- 0. 7
E(G5) $ label <- c("e1","e2")
E(G5) $ curved <- TRUE
plot(G5,main="G5:简单有向网络",layout=layout. fruchterman. reingold(G5))
G6 <- graph. empty(n=4,directed=TRUE)
V(G6) $ name <- V(G6) $ label <- LETTERS[1:4]
G6 <- add. edges(G6, c(1,4,2,1,2,3,3,2,3,3))
E(G6) $ label <- c("e1","e2","e3","e4","e5")
E(G6) $ curved <- TRUE
V(G6) $ label. cex <- 0. 7
is. mutual(graph=G6)    #判断是否存在有互惠关系的连接
[1] FALSE FALSE  TRUE   TRUE   TRUE
plot(G6,main="G6:有向网络(有环存在互惠关系)",layout=layout. fruchterman. reingold
(G6))
```

```
G7 <- graph. empty(n=5,directed=TRUE)
V(G7) $ name <- V(G7) $ label <- LETTERS[1:5]
G7 <- add. edges(G7, c(1,2,1,3,1,5,2,3,3,4,5,4))
E(G7) $ label <- c("e1","e2","e3","e4","e5","e6")
E(G7) $ curved <- TRUE
V(G7) $ label. cex <- 0. 7
is. dag(graph=G7)    ♯判断是否为有向不循环网络
[1] TRUE
plot(G7,main="G7：有向不循环网络（弱连通)",layout=layout. fruchterman. reingold
(G7))
```

本例说明如下：

● 本例采用 graph. formula 函数生成有向图时，公式部分应写成"＋－"或"－＋"等形式。"＋"代表方向的指向。

例如本例中，graph. formula（A＋－B，B－＋C）表示网络包含 A，B，C 三个节点，A＋－B 表示 A，B 间存在一个有向连接，头节点为 A，尾节点为 B。B－＋C 表示 B，C 间存在一个有向连接，头节点为 C，尾节点为 B。

● 可利用 is. mutual 函数判断网络中是否存在有互惠关系的连接，基本书写格式为：

　　is. mutual(graph＝网络类对象名)

例如本例中，G6 网络存在 3 条有互惠关系的连接。

● 可利用 is. dag 函数判断网络是否为有向不循环网络，基本书写格式为：

　　is. dag(graph＝网络类对象名)

三、无权网络和加权网络

无权网络（unweighted graph）是在忽略网络中不同节点间关系强弱差异性的前提下，各节点连接有相同连接强度的无向或有向网络。例如，股票网络中，若忽略各股票间价格波动联动影响的差异性（例如，同行业内不同股票间的价格联动波动程度一般大于不同行业间的），节点连接只表示两只股票间的价格存在联动关系，所建立的网络就是无权网络。

加权网络（weighted graph）是在不能忽略网络中不同节点间关系强弱差异性的前提下，各节点连接有不同的连接强度的无向或有向网络。例如，股票网络中，无法忽略各股票间价格波动联动影响的差异性，节点连接不仅表示两只股票间的价格存在联动关系，还反映联动影响程度的大小，所建立的网络就是加权网络。

如图 12-2 中的 G8 网络为加权网络，可用有向连线的粗细表示连接权重的大小，或将权重值标注在连线上。图中，节点 A 与 E，C 与 D 间的连接权重大于其他连接。

从另一个角度看，无权网络是一种特殊的加权网络。若两节点间存在连接，权重等于 1；若两节点间不存在连接，权重等于 0。无向加权网络分析是加权网络分析的重点。

生成加权网络和无权网络的 R 函数没有差异，只是在连接的 weight 属性上有所不同。

关于图 12-2 中加权网络 G8 的 R 代码如下。

```
G8 <- G7
E(G8) $ weight <- c(0.5,0.5,0.8,0.1,0.7,0.2)    #指定连接权重
E(G8) $ width <- 1
E(G8)[weight>0.5] $ width <- 3
is. weighted(graph=G8)    #判断是否为加权网络
[1] TRUE
E(G8) $ label <- c(0.5,0.5,0.8,0.1,0.7,0.2)
plot(G8,main="G8:有向加权网络",layout=layout. circle,edge. width=E(G8) $ width)
```

本例说明如下：
- 本例采用 E 函数访问连接的 weight 属性，依次指定各个连接的权重。
- 可视化时通过连接线的粗细体现不同的连接权重。这里，指定连接权重大于 0.5 的连接线宽度为 3，其余为 1。
- 可利用 is. weighted 函数判断网络是否为加权网络，基本书写格式为：

　　　　is. weighted（graph=网络类对象名）

四、1-模网络、2-模网络和 R 函数

1. 1-模网络和 2-模网络

模指网络中节点的类型。若网络中所有节点均属于同一类型集合，该网络称为 1-模网络（one-mode graph）；若网络中节点分属两个不同的类型集合，该网络称为 2-模网络（two-mode graph，bipartite graph）。

例如，在世界贸易网络中，各个节点均属于国家（或地区）的集合，该网络即为 1-模网络。同理，股票价格网络也为 1-模网络。1-模网络主要用于研究一个系统内部成员之间的关系。

例如，影星和电影的网络中，一部分节点属于影星集合，另一部分节点属于电影集合，分属两个不同的类型集合，为 2-模网络。同理，商品和销售渠道构成的网络、顾客和购买的商品构成的网络、员工和所属部门构成的网络，均为 2-模网络。

2-模网络主要用于研究不同系统之间的关系，连接只存在于不同类型的节点之间。

图 12-1 和图 12-2 所示的网络均为 1-模网络。图 12-3 中为两个 2-模网络。

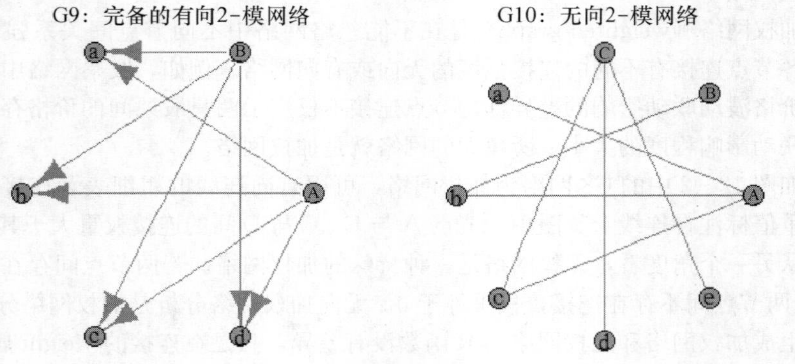

图 12-3　2-模网络示意图

图 12-3 中，G9 网络包含两类节点：大写字母类和小写字母类。两类节点彼此之间均存在有向连接，是具有完备性的有向 2-模网络。G10 网络是无向 2-模网络，两类节点彼此间并非均存在连接。

2. 相关 R 函数

R 主要有两个函数用于建立 2-模网络：graph. full. bipartite 函数和 graph. bipartite 函数。graph. full. bipartite 函数的基本书写格式为：

graph. full. bipartite(n1＝n, n2＝m, directed＝TRUE/FALSE, mode＝方向类型)

graph. full. bipartite 用于建立完备的 2-模网络。参数 n1 和 n2 用于指定两类节点的个数。参数 directed 取 TRUE 或 FALSE，分别表示建立有向网络或是无向网络。当建立有向网络时，还应指定参数 mode，可取 "out"，"in"，"all"。"out" 表示一类节点为尾节点，二类节点为头节点。"in" 意思与 "out" 相反，一类节点为头节点，二类节点为尾节点。"all"表示一类节点和二类节点存在互惠关系。graph. full. bipartite 函数的返回结果为 igraph 的网络类对象。

graph. bipartite 函数的基本书写格式为：

graph. bipartite(types＝节点类型逻辑向量, edges＝连接, directed＝TRUE/FALSE)

R 令 2-模网络中第一类节点的 type 属性为 FALSE，第二类节点的为 TRUE。graph. bipartite 函数的返回结果为 igraph 的网络类对象。绘制图 12-3 的具体 R 代码如下。

```
library(igraph)
par(mfrow＝c(1,2))
set. seed(12345)
G9 <- graph. full. bipartite(2,4,directed＝TRUE,mode＝"out")    ♯建立完备的 2-模网络
V(G9)[!V(G9) $ type] $ name <- V(G9)[!V(G9) $ type] $ label <- LETTERS[1:2]    ♯给 2-模网络的节点命名
V(G9)[V(G9) $ type] $ name <- V(G9)[V(G9) $ type] $ label <- letters[1:4]
plot(G9,main="G9:完备的有向 2-模网络",layout＝layout. circle)
G10 <-  graph. bipartite(types＝c(FALSE, FALSE, FALSE, TRUE, TRUE, TRUE, TRUE, TRUE),
edges＝c(1,4,1,5,1,6,2,5,3,6,3,7,3,8),directed＝FALSE)    ♯建立 2-模网络
V(G10)[!V(G10) $ type] $ name <- V(G10)[!V(G10) $ type] $ label <- LETTERS[1:3]
V(G10)[V(G10) $ type] $ name <- V(G10)[V(G10) $ type] $ label <- letters[1:5]
plot(G10,main="G10:无向 2-模网络",layout＝layout. circle)
```

本例说明如下：

● 本例依据节点的 type 属性区别两类节点。因第一类的 type 属性为 FALSE，给该类节点命名时应引用取反逻辑运算符 "!"。

● 应用 graph. bipartite 函数时应注意：节点类型逻辑向量逐个指定各节点的所属类

型；连接设置时两类节点配对出现，且同类节点之间不能有连接。

12.1.2 网络的矩阵表示方式及 R 函数

可通过矩阵反映网络中的多个节点，以及节点之间的连接。常见的矩阵有邻接矩阵、关系矩阵等。

一、邻接矩阵和 R 函数

设网络包含 N 个节点。邻接矩阵（adjacency matrix）Y 是一个 $N \times N$ 的方阵，反映网络中各节点间的连接情况。行号和列号为各节点的索引编码。

1. 无向网络的邻接矩阵

对于无向网络，若节点 i 和节点 j 之间存在连接，则令矩阵中第 i 行第 j 列上的元素 $y_{ij}=1$；否则，令矩阵元素 $y_{ij}=0$。即

$$y_{ij} = \begin{cases} 1, & \text{节点 } i \text{ 与节点 } j \text{ 间存在连接} \\ 0, & \text{否则} \end{cases}$$

例如，图 12−1 中的 G2 网络的邻接矩阵 Y 为：

```
  A B C D
A 0 1 0 1
B 1 0 1 1
C 0 1 0 0
D 1 1 0 0
```

矩阵表明：第 1 个节点（A）与第 2 个节点（B）和第 4 个节点（D）间存在连接，第 3 个节点（C）仅与第 2 个节点（B）相连，等等。

可见，无向图的邻接矩阵中各元素满足：$y_{ij}=y_{ji}$。Y 是一个对称阵。若邻接矩阵 Y 中所有非对角线上的元素值都是 1，则对应的网络为完备网络。

2. 有向网络的邻接矩阵

对于有向网络，邻接矩阵 Y 的列号代表头节点索引编码，行号代表尾节点索引编码。若节点 i 和节点 j 之间存在有向连接，则令矩阵元素 $y_{ij}=1$；否则，令矩阵元素 $y_{ij}=0$。

例如，图 12−2 中的 G7 网络的邻接矩阵 Y 为：

```
  A B C D E
A 0 1 1 0 1
B 0 0 1 0 0
C 0 0 0 1 0
D 0 0 0 0 0
E 0 0 0 1 0
```

矩阵表明：没有节点"指向"第 1 个节点（A），第 1 个节点（A）和第 2 个节点（B）间存在 1 到 2 的有向连接，等等。

由于有向网络中 y_{ij} 不一定等于 y_{ji}，取决于节点 i 和节点 j 之间是否存在互惠关系，所以有向图的邻接矩阵 Y 一般是非对称的。

3. 加权网络的邻接矩阵

对于加权网络，若节点 i 和节点 j 之间存在连接，则令矩阵中第 i 行第 j 列上的元素

y_{ij}＝权重；否则，令矩阵元素 y_{ij}＝0。该邻接矩阵也称为加权的邻接矩阵（weighted adjacency matrix）。

例如，图 12－2 中的 G8 网络的加权邻接矩阵 Y 为：

```
  A    B    C    D    E
A 0  0.5  0.5  0.0  0.8
B 0  0.0  0.1  0.0  0.0
C 0  0.0  0.0  0.7  0.0
D 0  0.0  0.0  0.0  0.0
E 0  0.0  0.0  0.2  0.0
```

可见，无向网络是无向加权网络的特例，对应权重只有 1 和 0 两个取值的邻接矩阵。

综上可见，除具有完备性的网络之外，大多数网络的邻接矩阵为稀疏矩阵。只有少数矩阵元素取值为 1，大多数元素取值为 0。当网络节点较多时，邻接矩阵具有高维稀疏性。

4. 相关 R 函数

可通过 get. adjacency 函数得到一个已知网络的邻接矩阵，get. adjacency 的基本书写格式为：

get. adjacency(graph＝网络类对象名,type＝特征名,attr＝属性名)

其中：

● 参数 type 的可取值有"both"，"upper"，"lower"，分别表示输出完整的邻接矩阵、只输出邻接矩阵的上三角矩阵或是下三角矩阵。

● 参数 attr 用于指定在矩阵中输出指定特征，常用特征名为"weight"。一般情况下，尤其是无权网络，不必设置该参数。

get. adjacency 函数的返回值是 igraph 的邻接矩阵对象。

输出上述邻接矩阵 Y 的 R 代码如下。

```
adj. G2 <- as. matrix(get. adjacency(graph＝G2))    ♯G2(无向)的邻接矩阵
adj. G7 <- as. matrix(get. adjacency(graph＝G7))    ♯G7(有向)的邻接矩阵
adj. G8 <- as. matrix(get. adjacency(graph＝G8,attr＝"weight"))    ♯G8(加权)的邻接
矩阵
```

本例中，将 igraph 的邻接矩阵对象转换为一般矩阵。

二、关系矩阵和 R 函数

关系矩阵也称隶属关系矩阵，用于反映 2-模网络中各类节点间的连接情况。设 2-模网络中第一类节点个数为 N_1，第二类节点个数为 N_2。关系矩阵 B 是一个 $N_1 \times N_2$ 的矩阵，通常不是方阵。

1. 无向 2-模网络的关系矩阵

无向 2-模网络的关系矩阵 B 中，行列分别为两类节点的索引编号。若第一类节点 i 和第二类节点 j 之间存在连接，则令矩阵中第 i 行第 j 列上的元素 b_{ij}＝1；否则，令矩阵元素 b_{ij}＝0。

例如，图 12-3 中的 G10 网络的关系矩阵 **B** 为：

```
    a b c d e
A   1 1 1 0 0
B   0 1 0 0 0
C   0 0 1 1 1
```

矩阵表明：第一类的节点 A 与第二类的节点 a，b，c 间存在连接，第一类的节点 B 仅与第二类的节点 b 相连，等等。

2. 有向 2-模网络的关系矩阵

有向 2-模网络的关系矩阵 **B** 中，列号代表头节点索引编码，行号代表尾节点索引编码。若分属两类的节点 i 和节点 j 之间存在有向连接，则令矩阵元素 $b_{ij}=1$；否则，令矩阵元素 $b_{ij}=0$。

例如，图 12-3 中的 G9 网络的关系矩阵 **B** 为：

```
    a b c d
A   1 1 1 1
B   1 1 1 1
```

矩阵表明：第一类的节点 A 与第二类的节点 a，b，c，d 间均存在由 A "出发" 的有向连接，等等。

综上可见，除具有完备性的 2-模网络之外，大多数 2-模网络的关系矩阵具有高维稀疏性。

3. 相关 R 函数

可通过 get. incidence 函数得到一个已知 2-模网络的关系矩阵，基本书写格式为：

get. incidence(graph＝网络类对象名)

get. incidence 函数的返回结果为矩阵。

输出上述关系矩阵 **B** 的 R 代码如下。

```
(get. incidence(graph＝G10))    #G10(无向 2-模)的关系矩阵
(get. incidence(graph＝G9))     #G9(有向 2-模)的关系矩阵
```

12.1.3 R 的网络数据文件和建立网络对象

对网络节点以及连接的描述数据可事先存储在外部数据文件（如文本文件）中，然后利用 R 读入数据，并生成网络对象。

网络数据文件的组织方式通常有三种：第一，邻接矩阵；第二，关系矩阵；第三，连接列表。

一、利用邻接矩阵建立网络对象及示例

1. 相关 R 函数

利用邻接矩阵建立网络对象的 R 函数是 graph. adjacency，基本书写格式为：

graph. adjacency(adjmatrix＝邻接矩阵名,mode＝网络类型名,weighted＝TRUE/NULL)

式中，参数 mode 用于指定网络的类型，主要取值有"directed"，"undirected"，分别表示建立有向网络或无向网络。若邻接矩阵是加权的，则参数 weighted 应为 TRUE；否则，对普通邻接矩阵，不设置 weighted 参数。

2. 应用示例

这里，采用第 10 章的购物篮数据，包括两大部分的内容。第一部分是 1 000 名顾客的个人信息（共 7 个变量）：会员卡号（cardid）、消费金额（value）、支付方式（pmethod）、性别（sex，M 表示男性，F 表示女性）、是否户主（homeown）、年龄（age）、收入（income）；第二部分是这 1 000 名顾客一次购买商品的信息，主要变量有果蔬（fruitveg）、鲜肉（freshmeat）、奶制品（dairy）、蔬菜罐头（cannedveg）、肉罐头（cannedmeat）、冷冻食品（frozenmeal）、啤酒（beer）、葡萄酒（wine）、软饮料（softdrink）、鱼（fish）、糖果（confectionery），均为二分类型变量，取 1 表示购买，取 0 表示未购买。共 11 种商品。

现希望利用上述数据，通过构建商品交叉购买的无向加权网络，分析连带销售商品。具体代码如下：

```
library(igraph)
Data0 <- read.table(file="购物篮数据.txt",header=TRUE,sep=",")
Data <- as.matrix(Data0[,-1:-7])
Data[1:5,1:10]    #浏览部分数据
     fruitveg freshmeat dairy cannedveg cannedmeat frozenmeal beer wine softdrink fish
[1,]        0         1     1         0          0          0    0    0         0    0
[2,]        0         1     0         0          0          0    0    0         0    0
[3,]        0         0     0         1          0          1    1    0         0    1
[4,]        0         0     1         0          0          0    0    1         0    0
[5,]        0         0     0         0          0          0    0    0         0    0
Data.adj <- t(Data) %*% Data    #矩阵相乘
dim(Data.adj)    #参看矩阵的行列数
[1] 11 11
colnames(Data.adj) <- colnames(Data)    #便于节点命名
Data.adj[1:5,1:11]    #浏览部分加权邻接矩阵数据
           fruitveg freshmeat dairy cannedveg cannedmeat frozenmeal beer wine softdrink
fruitveg        299        59    62        86         61         86   89   84        56
freshmeat        59       183    33        55         41         52   47   49        42
dairy            62        33   177        44         31         51   45   46        35
cannedveg        86        55    44       303         73        173  167   97        63
cannedmeat       61        41    31        73        204         75   60   54        42
           fish confectionery
fruitveg    145            82
freshmeat    48            54
dairy        56            56
cannedveg    89            71
cannedmeat   63            54
diag(Data.adj) <- 0    #不考虑环,仅构造简单网络
Basket.G <- graph.adjacency(adjmatrix=Data.adj,weighted=TRUE,mode="undirected")    #依据加权邻接矩阵构建网络
set.seed(12345)
plot(Basket.G,main="商品的交叉购买网络",edge.width=E(Basket.G)$weight/1000 * 10,layout=layout.fruchterman.reingold(Basket.G))
```

本例说明如下：

● 本例中，前7列为顾客个人信息，暂不使用该部分数据。处理后的数据矩阵 Data 有1 000行11列，记录1 000名顾客购买了11种商品中的哪些商品。

● 对矩阵 Data 转置再乘以 Data，得到一个11×11的关于商品的矩阵。矩阵中正对角元素表示各商品共有多少顾客购买，如1 000名顾客中有299人购买了果蔬；其他元素为同时购买对应两种商品的顾客人数，如有59人同时购买了果蔬和鲜肉。

● 基于上述数据构建简单图网络，令正对角线元素均等于0，不考虑环。该矩阵即为商品的加权无向邻接矩阵，权重为同时购买的顾客人数。

● 建立加权无向网络。可视化网络中以连接线的粗细表示权重的大小。为便于展示，这里对权重值进行了调整，如图12-4所示。

商品的交叉购买网络

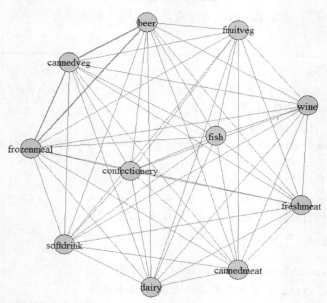

图12-4　商品的交叉购买网络

图12-4左上方有三条较粗的连接线，表明同时购买啤酒、蔬菜罐头、冷冻食品的顾客人数较多。

二、利用关系矩阵建立2-模网络对象及示例

1. 相关 R 函数

利用2-模网络的关系矩阵建立网络对象的 R 函数是 graph. incidence，基本书写格式为：

> graph. incidence(incidence=关系矩阵名,directed=TRUE/FALSE,mode=方向类型,weighted=TRUE/NULL)

式中，参数 directed 取值 TRUE 或 FALSE，分别表示建立有向网络或是无向网络。当建立有向网络时，还应指定参数 mode，可取值为"out"，"in"，"all"。"out"表示一类节点为尾节点，二类节点为头节点。"in"与"out"相反，一类节点为头节点，二类节点为尾节

点。"all" 表示一类节点和二类节点存在互惠关系。若关系矩阵是加权的，则参数 weighted 应为 TRUE；对普通关系矩阵，不设置 weighted 参数。

2. 应用示例

仍利用前面的购物篮数据构建网络，目的是分析不同性别顾客的购买选择倾向性，从而为商品推荐服务。主要实现思路是：

第一，构建 2-模网络，一类节点为顾客，二类节点为商品，以体现顾客对商品选择的倾向性。由于上例中的矩阵 Data 即为 2-模网络的关系矩阵，所以可基于 Data 直接构建网络。

第二，由于本例有 1 000 名顾客的数据，构建的 2-模网络共包括 1 000+11（11 种商品）个节点。因节点较多会导致可视化效果不理想，为此，对网络进行随机抽样，仅抽取 20 名顾客的数据，构建一个小规模的 2-模网络。

第三，因研究重点关注不同性别顾客对商品选择的倾向性，出于直观考虑，将顾客节点的标签设为性别（M 表示男，F 表示女），商品节点标签设为商品名称。进一步，对不同节点设置不同显示颜色：男为红色，女为绿色，商品为黄色。给商品节点设置较大的显示尺寸，顾客节点设置稍小的尺寸。

具体代码和部分结果如下：

```
library(igraph)
Data0 <- read. table(file="购物篮数据. txt",header=TRUE,sep=",")
Data <- as. matrix(Data0[,-1:-7])
(Basket. 2M <- graph. incidence(incidence=Data,directed=TRUE,mode="out"))
#构建 2-模网络
IGRAPH D--B 1011 2800 --
+ attr: type (v/x)
set. seed(12345)
Rid <- igraph. sample(low=1,high=1000,length=20)    #对网络做随机抽样,抽取
20 人
Basket. 2M. Sub <- graph. incidence(Basket. 2M[Rid,1001:1011],directed=TRUE,
mode="out")    #构建随机子网
V(Basket. 2M. Sub)[V(Basket. 2M. Sub) $ type] $ label <- colnames(Data)
V(Basket. 2M. Sub)[!V(Basket. 2M. Sub) $ type] $ label <- as. vector(Data0[Rid,4])
V(Basket. 2M. Sub) $ size <- 10
V(Basket. 2M. Sub)[V(Basket. 2M. Sub) $ type] $ size <- 20
V(Basket. 2M. Sub) $ label. cex <- 0. 7
plot(Basket. 2M. Sub,main="顾客与商品的 2-模随机子网(性别喜好倾向)",
layout=layout. fruchterman. reingold(Basket. 2M. Sub),
vertex. color=ifelse(V(Basket. 2M. Sub) $ label=="M","red",
ifelse(V(Basket. 2M. Sub) $ label=="F","green","yellow")))
```

本例说明如下：

- 所建立网络包含 1 011 个节点，2 800 个连接。
- 利用 igraph. sample 对网络进行简单随机抽样，igraph. sample 函数的基本书写格

式为：

$$igraph.\ sample(low=n_1, high=n_2, length=n_3)$$

式中，参数 low 和 high 分别指定节点索引编号的最小值为 n_1，最大值为 n_2，随机抽样将在该范围内进行；参数 length 用于指定抽取 n_3 个节点。igraph. sample 函数的返回值是对节点索引编码进行简单随机抽样的结果，为数值型向量。

● Basket. 2M[Rid,1001:1011]为关系矩阵的部分矩阵。利用 graph. incidence 构造 2-模网络的一个随机子网。2-模网络的一个随机子网的可视化结果如图 12-5 所示。

● Data0 矩阵是包含顾客个人信息在内的完整数据，其第 4 列为性别。

顾客与商品的2-模随机子网（性别喜好倾向）

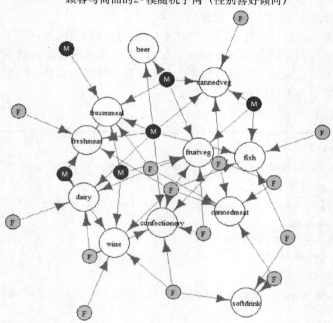

图 12-5　顾客与商品的 2-模随机子网

图 12-5 表明，随机抽取的 20 名顾客中有 6 名男性（红色节点），他们主要集中倾向购买冷冻食品、蔬菜罐头和啤酒。女性顾客（绿色节点）则较为倾向购买其他商品。

本例并没有对商品购买情况依据性别进行汇总，只是通过随机抽样从一个侧面展示了顾客的选择偏好。此外，网络数据的抽样又不同于非网络数据的一般统计抽样，具有特殊性，抽样方法主要有归纳子图抽样（induced subgraph sampling）、星形抽样（star sampling）、滚雪球抽样（snowball sampling）、连接跟踪（link tracing）抽样等，因涉及内容较多，这里不展开讨论。

三、利用连接列表建立网络对象及示例

1. 连接列表

邻接矩阵以及关系矩阵通常具有高维稀疏性，更为简洁的描述网络的方式是连接列表。连接列表仅记录有连接的一对节点和其连接关系（方向），对没有连接的节点不做记

录，因而大幅削减了网络描述的数据量。

设网络包含 N_e 个连接。对于无权网络（包括无权 2-模网络），连接列表是 $N_e \times 2$ 的数据框 C。其中，一行代表一个连接。无向网络中数据框 C 的两列分别为连接的两个节点，有向网络中第 1 列为尾节点，第 2 列为头节点；对于加权网络（包括加权 2-模网络），连接列表是 $N_e \times 3$ 的数据框 C，行和前两列的含义同前，只是第 3 列为连接权重。

这里，数据框 C 不仅描述了网络连接的基本情况，还可描述连接的其他属性，如连接标签、连接线类型（直线或弧线）、连接线粗细等。由于连接的属性类型（数据类型）可能不一致，C 是数据框而不是矩阵。

例如，图 12-2 中 G7 网络的连接列表数据框 C 为：

```
  from to label curved
1    A  B    e1   TRUE
2    A  C    e2   TRUE
3    A  E    e3   TRUE
4    B  C    e4   TRUE
5    C  D    e5   TRUE
6    E  D    e6   TRUE
```

这里，不仅描述了节点和节点连接，还给出了各个连接的标签、连接线的类型。

可通过 get. data. frame 函数得到一个已知模网络的连接列表数据框，基本书写格式同为：

get. data. frame(x＝网络类对象名, what＝"edges")

get. data. frame 函数的一般返回结果为一个数据框。输出上述连接列表数据框 C 的 R 代码如下。

```
(G7. data. frame <- get. data. frame(x＝G7, what＝"edges"))　♯G7 的连接列表
```

get. data. frame 函数不仅可得到网络的连接列表，还可获得网络的节点列表，只需指定 what 参数为"vertices"；此外，若 what＝"both"，可同时获得连接列表和节点列表，函数的返回结果不再是数据框而是列表。

2. 利用连接列表建立网络对象的 R 函数

基于连接列表建立网络对象的 R 函数是 graph. data. frame，基本书写格式为：

graph. data. frame(d＝连接列表数据框, directed＝TRUE/FALSE)

graph. data. frame 函数的返回结果为 igraph 的网络类对象。

3. 应用示例

这里采用人类学家 Wayne Zachary 于 1977 年进行的跟踪研究项目中的数据[①]，是关于大学空手道俱乐部 34 名成员及其好友的关系网络。数据以连接列表形式存储于文本文件中。现希望依据该数据构建无向简单图网络，具体代码和部分结果如下：

---

① W. Zachary. An Information Flow Model for Conflict and Fission in Small Groups. Journal of Anthropological Research, 1977, 33（4）: 452-473.

```
library(igraph)
Data <- read. table(file="空手道俱乐部数据. txt",header=TRUE,sep=",")
head(Data)    #浏览部分数据
   Source Target Id
1       2      1  1
2       3      1  2
3       3      2  3
4       4      1  4
5       4      2  5
6       4      3  6
(Karate. G <- graph. data. frame(d=Data,directed=FALSE))    #构建无向图
IGRAPH UN-- 34 78 --
+ attr: name (v/c), Id (e/n)
set. seed(12345)
plot(Karate. G,main="空手道俱乐部成员好友关系网",layout=layout. fruchterman.
reingold(Karate. G))
```

本例中，连接列表数据框的前两列为一对连接的节点编号，最后一列为各连接编码。所建网络包含 34 个节点（34 名俱乐部成员）和 78 条连接，可视化结果如图 12-6 所示。

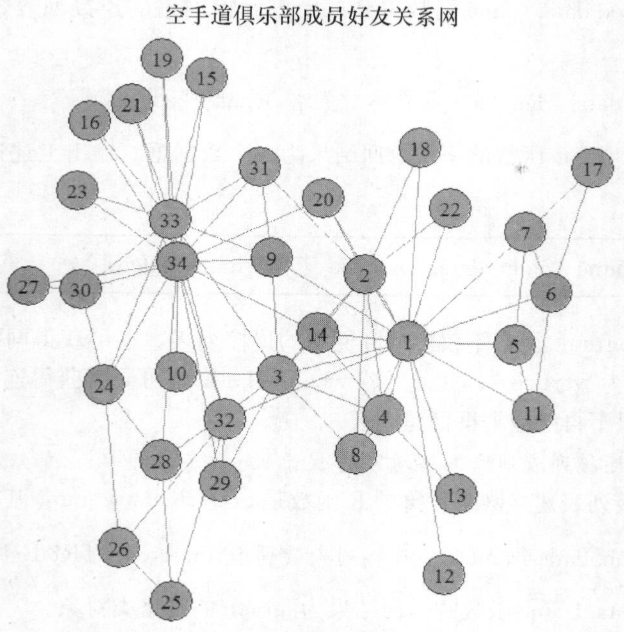

空手道俱乐部成员好友关系网

图 12-6 空手道俱乐部成员关系网络

图 12-6 中，各成员若是好友关系，则存在连接，否则不存在。

12.1.4 R 的网络可视化

网络可视化在网络分析中起着举足轻重的作用，是体现重要节点、展现网络整体子群

构成以及刻画网络整体结构的重要手段。网络可视化的核心是以怎样的外观轮廓展示网络，尤其对较为庞大的网络更是如此。对大规模网络，若仅是随机安排节点在网络图中的位置，将可能导致大量的交叉连接出现，使网络看起来如一团乱麻而无法直观体现节点地位和网络的构成特点。直观上，对某些重要（详见 12.2 节）节点，可能希望摆放在图的中心位置上；对属于同一子群（详见 12.3 节）的多个节点，可能希望将它们尽量摆放在一起；等等。

合理安排网络外观轮廓的算法大致有以下几类：

- 最小分割法（minimum cut）：目的是最小化连接间的交叉数。
- 最小空间法（smallest space）：基于几何意义上的空间距离，令空间距离较近的节点摆放在相邻的位置上。
- 谱分解法（spectral/eigenvalue decompositions）：依据节点的特征向量中心度（详见 12.2.4 节）安排节点的位置。
- 树形/层次法（tree/hierarchical）：根据节点间的连接将节点安排成树形状，或组织成层次图。

R 中，网络的外观轮廓算法一般体现在 plot 函数的 layout 参数中，如前述代码所示。较为常用的 layout 参数有：layout. random，表示随机安排节点位置；layout. circle，表示将节点组织在一个单位圆上，网络整体轮廓为圆形；layout. fruchterman. reingold，表示利用 Fruchterman 和 Reingold 提出的算法安排节点，该算法属最小空间法的范畴；layout. kamada. kawai，也属于最小空间法。参数 layout. fruchterman. reingold 和 layout. kamada. kawai 均需指定相关参数。由于各算法的起始节点为一个随机节点，为使网络可视化结果重现，需利用 set. seed 函数指定随机数种子为一个常数。

此外，还可以利用 tkplot 函数通过交互方式自行安排节点位置。例如，对空手道俱乐部数据，交互安排网络节点：tkplot(Karate. G)。

网络可视化的具体算法涉及内容较广，这里不做讨论。

12. 2　网络节点重要性的测度

节点重要性测度是网络基本分析的第一个层次，目的是刻画节点个体与其他节点有怎样强度的关系，发现网络中的重要节点。

节点在网络中的重要性一般表现在：第一，它是网络一个"局部范围"内的"中心"；第二，它是一个具有强连接的"枢纽"。节点"中心"和"枢纽"作用的度量涉及两个基本测度：度、测地线距离。应首先讨论度和测地线距离。

需要说明的是：因通常仅对简单图网络进行研究，分析之前可先对网络进行简化处理，剔除网络中的环和多边。

12. 2. 1　度和测地线距离

一、度和相关 R 函数

1. 度的定义

节点 n_i 的度（degree）是指节点 n_i 有多少个与其直接连接的邻居节点。

对于无向网络，节点 n_i 的度记为 $d(n_i)$。结合无向网络的邻接矩阵 $\boldsymbol{Y}$，$d(n_i)$ 定义为：

$$d(n_i) = y_{i+} = \sum_j y_{ij} = y_{+i} = \sum_j y_{ji} \tag{12.1}$$

式中，y_{i+} 表示邻接矩阵 $\boldsymbol{Y}$ 的第 i 行元素之和；y_{+i} 表示邻接矩阵 $\boldsymbol{Y}$ 的第 i 列元素之和。因无向网络邻接矩阵具有对称性，有 $y_{i+} = y_{+i}$。可见，节点 n_i 的度等于与其有直接连接的节点个数，即与其相连的连接个数。

对于有向网络，节点 n_i 的度包括：入度（indegree），记为 $d_{in}(n_i)$；出度（outdegree），记为 $d_{out}(n_i)$；度 $d(n_i) = d_{in}(n_i) + d_{out}(n_i)$。

结合有向网络的邻接矩阵 $\boldsymbol{Y}$，$d_{in}(n_i)$ 定义为：$d_{in}(n_i) = y_{+i} = \sum_j y_{ji}$；$d_{out}(n_i)$ 定义为：$d_{out}(n_i) = y_{i+} = \sum_j y_{ij}$。因有向网络的邻接矩阵不具有对称性，所以通常 $y_{i+} \neq y_{+i}$。可见，节点 n_i 的入度为以 n_i 为头节点的连接个数，节点 n_i 的出度为以 n_i 为尾节点的连接个数。

从社会学角度看，入度可作为节点权威性（authority）的体现。例如，在以网站为节点反映不同网站间超链接关系的双向网络中，某网站（节点）的入度越高，表明从很多网站都能链接到该网站，该网站应是高人气、高权威性的网站，如大型门户网站等。出度可作为节点枢纽性（hub）的体现。例如，在反映网站超链接关系的双向网络中，某网站（节点）的出度高，表明该网站提供了许多跳转到其他网站的超链接，该网站是个重要的枢纽网站，如大型导航网站等。

对于加权网络，节点度的定义同无向网络。不同点在于，加权网络邻接矩阵 $\boldsymbol{Y}$ 中的元素均为权重，所以这里节点 n_i 的度是个加权的度。

2. 相关 R 函数和示例

计算度的 R 函数是 degree，基本书写格式为：

> degree(graph=网络类对象名，v=节点对象，mode =方向类型)

其中，若仅计算某个指定节点的度，可指定参数 v，否则无须定义；对于有向网络，需指定参数 mode 为"out"，"in"，"all"，依次表示出度、入度和度（出度＋入度）。

对于加权网络计算加权度的 R 函数是 graph. strength，基本书写格式为：

> graph. strength(graph=网络类对象名，vids=节点对象，mode=方向类型)

参数含义同 degree 函数。

例如，对图 12-1 和图 12-2 中的 G2，G7 网络计算度，对 G8 网络计算加权的度。具体代码和部分结果如下：

```
degree(graph＝G2,v＝V(G2),mode="all")   ＃计算 G2 中各节点的度
A B C D
2 3 1 2
degree(graph＝G2,v＝V(G2)[4],mode="all")   ＃计算 G2 中第 4 个节点的度
D
2
degree(graph＝G7,mode="in")   ＃计算 G7 中各节点的入度
```

```
A B C D E
0 1 2 2 1
adj. G8 <- as. matrix(get. adjacency(G8, attr="weight"))
rowSums(adj. G8)    #利用加权的邻接矩阵计算加权出度
[1] 1.8 0.1 0.7 0.0 0.2
graph. strength(graph=G8, mode="out")    #计算 G8 加权度（出度）
   A   B   C   D   E
1.8 0.1 0.7 0.0 0.2
```

本例说明如下：
- 对于无向网络，参数 mode="all" 表示计算度。
- 对 G7（有向网络）计算入度。结果表明，C，D 两个节点的"权威性"高于其他节点。
- 可利用 graph. strength 计算加权度，还可以直接利用加权的邻接矩阵计算加权的出度。

二、测地线距离和相关 R 函数

1. 测地线距离

对于无向网络，若网络中节点 n_i 和 n_j 间存在直接连接，称 n_i 到 n_j 的无向游走步数为 1 步。若节点 n_i 和 n_j 通过"中介"节点 n_k 相连，则 n_i 到 n_j 的无向游走步数为 2，等等。步数可作为两节点间几何距离的测度。节点 n_i 和 n_j 间可能存在 k 条游走"路线"，其中距离最短者称为最短路径（shortest path）。最短路径的距离称为节点 n_i 和 n_j 间的测地线距离（geodesic distance），记为 $d(n_i, n_j)$。节点 n_i 和 n_j 间可能存在多条不同的最短路径。

对于有向网络，需依方向游走，根据带方向的最短路径计算测地线距离。

在加权网络中，若节点 n_i 和 n_j 间的连接权重为 0.5，则 n_i 到 n_j 的游走步数为 0.5 步。其他同理。所以，$d(n_i, n_j)$ 为加权的测地线距离。

从几何意义上看，测地线距离的大小反映了两节点间距离的远近。测地线距离可基于邻接矩阵计算得到。

进一步，若网络 G 具有连通性，网络中所有节点测地线距离中的最大值，称为网络 G 的直径（diameter）。可见，网络的直径越大，边界上的两个最远节点间的距离越远，网络"战线"越长或覆盖区域越广。相对于直径较小的同规模网络，该网络的整体"凝聚力"较弱。对网络中的组件也可以计算直径，进而对比各个组件的"凝聚力"。

2. 相关 R 函数和示例

计算测地线距离的 R 函数是 shortest. paths，基本书写格式为：

    shortest. paths(graph=网络类对象名, v=起始节点对象, to=终止节点对象, mode=方向类型)

式中，参数 v 和 to 分别指定从哪个节点至哪个节点，省略表示所有节点；对于有向网络，需指定参数 mode 为"out"，"in"，分别表示以起始节点为尾节点或头节点做有向游走的测地线距离，或取"all"，表示忽略方向。

计算直径的 R 函数为：

diameter(graph＝网络类对象名,directed＝TRUE/FALSE,unconnected＝TRUE/FALSE)

式中，参数 directed 取 TRUE 或 FALSE，表示对于有向网络计算直径时考虑方向或忽略方向，默认值为 TRUE；参数 unconnected 指定对不连通的网络如何计算直径，取 TRUE 表示计算各组件的直径并以其中的最大值作为网络的直径，取 FALSE 表示以网络节点个数作为网络直径的估计。

例如，对图 12-1 和图 12-2 中的 G2，G7 网络计算测地线距离和直径，具体代码和结果如下：

```
shortest. paths(graph＝G2,v＝V(G2),to＝V(G2)$ name＝＝"A")   ＃计算 G2（无向）
中所有节点到 A 的测地线距离
  A
A 0
B 1
C 2
D 1
diameter(graph＝G2)   ＃计算 G2 的直径
[1] 2
shortest. paths(graph＝G7,v＝V(G7)[2],mode＝"out")   ＃计算 G7（无向）中 B 到所有
节点的测地线距离（B 为尾节点）
    A B C D  E
B Inf 0 1 2 Inf
diameter(graph＝G7,directed＝TRUE,unconnected＝TRUE)   ＃计算 G7 的直径
[1] 2
```

本例 G7 网络中，以 B 节点为尾节点没有指向 A 和 E 的有向游走，所以测地线距离以 Inf 表示。

12.2.2 节点"中心"作用的测度：点度中心度和接近中心度

点度中心度和接近中心度从两个不同角度度量节点"中心"作用的强弱。

一、点度中心度

点度中心度以节点与其他节点连接个数的多少度量其"中心"作用的强弱。由于节点 n_i 的度 $d(n_i)$ 的大小受网络总节点个数 N 的影响，通常较大的 N 倾向于导致较大的 $d(n_i)$。所以，在对比某成员（节点）在不同系统（网络）中的重要性大小时，应消除系统（网络）规模对度计算的影响，对度进行标准化处理。节点 n_i 的点度中心度（degree centrality）即为标准化度，记为 $C_D(n_i)$，是度 $d(n_i)$ 与其最大可能度数之比。

在总节点个数等于 N 的无向网络中，$d(n_i)$ 的最大可能取值为 $N-1$，$C_D(n_i)$ 定义为：

$$C_D(n_i)=\frac{d(n_i)}{N-1} \tag{12.2}$$

在总节点个数等于 N 的有向网络中，$d(n_i)$ 的最大可能取值为 $2(N-1)$，$C_D(n_i)$ 定义为：

$$C_D(n_i) = \frac{d(n_i)}{2(N-1)} = \frac{d_{in}(n_i) + d_{out}(n_i)}{2(N-1)} \tag{12.3}$$

事实上，对有向网络往往计算依入度方向的点度中心度，即 $C_D(n_i) = \frac{d_{in}(n_i)}{N-1}$，它也称为节点 n_i 的声望（prestige）。如此命名的原因是，从社会学角度认为入度通常度量了系统中某个成员受关注的程度，关注度高的成员往往是高声望者。

可见，$C_D(n_i) = 0$ 表明节点 n_i 是个"孤立"点，不与其他任何节点相连，不可能是"局部范围"内的连接"中心"，重要性很低。所以，$C_D(n_i)$ 越大，说明节点 n_i 越重要。

二、接近中心度

接近中心度从距离角度依据测地线距离度量节点"中心"作用的强弱。节点 n_i 的接近中心度（closeness centrality）记为 $C_C(n_i)$，定义为：

$$C_C(n_i) = \frac{N-1}{\sum_{j=1}^{N} d(n_i, n_j)} \tag{12.4}$$

可见，$C_C(n_i)$ 越大，说明节点 n_i 与所有其他节点的测地线距离之和越小，越可能成为几何意义上的中心，节点 n_i 越重要。

需说明的是：接近中心度仅适用于具有连通性的无向网络和具有强连通性的有向网络。

三、计算点度中心度和接近中心度的 R 函数和示例

degree 函数也可用于计算点度中心度，基本书写格式为：

degree(graph = 网络类对象名, v = 节点对象, mode = 方向类型, normalized = TRUE)

式中，参数 normalized = TRUE，表示计算标准化度，即点度中心度，normalized 的默认值为 FALSE，只计算度。其他参数含义同前。需注意的是，igraph 包均按无向网络的点度中心度定义计算 $C_D(n_i)$。

closeness 函数用于计算接近中心度，基本书写格式为：

closeness(graph = 网络类对象名, vids = 节点对象, mode = 方向类型, normalized = FALSE/TRUE)

式中，参数 normalized = TRUE，表示计算接近中心度；normalized 的默认值为 FALSE，表示计算 $C_C(n_i) \times (N-1)$。其他参数含义同 degree 函数。

尽管接近中心度仅适用于具有连通性的无向网络和具有强连通性的有向网络，但 igraph 包对具有弱连通性的有向网络也可计算接近中心度。计算规则是：若节点 n_i 和 n_j 不存在指定方向的连接，该步长强行指定为网络的节点个数。

例如，对图 12-1 和图 12-2 中的 G2，G8 网络，计算点度中心度和接近中心度的具体代码和部分结果如下：

```
degree(graph=G2,normalized=TRUE)    #计算G2各节点的点度中心度
          A         B         C         D A B C D
0.6666667 1.0000000 0.3333333 0.6666667 2 3 1 2
closeness(graph=G2,vids=V(G2),normalized=TRUE)    #计算G2各节点的接近中
心度
   A    B    C    D A B C D
0.75 1.00 0.60 0.75 4 3 5 4
closeness(graph=G8,mode="out",normalized=TRUE)    #依出度计算G8各节点的加
权接近中心度
          A         B         C         D         E
1.4285714 0.3669725 0.2547771 0.2000000 0.2631579
   A    B    C    D    E
2.8 10.9 15.7 20.0 15.2
```

本例说明如下：

● 对 G2（无向网络）的点度中心度，右侧数字为各节点的度，它们分别除以 3 得到左侧的点度中心度；对 G2（无向网络）的接近中心度，右侧数字为各节点与其他节点的测地线距离之和，它们分别被 3（3＝N−1）除得到左侧的接近中心度。可见，节点 B 是 G2 中的重要节点。

● 对 G8（有向加权网络）的依出度的接近中心度，下面一行数字为各节点与其他节点依出度方向的测地线距离之和，它们分别被 4（4＝N−1）除得到上面一行的接近中心度。由于节点 B 沿出度方向无法游走至 A 和 E，按照计算规则，它与 A，E 的测地线距离均等于 N＝5。其他类似。

四、计算点度中心度和接近中心度的必要性探讨

上例 G2 网络中，无论依点度中心度还是接近中心度，B 节点均是重要节点，但有时结论并不一致，如下例所示。

```
G10 <- graphempty（n=16，directed=FALSE）
G10 <- add.edges（G10，c（1，2，1，3，1，4，1，5，1，6，6，7，7，8，7，9，7，10，7，11，11，12，12，13，12，14，12，15，12，16））
set.seed（12345）
plot（G10，main=" G10 网络"，layout=layout.fruchterman.reingold（G10））
degree（graph=G10，normalized=TRUE）
[1] 0.33333333 0.06666667 0.06666667 0.06666667 0.06666667 0.13333333 0.33333333 0.06666667
[9] 0.06666667 0.06666667 0.13333333 0.33333333 0.06666667 0.06666667 0.06666667 0.06666667
closeness（graph=G10，normalized=TRUE）
[1] 0.3488372 0.2631579 0.2631579 0.2631579 0.2631579 0.4054054 0.4545455 0.3191489
[9] 0.3191489 0.3191489 0.4054054 0.3488372 0.2631579 0.2631579 0.2631579 0.2631579
```

本例说明如下：

● 本例的网络 G10 的可视化结果如图 12−7 所示。

● 从点度中心度看，第 1，7，12 号节点是重要节点。但图 12−7 表明，第 1，12 号节点并非几何意义上的网络中心，而接近中心度表明，第 7 号节点才是。所以，从点度中心

度和接近中心度两个角度考察节点的重要性，是极为必要的。

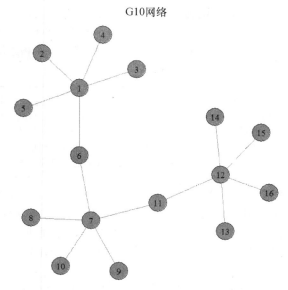

G10网络

图 12 - 7　G10 网络可视化结果

12.2.3　节点"枢纽"作用的测度：中间中心度

一、中间中心度

直观上，若节点 n_i 是网络的连接"枢纽"，则一定有很多"路线"经过 n_i。可依"路线"的多少测度节点"枢纽"作用的强弱。中间中心度（betweenness centrality）就是根据该思路构造的测度，记为 $C_B(n_i)$，定义为：

$$C_B(n_i) = \sum_{j \neq k, j \neq i, k \neq i} \frac{\sigma_{jk}(n_i)}{\sigma_{jk}} \tag{12.5}$$

其中，节点 n_j 和 n_k 间可能存在多条不同的最短路径。σ_{jk} 表示节点 n_j 与 n_k 间最短路径的条数；$\sigma_{jk}(n_i)$ 表示其中有多少条经过节点 n_i。$C_B(n_i)$ 是必经节点 n_i 的条数与网络中除节点 n_i 之外的所有节点对间的最短路径条数之比的和。可见，$C_B(n_i)$ 越大，表明必须经过节点 n_i 的最短路径条数越多，节点 n_i 的"枢纽"作用越强越重要。进一步，为克服网络规模对中间中心度结果的影响，可计算标准化 $C_B(n_i)$，标准化公式为：$2\dfrac{C_B(n_i)}{N^2-3N+2}$。

从社会学角度看，具有较高中间中心度的节点（成员）往往在网络（系统）中起联络人或桥梁的作用。

进一步，可将中间中心度拓展到网络的连接上，计算连接 e_i 的中间中心度，即计算节点 n_j 与 n_k 间的最短路径中有多大比例的路径包含连接 e_i，从而度量连接 e_i 的重要性。中间中心度高的连接因是众多路径的"必经之路"，是网络中的重要连接。

二、中间中心度 R 函数和示例

betweenness 函数用于计算中间中心度，基本书写格式为：

betweenness(graph＝网络类对象名，v＝节点对象，normalized ＝ FALSE/TRUE)

参数含义同 degree 函数的参数。

edge. betweenness(graph＝网络类对象名）可计算连接的中间中心度。

例如，对图 12－7 中的 G10 网络计算节点的中间中心度和连接的中间中心度，具体代码和部分结果如下：

```
betweenness(graph＝G10,normalized＝TRUE)   ＃计算 G10 各节点的中间中心度
[1] 0.4761905 0.0000000 0.0000000 0.0000000 0.0000000 0.4761905 0.7142857 0.0000000
[9] 0.0000000 0.0000000 0.4761905 0.4761905 0.0000000 0.0000000 0.0000000 0.0000000
edge. betweenness(graph＝G10)   ＃计算 G10 各连接的中间中心度
[1] 15 15 15 15 55 60 15 15 15 60 55 15 15 15 15
```

本例说明如下：

● 节点的中间中心度结果表明，第 7 号节点的"枢纽"作用是最强的。同时发现，第 6，11 号节点有与第 1 和 12 号节点相同的"枢纽"作用。前面的分析中，尽管第 6，11 号节点"中心"作用较弱，貌似不重要，但因其"枢纽"作用较强，所以第 6，11 号节点也是重要节点。

● 连接的中间中心度结果表明，节点 6，7 以及节点 7，11 间的连接是最重要的，它们均处在网络的中间。

综上所述，网络节点个体重要性的测度应兼顾"中心"和"枢纽"两个方面，忽略任何一个方面都可能得不到全面的分析结论。

12.2.4　节点重要性的其他方面：结构洞和关节点、特征向量中心度和 PageRank 得分

一、结构洞和关节点及 R 函数

结构洞（structural hole）的概念是 Ronald Burt 于 1992 年提出的。Burt 认为，在一个系统（网络）中，若某个成员（节点）退出系统，使得局部系统中的其他成员（节点）间不再有任何联系（连接），从结构上看就像局部网络中出现了一个关系断裂的"洞穴"，该成员就称为一个结构洞。结构洞理论内容非常丰富，大部分均超出了本书的讨论范围。同时，实际网络中结构洞因地位过于"权威"而凤毛麟角。

与结构洞有类似特征的是关节点（articulation points），也称切割点。关节点是那些若剔出网络将导致网络的组件数大大增加的节点。关节点不存在，网络将变成两个或多个互不连接的独立子网络或单个"孤立"节点。关节点在构成组件中起到了"中枢"作用。从社会学意义看，该成员在系统中具有局部中心地位。

R 的 articulation. points 函数能找到网络中的关节点，基本书写格式为：

articulation. points(graph＝网络类对象名）

articulation. points 将忽略网络连接的方向性，均视为无向网络。

例如，找到图 12－7 的 G10 网络中的关节点，具体代码和结果如下。

```
articulation. points(graph＝G10)   ＃找到 G10 的关节点
[1]  7 12 11  6  1
```

分析结果表明，关节点均为前面分析中的重要节点。

二、特征向量中心度和 R 函数

特征向量中心度也是度量节点重要性的测度量。其基本出发点是：如果节点 n_i 较为重要，则节点 n_i 应与其他重要节点有较多的连接。依据该出发点，节点 n_i 位于邻接矩阵 $\boldsymbol{Y}$ 的第 i 行，节点 n_i 的特征向量中心度（eigenvector centrality）定义为：

$$E_i = \frac{1}{\lambda} \sum_{j=1}^{N} y_{ij} E_j \qquad (12.6)$$

式中，λ 为一个常数；N 为节点总数；y_{ij} 为邻接矩阵 $\boldsymbol{Y}$ 第 i 行第 j 列上的元素；E_j 为与节点 n_i 相连或不相连的第 j 个节点的特征向量中心度。对与节点 n_i 不相连的节点 n_j，因 $y_{ij}=0$，E_j 对 E_i 没有影响，否则将产生影响。

式（12.6）表明，若节点 n_i 与 N 个节点中的若干个重要（即特征向量中心度高）节点相连，则 E_i 应较大，节点 n_i 较重要。计算节点 n_i 的特征向量中心度涉及其他节点 n_j 特征向量中心度的计算，需要反复迭代。

进一步，对所有节点，式（12.6）可改写为：$\lambda \boldsymbol{E} = \boldsymbol{YE}$。其中，$\boldsymbol{Y}$ 为邻接矩阵，$\boldsymbol{E}$ 为包含 E_1，E_2，$\cdots$，E_N 元素的向量。可见，计算各个节点特征向量中心度即为求解邻接矩阵 $\boldsymbol{Y}$ 的特征值 λ 和对应的特征向量 $\boldsymbol{E}$，这是该测度量得名的原因。

由于可有多个特征向量，应附加约束条件：重要性的测度量为正数。这意味着特征向量中心度 $\boldsymbol{E}$ 应为最大非负特征值对应的特征向量。

可利用 get. adjacency 得到网络的邻接矩阵 $\boldsymbol{Y}$，并利用 eigen 计算 $\boldsymbol{Y}$ 的特征值和对应的特征向量。也可以直接采用 evcent 函数计算特征向量中心度，evcent 函数的基本书写格式为：

evcent(graph＝网络类对象名，scale＝TRUE/FALSE)

式中，参数 scale 取 TRUE，表示将 $\boldsymbol{E}$ 中的最大元素作为单位 1，将其他元素映射到相应取值上，以方便重要性的对比；取 FALSE 表示不做调整。evcent 函数的返回结果为包含 vector 和 value 等成分名的列表。vector 为各节点特征向量中心度，value 为最大特征值。

例如，对 G10 网络计算各个节点的特征向量中心度，具体代码和部分结果如下：

```
adj. G10 <- as. matrix(get. adjacency(G10))    ＃得到 G10 的邻接矩阵
eigen(adj. G10)    ＃计算 G10 邻接矩阵的特征值和特征向量
$values
 [1]  2.532630  2.236068  1.893617  0.000000  0.000000  0.000000  0.000000  0.000000
 [9]  0.000000  0.000000  0.000000  0.000000  0.000000 -1.893617 -2.236068 -2.532630

$vectors
              [,1]          [,2]         [,3]          [,4]          [,5]          [,6]          [,7]
 [1,]  0.3535534 -5.000000e-01 -0.35355339  0.00000000  0.00000000  0.00000000  0.00000000
 [2,]  0.1395993 -2.236068e-01 -0.18670794 -0.25359569 -0.25359569 -0.25359569 -0.25359569
 [3,]  0.1395993 -2.236068e-01 -0.18670794 -0.07404485 -0.07404485 -0.07404485 -0.07404485
 [4,]  0.1395993 -2.236068e-01 -0.18670794  0.08288351  0.08288351  0.08288351  0.08288351
 [5,]  0.1395993 -2.236068e-01 -0.18670794 -0.07404485 -0.07404485 -0.07404485 -0.07404485
 [6,]  0.3370226  2.236068e-01  0.07733696  0.31880187  0.31880187  0.31880187  0.31880187
 [7,]  0.5000000  8.065812e-16  0.50000000  0.00000000  0.00000000  0.00000000  0.00000000
 [8,]  0.1974232  5.430769e-16  0.26404491 -0.03126365 -0.03126365 -0.03126365 -0.03126365
 [9,]  0.1974232  5.430769e-16  0.26404491 -0.03126365 -0.03126365 -0.03126365 -0.03126365
[10,]  0.1974232  5.430769e-16  0.26404491 -0.03126365 -0.03126365 -0.03126365 -0.03126365
[11,]  0.3370226  2.236068e-01  0.07733696 -0.22501092 -0.22501092 -0.22501092 -0.22501092
[12,]  0.3535534  5.000000e-01 -0.35355339  0.00000000  0.00000000  0.00000000  0.00000000
[13,]  0.1395993  2.236068e-01 -0.18670794 -0.19374727 -0.19374727 -0.19374727  0.80625273
[14,]  0.1395993  2.236068e-01 -0.18670794 -0.19374727 -0.19374727  0.80625273 -0.19374727
[15,]  0.1395993  2.236068e-01 -0.18670794 -0.19374727  0.80625273 -0.19374727 -0.19374727
[16,]  0.1395993  2.236068e-01 -0.18670794  0.80625273 -0.19374727 -0.19374727 -0.19374727
```

```
ev. G10 <- evcent(graph＝G10,scale＝FALSE)    ＃计算 G10 中各节点的特征向量中心度
ev. G10 $ vector
[1] 0.3535534 0.1395993 0.1395993 0.1395993 0.1395993 0.3370226 0.5000000 0.1974232
[9] 0.1974232 0.1974232 0.3370226 0.3535534 0.1395993 0.1395993 0.1395993 0.1395993
```

本例中，最大特征值为 2.53，对应的特征向量如圈中内容所示。可见，特征向量中心度较大的节点是第 7，12，1，6，11 号节点，它们是较为重要的节点。

三、PageRank 得分和 R 函数

PageRank 是 S. Brin 和 L. Page 于 1998 年提出的度量网络节点重要性的测度得分，也称 PageRank 算法，是 Google 搜索算法的基础。节点 n_i 的 PageRank 得分记为 $PR(n_i)$，定义为：

$$PR(n_i) = \frac{1-d}{N} + d \sum_{j=1}^{N} \frac{y_{ij}}{y_{j+}} PR(n_j) \tag{12.7}$$

式中，d 称为阻尼系数，是个可调参数，S. Brin 和 L. Page 建议取 0.85。对于有向网络，y_{ij} 是其邻接矩阵 $\boldsymbol{Y}$ 中第 i 行第 j 列上的元素（取值为 1 或 0），表示节点 n_j 和 n_i 间是否存在有向连接，y_{j+} 是第 j 行元素之和，是节点 n_j 的出度；对于无向网络，y_{ij} 仅表示节点 n_j 和 n_i 间存在连接，y_{j+} 是节点 n_j 的度。可见，$PR(n_i)$ 取决于 $PR(n_j)$，是 $PR(n_j)$ 的一个加权。所以，PageRank 算法是个迭代算法。

R 的 page. rank 函数用于实现 PageRank 算法，基本书写格式为：

page. rank(graph＝网络类对象名,vids＝网络节点,directed＝TRUE,damping＝0.85)

式中，参数 damping 为阻尼系数，默认值为 0.85。page. rank 函数的返回结果为列表，其中名为 vector 的成分存储了各节点的 PageRank 得分，可依据该得分判断节点的重要性。

例如，对图 12 - 7 的 G10 网络，计算各节点的 PageRank 得分，具体代码和结果如下。

```
PR. G10 <- page. rank(graph＝G10,damping＝0.85)    ＃计算 PageRank 得分
order(PR. G10 $ vector,decreasing＝TRUE)    ＃依 PageRank 得分降序排序
[1]   1 12  7 11  6  4 15  2  3  5 14 16 13  8  9 10
```

计算结果表明，第 1，12，7，11，6 号节点得分较高，是重要节点。

至此，网络分析第一层次的讨论告一段落。请读者自行分析空手道俱乐部数据，找到俱乐部网络中的"重要"人物。

12.3 网络子群构成特征研究

子群分析是网络分析的第二个层次。它将研究范围从单个节点拓展到某些覆盖多个节点的局部区域。这些局部区域中节点间的关系更为密切或特殊，形成相对独立的小群体，也称子群。

子群分析的必要性源于社会学、人类学和心理学等领域的研究成果，即各种社会结构

与组织中均存在具有多样性的不断变化的小群体。一个组织的规模越大、越复杂，包含的小群体就越多，小群体的关系特征可能越有差异。小群体不仅影响组织内部成员之间的关系，也影响组织的有效运行和发展。

子群是由网络中的一组具有连通性的多个节点组成的节点集合，即连通性子网络。典型的子群类型有：二元关系、三元关系、派系、k-核等。除了具有连通性特点之外，不同类型的子群还侧重体现不同的局部关系特点，体现不同的社会学可解释的关系意义。

子群分析的主要目标是基于上述子群类型，找到网络中包含的各种子群和数量，并借助子群特点和所体现的局部关系，细致刻画网络的结构组成特征。以下将就这些方面进行讨论，并给出 R 的相关实现代码。

12.3.1　二元关系和三元关系及 R 函数

一、二元关系

二元关系（dyad）通常针对有向网络而言，是有向网络中仅涉及两个节点的最小子群。有向网络中，节点 n_i 和 n_j 间的二元关系有三种状态：第一，$y_{ij} = y_{ji} = 1$，表示节点 n_i 和节点 n_j 间存在双向互惠关系；第二，$y_{ij} = 1$ 且 $y_{ji} = 0$（或 $y_{ij} = 0$ 且 $y_{ji} = 1$），表示节点 n_i 和节点 n_j 间存在单向依存的不对称关系；第三，$y_{ij} = y_{ji} = 0$，表示节点 n_i 和节点 n_j 间不存在关系。网络中各种二元关系状态的数量称为二元关系普查量（dyad census）。

因二元关系的不同状态体现了两节点间的不同关系类型，所以计算一个特定网络中的二元关系普查量并与其他网络作对比，有助于量化不同网络的互惠或依存关系的强弱。

从网络分析的角度讲，计算网络二元关系普查量的出发点是：事前认为该网络可能存在互惠或依存关系，或者该网络具有比其他网络更强的互惠或依存关系。计算二元关系普查量的目的就是验证互惠或依存关系是否真实存在于网络中，或者该网络是否确实具有更强的关系。社会交换理论（Blau，1964；Homans，1958，1974）、网络交换理论（Willer and Skvoretz，1997）和资源依赖理论（Emerson，1962，1972；Pfeffer and Salancik，1978）等研究表明，体现资源交换和资源依赖关系的网络，由于个体或组织间通过交换原材料或信息资源形成连接，所以具有更强互惠或依存关系的可能性较大。

二、三元关系

三元关系（triad）是涉及三个节点的比二元关系高一层的关系。若用 A，B，C 表示三个节点，它们之间的三元关系有 16 种可能的状态，如表 12-1 所示。

表 12-1　　　　　　　　　　　三元关系的 16 种情况

1. 均无连接	2. A→B，C	3. A↔B，C	4. A←B→C
5. A→B←C	6. A→B→C	7. A↔B←C	8. A↔B→C

| 9. A→B←C, A→C | 10. A←B←C, A→C | 11. A↔B↔C | 12. A←B→C, A↔C |
| 13. A→B←C, A↔C | 14. A→B→C, A↔C | 15. A→B↔C, A↔C | 16. A↔B←C, A↔C |

三元关系体现了关系的传递性和循环性。如表 12-1 中的第 6 种就是典型的关系传递性，在这种情况下，C 有较高的概率指向 A，也是研究三元关系的意义所在。表 12-1 中的第 10 种是典型的关系循环性的表现。认知平衡理论（Heider，1958；Holland and Leinhardt，1975）认为，关系的传递性常见于情绪网络或行政关系网络中。关系的循环性可利用一般交换理论（Bearman，1997）来解释。

计算网络中各种三元关系的前提也是认为网络可能体现上述关系，并希望通过三元关系普查量验证这种关系是否存在。

三、R 函数和示例

计算二元关系普查量的 R 函数是 dyad. census 函数，基本书写格式为：

    dyad. census(graph＝网络类对象名)

网络类对象应为有向网络。dyad. census 的函数返回结果为一个列表，包括名为 mut，asym 和 null 的三种成分，分别为互惠关系、单向依存不对称关系和无关系的数量。

计算三元关系普查量的 R 函数是 triad. census 函数，基本书写格式为：

    triad. census(graph＝网络类对象名)

triad. census 函数的返回结果为一个数值向量，依次给出表 12-1 中所列 16 种情况的数量。

例如，对图 12-2 中的 G7 网络计算二元关系和三元关系普查量，具体代码和结果如下。

```
dyad. census(graph＝G7)    ＃计算 G7 网络的二元关系普查量
$mut
[1] 0

$asym
[1] 6

$null
[1] 4
triad. census(graph＝G7)    ＃计算 G7 网络的三元关系普查量
[1] NaN  3  0  2  1  3  0  0  1  0  0  0  0  0  0  0
```

二元关系普查量表明：G7 网络中不存在互惠关系，G7 网络更多体现的是一种单向依存的非对称关系。从社会学角度看，它可能是组织结构中行政管理关系的体现。

12.3.2 派系和 k–核及 R 函数

一、派系及 R 函数

12.1 节曾经讨论过组件和完备性的概念，这里在此基础上讨论派系。若网络 G 中的一个组件 G' 是完备的，且不被其他的完备组件包含，则称 G' 为网络 G 的一个派系（clique）。如图 12–1 中的 G4 网络，剔除任意一个节点的所有连接后的网络即为 G4 的一个派系。

派系是一个局部意义上的最大（maximal）完备子网络，因所有节点两两直接连接而具有最强的凝聚性。所谓最强凝聚性子网，通常是指剔除子网中的某些节点后，并不能破坏剩余节点的完备性。

找到网络中各派系的 R 函数是 maximal. cliques，基本书写格式为：

$$maximal.\ cliques(graph=网络类对象名, min=n_1, max=n_2)$$

maximal. cliques 用于找到指定网络类对象中派系成员个数在 n_1 和 n_2 之间的所有派系，参数 min 和 max 可以略去，即找到所有派系。R 的派系更强调完备性。

进一步，可利用 largest. cliques(graph=网络类对象名) 函数，找到所有派系中成员个数最多的派系，称为最大派系（largest cliques）；clique. number(graph=网络类对象名) 会给出最大派系包含的成员个数。

例如，生成 G11 网络并找到各个派系等，具体代码和结果如下。

```
G11 <- graph. empty(n=12,directed=FALSE)
G11 <- add. edges(G11,c(1,2,1,4,1,9,2,3,2,4,2,9,3,4,3,5,5,6,5,7,5,8,6,7,6,10,
6,11,6,12,7,8,9,10,10,11,10,12,11,12))
par(mfrow=c(2,2))
set. seed(12345)
plot(G11,main="G11 网络",layout=layout. fruchterman. reingold(G11),vertex. size=
30)
maximal. cliques(graph=G11,min=3,max=4)    #找到 G11 中派系成员个数为 3 和 4
的所有派系
[[1]]
[1] 9 1 2

[[2]]
[1] 8 5 7

[[3]]
[1]  6 10 11 12

[[4]]
[1] 6 7 5

[[5]]
[1] 4 2 3

[[6]]
[1] 4 2 1
largest. cliques(graph=G11)    #找到 G11 中的最大派系
```

```
[[1]]
[1]   6 10 11 12
clique. number(graph=G11)    #给出 G11 中最大派系的成员个数
[1] 4
set. seed(12345)
plot(G11,main="G11 网络中的派系",layout=layout. fruchterman. reingold(G11),ver-
tex. size=30,vertex. color=c(0,0,5,0,0,0,0,2,6,3,3,3))
```

本例中，G11 网络如图 12-8（a）所示。其中，(9，1，2)、(1，2，4)、(2，3，4)、(5，7，8)、(5，6，7) 为包含 3 个成员的派系；(6，10，11，12) 为包含 4 个成员的派系，是最大派系。(10，11，12) 虽具有完备性但不是派系，原因是它为派系 (6，10，11，12) 所包含，不是最大完备子网络。

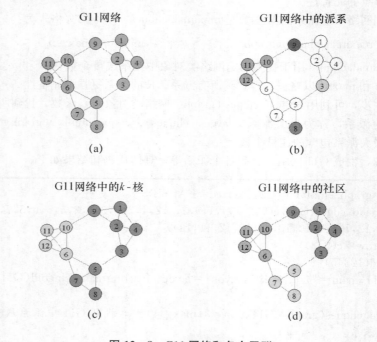

图 12-8　G11 网络和各个子群

尽管派系中各节点两两直接相连，具有最强的凝聚性，但事实上，网络中的许多派系可能并没有特别重要的意义，有意义的派系只是少数。同时，也会出现派系成员重叠（overlay）的情况。

例如，上述 G11 中，相对派系 (6，10，11，12)，其他多个派系的重要性均不突出，且出现了派系重叠。如图 12-8（b）中，不同颜色代表不同派系，且白色节点为不同派系的重叠节点。

此外，派系的完备性使得派系可能仅占据网络的极少部分，凝聚性被网络中大部分的"稀疏"性抵消而无法对整个网络系统产生有效影响。k-核概念的提出更具应用意义。

二、k-核及 R 函数

k-核（k-core）侧重以度定义子群，有与派系类似的特点，是 Stephen B. Seidman[1] 于 1983 年提出的。若 G' 是网络 G 的一个最大连通性子网络，且 G' 中的每个节点均至少与其他 k 个节点直接连接，即 G' 中每个节点的度均大于等于 k，则称 G' 是网络 G 的一个 k-核。可见，k-核至少包括 $k+1$ 个节点。如果包含 $k+1$ 个节点的 k-核中，每个节点的度均等于 k，则该 k-核即为一个派系。此时，派系是最严格意义上的 k-核的特例。相对于派系，虽然 k-核不具有最高的凝聚性，但所有高凝聚性的子集均包含在 k-核中。

两个直接连接的节点构成 1-核，一个包含 3 个节点的具有连通性的网络，最大是个 2-核，也可能不存在 2-核，仅是 1-核。

节点 n_i 的核（coreness）等于 m，如果它属于 m-核但不属于（$m+1$）-核。只要节点 n_i 不是"孤立"点，它至少是一个 1-核成员，也可能属于更大的核。

计算网络节点核的 R 函数是 graph. coreness 函数，基本书写格式为：

　　graph. coreness(graph＝网络类对象名,mode＝方向类型)

式中，无向网络忽略参数 mode；有向网络中参数 mode 的可取值有"all"、"out"、"in"，一般取"all"。

例如，对于 G11 网络计算 k-核。具体代码和部分结果如下：

```
graph. coreness(graph＝G11)
[1] 2 2 2 2 2 3 2 2 2 3 3 3
set. seed(12345)
plot(G11,main＝"G11 网络中的 k-核",layout＝layout. fruchterman. reingold(G11),ver-
tex. size＝30,vertex. color＝graph. coreness(graph＝G11))
```

本例中，节点（6，10，11，12）为一个极端情况下的 3-核，其中各节点的核等于 3，表示属于 3-核成员；剩余其他节点构成一个 2-核，各节点的核均等于 2，表示属于 2-核。与 G11 的派系结果相比，k-核作为一个子群，如本例（1，2，3，4，5，7，8，9）构成的 2-核，凝聚程度略低。其意义在于将 4 个高凝聚性但重要程度不高的派系合并在一起，克服了派系的某些不足。如图 12-8（c）所示，不同颜色代表不同的 k-核。

12.3.3　社区和组件及 R 函数

通常认为网络可能由多个社区组成。社区（community）也称模块（module），是一个子网络，特点是子网络内部各节点的连接相对紧密，子网络之间的连接相对稀疏。

一、社区及 R 函数

1．社区结构划分算法概述

网络社区结构的划分方法众多，主要有基于划分的方法、模块度方法、随机游走方法、密度子图方法等。每种方法又有众多具体策略不同的算法。

以 Girvan 和 Newman 在 2004 年提出的 G-N 算法为例，算法属于基于划分方法的范

① Stephen B. Seidman. Network Structure and Minimum Degree. Social Networks，1983，5（3）：269-287.

畴，以连接的中间中心度（见 12.2.3 节）为依据进行网络分割。因社区内部节点之间的联系相对紧密，社区之间只有较少量的连接，所以直观上社区间的连接比社区内部的连接有更大的中间中心度。基于这样的理解，G-N 算法通过逐步移除具有较高中间中心度的连接，把社区划分开来，进而最终得到相互独立的社区。

又例如，2005 年 Latapy 和 Pons 提出了一种基于随机游走（random walk）的网络社区结构划分算法，思路类似于统计学中基于相似性度量的分层聚类（hierarchical clustering）。算法基于邻接矩阵等计算各个节点的相似度，并以相似度为基础进行分层聚类。最初将网络中的每个节点视为一个独立的社区，然后逐步合并相似度高的节点，直到所有节点合并为一个社区为止。

诸多社区结构划分算法都存在怎样的社区划分较为合理的问题。事实上，网络社区结构划分的合理性在于划分所得的各个社区，其内部是否确实有较高的凝聚性，为此可采用模块度进行测度。

2. 模块度

模块度（modularity）是由 Mark NewMan 在 2004 年提出的，网络的模块度 Q 定义为：

$$Q = \sum_{ij} \left[\frac{y_{ij}}{2m} - \frac{d(n_i)d(n_j)}{(2m)^2} \right] \delta(C_i, C_j) = \frac{1}{2m} \sum_{ij} \left[y_{ij} - \frac{d(n_i)d(n_j)}{2m} \right] \delta(C_i, C_j) \quad (12.8)$$

式中，m 为网络的总连接或加权连接数，$2m$ 为网络节点度或加权度之和；y_{ij} 是邻接矩阵第 i 行第 j 列的元素，取 0 或 1 或权重；在给定节点度的随机网络中，因不包含社区不存在连接的"倾向性"，各节点之间是否存在连接是随机且相互独立的。此时，若节点 n_i 的度等于 $d(n_i)$，它对外存在直接连接的概率为 $P_i = d(n_i)/2m$，节点 n_i 与节点 n_j 直接相连的概率为 $P_{ij} = P_i P_j = \frac{d(n_i)d(n_j)}{(2m)^2}$；$C_i$，$C_j$ 是节点 n_i 与节点 n_j 所属的社区编号；$\delta(C_i, C_j)$ 是一个示性函数，若节点 n_i 与节点 n_j 属同一社区，取值为 1，否则取值为 0。

由模块度的定义可见，若节点 n_i 与节点 n_j 存在于一个社区中，因社区内部应具有高凝聚性，所以其连接概率应高于纯随机下的连接概率，即 $\frac{y_{ij}}{2m} - \frac{d(n_i)d(n_j)}{(2m)^2} > 0$，会导致 Q 增大。换言之，若节点 n_i 与节点 n_j 属于同一社区且使 Q 增大，表明节点 n_i 与节点 n_j 划分在同一社区中是合理的；相反，若节点 n_i 与节点 n_j 存在于一个社区中，但其连接概率却低于纯随机下的连接概率，即 $\frac{y_{ij}}{2m} - \frac{d(n_i)d(n_j)}{(2m)^2} < 0$，会导致 Q 减少，则说明节点 n_i 与节点 n_j 不应划分在同一社区中。节点 n_i 与节点 n_j 不在一个社区时，因 $\delta(C_i, C_j) = 0$，不对 Q 值变化产生影响。事实上，因不同社区间节点的连接很少，所以对凝聚性测度的影响较少，计算 Q 值时可忽略。

极端情况下，若令各节点均自成一个社区，此时 Q 值等于 0，默认网络节点是一盘散沙，不具凝聚性；若令所有节点均来自同一个社区，此时 Q 值反映的是实际网络与一个随机网络在凝聚性上的差异。Q 值可作为网络间凝聚性比较的依据。

总之，在社区结构划分的基础上计算模块度 Q，值越大，表明网络存在社区且社区结构划分具有合理性。

事实上，许多社区划分算法正是基于模块度 Q 设计的，典型的如 F-N 算法。F-N 算法最初将网络中 N 个节点视为 N 个独立社区，然后找到使模块度 Q 增加最快的有连接的两节点融成一个小社区，得到 $N-1$ 个社区。不断重复该步骤，其间模块度快速增加或缓慢减少，直到所有节点融为一个大社区为止。最终，Q 值最大时对应的社区结构划分是最合理的。

3. 相关 R 函数和示例

网络社区划分算法众多，因篇幅所限这里仅给出相关算法的 R 函数。

edge. betweenness. community 函数用于实现基于连接的中间中心度的社区结构划分；leading. eigenvector. community 函数用于实现基于模块度的谱策略进行社区结构划分，由 Newman 在 2006 年提出；fastgreedy. community 函数用于实现基于模块度得分优化的社区结构划分 F-N 算法；spinglass. community 函数用于实现 V. A. Traag 和 Jeroen Bruggeman 在 2008 年提出的基于正负连接的社区结构划分；walktrap. community 函数用于实现基于随机游走方法的社区结构划分。关于算法的详细内容，有兴趣的读者可参考其他论文[①]、书籍。

dendPlot 函数可将不同算法的节点融合过程以树形图的形式展示出来，基本书写格式为：

dendPlot(社区结构划分结果对象)

各种算法函数都会给出基于最终社区结构划分结果的模块度 Q 值，也可以利用 modularity 函数单独计算 Q 值，函数的基本书写格式为：

modularity(x＝网络类对象名,membership＝社区结构划分结果对象)

例如，对 G11 网络利用 G-N 算法找到社区并计算模块度 Q 值，具体代码和结果如下。

```
(com. G11 <- edge. betweenness. community(graph＝G11))    ♯基于连接的中间中心度
的 G-N 算法
Graph community structure calculated with the edge betweenness algorithm
Number of communities (best split): 3
Modularity (best split): 0.44875
Membership vector:
 [1] 1 1 1 2 3 2 2 1 3 3 3
length(x＝com. G11)    ♯社区个数
[1] 3
sizes(communities＝com. G11)    ♯各社区的节点数
Community sizes
1 2 3
5 3 4
membership(communities＝com. G11)    ♯各节点所属社区
[1] 1 1 1 2 3 2 2 1 3 3 3
modularity(x＝G11,membership(com. G11))    ♯计算模块度
```

① J. Reichardt and S. Bornholdt. Statistical Mechanics of Community Detection. Physics Review E，2006，74 (1)：016110；M. E. J. Newman and M. Girvan. Finding and Evaluating Community Structure in Networks. Physics Review E，2006，69：026113；A. Clauset，M. E. J. Newman，C. Moore. Finding Community Structure in Very Large Networks. Physics Review E，2004，70 (6)：6611；V. A. Traag and J. Bruggeman. Community Detection in Networks with Positive and Negative Links. Physics Review E，2009，80：036115；Pascal Pons，Matthieu Latapy. Computing Communities in Large Networks Using Random Walks. Computer and Information Science，2005：284-293.

```
[1] 0.44875
set. seed(12345)
plot(G11,main="G11 网络中的社区",layout=layout. fruchterman. reingold(G11),
vertex. color=com. G11 $ membership+1)    #可视化社区结构
dendPlot(com. G11) #社区成员的树形图
```

本例中，G11 网络包含 3 个社区，网络的模块度等于 0.449，是众多社区结构划分结果中最大的，也是最为合理的社区结构划分结果。最终的社区结构划分结果如图 12-8 (d) 所示，相同颜色的节点为同一社区的成员。图 12-8 直观展示了派系、k-核以及社区的差异性和特点。

社区成员的树形图如图 12-9 所示。

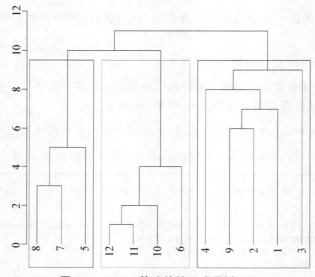

图 12-9　G-N 算法的社区成员树形图

图 12-9 中不同颜色的矩形框代表不同的社区，且直观展示了各个节点逐步融合为社区的过程。例如，第 11 和 12 号节点首先融为社区，然后 10 号节点加入该社区中，等等。因不同社区结构划分算法不同，社区成员的树形图也有差异。

二、组件及 R 函数

正如前面讨论的，组件作为最大连通性子网络，其凝聚程度可能低于派系等，但因"对外"没有连接而具有强独立性。包含一个组件和包含多个组件的网络：一方面，子群构成特点不同；另一方面，集体行动理论（Coleman, 1973, 1985；Marwell and Oliver, 1993）和公共产品理论（Fulk, Flanagin, Kalman, Monge and Ryan, 1996）的研究表明，前者中的成员更可能获得集体产品。所以，发现网络中的组件也是子群分析的重要内容。

R 中与组件有关的函数是 clusters 函数和 decompose. graph 函数。clusters 函数用于计算网络中包含几个组件以及相关的组件信息；decompose. graph 函数用于提取网络中的组件。clusters 函数的基本书写格式为：

clusters(graph=网络类对象名,mode=组件类型)

式中，参数 mode 针对有向网络，可取"weak"或"strong"，表示是否忽略有向网络的方向性，寻找弱组件或强组件。clusters 函数的返回结果为包含 3 个成分的列表，成分名为 membership，csize，no，依次表示各组件的成员、组件大小和组件个数。

decompose. graph 函数的基本书写格式同 clusters 函数。

例如，对图 12-1 中的 G3 网络计算组件信息并提取组件，具体代码和结果如下。

```
clusters(G3)  #计算 G3 包含哪些组件和组件的信息
$membership
[1] 1 1 1 2 2 2 2 3 3

$csize
[1] 3 4 2

$no
[1] 3
com. G3 <- decompose. graph(G3)  #找到 G3 中的组件
layout(matrix(1:3,nrow=1,ncol=3,byrow=TRUE))
sapply(com. G3,FUN=plot)  #可视化各个组件
```

本例中，G3 网络包含 3 个组件，各组件的节点个数分别为 3，4，2，可视化结果如图 12-10 所示。

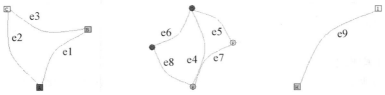

图 12-10　组件的可视化结果

至此，网络分析第二层次的讨论告一段落。请读者自行分析空手道俱乐部数据，对俱乐部网络的子群进行分析。

12.4　网络整体特征刻画

网络整体特征的刻画是网络分析的最高层次，目的是从全局角度揭示网络的整体样貌。一般有两种方式：第一，利用关于网络整体特征的测度；第二，通过各种分布刻画。

12.4.1　网络整体特征的测度

网络整体特征的测度主要有网络密度、平均测地线距离、网络聚类系数、谱半径等。

一、网络密度和 R 函数

密度（density）是网络分析中常用的一种度量全局网络特征的测度量，它从连接个数

的角度测度网络节点间的密集程度。当网络节点个数 N 确定后，节点之间的连接线越多，表明该图的密度越大。无向网络的密度 D 定义为：

$$D = \frac{E}{\frac{N(N-1)}{2}} \tag{12.9}$$

式中，E 为网络的总连接数；N 为节点总数。有向网络的密度 D 定义为：

$$D = \frac{E}{N(N-1)} \tag{12.10}$$

可见，一个具有完备性的网络，其网络密度达到最大，等于 1。也就是说，网络密度是以完备网络密度为标杆的相对测度，越接近 1，密度越高，网络连接越紧密。

需要说明的是，当两个网络具有相同的总连接数时，节点个数多的网络密度小于节点个数少的网络。所以网络密度应用中存在一定的局限性。

计算网络密度的 R 函数是 graph. density，基本书写格式为：

　　graph. density(graph＝网络类对象名)

例如，计算 G11 网络的网络密度。

```
graph. density(graph＝G11)　　♯计算网络密度
[1] 0.3030303
```

G11 的网络密度等于 0.303，节点连接不太紧密。

二、平均测地线距离和 R 函数

平均测地线距离也是刻画网络整体特征的常用测度，它从几何距离的角度测度节点连接的紧密程度，有与网络直径类似的意义，但更具稳健性。平均测地线距离是各个节点测地线距离的均值，该值越大，表明网络整体的"覆盖"区域越大，网络节点连接的密集程度较低；反之，网络节点连接的密集程度较高。

计算网络平均测地线距离的 R 函数是 average. path. length，基本书写格式为：

　　average. path. length（graph＝网络类对象名,directed＝TRUE/FALSE）

参数 directed 取 TRUE 或 FALSE，表示对于有向网络计算测地线距离时是否考虑连接的方向性。

例如，计算 G11 网络的平均测地线距离。

```
average. path. length(graph＝G11,directed＝FALSE)　　♯计算平均测地线距离
[1] 2.166667
```

因平均测地线距离作为平均值会受到测地线距离极端值的影响，同时该测度是绝对量，没有明确的大小参考依据，应用中存在一定的局限性。

三、网络聚类系数和 R 函数

网络聚类系数是从网络节点三元关系的角度度量网络连接的紧密程度，与节点聚类系

数有密切联系，应首先讨论节点聚类系数。

　　节点 n_i 的聚类系数（clustering coefficient）用于测度节点 n_i 的聚类能力。其基本出发点是：存在两条连接将节点 n_i 与节点 n_j 和节点 n_k 连接起来形成一种简单的三元关系。若节点 n_i 具有较强的聚合能力，则节点 n_i 的两个"朋友"节点 n_j 和节点 n_k 成为"朋友"的可能性较大，三者将形成一种"三角"关系。从几何上看，即形成一个以节点 n_i 为顶点之一的三角形。节点 n_i 的聚合能力越强，在节点 n_i 的所有三元关系中包含节点 n_i 的三角形个数就越多。基于这样的考虑，节点 n_i 的聚类系数定义为：

$$CL(n_i) = \frac{\tau_\Delta(n_i)}{\tau_3(n_i)} \tag{12.11}$$

式中，$\tau_3(n_i)$ 表示节点 n_i 的连接三方组（connected triple）个数。连接三方组是包含 3 个节点的子网络，其中存在 2 条连接将某个节点 n_i 与其他两个节点连接起来形成连通关系，拓扑结构类似星形，也称 2-星（2-star）关系。$\tau_\Delta(n_i)$ 表示包含节点 n_i 的三角形个数。该系数也称为 Watts-Strogatz 局部聚类系数。可见，$CL(n_i)$ 越大，越接近 1，节点 n_i 的聚合能力越强。

　　网络聚类系数可定义为所有节点聚类系数的简单平均，即

$$CL(G) = \frac{1}{|N'|} \sum_{n \in N'} CL(n) \tag{12.12}$$

式中，N' 是网络节点集合 N 中度大于等于 2 的节点集合。

　　进一步，网络聚类系数还可定义为以节点连接三方组频率为权重的节点聚类系数的加权平均，即

$$CL_W(G) = \frac{\sum\limits_{n \in N'} \tau_3(n) CL(n)}{\sum\limits_{n \in N'} \tau_3(n)} = \frac{3\,\tau_\Delta(G)}{\tau_3(G)} \tag{12.13}$$

式中，$\tau_\Delta(G) = \dfrac{1}{3} \sum\limits_{n \in N} \tau_\Delta(n)$，是网络包含的三角形个数；$\tau_3(G) = \sum\limits_{n \in N} \tau_3(n)$，是网络包含的连接三方组个数。该系数也称网络的传递（transitivity）系数，在社会学中一般反映"你朋友的朋友也是你的朋友"的可能性。

　　计算节点聚类系数和网络聚类系数的 R 函数是 transitivity，基本书写格式为：

　　　　transitivity(graph＝网络类对象名,type＝类型名)

式中，参数 type 可取 "local"或"global"，分别表示计算节点聚类系数或网络聚类系数。

　　例如，计算 G11 网络各节点的聚类系数和网络聚类系数。

```
(CL. n <- transitivity(graph=G11,type="local"))  #计算各节点的聚类系数
[1] 0.6666667 0.5000000 0.3333333 0.6666667 0.3333333 0.4000000 0.6666667 1.0000000
[9] 0.3333333 0.5000000 1.0000000 1.0000000
mean(CL. n,rm. na=TRUE)   #计算节点聚类系数的简单平均值
[1] 0.6166667
transitivity(graph=G11,type="global")   #计算网络聚类系数(加权平均,传递系数)
[1] 0.54
```

结合 G11 图可知，例如，第 1 个节点的连接三方组个数等于 3，其中的三角形个数等于 2，所以第 1 个节点的聚类系数等于 2/3。12 个节点聚类系数的简单平均值 $CL(G)$ 等于 0.62，加权平均即网络传递系数等于 0.54。

四、谱半径

网络的谱半径（spectral radius）也是度量网络整体连接程度的测度量，是网络邻接矩阵 **Y** 的最大非零特征值（详见 12.2.4 节）。谱半径考虑了网络中所有节点的连接，与网络节点的平均度有密切关系，有学者认为它可作为节点平均度的"替身"。事实上，节点平均度仅从一个侧面测度了网络连接的密集程度。应注意的是：尽管不同网络可能具有相同的节点平均度，但其节点连接的拓扑结构很可能差异较大。谱半径在兼顾拓扑结构的基础上测度网络的整体连接程度，更适用于不同网络间的对比。谱半径越大，网络的整体连接程度越高。

计算谱半径的 R 函数是 evcent，详见 12.2.4 节。

例如，计算 G11 网络的谱半径。

```
ev.G11 <- evcent(graph=G11,scale=FALSE)    #计算网络的谱半径
ev.G11 $ value
[1] 3.519716
mean(degree(graph=G11),na.rm=TRUE)    #计算节点的平均度
[1] 3.333333
```

本例中，G11 网络的谱半径等于 3.52，节点的平均度等于 3.33。

12.4.2　网络特征的各种分布和度量

一、各种分布

刻画网络整体特征更细致的方式是分布。例如，网络节点的度分布、点度中心度分布、中间中心度分布、测度线距离分布等。

例如，对于 G11 网络，计算各种分布并进行可视化，如图 12-11 所示。

```
d.G11 <- degree(graph=G11)    #计算各节点的度
c.G11 <- closeness(graph=G11,normalized=TRUE)    #计算各节点的接近中心度
b.G11 <- betweenness(graph=G11,normalized=TRUE)    #计算各节点的中间中心度
sp.G11 <- shortest.paths(graph=G11,v=V(G11),to=V(G11))    #计算各节点间的
测地线距离
sp.G11 <- sp.G11[lower.tri(sp.G11)]
par(mfrow=c(2,2))
plot(table(d.G11),xlab="节点度",ylab="频数",main="节点的度分布")
plot(table(c.G11),xlab="接近中心度",ylab="频数",main="节点的接近中心度分
布")
```

```
hist(b. G11,xlab="中间中心度",ylab="频数",main="节点的中间中心度分布")
plot(table(sp. G11),xlab="测地线距离",ylab="频数",main="节点间的测地线距离分布")
```

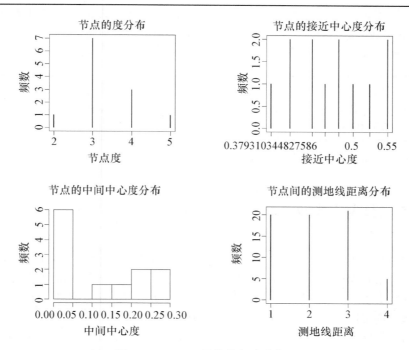

图 12 - 11　G11 网络的各种分布图

分布图的优势在于能够全面细致地展示各种测度的取值在节点中的分布特点。以节点的度分布为例，本例中，度数等于 2 和 5 的节点各有 1 个，有 7 个节点的度等于 3，有 3 个节点的度等于 4。其他分布的含义类似。

网络分析中研究最多的分布是度分布。统计学认为，对随机变量分布的数学表述一般为概率密度函数或累计分布函数。对度分布的随机性问题暂不讨论，这里仅讨论刻画度分布特征的基本描述统计量。

二、度分布特征的度量

对不同分布的那些特征，应采用怎样的基本描述统计量刻画，统计学有完整的论述。其中，最基本也是最核心的是对分布集中趋势和波动程度的刻画。集中趋势的最常用描述统计量是均值，例如，对度分布可计算平均度，波动程度的描述统计量一般为标准差，数据挖掘中常采用熵。例如，对度分布可计算度的熵（详见 5.2 节）。依据熵的定义：

$$Ent(G) = \sum_i P(u_i) \log_2 \frac{1}{P(u_i)} = -\sum_i P(u_i) \log_2 P(u_i) \tag{12.14}$$

式中，u_i 对应度分布中的各个度的取值；$P(u_i)$ 为节点度等于 u_i 的概率。如果度的熵等于 0，表示所有节点的度相等，度的取值不具有不确定性；如果各个节点的度均不等，度的取值不确定性最大，此时度的熵达到最大。所以，度的熵越大，度取值的平均不确定性越大；反之，度取值的平均不确定性越小。网络分析中，度的熵也称为网络熵（entropy）。

R 中计算熵的函数在 entropy 包中，首次使用时应下载安装，并加载到 R 的工作空间中。计算熵的函数为 entropy，基本书写格式为：

$$\text{entropy}(y = \text{频数分布}, \text{method} = \text{"ML"}, \text{unit} = \text{"log2"})$$

式中，参数 y 为各变量值的频数；参数 method 取 ML 表示采用极大似然法计算概率 $P(u_i)$；参数 unit 取 "log2" 表示式（12.14）中的对数以 2 为底。

例如，对 G11 网络计算网络熵。

```
library("entropy")
entropy(y = table(d. G11), unit = "log2")    #计算 G11 的网络熵
[1] 1.551098
```

G11 的网络熵等于 1.55。

12.5　主要网络类型及特点

网络科学研究中，依据度分布将众多网络划分成四种类型：规则网络、小世界网络、无标度网络和随机网络。网络类型的划分有助于研究者从规范化视角审视网络的特性。

网络由节点和连接组成。不同网络类型的主要差异在于：网络中任意两个节点之间具有连接是确定性的还是随机性的，或者是确定性和随机性的不同程度的混合。规则网络和随机网络是确定性和随机性下的两种极端网络，小世界网络和无标度网络介于规则网络和随机网络之间。小世界网络具有大部分的确定性和小部分的随机性，而无标度网络具有大部分的随机性和小部分的确定性。

12.5.1　规则网络

规则网络是指网络中任意两个节点之间具有连接是确定性的，连接的规律性导致规则网络的拓扑结构往往具有特定的"形态"。

1. k-规则网络

k-规则网络（k-regularity graph）是典型的规则网络。所谓 k-规则网络，是指网络中的每个节点均与 k（$k \leqslant N-1$，N 为节点个数）个节点存在直接连接的网络。

例如，完备性网络就是一个典型的 k-规则网络，$k = N-1$，每个节点均与其余的 $N-1$ 个节点直接相连。

又如，环形网络也是一种规则网络。$k = 2$，每个节点均与两个节点存在连接。

图 12-12 所示的为 $N = 10$ 的完备网络、环形网络，以及 $N = 10$，$k = 1, 3, 4, \cdots, 8$ 的 k-规则网络。具体代码如下。

```
layout(matrix(1:9, nrow = 3, byrow = TRUE))
set. seed(12345)
G <- graph. full(n = 10)    #完备网络
```

```
plot(G,main=c("平均测地线距离",average. path. length(graph=G)))
G <- graph. ring(n=10)    ♯环形网络
plot(G,main=c("平均测地线距离",round(average. path. length(graph=G),2)))
set. seed(12345)
G <- lapply(c(1,3:8),FUN=k. regular. game,no. of. nodes=10)    ♯k=1,3:8 的规则
网络
sapply(G,FUN=function(x)
plot(x,vertex. label=NA,main=c("平均测地线距离",round(average. path. length(graph
=x),2))))
```

graph. ring(n=节点个数）用于生成环形网络。

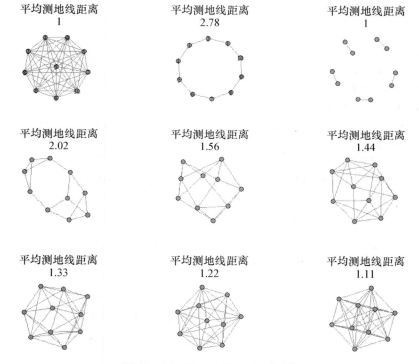

图 12 - 12　N＝10 的 k -规则网络

可见，k-规则网络的各个节点有相同的节点度，网络熵等于 0。同时，网络的平均测地线距离均比较小。

2. 星形网络和平衡二叉树网络

星形网络和二叉树网络也属于规则网络的范畴。星形网络中有 $N-1$ 个节点均与剩下的一个节点 n_i 直接相连，它们的节点度均等于 1，节点 n_i 的度等于 $N-1$，网络熵等于

$$Ent(G)=-\frac{N-1}{N}\log_2\frac{N-1}{N}-\frac{1}{N}\log_2\frac{1}{N}$$

，与网络节点个数有关。节点个数越多，网络熵越小，越接近于 0。

平衡二叉树网络，除叶节点之外，每个节点都有两个子节点，共有 $N-1$ 条连接。根节点的度等于 2，叶节点的度等于 1，其余节点的度都等于 3，节点度只可能取 1，2，3。

R 语言数据挖掘（第 2 版）

可以证明，当 N 很大时，平衡二叉树的网络熵近似为：$Ent(G)=1+\dfrac{\log_2 N}{N}$。平衡二叉树中根节点和叶节点与其他大多数节点的连接规律不一致，是导致网络熵大于 1 的主要原因。

R 中生成星形网络和平衡二叉树网络的函数分别是 graph. star 和 graph. tree。

包含 10 个节点的星形网络和包含 15 个节点的二叉树网络如图 12 - 13 所示。具体代码和部分结果如下：

```
par(mfrow=c(2,1))
set. seed(12345)
G <- graph. star(n=10,mode="undirected")    #生成星形网络
entropy(y=table(degree(graph=G)),unit="log2")    #网络熵
[1] 0.4689956
plot(G,vertex. label=NA,main=c("星形网络平均测地线距离",average. path. length
(graph=G)))    #星形网络
G <- graph. tree(n=15,children=2,mode="undirected")    #生成二叉树网络
[1] 1.272906
entropy(y=table(degree(graph=G)),unit="log2")
plot(G,vertex. size=30,main=c("二叉树网络平均测地线距离",round
(average. path. length(graph=G),2)))    #属性网络
```

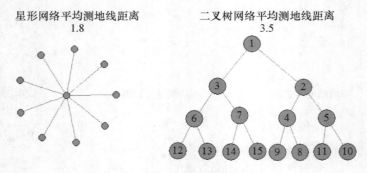

图 12 - 13　星形网络和二叉树网络

总之，规则网络具有低熵和零熵，网络的平均测地线距离相对较小。规则网络在计算机设计、有限元分析、材料晶体结构以及建筑建模中都有重要的应用价值，也是网络分析的起点。例如，从后面的讨论可以看出，k-规则网络是小世界网络研究的基础。

12.5.2　随机网络

随机网络是最早研究的网络之一，20 世纪 50 年代有关图论研究的文献中就有对随机网络的讨论。大规模随机网络的最大特点是：节点的度服从泊松分布；网络熵随网络密度的增加呈非线性变化；网络密度为 0.5 的随机网络具有最大的网络熵。

一、随机网络的节点度分布和 R 函数

这里，将包含 N 个节点和 E 条连接的随机网络看作包含 N 个节点的空网络（不存在任何连接）随时间 $t=0，1，2，\cdots，E$ 推移逐步演变的结果。其中，每个时刻 t 均在上个时刻 $t-1$ 的基础上随机挑选一对节点并在其间增加一条连接，直到经过 E 步添加 E 条连接为止。

在随机网络中，因忽视各个节点的属性差异，E 次节点挑选中节点 n_i 是否被选中完全随机，且与其他节点 n_j 是否被选中无关。从这个角度讲，网络中任意节点 n_i 和 n_j 间可能存在直接连接（即 $y_{ij}=1$），也可能不存在（即 $y_{ij}=0$），完全取决于节点的随机挑选，节点间的连接具有随机性和独立性。

进一步，对包含 N 个节点和 E 条连接的网络，平均度等于 $\lambda=\dfrac{2E}{N}$，每个节点被挑中的概率为 $p=\dfrac{\lambda}{E}$，不被挑中的概率为 $1-p$。在网络演变过程中，节点 n_i 有 x 次被挑中并与其他节点建立连接的概率为 $p^x=\left(\dfrac{\lambda}{E}\right)^x$，未被挑中的概率为 $(1-p)^{E-x}=\left(1-\dfrac{\lambda}{E}\right)^{E-x}$。所以，$E$ 时刻节点 n_i 被挑中 x 次，即节点 n_i 的度等于 x，是一个随机变量，服从二项分布，即 $P(d(n_i)=x)=C_E^x p^x(1-p)^{E-x}(x=0，1，2，\cdots，E)$。当 p 较小，E 很大时，二项分布近似为泊松分布，即 $P(d(n_i)=x)=C_E^x p^x(1-p)^{E-x}\approx\dfrac{\lambda^x e^{-\lambda}}{x!}$ $(x=0，1，2，\cdots，E)$。λ 是从 0 时刻到 E 时刻节点被挑中次数的平均值。所以，大规模随机网络的最大特点是节点的度分布为泊松分布。

R 中的 erdos. renyi. game 函数生成一个随机网络，基本书写格式为：

erdos. renyi. game(n＝节点数，p. or. m＝概率或连接数，type＝类型名)

式中，参数 type 可取"gnm"，"gnp"。"gnm"表示按指定节点个数和连接个数生成随机网络。此时，参数 p. or. m 应给出连接个数。事实上，参数"gnm"表示按照 1960 年 Erdos 和 Renyi 提出的生成规则（即上述过程）生成随机网络，该网络称为 Erdos-Renyi 随机网络，简称 ER 网络。"gnp"表示按指定节点个数，任意两节点间存在连接的概率为指定值生成随机网络。该生成规则是 1959 年 E. N. Gilbert 提出的，相应的网络称为 Gilbert 随机网络。

例如，生成节点数等于 100，连接数等于 200 的 Erdos-Renyi 随机网络，代码如下：

```
set. seed(12345)
par(mfrow＝c(1,2))
ER <- erdos. renyi. game(n＝100,p. or. m＝200,type＝"gnm")    ＃生成 Erdos-Renyi 随机网络
barplot(table(degree(graph＝ER))/100,xlab＝"度",ylab＝"频率",
main＝c("随机网络的度分布",paste("平均度:",mean(degree(graph＝ER)),sep＝"")))    ＃可视化度分布
lines(0:10,dpois(0:10,lambda＝4),col＝2)    ＃泊松分布曲线
```

本例 Erdos-Renyi 随机网络的度分布如图 12－14（a）所示。

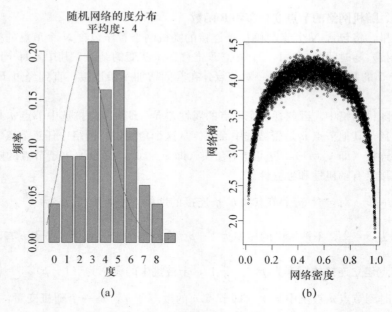

图 12 - 14　随机网络的度分布曲线

图 12 - 14（a）中，柱形图为随机网络的节点度分布。红色曲线是 $\lambda=(2\times200)/100$ 的泊松分布曲线。可见，随机网络的度分布与泊松分布较为接近。

二、随机网络的熵

从随机网络的生成过程看，网络连接数是影响网络的重要参数。极端情况下，当连接数 $E=N\times(N-1)/2$ 时，所得网络即为完备网络，网络密度最大，等于 1，网络熵等于 0，是规则网络。所以，随机网络的随机性与连接个数和网络密度有密切关系。为此，通过数据模拟，考察网络密度与随机性（网络熵）的关系。

这里，设网络节点数为 100，连接个数从 100 增加至 4 900，分别计算网络密度和熵并绘制密度与熵的散点图，如图 12 - 14（b）所示。具体代码如下。

```
library("entropy")
den. ER <- vector()
en. ER <- vector()
set. seed(12345)
for(i in 100:4900){
ER <- erdos. renyi. game(n=100,p. or. m=i,type="gnm")
den. ER <- c(den. ER,graph. density(graph=ER))
en. ER <- c(en. ER,entropy(y=table(degree(graph=ER)),unit="log2"))
}
plot(den. ER,en. ER,xlab="网络密度",ylab="网络熵",cex=0.5)
```

图 12 - 14（b）表明，当网络密度在较高水平或者较低水平时，网络熵快速下降至 0，此时随机网络并不具有随机性，其度分布与泊松分布也相距较大。当网络密度为 0.5 时，

网络熵达到最大，网络的随机性最高。可见，随着网络密度偏离 0.5，随机网络就不再那么随机，应用中不应忽略这一特点。

事实上，现实生活中的大部分网络，例如，电路布线图、道路和铁路、水利系统以及大多数的复杂系统，都不是完全随机的。研究随机网络的意义在于，可以从一个随机网络开始观察其如何随着时间的推移演变成某种形态的非随机网络。这个过程在网络分析中称为涌现。例如，新产品市场一般是一个随机网络，节点代表商品和消费者，商品和消费者间的连接表示商品的购买。随着市场的不断成长，随机网络将演变成一种仅有少数商品被较多消费者购买，即仅有少数节点与较多其他节点相连的非随机网络。

12.5.3　小世界网络

小世界网络是介于规则网络和随机网络之间的一种网络，一般具有大部分的确定性和小部分的随机性。这里，以小世界网络的生成过程为出发点，讨论什么是小世界网络，以及小世界网络的特点。

1998 年 Watts 和 Strogatz 提出了小世界网络的生成规则，所得网络称为 Watts-Strogatz 网络或 WS 小世界网络。其核心思想是：首先，WS 小世界网络起步于一个规则网络，如 k-规则网络。然后，对规则网络中的每条连接，以重连概率 p 将连接的一端重新连接到随机挑选的节点上。最终有 Ep 条连接进行过重连，余下的 $(1-p)E$ 条连接保持不变。WS 小世界网络的随机性体现在 Ep 条随机化的连接上，其随机性取决于重连概率 p。

R 的 watts.strogatz.game 函数可依上述规则生成 WS 小世界网络，基本书写格式为：

watts.strogatz.game(dim=维数,size=节点个数,nei=邻域半径,p=重连概率)

式中，参数 dim 通常取 1；size 为网络的节点个数；参数 nei 指定的邻域半径是指节点应与邻域半径内的所有节点相连。

为观察 WS 小世界网络从规则网络到部分随机网络的演变过程，做如下模拟：

```
set.seed(12345)
par(mfrow=c(2,2))
G <- watts.strogatz.game(dim=1,size=50,nei=3,p=0)    #生成规则网络
plot(G,vertex.label=NA,vertex.size=5,main="规则网络")
plot(degree(graph=G),main="规则网络的度序列",xlab="",ylab="节点度",type=
"l")
transitivity(graph=G,type="global")   #计算网络聚类系数
[1] 0.6
average.path.length(graph=G,directed=FALSE)    #计算平均测地线距离
[1] 4.591837
G <- watts.strogatz.game(dim=1,size=50,nei=3,p=0.01)    #生成 WS 小世界网络
plot(G,vertex.label=NA,vertex.size=5,main="WS 小世界网络(p=0.01)")
plot(density(degree(graph=G)),main="WS 小世界网络(p=0.01)的度分布",xlab=
"节点度",ylab="密度")
transitivity(graph=G,type="global")
[1] 0.5657371
```

```
average.path.length(graph=G,directed=FALSE)
[1] 3.880816
```

本例说明如下：

● 首先，指定重连概率 $p=0$，意味着生成一个规则网络。该网络包含 50 个节点，与邻域半径为 3 的节点相连，即各个节点的度为 6。该网络的可视化结果如图 12-15（a）所示。规则网络各节点的度均等于 6，网络的聚类系数等于 0.6，平均测地线距离为 4.59。

● 然后，指定重连概率 $p=0.01$，即仅对 1％的连接做随机化重连。所得的 WS 小世界网络如图 12-15（c）所示。可见，WS 小世界网络仍具有较大部分的规则性，同时也有小部分的随机性。与原来的规则网络相比，聚类系数为 0.57，变化不大。但平均测地线距离减少幅度较大，从 4.59 减少到 3.88。研究表明，随着网络重连概率 p 的增大，网络熵逐渐增大，网络的平均测地线距离将呈指数下降。WS 小世界网络的度分布较陡，且随重连概率 p 的增加而逐渐趋于平缓，是个类泊松分布。

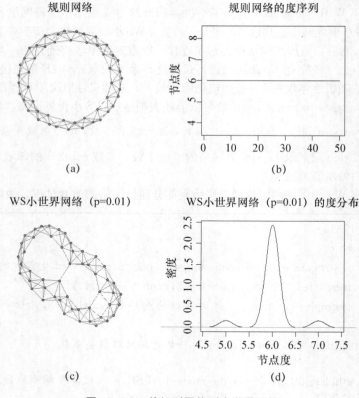

图 12-15 从规则网络到小世界网络

Stanley Milgram 对小世界网络的研究结果表明：小世界网络具有小世界效应，即在规则网络的基础上，随机化很少的连接就可以使网络的平均测地线距离快速减少，且仍基本保持原有的网络凝聚性。与同等规模的随机网络相比，小世界网络的聚类系数较大，具有较强的网络凝聚性。

大量研究表明，现实世界中相当一部分网络属于小世界网络，如互联网、学术研究合作网、生态食物链网等。社会学研究表明人际关系网络也属于小世界网络，并有六度分隔理论（six degrees of separation）之说，即在社会网络中，和任何一个陌生人之间所间隔的人不会超过六个，即最多通过五个彼此熟悉的中间人就可联系任何两个互不相识的陌生人。它强调的是小世界网络的平均测地线距离较短的特点。

12.5.4　无标度网络

无标度网络是介于规则网络和随机网络之间的一种网络，一般具有大部分的随机性和小部分的规则性。典型的无标度网络是 BA 网络。这里，以无标度网络的 BA 生成过程为出发点，讨论什么是无标度网络，以及无标度网络的特点。

一、BA 规则

较早的无标度网络生成规则是由 Barabasi 和 Albert 在 1999 年提出的，所得网络名为 Barabasi-Albert 网络，简称 BA 网络，通常为有向网络，也可以是无向网络。

BA 规则的核心思路是：从一个很小的如包含 3 个节点的完备网络开始，每步向现有网络中添加一个节点 v 和 m 条连接，即节点 v 作为有向网络的尾节点，其关键问题是如何确定 m 个头节点。Barabasi 等学者提出，头节点的选择应依据当前网络中的节点度，构造一个关于节点度的线性或非线性函数。节点的度越高，函数值越大，成为头节点的概率就越大。每添加一个节点，需重新计算各节点的度，节点度分布也会随之发生变化。该步骤重复多次，直至网络达到指定节点规模为止。

可见，依据上述规则，网络生成过程中必然使节点度高的节点获得更高的度，节点度低的节点，度数将持续降低。通俗地讲就是，受欢迎的节点更受欢迎，不被喜欢的节点越来越不被喜欢。最终，BA 网络中将存在极少数节点度很高的节点（通常称为 hub 节点）以及较多节点度较低的节点。BA 网络是典型的无标度网络。

R 的 barabasi.game 函数可实现上述过程，函数的基本书写格式为：

　　barabasi.game(n＝节点个数,m＝每个节点添加的连接数)

需要说明的是，barabasi.game 规定起始网络只包含 1 个节点。初始阶段每步添加的连接数会大于现有网络的节点数，此时默认连接数等于节点数。

例如，随机生成包含 50 个节点，每次添加 3 条连接的无向 BA 网络，具体代码如下。

```
set.seed(12345)
par(mfrow＝c(2,2))
G <- barabasi.game(n＝50,m＝3,directed＝FALSE)
plot(G,main＝"BA 网络",vertex.label＝NA,vertex.size＝10)
d.G <- degree(graph＝G)    #计算节点度
barplot(sort(table(d.G),decreasing＝TRUE),xlab＝"节点度",ylab＝"频数",main＝
"BA网络的度分布")
```

本例说明如下：本例生成的 BA 网络如图 12-16（a）所示。这里重点讨论 BA 网络的特点。计算各节点的度，并绘制柱形图，如图 12-16（b）所示。可见，度数较低的节点个数较多，hub 节点因度数较高（如 29 等）数量极少，图的右侧呈现较长的拖尾。无标度网络中的 hub 节点在网络中具有举足轻重的作用。

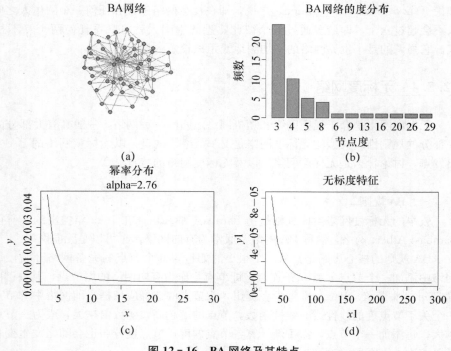

图 12 - 16　BA 网络及其特点

二、BA 网络的度分布特征

Barabasi 等学者的研究表明，BA 网络的度服从幂率分布，即

$$P(d(n_i)=x)=x^{-\alpha} \tag{12.15}$$

式中，α 为参数。

为计算所生成的 BA 网络及其度分布的参数 α，调用 power. law. fit 函数。power. law. fit 函数的基本书写格式为：

power. law. fit(x＝节点度向量)

power. law. fit 将返回包括 alpha 等成分名的列表，其中 alpha 即为上述 α。

例如，对于上例 G 网络计算度分布中的 α 参数值。

```
parm <- power. law. fit(x＝d. G)    ＃拟合网络参数
parm $ alpha    ＃显示参数 alpha
[1] 2.763986
x <- min(d. G):max(d. G)
y <- x^- parm $ alpha    ＃计算幂率值
plot(x, y, type = "l", main = c("幂率分布", paste("alpha＝", round(parm $ alpha, 2),
sep = "")))
x1 <- x * 10    ＃无标度特征 k=10
y1 <- y * (10^- parm $ alpha)
plot(x1, y1, type = "l", main = "无标度特征")
```

本例中，$\alpha = 2.76$。此外，power. law. fit 函数还利用统计的 K-S 检验方法，检验实际度分布是否与 $\alpha = 2.76$ 的幂率分布存在显著差异，并给出概率 p-值。若概率 p-值（本例中概率 p-值等于 0.99）大于指定的显著性水平（如 0.05），则不能拒绝实际度分布与理论的幂率分布无显著差异的原假设。

进一步，绘制 $\alpha = 2.76$ 的幂率分布曲线，如图 12 - 16（c）所示，可见该曲线形状能够很好地与图 12 - 16（b）柱形图吻合。

BA 网络是典型的无标度网络，主要原因是其度分布函数是无标度的。所谓无标度函数，是指满足 $f(kx) = \beta f(x)$ 的函数。其中，x 扩大常数 k 倍，导致函数值扩大常数 β 倍，$\beta = k^{-\alpha}$，是独立于 x 的常数。直观结果就是，x 轴放大常数 k 倍仅导致曲线图形在 y 轴方向向上或向下移动，但不改变曲线的形状。

图 12 - 16（d）是个印证，其曲线形状与图 12 - 16（c）完全一致。

此外，static. power. law. game 函数可用于生成无标度网络（默认无向），该网络的节点度服从指定参数 α 的幂率分布。基本书写格式为：

static. power. law. game(no. of. nodes＝网络节点数, no. of. edges＝网络连接数, exponent. out＝参数 α)

例如，生成与上述 G 网络有相同参数的无标度网络。

```
G <- static. power. law. game(no. of. nodes＝vcount(G), no. of. edges＝ecount(G), exponent. out＝parm $ alpha)
plot(G,main="指定参数的无标度网络",vertex. label＝NA,vertex. size＝10)
barplot(sort(table(d. G),decreasing＝TRUE),xlab="节点度",ylab="频数",main="无标度网络的度分布")
```

三、BA 网络的熵

研究表明：BA 网络的熵与网络密度有关。随着 BA 规则中参数 m 的不断增大，网络密度将不断增加，也使网络熵出现非线性的变化。

例如，利用 BA 规则生成包含 50 个节点的无向 BA 网络，并令参数 m 从 3 开始逐渐增大至最大 50（依据 BA 规则，m 超过节点个数无意义）。计算各个网络的网络密度和熵，绘制散点图，结果如图 12 - 17 所示。

```
library("entropy")
den. BA <- vector()
en. BA <- vector()
set. seed(12345)
for(i in 3:50){
BA <- barabasi. game(n＝50,m＝i,directed＝FALSE)
den. BA <- c(den. BA,graph. density(graph＝BA))
en. BA <- c(en. BA,entropy(y＝table(degree(graph＝BA)),unit="log2"))
}
plot(den. BA,en. BA,xlab="网络密度",ylab="网络熵",cex＝0. 5)
```

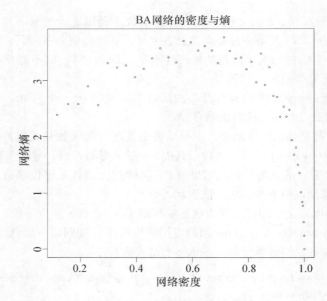

图 12 - 17　BA 网络的密度与熵

观察图 12 - 17 并与图 12 - 14（b）对比，发现无标度网络与随机网络有明显不同。无标度网络随着网络密度增加至 0.8 左右，网络熵基本呈线性增加趋势，并未出现随机网络密度等于 0.5 时随机性达到最大的情况。所以，无标度网络即使在网络密度较高时也具有较大的随机性。事实上，原因在于其度分布为幂率分布。当网络密度继续增加至 1 时，BA 网络的熵快速下降至 0，体现出规则性特征。而此时的度分布已不再是幂率分布。

研究无标度网络的意义在于：无标度网络通常是随机网络的涌现结果，许多基础设施网络如铁路、天然气、石油系统、电信网络等均为无标度网络。

至此，网络分析第三层次的讨论告一段落。请读者自行分析空手道俱乐部数据，对俱乐部网络的整体特征进行分析。

由于篇幅所限，本章讨论的仅仅是网络分析的初步，后续还有非常丰富的内容。例如，网络涌现问题、网络的同步性问题、网络的脆弱性问题等。还有一些针对专门网络的研究，如传染病网络、影响网络、生物学网络、NetGain 网络等。此外，统计学对网络的研究视角独特，它将现实网络视为某类网络的一个随机实现，模型致力于从概率角度研究网络实现的概率，以及网络结构对网络实现的影响等，如经典的 p^* 模型、ERGMS 模型、潜变量模型等。相关内容极为丰富，可以独立成书，这里只能略去。

12.6　本章函数列表

本章涉及的 R 函数如表 12 - 2 所示。

表 12 - 2　　　　　　　　　　　　　　本章涉及的 R 函数列表

函数名	功能	函数名	功能
graph. formula()	生成小规模网络	diameter()	计算网络直径

续前表

函数名	功能	函数名	功能
graph. empty()	生成无连接的网络	closeness()	计算接近中心度
vcount()	计算网络节点个数	betweenness()	计算节点的中间中心度
ecount()	计算网络连接个数	edge. betweenness()	计算连接的中间中心度
V()	访问网络节点	articulation. points()	找到网络中的关节点
E()	访问网络连接	evcent()	计算节点的特征向量中心度和网络谱半径
add. edges()	添加网络连接	page. rank()	计算节点的 PageRank 得分
k. regular. game()	生成 k-规则网络	dyad. census()	计算二元关系普查量
simplify()	简化多重图网络为简单图网络	triad. census()	计算三元关系普查量
is. connected()	判断网络是不是连通	maximal. cliques()	找到网络中的派系
subcomponent()	找到指定节点的可达节点	largest. cliques()	找到最大派系
is. mutual()	判断网络中是否存在有互惠关系的连接	graph. coreness()	计算网络节点核
is. dag()	判断网络是否为有向不循环网络	dendPlot()	可视化社区结构划分结果
is. weighted()	判断网络是否为加权网络	modularity()	计算模块度
graph. full. bipartite()	建立 2-模网络	clusters()	找到网络中的组件
graph. bipartite()	建立 2-模网络	decompose. graph()	找到网络中的组件
get. adjacency()	得到已知网络的邻接矩阵	graph. density()	计算网络密度
get. incidence()	得到已知 2-模网络的关系矩阵	average. path. length()	计算网络平均测地线距离
graph. adjacency()	利用邻接矩阵建立网络对象	transitivity()	计算节点聚类系数和网络聚类系数
graph. incidence()	利用 2-模网络的关系矩阵建立网络对象	entropy()	计算熵
igraph. sample()	对网络进行简单随机抽样	graph. ring()	生成环形网络
get. data. frame()	得到已知模网络的连接列表数据框	graph. star()	生成星形网络
graph. data. frame()	基于连接列表建立网络对象	graph. tree()	生成树形网络
degree()	计算节点度和点度中心度	erdos. renyi. game()	生成 ER 网络
graph. strength()	计算节点加权度	watts. strogatz. game()	生成 WS 小世界网络
shortest. paths()	计算测地线距离		

教师教学服务说明

中国人民大学出版社工商管理分社以出版经典、高品质的工商管理、财务会计、统计、市场营销、人力资源管理、运营管理、物流管理、旅游管理等领域的各层次教材为宗旨。

为了更好地为一线教师服务，近年来工商管理分社着力建设了一批数字化、立体化的网络教学资源。教师可以通过以下方式获得免费下载教学资源的权限：

在中国人民大学出版社网站 www.crup.com.cn 进行注册，注册后进入"会员中心"，在左侧点击"我的教师认证"，填写相关信息，提交后等待审核。我们将在一个工作日内为您开通相关资源的下载权限。

如您急需教学资源或需要其他帮助，请在工作时间与我们联络：

中国人民大学出版社　工商管理分社

联系电话：010-62515735，82501048，62515782，62515987

电子邮箱：rdcbsjg@crup.com.cn

通讯地址：北京市海淀区中关村大街甲 59 号文化大厦 1501 室（100872）